电子与嵌入式系统
设计译丛

ARM-Based Microcontroller Multitasking Projects
Using the FreeRTOS Multitasking Kernel

嵌入式系统多任务处理应用开发实战

基于ARM MCU和FreeRTOS内核

[英] 多根·易卜拉欣（Dogan Ibrahim） 著
胡训强 杨鹏 译

图书在版编目（CIP）数据

嵌入式系统多任务处理应用开发实战：基于 ARM MCU 和 FreeRTOS 内核 /（英）多根·易卜拉欣（Dogan Ibrahim）著；胡训强，杨鹏译 . -- 北京：机械工业出版社，2022.10

（电子与嵌入式系统设计译丛）

书名原文：ARM-Based Microcontroller Multitasking Projects: Using the FreeRTOS Multitasking Kernel

ISBN 978-7-111-71813-0

I. ①嵌… II. ①多… ②胡… ③杨… III. ①微处理器 - 系统开发 IV. ① TP332

中国版本图书馆 CIP 数据核字（2022）第 192219 号

北京市版权局著作权合同登记　图字：01-2021-3006 号。

ARM-Based Microcontroller Multitasking Projects: Using the FreeRTOS Multitasking Kernel
Dogan Ibrahim
ISBN: 9780128212271
Copyright © 2020 Elsevier Ltd. All rights reserved.
Authorized Chinese translation published by China Machine Press.
《嵌入式系统多任务处理应用开发实战：基于 ARM MCU 和 FreeRTOS 内核》（胡训强 杨鹏 译）
ISBN: 978-7-111-71813-0
Copyright © Elsevier Ltd. and China Machine Press. All rights reserved.

No part of this publication may be reproduced or transmitted in any form or by any means, electronic or mechanical, including photocopying, recording, or any information storage and retrieval system, without permission in writing from Elsevier (Singapore) Pte Ltd. Details on how to seek permission, further information about the Elsevier's permissions policies and arrangements with organizations such as the Copyright Clearance Center and the Copyright Licensing Agency, can be found at our website: www.elsevier.com/permissions.

This book and the individual contributions contained in it are protected under copyright by Elsevier Ltd. and China Machine Press (other than as may be noted herein).

This edition of *ARM-Based Microcontroller Multitasking Projects: Using the FreeRTOS Multitasking Kernel* is published by China Machine Press under arrangement with ELSEVIER LTD.

This edition is authorized for sale in the Chinese mainland (excluding Hong Kong SAR, Macao SAR and Taiwan). Unauthorized export of this edition is a violation of the Copyright Act. Violation of this Law is subject to Civil and Criminal Penalties.

本版由 ELSEVIER LTD. 授权机械工业出版社在中国大陆地区（不包括香港、澳门特别行政区及台湾地区）出版发行。

本版仅限在中国大陆地区（不包括香港、澳门特别行政区及台湾地区）出版及标价销售。未经许可之出口，视为违反著作权法，将受民事及刑事法律之制裁。

本书封底贴有 Elsevier 防伪标签，无标签者不得销售。

注意

本书涉及领域的知识和实践标准在不断变化。新的研究和经验拓展我们的理解，因此须对研究方法、专业实践或医疗方法作出调整。从业者和研究人员必须始终依靠自身经验和知识来评估和使用本书中提到的所有信息、方法、化合物或本书中描述的实验。在使用这些信息或方法时，他们应注意自身和他人的安全，包括注意他们负有专业责任的当事人的安全。在法律允许的最大范围内，爱思唯尔、译文的原文作者、原文编辑及原文内容提供者均不对因产品责任、疏忽或其他人身或财产伤害及/或损失承担责任，亦不对由于使用或操作文中提到的方法、产品、说明或思想而导致的人身或财产伤害及/或损失承担责任。

嵌入式系统多任务处理应用开发实战：基于 ARM MCU 和 FreeRTOS 内核

出版发行：机械工业出版社（北京市西城区百万庄大街 22 号　邮政编码：100037）			
责任编辑：冯润峰		责任校对：樊钟英	
印　　刷：三河市国英印务有限公司		版　次：2023 年 2 月第 1 版第 1 次印刷	
开　　本：186mm×240mm　1/16		印　张：26.75	
书　　号：ISBN 978-7-111-71813-0		定　价：149.00 元	

客服电话：(010) 88361066　68326294

版权所有·侵权必究
封底无防伪标均为盗版

译者序

信息系统互联经历了互联网和移动互联网两个发展时代，现在正站在物联网世界的入口处。物联网为人们展现了这样一幅画卷：计算机、网络、传感器、操作系统和应用软件，将几乎所有设备连接在一起，实现互联互通互操作，构建起一个万物互联的世界，从而提升人类的工作和生活品质。而嵌入式微控制器及其操作系统正是这个世界的基础设施，ARM 微控制器与 FreeRTOS 属于其中的佼佼者。

在这个背景下，虽然越来越多的从业人员愿意将 ARM MCU 与 FreeRTOS 作为自己迈入物联网世界的新武器，但又苦于没有系统介绍在 ARM 平台上利用 FreeRTOS 进行开发的武功秘籍。为此，机械工业出版社引进了本书以飨读者。全书共包括 22 章和两个附录，正文可以划分为三个部分：第一部分从第 1 章到第 6 章，对微型计算机组成结构、微控制器的基础知识以及 ARM 微控制器和本书中用到的开发板、开发环境做了总览性的介绍，以便读者对 ARM 平台有总体了解；第二部分从第 7 章到第 18 章，对多任务处理以及 FreeRTOS 多任务处理开发进行了全面介绍，涵盖队列、多线程、中断、事件、空闲任务、任务通知等方面，每个方面都有一个或若干个实例，通过实例介绍相关函数和开发技巧，以便读者较为全面地掌握 FreeRTOS 多任务应用开发；第三部分从第 19 章到第 22 章，通过 4 个综合性实例，以接近实际开发的场景让读者全面消化吸收前两部分介绍的知识，并拓展自己在实际工程开发中的设计规划思路。本书内容详尽，实例丰富，贴合从入门到进阶的学习曲线，是一本难得的好书。

需特别说明的是，原版书中的一些电器图形符号与我国现行标准不一致，而为了保持中文版与原版书知识体系的一致性，我们在翻译时未对这些图形符号做更改，请读者阅读时注意。

全书由胡训强（第 5~18 章及附录）和杨鹏（第 1~4 章及第 19~22 章）共同翻译完成。我们很荣幸成为本书的译者，在这里要感谢机械工业出版社的编辑给予我们的信任，正是与编辑的多次交流让我们获益匪浅，也让本书的质量更上一层楼。由于物联网和嵌入式软硬件平台都在不断发展，囿于译者的技术和语言水平，书中难免会存在不准确甚至错误之处，如果读者发现了这样的地方，恳请通过邮箱 10185014@qq.com 告知我们，在此深表感谢！

最后，感谢所有为本书的出版而付出艰辛劳动的人！

译者
2021 年 8 月于广州

前　言

　　微控制器是一种单芯片微处理器系统，它包含数据和程序内存、串行和并行输入/输出端口、定时器、外部和内部中断，所有这些都被集成到一块大约 2 美元就能买到的芯片之中。大约 40% 的微控制器被应用于办公自动化领域，例如，个人计算机、激光打印机、传真机以及智能电话等。大约三分之一的微控制器都能在消费电子产品中找到，诸如 CD 和 DVD 播放器、高保真音响设备、视频游戏机、洗碗机、电子灶具等产品都属于消费电子产品。通信市场、汽车市场以及军事用途则分享微控制器应用领域的剩余份额。

　　传统上，我们使用针对特定处理器的汇编语言为微控制器编写程序。尽管汇编程序运行很快，但缺点是难以用它开发和维护大型项目。此外，不同厂家生产的微控制器具有不同的汇编语言指令集，这会导致每当程序员使用不同的微控制器时，都要花费大量时间学习新的汇编语言。为一种型号微控制器编写的汇编代码无法移植到另一种型号的微控制器上。当今则使用像 C、C++、Pascal 或者 Basic 之类的高级语言为微控制器编写程序。使用高级语言的最大优势是编写的代码可以移植到各种不同型号的微控制器上。此外，使用高级编程语言开发的程序也更加易于维护。

　　由众多厂家生产的微控制器多种多样，大多数厂家都会提供相应的开发套件（或者开发板），本书使用的是 Clicker 2 for STM32 开发板。该开发板基于 STM32F407 型号的 ARM Cortex-M4 处理器，工作频率最高可达 168MHz，而针对软件开发使用的是非常流行的 mikroC Pro for ARM 编译器和集成开发环境（IDE）。

　　本书的主题是 FreeRTOS 内核以及多任务处理。多任务处理已经成为基于微控制器的系统（即自动化应用）中的重要话题之一。随着项目复杂度的增加，人们对项目也提出越来越多的功能需求，为了完成必需的操作，此类项目必须能够让若干相互关联的任务运行在同一处理器上，并且能让它们共享 CPU。由此带来的结果就是，在过去几年中，基于微控制器的应用中多任务处理的重要性持续增强，并且当今众多复杂的自动化项目都用到了某种多任务处理内核，在本书涉及的项目中使用的是 FreeRTOS 多任务处理内核。FreeRTOS 是占据市场主导地位的多任务处理内核，在各个领域中的部署已经数不胜数。FreeRTOS 是完全免费的，并且文档和技术支持也都非常完备。它能够运行在众多硬件和软件平台之上，包括 ARM 处理器以及 mikroC Pro for ARM 编译器和集成开发环境。FreeRTOS 在 2018 年的流行程度达到其官网 www.freertos.org 上每隔 175s 就被下载一次，并且自 2011 年以来，

在电子工程杂志 *EETimes* 所做的嵌入式市场调查中每次都名列榜首。

本书基于项目编写，主要目的是讲授 FreeRTOS 内核的基本特性和 API 函数。书中提供了大量经过全面测试的项目，这些项目都属于使用 FreeRTOS 创建的多任务处理应用。本书对每个项目都进行了详细的介绍，并给出了完整的程序清单。读者可以原封不动地使用这些项目，或者针对自己的需求对项目进行修改。每个项目大致按照如下所示的几个部分进行介绍：

- 描述
- 目标
- 背景（如果可能的话）
- 框图
- 电路图
- 程序清单
- 对后续工作的建议（如果可能的话）

书中使用项目描述语言（Project Description Language, PDL）描述一些复杂项目的操作，这便于我们在开发程序之前对其进行理解。

掌握 C 编程语言的相关知识对读者而言非常有益，此外，熟悉至少一种微控制器开发板（最好是带 ARM 处理器的开发板）将是学习本书的另一个优势。汇编语言程序设计的知识并非必不可少，因为本书的所有项目都是基于 C 语言的。

本书的读者对象包括学生、执业工程师，以及对使用 ARM 系列微控制器开发基于多任务微控制器的实时项目感兴趣的业余爱好者。在考虑到篇幅的前提下，本书已尽可能囊括了数量众多的项目。

尽管本书中使用的是 Clicker 2 for STM32 微控制器开发板和 STM32F407 型 ARM 处理器，但是读者会发现使用其他型号的开发板和 ARM 处理器也相当轻松。

FreeRTOS 的开发者为其提供了完备的技术文档和支持，感兴趣的读者可以从下面的因特网资源中获取 FreeRTOS 特性和 API 函数的详细信息：

（1）*Mastering the FreeRTOS Real Time Kernel: A Hands-On Tutorial Guide*，作者 Richard Barry，网址：https://www.freertos.org/Documentation/RTOS_book.html

（2）*The FreeRTOS V10.0.0 Reference Manual: API Functions and Configuration Options*，网址：https://www.freertos.org/Documentation/RTOS_book.html

（3）FreeRTOS 网址：www.freertos.org

Dogan Ibrahim
2020 年于伦敦

致　　谢

本书中的一些图表和文字来自各种资料。

FreeRTOS API 函数的详细信息来源于如下所示的文档和网站，感谢 Richard Barry 先生和 Dirk Didascalou 先生允许作者在本书中使用它们。

（1） *Mastering the FreeRTOS Real Time Kernel: A Hands-On Tutorial Guide*，作者 Richard Barry，网址：https://www.freertos.org/Documentation/RTOS_book.html

（2） *The FreeRTOS V10.0.0 Reference Manual*，网址：https://www.freertos.org/Documentation/RTOS_book.html

（3） https://www.freertos.org/documentation

下面列出的插图的版权属于 mikroElektronika 公司，摘自其官方网站（www.mikroe.com）。感谢 Nebojsa Matic 先生（CEO）允许作者在本书中使用这些插图。

图 3.3、图 3.6~图 3.8、图 3.10、图 4.1~图 4.9、图 9.2、图 9.4、图 9.9、图 9.12、图 9.40、图 9.42、图 9.44、图 9.45、图 11.1、图 12.4、图 12.8、图 13.1、图 13.9、图 14.18、图 14.28、图 18.8、图 18.13、图 18.16、图 19.1、图 22.1~图 22.6、图 22.14、图 22.15、图 22.17、图 22.18、图 22.20、图 22.24~图 22.27。

下面列出的插图和表格的版权属于 STMicroelectronics 公司，摘自 STMicroelectronics 公司的在线文档"RM 0090 Reference Manual, Rev. 18, 2019"。感谢 STMicroelectronics 公司的 Michael Markowitz 先生允许作者在本书中使用这些插图和表格。

图 2.1~图 2.3、图 2.5、图 2.14、图 3.2、图 3.4、图 18.1、图 18.7、表 18.1~表 18.5。

下面给出的是另一些插图及其对应的来源，感谢版权所有者允许作者在本书中使用这些插图。

图 3.1——Pololu Robotics & Electronics, pololu.com

图 3.5——SparkFun Electronics（照片由 Juan Peña 拍摄）

图 3.9——Texas Instruments（www.ti.com）

目　录

译者序
前言
致谢

第1章　微型计算机系统　/1

1.1　概述　/1
1.2　微控制器系统　/1
 1.2.1　RAM　/4
 1.2.2　ROM　/5
 1.2.3　PROM　/5
 1.2.4　EPROM　/5
 1.2.5　EEPROM　/5
 1.2.6　flash EEPROM　/5
1.3　微控制器的特点　/6
 1.3.1　供电电压　/6
 1.3.2　时钟　/6
 1.3.3　定时器　/6
 1.3.4　看门狗　/6
 1.3.5　复位输入　/7
 1.3.6　中断　/7
 1.3.7　欠电压检测器　/7
 1.3.8　模数转换器　/7
 1.3.9　串行输入/输出　/7
 1.3.10　SPI和I^2C　/8
 1.3.11　LCD驱动器　/8
 1.3.12　模拟比较器　/8
 1.3.13　实时时钟　/8
 1.3.14　睡眠模式　/8
 1.3.15　上电复位　/8
 1.3.16　低功率运行　/9
 1.3.17　灌电流/拉电流能力　/9
 1.3.18　USB接口　/9
 1.3.19　CAN接口　/9
 1.3.20　以太网接口　/9
 1.3.21　Wi-Fi和蓝牙接口　/9
1.4　微控制器架构　/9
1.5　小结　/10
拓展阅读　/10

第2章　ARM微控制器架构　/11

2.1　概述　/11
2.2　ARM微控制器　/11
 2.2.1　Cortex-M　/13
 2.2.2　Cortex-R　/14
 2.2.3　Cortex-A　/14
 2.2.4　Cortex-M处理器对比　/14
 2.2.5　Cortex-M兼容性　/15
 2.2.6　处理器性能测量　/15
2.3　STM32F407VGT6微控制器　/16
 2.3.1　STM32F407VGT6的基本特点　/16
 2.3.2　内部模块示意图　/18
 2.3.3　供电　/20

2.3.4　低功耗模式 / 20
　　2.3.5　时钟电路 / 20
2.4　通用输入和输出 / 24
2.5　嵌套向量中断控制器 / 26
2.6　外部中断控制器 / 26
2.7　定时器 / 26
2.8　模数转换器 / 26
2.9　内置温度传感器 / 27
2.10　数模转换器 / 27
2.11　复位 / 27
2.12　电特性 / 27
2.13　小结 / 28
拓展阅读 / 28

第 3 章　ARM Cortex 微控制器开发板 / 29

3.1　概述 / 29
3.2　LPC1768 / 29
3.3　STM32 Nucleo 系列 / 29
3.4　EasyMx PRO v7 for STM32 / 30
3.5　STM32F4DISCOVERY 板 / 31
3.6　mbed 应用板 / 31
3.7　EasyMx PRO v7 for Tiva / 32
3.8　MINI-M4 for STM32 / 33
3.9　Clicker 2 for MSP432 / 34
3.10　Tiva EK-TM4C123GXL LaunchPad / 34
3.11　Fusion for ARM V8 / 35
3.12　Clicker 2 for STM32 / 35
3.13　小结 / 36
拓展阅读 / 36

第 4 章　Clicker 2 for STM32 开发板 / 37

4.1　概述 / 37
4.2　Clicker 2 for STM32 硬件 / 37
　　4.2.1　板载 LED / 38
　　4.2.2　板载按键开关 / 38
　　4.2.3　复位开关 / 38
　　4.2.4　供电 / 39
　　4.2.5　板载 mikroBUS 插座 / 39
　　4.2.6　输入/输出引脚 / 40
　　4.2.7　振荡器 / 41
　　4.2.8　板载微控制器编程 / 41
4.3　小结 / 42
拓展阅读 / 42

第 5 章　ARM 微控制器编程 / 43

5.1　概述 / 43
5.2　支持 ARM 微控制器的集成开发环境 / 43
　　5.2.1　EWARM / 43
　　5.2.2　ARM Mbed / 44
　　5.2.3　MDK-ARM / 44
　　5.2.4　TrueStudio for STM32 / 45
　　5.2.5　System Workbench for STM32 / 45
　　5.2.6　mikroC Pro for ARM / 45
5.3　小结 / 46
拓展阅读 / 46

第 6 章　使用 mikroC Pro for ARM 编程 / 47

6.1　概述 / 47
6.2　mikroC Pro for ARM / 47
6.3　通用输入/输出库 / 49
　　6.3.1　GPIO_Clk_Enable / 49
　　6.3.2　GPIO_Clk_Disable / 50
　　6.3.3　GPIO_Config / 50
　　6.3.4　GPIO_Set_Pin_Mode / 52
　　6.3.5　GPIO_Digital_Input / 53
　　6.3.6　GPIO_Digital_Output / 53
　　6.3.7　GPIO_Analog_Input / 53
　　6.3.8　GPIO_Alternate_Function_Enable / 54

6.4 存储器类型说明符 / 54
6.5 PORT 输入/输出 / 54
6.6 按位访问 / 55
6.7 bit 数据类型 / 55
6.8 中断和异常 / 55
　6.8.1 异常 / 55
　6.8.2 中断服务程序 / 56
6.9 创建新项目 / 57
6.10 仿真 / 64
6.11 调试 / 66
6.12 其他 mikroC IDE 工具 / 67
　6.12.1 ASCII 表 / 67
　6.12.2 GLCD 位图编辑器 / 68
　6.12.3 HID 终端 / 68
　6.12.4 中断助手 / 69
　6.12.5 LCD 定制字符 / 69
　6.12.6 7 段编辑器 / 69
　6.12.7 UDP 终端 / 69
　6.12.8 USART 终端 / 70
　6.12.9 USB HID bootloader / 71
　6.12.10 统计 / 71
　6.12.11 库管理器 / 72
　6.12.12 编译列表 / 73
　6.12.13 输出文件 / 73
　6.12.14 选项窗口 / 73
6.13 小结 / 74
拓展阅读 / 74

第 7 章 多任务处理简介 / 75

7.1 概述 / 75
7.2 多任务处理内核的优势 / 76
7.3 对实时操作系统的需求 / 76
7.4 任务调度算法 / 77
　7.4.1 协作调度 / 77
　7.4.2 轮询调度 / 82
　7.4.3 抢占调度 / 82
　7.4.4 调度算法的目标 / 83
　7.4.5 抢占调度与非抢占调度之间的区别 / 83
　7.4.6 其他一些调度算法 / 84
7.5 调度算法的选择 / 85
7.6 小结 / 85
拓展阅读 / 85

第 8 章 FreeRTOS 简介 / 86

8.1 概述 / 86
8.2 FreeRTOS 发行版 / 87
8.3 从 mikroElektronika 网站进行安装 / 88
8.4 编写项目文件 / 89
8.5 FreeRTOS 头文件路径与源文件路径 / 90
8.6 编译器大小写敏感 / 91
8.7 编译模板程序 / 92
8.8 小结 / 92
拓展阅读 / 92

第 9 章 使用 FreeRTOS 函数 / 93

9.1 概述 / 93
9.2 FreeRTOS 数据类型 / 93
9.3 FreeRTOS 变量命名 / 94
9.4 FreeRTOS 函数命名 / 94
9.5 常用宏定义 / 94
9.6 任务状态 / 94
9.7 与任务相关的函数 / 96
　9.7.1 创建新任务 / 96
　9.7.2 延迟任务 / 97
　9.7.3 项目 1——让 LED 每秒闪烁 1 次 / 97
　9.7.4 项目 2——让一个 LED 每秒闪烁 1 次，另一个 LED 每 200ms 闪烁 1 次 / 100
　9.7.5 挂起任务 / 102

9.7.6 让挂起的任务恢复执行 / 102
9.7.7 项目 3——挂起和恢复任务 / 103
9.7.8 删除任务 / 105
9.7.9 项目 4——让 LED 闪烁并删除任务 / 105
9.7.10 获取任务句柄 / 107
9.7.11 定时执行 / 108
9.7.12 滴答计数 / 108
9.7.13 项目 5——利用函数 vTaskDelayUntil() 让 LED 闪烁 / 108
9.7.14 任务优先级 / 110
9.7.15 项目 6——让 LED 闪烁和切换不同优先级的按键开关 / 111
9.7.16 项目 7——获取/设置任务优先级 / 113
9.8 使用液晶显示屏 / 114
9.8.1 HD44780 LCD 模块 / 115
9.8.2 连接 LCD 与 Clicker 2 for STM32 开发板 / 116
9.8.3 LCD 函数 / 116
9.8.4 项目 8——在 LCD 上显示文本 / 117
9.9 任务名称、任务数量及滴答计数 / 119
9.10 项目 9——在 LCD 上显示任务名称、任务数量及滴答计数 / 120
9.11 转而执行另一个优先级相同的任务 / 122
9.12 取消延迟 / 123
9.13 项目 10——7 段 2 位多路复用 LED 显示屏计数器 / 123
9.14 项目 11——7 段 4 位多路复用 LED 显示屏计数器 / 129
9.15 项目 12——7 段 4 位多路复用 LED 显示屏事件计数器 / 135
9.16 项目 13——交通灯控制器 / 136
9.17 项目 14——改变 LED 闪烁频率 / 144

9.18 项目 15——通过 USB 串口向 PC 发送数据 / 148
9.19 项目 16——用 PC 键盘改变 LED 闪烁频率 / 154
9.20 任务列表 / 156
9.21 项目 17——在 PC 屏幕上显示任务列表 / 157
9.22 任务信息 / 159
9.23 项目 18——在 PC 屏幕上显示任务信息 / 160
9.24 任务状态 / 162
9.25 项目 19——在 PC 屏幕上显示任务状态 / 163
9.26 任务参数 / 165
9.27 小结 / 165
拓展阅读 / 165

第 10 章 队列管理 / 166

10.1 全局变量概述 / 166
10.2 为何是队列 / 166
10.3 创建队列并利用队列发送和接收数据 / 167
10.4 项目 20——用 PC 键盘改变 LED 闪烁频率 / 169
10.5 删除队列、为队列命名、重置队列 / 172
10.6 项目 21——使用各种队列函数 / 173
10.7 其他一些队列函数 / 175
10.8 项目 22——开关式温度控制器 / 176
10.9 小结 / 185
拓展阅读 / 185

第 11 章 信号量和互斥量 / 186

11.1 概述 / 186
11.2 创建二进制信号量和互斥量 / 187
11.3 创建计数型信号量 / 187

11.4 删除信号量并获取信号量计数 / 188
11.5 释放和占用信号量 / 188
11.6 项目 23——向 PC 发送内部和外部温度数据 / 189
11.7 小结 / 194
拓展阅读 / 194

第 12 章 事件组 / 195

12.1 概述 / 195
12.2 事件标志和事件组 / 195
12.3 创建和删除事件组 / 196
12.4 设置、清除、等待事件组位以及获取事件组位 / 196
12.5 项目 24——向 PC 发送内部和外部温度数据 / 198
12.6 项目 25——控制 LED 的闪烁 / 202
12.7 项目 26——基于 GPS 的项目 / 205
12.8 小结 / 212
拓展阅读 / 212

第 13 章 软件定时器 / 213

13.1 概述 / 213
13.2 创建、删除、启动、停止和重置定时器 / 214
13.3 修改和获取定时器周期 / 216
13.4 定时器名称和 ID / 217
13.5 项目 27——反应定时器 / 217
13.6 项目 28——生成方波 / 220
13.7 项目 29——事件计数器（例如频率计数器）/ 222
13.8 小结 / 225
拓展阅读 / 225

第 14 章 一些示例项目 / 226

14.1 概述 / 226
14.2 项目 30——生成频率可调节的方波 / 226
14.3 项目 31——扫频波形发生器 / 230
14.4 项目 32——RGB 灯光控制器 / 233
14.5 项目 33——带键盘的家庭报警系统 / 236
14.6 项目 34——带蜂鸣器的超声波泊车 / 244
14.7 项目 35——步进电机项目 / 251
14.8 项目 36——与 Arduino 通信 / 262
14.9 小结 / 267
拓展阅读 / 267

第 15 章 空闲任务和空闲任务钩子 / 268

15.1 概述 / 268
15.2 空闲任务 / 268
15.3 空闲任务钩子函数 / 268
15.4 项目 37——显示空闲处理器时间 / 269
15.5 小结 / 271
拓展阅读 / 271

第 16 章 任务通知 / 272

16.1 概述 / 272
16.2 xTaskNotifyGive() 和 uITask-NotifyTake() / 273
16.3 项目 38——收到通知后开始让 LED 闪烁 / 274
16.4 xTaskNotify() 和 xTask-NotifyWait() / 276
16.5 项目 39——收到通知后以不同的频率闪烁 / 277
16.6 xTaskNotifyStateClear() 和 xTaskNotifyQuery() / 280
16.7 小结 / 281
拓展阅读 / 281

第 17 章　临界区 / 282

17.1　概述 / 282

17.2　项目 40——临界区（共享 UART）/ 282

17.3　挂起调度程序 / 287

17.4　项目 41——挂起调度程序 / 287

17.5　小结 / 287

拓展阅读 / 287

第 18 章　基于 Cortex-M4 的微控制器中的中断 / 288

18.1　概述 / 288

18.2　通常意义下的中断 / 288

18.3　STM32F407 的中断 / 289

18.4　项目 42——基于事件计数器的外部中断 / 294

18.5　项目 43——多个外部中断 / 297

18.6　内部中断（定时器中断）/ 300

18.7　项目 44——利用定时器中断生成波形 / 301

18.8　项目 45——同时使用外部中断与定时器中断 / 304

18.9　小结 / 306

拓展阅读 / 306

第 19 章　在中断服务程序中调用 FreeRTOS API 函数 / 307

19.1　概述 / 307

19.2　xHigherPriorityTaskWoken 参数 / 307

19.3　延迟中断处理 / 308

19.4　从 ISR 中调用任务相关函数 / 308

19.4.1　taskENTER_CRITICAL_FROM_ISR 和 taskEXIT_CRITICAL_FROM_ISR() / 308

19.4.2　xTaskNotifyFromISR() / 308

19.4.3　xTaskNotifyGiveFromISR() / 309

19.4.4　xTaskResumeFromISR() / 309

19.5　项目 46——使用 xTaskResumeFromISR() 函数 / 309

19.6　项目 47——延迟中断处理 / 312

19.7　项目 48——使用 xTaskNotifyFromISR() 函数 / 314

19.8　从 ISR 中调用事件组相关函数 / 317

19.8.1　xEventGroupSetBitsFromISR() / 317

19.8.2　xEventGroupClearBitsFromISR() / 317

19.9　项目 49——使用 xEventGroupSetBitsFromISR() 函数 / 317

19.10　从 ISR 中调用定时器相关函数 / 320

19.10.1　xTimerStartFromISR() / 320

19.10.2　xTimerStopFromISR() / 320

19.10.3　xTimerResetFromISR() / 321

19.10.4　xTimerChangePeriodFromISR() / 321

19.11　项目 50——使用 xTimerStartFromISR() 和 xTimerChangePeriodFromISR() 函数 / 321

19.12　从 ISR 中调用信号量相关函数 / 324

19.12.1　xSemaphoreGiveFromISR() / 324

19.12.2　xSemaphoreTakeFromISR() / 324

19.13　项目 51——使用 xSemaphoreTakeFromISR() 和 xSemaphoreGive() 函数 / 325

19.14　从 ISR 中调用队列相关函数 / 327

19.14.1　xQueueReceiveFromISR() / 327

19.14.2　xQueueSendFromISR() / 327

19.15　项目 52——使用 xQueueSendFromISR() 和 xQueueReceive() 函数 / 327

19.16　小结　/ 329
拓展阅读　/ 330

第 20 章　停车场管理系统　/ 331

20.1　概述　/ 331
20.2　项目 53——停车场控制　/ 331
拓展阅读　/ 343

第 21 章　不同城市的时间　/ 344

21.1　概述　/ 344
21.2　项目 54——时间项目　/ 344
拓展阅读　/ 351

第 22 章　移动机器人项目：Buggy　/ 352

22.1　概述　/ 352
22.2　Buggy　/ 352
22.3　车轮电机　/ 354
22.4　灯光　/ 357
22.5　项目 55——控制 Buggy 灯光　/ 358
22.6　项目 56——控制 Buggy 电机　/ 360
22.7　项目 57——Buggy 避障　/ 364
22.8　项目 58——远程控制 Buggy　/ 375
拓展阅读　/ 384

附录

附录 A　数字系统　/385
附录 B　程序描述语言　/403

缩略语　/ 410

第 1 章 微型计算机系统

1.1 概述

微型计算机这个术语用于描述一种至少包括微处理器、程序存储器、数据存储器和输入/输出（I/O）的数字处理系统。还有些微型计算机系统包含其他元件，例如，定时器、计数器、模数转换器等。因此，微型计算机系统可以涵盖从具有硬盘、光驱、固态硬盘、打印机和绘图仪的大型计算机到单片嵌入式处理器的任何计算机系统。

在本书中，我们仅仅讨论这类由单个硅芯片组成的微型计算机。这种微型计算机也称为微控制器，它们被大量使用于家用设备中，例如，微波炉、电视遥控器、炊具、高保真音响设备、CD 播放器、个人计算机、电冰箱、游戏主机等。市场上也存在多种多样的微控制器，从 8 位到 32 位甚至是 64 位的。在本书中，我们将针对 STMicroelectronics 公司的 32 位 STM32 系列微控制器进行编程和系统设计。STM32 系列基于非常流行的 ARM 处理器架构，我们将在第 2 章阐述。在本章中，我们将介绍微控制器系统的特点和基本组成结构。

1.2 微控制器系统

微控制器是单片计算机。微表示设备很小，控制器表示设备能用于控制程序。微控制器的另一个常用术语是嵌入式控制器，因为大部分微控制器都被安装到（或者嵌入）它们所控制的设备中。

微处理器与微控制器（或者微型计算机）在很多方面都不尽相同。最主要的区别就是微处理器需要其他元件来辅助运行，例如，程序存储器、数据存储器、输入/输出设备、时钟电路、中断电路等。而微控制器将所有辅助芯片全部集成到单个芯片中。所有的微处理器和微控制器都能运行存储于程序存储器中的指令集（或者用户程序）。微控制器从程序存储器中依次取出指令、解析指令并执行所需的操作。

微处理器和微控制器通常都能使用目标设备的汇编语言进行编程。尽管汇编语言运行速度快、占用存储单元少，但是也存在几个重要缺点。汇编语言程序由助记符组成，使用汇编语言编程是难以学习和维护的。另外，不同公司生产的微控制器使用不同的汇编语言，这就使得用户为项目使用新的微控制器时还需要学习新的汇编语言。微控制器也可以使用高级语言进行编程，例如 BASIC、PASCAL、C 等。高级语言有着许多优点：高级语言比汇编语言更容易学习；使用高级语言编写又大又复杂的程序也更简单；使用高级语言编写的程序也更容易维护；通过简单修改或者不修改源码，使用高级语言编写的程序就能方便地在不同的微控制器上运行。本书中，我们将使用流行的 mikroC Pro for ARM 语言在 mikroElektronika（www.mikroe.com）开发的 IDE 上学习 STM32 系列微控制器编程。

在大多数基于微控制器的应用中，微控制器都是用于单个任务，例如，控制电机、控制温度、湿度或气压、控制 LED 开合、响应外部的开关等。在本书中，我们饶有兴趣地将微控制器用于实时系统以及多任务应用中。实时应用有别于普通应用，它需要微控制器能做出极其快速的响应。例如在位置控制应用中，当输入条件变化时，微控制器可能需要尽快停止电机。或者，在数字信号处理应用中，处理器需要高速响应输入信号的变化。在多任务应用中，几个相关任务在单个微控制器上运行，这些任务共享 CPU 时间和微控制器资源。调度程序运行于后台，确保任务正常运行和应用按需共享 CPU。在本书的项目中，将使用非常流行的 FreeRTOS 实时多任务内核。本书将详述 FreeRTOS 的操作，并给出示例项目，说明在实际应用中如何使用各种 FreeRTOS 所支持的功能。许多经过测试和正在使用的项目将在本书的最后几章给出。

一般来说，单个芯片就能满足运行微控制器系统的全部需求。然而，在实际应用中，可能还需要几个额外的外部元件使微型计算机与环境交互。这样生成的系统通常被称为微控制器开发套件（或者微控制器开发板）。微控制器开发套件极大简化程序开发工作，因为一些必要的项目已经使用硬件套件完成开发并通过了厂商检测。

微控制器基本上从程序存储器载入用户程序并运行。在程序的控制下，从外部设备接收数据（输入），处理，然后发送给外部设备（输出）。举例来说，在基于微控制器的烤箱温度控制系统中，微控制器通过外部温度传感器读取温度，然后再操作加热器或者风扇来控制和保持设定的温度。图 1.1 是简单的烤箱温度控制系统的结构图。

图 1.1 所示的系统是一个非常简单的温度控制系统，微控制器运行在无穷循环之中，唯一的任务就是控制烤箱的温度。在此简单系统中，设定的温度点通常在软件中预设，程序运行时不可修改。这是仅有一个任务的系统示例。在稍复杂的系统中，我们还可能增加按键用于在程序运行时设置温度，增加 LCD 用于显示当前温度和设定的温度点。图 1.2 是此稍复杂的烤箱温度控制系统的结构图。图 1.2 所示的系统是多任务系统，在微控制器中运行多个任务并且共享 CPU 和系统资源。这里，一个任务是控制温度，同时另一个任务是响应按键输入。

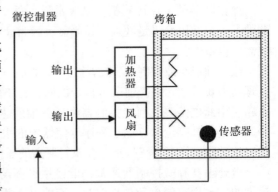

图 1.1 基于微控制器的烤箱温度控制系统的结构图

我们可以设计得更复杂，当温度超过所需的设定值时增加声音报警，如图 1.3 所示。还可以每秒钟向 PC 发送读取到的温度值，用于存档和进一步处理。例如，可以在 PC 上绘制每日温度变化曲线。系统还可以设计得更复杂精妙，如图 1.4 所示。如果增加 Wi-Fi 功能，那么我们就能在世界任何地方远程监控温度。如同你看到的一样，由于微控制器是可编程的，实现我们喜欢的简单的或者复杂的最终系统都是非常容易的。从这个简单的示例可以明显看出，随着系统变得越来越复杂，有必要将系统划分成几个相关任务，然后使用多任务内核实现所需的控制和同步任务。

微控制器可以按照所处理的数据位数来划分。尽管 8 位微控制器在过去非常流行，但现在诸如 STM32 系列这样的 32 位微控制器应用得越来越广泛，尤其是在需要高速度、高精度、大量数据和程序存储器以及许多其他资源的情况下。

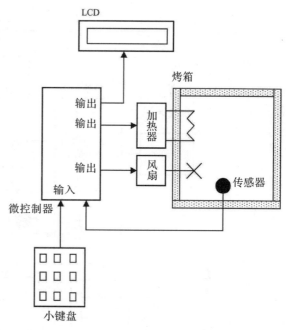

图 1.2　稍复杂的烤箱温度控制系统

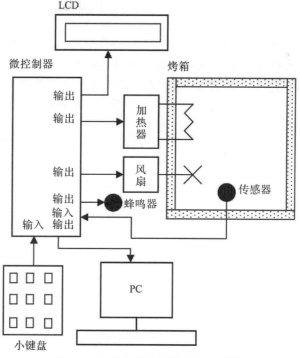

图 1.3　更复杂的烤箱温度控制系统

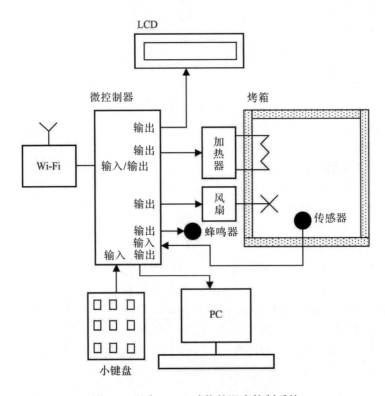

图 1.4 具有 Wi-Fi 功能的温度控制系统

最简单的微控制器架构包含了微处理器、存储器和输入/输出。微处理器由中央处理单元（CPU）和控制单元（CU）组成。CPU 是微处理器的大脑，运行所有的算术和逻辑运算。CU 控制微处理器的内部操作，发送控制信号到微控制器的其他部分来执行指令。例如，在简单加法操作中，CU 从存储器读取数据，并将其载入算术和逻辑单元以便执行加法运算。在 CU 的控制下运算结果又被送回存储器。

存储器是所有微控制器系统的重要部分。根据使用类型的不同，我们可以将存储器划分为两类：程序存储器和数据存储器。程序存储器存储编程器写入的程序，通常是非易失的，即断电后数据不会丢失。数据存储器存储程序所使用的临时数据，通常是易失的，即断电后数据会丢失。

以下是六种典型的存储器。

1.2.1 RAM

RAM 是随机访问存储器。它是通用存储器，通常存储程序中的用户数据。RAM 是易失的，这就意味着断电时不能保留数据，即断电后数据会丢失。大部分微控制器都有一定容量的内部 RAM，虽然通常有几 MB，但是有些微控制器的 RAM 比较大，有些比较小。有些微控制器还能通过增加额外存储芯片来扩展可用的 RAM 存储器。

1.2.2 ROM

ROM 是只读存储器。这种类型的存储器通常保存程序或者用户常量数据。ROM 是非易失的。当 ROM 断电后重新上电时，依然能保留原先的数据。厂商在生产过程中对 ROM 存储器进行编程，用户无法改变其内容。当你开发完成程序而且对其运行完全满意又希望复制数千套时，ROM 存储器就大有用处了。

1.2.3 PROM

PROM 是可编程只读存储器。终端用户能够使用 PROM 编程器对此类 ROM 进行编程。一旦 PROM 被编程，其内容就无法修改。PROM 通常用于仅需要几片 PROM 存储器的低生产应用。

1.2.4 EPROM

EPROM 是可擦除可编程只读存储器。EPROM 与 ROM 有些相似，但可以使用合适的编程设备对其进行编程。EPROM 存储器芯片顶部有一块小的透明玻璃窗，在紫外灯的照射下可以擦除内部数据。一旦存储器被编程，就可以使用黑色胶布覆盖窗口来防止意外删除数据。EPROM 在重新编程之前需要擦除数据。以前，业内生产过众多具有 EPROM 的微控制器开发版本，这样可以存储用户程序。近来，这些存储器已经被闪存替代。EPROM 存储器可以擦除再编程直到用户满意为止。有些版本的 EPROM，被称为 OTP（一次编程），可以使用合适的编程器进行编程，但是无法擦除。OTP 成本远低于 EPROM。当项目开发完成并且需要存储器芯片进行大量复制时，可以采用 OTP。

1.2.5 EEPROM

EEPROM 是电可擦除可编程只读存储器，也是非易失的存储器。使用合适编程器可以擦除和重新编程这种存储器。EEPROM 用于保存配置信息、最大值、最小值、验证信息、密码等。EEPROM 存储器通常速度较慢，而且价格比其他 EPROM 芯片要高得多。现在许多微控制器提供一定容量的片上 EEPROM 存储器。

1.2.6 flash EEPROM

这是另一种版本的 EEPROM 类型存储器。这种存储器在微控制器应用中使用广泛，常用于存储用户程序。flash EEPROM 是非易失的而且速度非常快。使用合适的编程器可以擦除和重新编程数据。有些微控制器只有几 KB 容量的 flash EEPROM，而有些有几 MB 甚至更大。现在所有的微控制器都内置 flash EEPROM 存储器。

1.3 微控制器的特点

不同厂商的微控制器具有不同的架构和功能。有些可能适用于一种特殊的应用，而其他的可能完全不适用这种应用。本节归纳了微控制器的基本硬件特点。

1.3.1 供电电压

大部分微控制器能工作于标准逻辑电压 +5V 或者 +3.3V。有些可以工作于低至 +2.7V 的电压，有些可以兼容 +6V 电压而不会出现任何问题。你应该查看厂商的数据资料，确定供电电压的范围。

当设备使用电源适配器或者电池工作时，常常使用稳压电路来提供所需的供电电压。例如，如果微控制器工作在 +9V 供电（例如电池）下，就需要 +3.3V 的稳压电路。

1.3.2 时钟

所有微控制器的运行都需要时钟（或者晶振）。时钟通常由与微控制器连接的外部定时设备提供。通过连接一个晶振和两个小电容，大部分微控制器都能生成时钟信号。有些微控制器能工作于谐振器或者外部电阻-电容组，还有些内置定时电路，不需要任何外部定时元件。如果应用不是时间敏感的，那么可以使用外部或者内部（如果有）电阻-电容定时元件简化设计和降低成本。对于那些需要精确定时的应用，推荐使用外部晶振来生成定时脉冲。指令的运行过程是，先从存储器取指，然后解析。这通常需要花费数个时钟周期，称为指令周期。STM32 系列微控制器可以在高达 168MHz 的时钟上工作。

1.3.3 定时器

定时器是所有微控制器系统的重要组成部分。定时器本质上是一个计数器，通过外部时钟脉冲或者微控制器的内部晶振来驱动。定时器可以是 8 位、16 位或者 32 位的。有些微控制器只有几个定时器，而有些则有十个甚至更多个定时器。在程序控制下，数据可以被载入定时器，定时器也可以停止或者启动。大部分定时器可以设置为计数到某个值（通常是向上溢出或者向下溢出）时生成内部中断。这些中断可以被用户程序用于执行微控制器内部精确定时操作。

有些微控制器提供一个或多个捕获比较设施。当发生外部事件时，定时器可以读取计数值，还可以将计数值与预设值相比较，当达到预设值时生成中断。

1.3.4 看门狗

大部分微控制器都至少有一个看门狗设施。看门狗就是由用户程序刷新的定时器，如果程序未能刷新看门狗，将生成复位信号。看门狗定时器用于检测诸如程序进入死循环这样的系统错误。看门狗是一个安全功能，用于防止程序跑飞和终止微控制器执行毫无意义的代码。看门狗通常用于实时系统，其中需要连续监测一个或者多个活动是否正常结束。

1.3.5 复位输入

复位输入常用于外部复位微控制器。复位能使微控制器进入一种确定状态，通常会从程序存储器的地址 0 开始运行。外部复位功能通常是将按键开关连接到复位输入上来实现的，这样当按键按下时微控制器就会复位。

1.3.6 中断

中断是微控制器非常重要的概念。中断能使微控制器以极高的速度响应外部和内部（例如定时器）事件。当中断发生时，微控制器暂停当前程序运行的正常流程，跳转到程序的特殊部分，这部分被称为中断服务程序（Interrupt Service Routine，ISR）。ISR 内部程序运行完毕并返回后，程序继续执行原先的正常流程。

ISR 开始于程序存储器中的固定地址，这些地址也称为中断向量地址。有些具有多中断功能的微控制器只有一个中断向量地址，而有些微控制器为每个中断源单独设置中断向量地址。中断是可以嵌套的，这样新的中断可以暂停执行中的中断。具有多中断功能的微控制器有着另一个重要特点，那就是可以对不同中断源指定不同的优先级，并且高优先级中断可以从低优先级中断抢占 CPU。

1.3.7 欠电压检测器

欠电压检测器在许多微控制器中也相当普遍，如果供电电压低于最小值时就会复位微控制器。欠电压检测器是一种安全措施，可以用于防止电压过低时产生不可预见的后果，特别是能保护 EEPROM 类型存储器的数据。

1.3.8 模数转换器

模数转换器（ADC）可用于将类似电压这样的模拟信号转换为数字形式，以便微控制器读取和处理。现在的大多数微控制器都内置模数转换器。当然所有微控制器也可以连接外部模数转换器。模数转换器通常是 10 位或者 12 位，具有 1024~4096 个量化区间。

模数转换过程必须由用户程序来启动，完成一次转换需要花费数百毫秒。转换完成时，模数转换器常常产生中断，以便用户程序能尽快地读取转换值。模数转换器广泛用于控制和监测应用，这是因为现实生活中绝大多数传感器（如温度传感器、压力传感器、力传感器等）都采用模拟电压输出。

1.3.9 串行输入 / 输出

串行通信（也称为 RS232 通信）能够通过串行电缆将微控制器与另一个微控制器或者 PC 连接起来。有些微控制器有内部集成用于实现串行通信接口的硬件，被称为 USART（Universal Synchronous-Asynchronous Receiver-Transmitter，通用同步异步收发器）。用户程序能设置波特率和数据形式。就算是没有提供任何串行输入 / 输出硬件，通过软件使微控制器 I/O 口具备串行数据通信功能也是易于实现的。

最初的 RS232 协议是基于使用 ±12V 逻辑信号电平的。而今基于 TTL 电平的 RS232 信号也被大量使用，这既保留了最初的数据传输协议，又将逻辑信号电平降低至 ±5V 或者 ±3.3V 以兼容微控制器的输入电平。

1.3.10　SPI 和 I²C

现在，大部分微控制器都具有 SPI（Serial Peripheral Interface，串行外设接口）和 I2C（集成内部连接）接口。SPI 和 I²C 协议主要用于基于多传感器和多执行器的应用中，以便接收大量传感器的数据或者启动执行器。

1.3.11　LCD 驱动器

LCD 驱动器可使微控制器直接连接外部 LCD 显示屏。这些驱动器并不常用，因为使用通用微控制器的软件也能实现这些驱动器的大部分功能。

1.3.12　模拟比较器

模拟比较器模块用于比较两个外部模拟电压。这些模块通常包含在大多数中高端微控制器中。

1.3.13　实时时钟

实时时钟（Real-Time Clock，RTC）能使微控制器具有连续不断的、独立于处理器的绝对日期和时间信息。大部分微控制器都不会内置实时时钟模块，因为通过使用精确的实时时钟芯片或者编写程序来实现实时时钟是相当简单的。STM32 系列微控制器提供了内部实时时钟模块。

1.3.14　睡眠模式

有些微控制器提供了电源管理功能，例如内置睡眠模式。通过执行指令可以让微控制器进入该模式，在此模式下，微控制器停止内部晶振，并将功耗降低到极低的水平。使用睡眠模式的主要原因是当微控制器没有进行有用的工作时，保持电池电量。通常使用外部复位或者看门狗超时来唤醒睡眠中的微控制器。

1.3.15　上电复位

有些微控制器内置上电复位电路，能在所有内部电路正确完成初始化前确保微控制器处于复位状态。这个功能非常有用，可以保证上电时微控制器从已知的状态启动。该功能也可以提供外部复位，当按下外部按钮时，微控制器可以复位。

1.3.16 低功率运行

对于使用电池工作的采用微控制器的便携式应用来说，低功率运行特别重要。有些微控制器采用 5V 供电时工作电流不大于 2mA，采用 3V 供电时电流约为 15μA。而其他微控制器，尤其在基于微处理器的多芯片的系统中，可能消耗数百毫安甚至更多的电流。

1.3.17 灌电流 / 拉电流能力

在连接外部设备到微控制器之前，了解微控制器输入 / 输出端口的灌电流 / 拉电流能力是非常重要的。一般来说，通过连接晶体管开关电路或者继电器到输出端口可以增加电流能力。

1.3.18 USB 接口

USB 是当前非常流行的计算机接口标准，常用于连接不同外设到计算机或者微控制器。有些微控制器提供 USB 端口作为与其他 USB 兼容设备的接口，例如 PC。STM32 系列微控制器开发系统就提供 USB 接口，使其能连接 PC 进行编程操作。

1.3.19 CAN 接口

CAN 总线是非常流行的总线系统，主要用于自动化设备。有些微控制器提供内置的 CAN 模块，以便于连接到其他 CAN 兼容设备。如果内置 CAN 模块不可用，还可以将外部 CAN 模块连接到 I/O 端口。

1.3.20 以太网接口

有些微控制器提供以太网接口功能，使得基于网络的应用能直接连接以太网。

1.3.21 Wi-Fi 和蓝牙接口

有些微控制器提供 Wi-Fi 和蓝牙模块，能够方便地连接到 Wi-Fi 路由器或者与其他蓝牙设备通信，例如 PC 或者移动电话。

1.4 微控制器架构

微控制器通常具有两种架构（如图 1.5 所示）：冯·诺依曼架构和哈佛架构。冯·诺依曼架构被大量的微控制器所采用，其所有存储器空间都使用同一条总线和指令，而数据使用另一条总线。在哈佛架构中，代码和数据分用不同的独立总线，允许同时获取代码和数据，这能提高性能并简化芯片设计。

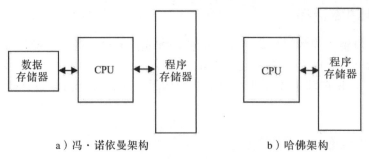

a）冯·诺依曼架构　　　　　　　b）哈佛架构

图 1.5　冯·诺依曼架构和哈佛架构

精简指令集计算机和复杂指令集计算机

精简指令集计算机（Reduced Instruction Set Computer，RISC）和复杂指令集计算机（Complex Instruction Set Computer，CISC）是指微控制器的指令集。在 8 位 RISC 微控制器中，数据是 8 位的，但是指令字多于 8 位（通常是 12 位、14 位或者 16 位），指令在程序存储器中占用一个字。指令的取值和运行就只占用 1 个周期，这样提高了性能。

在 CISC 微控制器中，数据和指令都是 8 位的。CISC 微控制器通常拥有超过 200 条指令。由于数据和代码在同一条总线上，因此不能同时取得。

1.5　小结

本章我们说明了微处理器和微控制器的主要区别，还简要介绍了各种典型微控制器的基本元件。

在第 2 章中，我们将简要介绍 ARM 系列微控制器的架构，重点关注十分流行的 STM32F407 系列 ARM 微控制器。本书中的所有项目都是基于这款微控制器实现的。

拓展阅读

[1] D. Ibrahim, Advanced PIC Microcontroller Projects in C, Newnes, Oxford, UK, (2008) ISBN: 978-0-7506-8611-2.
[2] R. Toulson, T. Wilmshurst, Fast and Effective Embedded Systems Design, Newnes, Oxford, UK, (2017) ISBN: 978-0-08-100880-5.
[3] D. Ibrahim, Designing Embedded Systems With 32-Bit PIC Microcontrollers and MikroC, Newnes, Oxford, UK, (2014) ISBN: 978-0-08-097786-7.
[4] G. Grindling, B. Weiss, Introduction to Microcontrollers, 2007. Available from: https://ti.tuwien,ac.at/ecs/teaching/courses/mclu/theory-material/Microcontroller.pdf.

第 2 章
ARM 微控制器架构

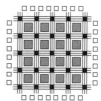

2.1 概述

在将微控制器用于项目之前，学习其基本架构、优缺点和限制是非常重要的。当使用汇编程序时这些就会更重要了。如果使用高级语言编程，了解基本内部模块框图和输入/输出结构依然十分重要。在本书的所有项目中，我们将使用十分常用的 32 位 ARM 结构的 STM32F407VGT6 微控制器，使用 mikroC Pro for ARM 的高级语言。此微控制器是 STM32 系列微控制器中的一种。本章给出微控制器架构的主要说明和基本特点，以便简单高效地开发项目。

时钟配置和输入/输出端口对于每个微控制器都是重要的元件，几乎可用于所有项目。因此，这些将在本章中详细描述。

2.2 ARM 微控制器

不同的公司生产了超过一千种不同类型的微控制器。当用户面对众多选择时，针对特殊应用选择最佳的微控制器变得相当困难。首先，这些选择依赖于许多因素，例如：

- 价格
- 速度
- 功耗
- 工作电压
- 尺寸
- 数据宽度（8 位、16 位、32 位）
- 程序和数据存储器容量
- 通用数字输入/输出端口数量
- 模数转换器（ADC）端口数量和精度
- 数模转换器（DAC）端口数量和精度
- 中断支持
- 定时器数量和精度
- UART 支持
- 特殊总线支持（I^2C、SPI、CAN、USB 等）

- 可用的开发板
- 可用的编译器、仿真器、调试器和编程器（例如集成开发环境）
- 可用的硬件和软件支持
- 可用的通用外部设备和元件的兼容性（例如传感器、执行器、Wi-Fi 模块、蓝牙模块等）
- 选择的微控制器的可用性
- 选择的微控制器的可靠性（例如温度范围、震动冲击条件、失效率等）

例如，如果将微控制器用于电池供电的儿童玩具中，那么低成本和低功耗是两个十分重要的需求。在此应用中，并不需要高性能，除非玩具是快速图形游戏机。如果另一种微控制器用于飞行控制设备，那么在做决定时，性能、可靠性和数据宽度是非常重要的考虑因素。同样地，可靠性、安全性和功耗是便携式医疗应用的重要因素。在使用图形显示和键盘的游戏应用中，超高速和低功耗是两个非常重要的因素。如果应用是对医药工厂的温度进行控制，那么可靠性、ADC 和 DAC 精度、定时器参数、中断参数可能就是重要因素。在大多数娱乐型应用中，大家通常可以选择满足以下要求的通用微控制器：低成本、合理的速度、足够的输入/输出端口数量、足够的 ADC 和 DAC 数量，以及支持例如 SPI 和 I^{2}C 的特殊总线模块。尺寸、存储器容量、定时器支持、中断支持、数据宽度和工作电压反而不是重要因素，因为几乎所有的微控制器都能满足要求。一般来说，随着时钟速度的提高，功耗和价格也会随之提高。这就要求在针对特殊应用选择微控制器时必须权衡利弊。

ARM 设计用于高性能和低成本的 32 位微控制器已经超过 20 年了。在最近的几年里，ARM 也开始为 32 位系统提供 64 位的设计。重要的是要知道，ARM 不生产或者销售任何处理器和芯片。事实上，ARM 设计核心处理器结构，通过将设计授权给不同芯片厂商来赚钱。芯片厂商使用核心 ARM 处理器（核心 CPU）并将自己的外设集成进来实现完整的微控制器。例如，厂商将存储器模块、输入/输出、中断模块、定时器模块、ADC 和 DAC 等增加到核心 CPU 处理器中，实现了完整的工作微控制器。ARM 核心架构不包括图形控制器、无线连接或者其他形式的外设模块。ARM 向第三方公司生产的每片芯片收取专利费。使用过 ARM 核心 CPU 处理器的公司包括 Atmel、Broadcom、苹果、Freescale 半导体、Analog Devices、德州仪器、NXP、三星电子、Nvidia、Qualcomm、Renesas、STMicroelectronics 等众多公司。

ARM 源于 Acorn Computers 公司，Acorn 在 20 世纪 80 年代开发了第一款用于个人计算机的 Acorn RISC 机器（Acorn RISC Machine，ARM）。第一款 ARM 处理器是协处理器模块，用于老旧的著名的 BBC Micro 系列。在未能从市场上找到合适的高性能微处理器芯片之后，Acorn 决定设计并使用自己的处理器。在 1990 年，Acorn 的研究部组建了 ARM 公司，现在被称为 ARM 控股公司，总部位于英国剑桥，被日本电信公司软银集团所拥有。在 2010 年，ARM 占据的市场份额超过了智能手机市场的 95%、移动计算机市场的 10%、智能电视市场的 35%。在 2014 年，全世界生产的采用 ARM 核心处理器的芯片超过 500 亿片。

ARM 核心处理器的主要特点是低功耗，这使其成为电池供电的便携式应用的理想处理器。现在，几乎所有的移动电话都将 ARM 核心处理器作为主 CPU。近年来，十分流行的树莓派（Raspberry Pi）单板计算机的所有 CPU 都使用 ARM 处理器。低功耗、小尺寸和低成本使 ARM 成为嵌入式应用的理想处理器。ARM 处理器基于被称为 Thumb 的指令集。该指令集使用 32 位指令并将其压缩成 16 位，这样就能降低硬件尺寸和整体成本。尽管 Thumb 易于学习和使用，但是几乎所有应用都使用高级语言，例如 C、C++、Python 等。为了显著增加处理能力，处理器内部使用复杂的多级流水线架构。

ARM 处理器具有 RISC 架构，在指令集中仅使用很小数量的指令。相较于 CISC 架构，RISC 移除了一些不太重要且不常使用的指令，有着更高的速度，而且优化了的数据方法也带来了优秀的性能。

在过去的几十年里，ARM 开发了许多 32 位处理器。大约在 2003 年，ARM 决定通过开发全新系列的高性能处理器以提高市场占用率。这些处理器的目标是基于通用微控制器的工业、家用和消费者市场应用。因此，非常受欢迎的 Cortex 系列微处理器就被开发出来了。根据核心处理器的处理能力和复杂度，该类处理器被划分为 3 个系列：Cortex-M、Cortex-R 和 Cortex-A。下面将详细介绍这些系列的处理器。

2.2.1 Cortex-M

Cortex-M 系列特别针对相对饱和的 MCU 市场，已经存在多种多样的微控制器。此系列最早发布于 2004 年，而且马上就流行起来。自从被引入以来，Cortex-M 已经成为市场上最流行的 32 位微控制器，可以说它已经成为业界标准的微控制器。Cortex-M 主要有 5 个处理器系列：Cortex-M7，Cortex-M4，Cortex-M3，Cortex-M0 和 Cortex-M0+。各系列详细描述如下。

2.2.1.1 Cortex-M7

这是最高性能的 Cortex-M 处理器。由于内置浮点单元，降低了功耗，因此能延长电池寿命。该处理器使用带有分支预测的 6 级流水线。性能为 3.23DMIPS/MHz，功耗为 33μW/MHz。

2.2.1.2 Cortex-M4

Cortex-M4 使用了 ARMv7-M 架构，是具有 DSP 和高速浮点计算能力的高性能微控制器。该处理器使用 3 级流水线，性能是 1.95DMIPS/MHz，时钟频率最高可达 200MHz。处理器功耗为 32.82μW/MHz。该系统使用 Thumb-2 指令集，具有执行 DSP 算法和浮点操作的特殊指令。如果应用需要浮点运算，那么 Cortex-M4 可能是最佳选择之一。本书使用的 STM32F407 微控制器就是基于 Cortex-M4 架构的。

2.2.1.3 Cortex-M3

Cortex-M3 也使用了 ARMv7-M 架构，其架构与 Cortex-M4 非常相似。Cortex-M3 的性能和时钟速度稍稍低于 Cortex-M4。Cortex-M3 的性能是 1.89 DMIPS/MHz，功耗为 31μW/MHz。

Cortex-M4 与 Cortex-M3 的最大区别就是，Cortex-M3 没有 DSP 处理器或者浮点模块。如果应用无须使用 DSP 功能，那么选用 Cortex-M3 系列是非常合适的。

2.2.1.4 Cortex-M0+

Cortex-M 系列中最小的是 Cortex-M0+ 和 Cortex-M0。Cortex-M0+ 性能是 1.35DMIPS/MHz，而且依然与其他 Cortex-M 系列兼容。该处理器功耗仅为 9.85μW/MHz。Cortex-M0+ 使用 Thumb-2 指令集（Thumb）的一个子集，并且基于 2 级流水线架构。尽管性能较低，但是其整体功耗优于同系列更大的产品。Cortex-M0+ 同样具有高级调试选项。

2.2.1.5 Cortex-M0

这是 Cortex-M 系列中最小的处理器，门数量仅有 12K，功耗为 12.5μW/MHz。处理器减少了存储器需求，其片内闪存进行了优化以便减低成本、降低功耗和增强性能。处理器采用 3 级流水线，使用 Thumb-2 指令集（Thumb）的一个子集。其性能是 1.27DMIPS/MHz。该处理器的低成本有助于开发者使用 8 位机的价格实现 32 位机的性能。

2.2.2 Cortex-R

相对于 Cortex-M 系列来说，Cortex-R 系列是实时高性能处理器。该系列部分芯片被设计用于 1GHz 以上的时钟速度。该系列处理器的主要应用领域是硬盘控制器、汽车设备、网络设备和定制的高速应用。该系列的早期产品——Cortex-R4 和 Cortex-R5——能工作于高达 600MHz 的时钟频率。Cortex-R7 采用 11 级流水线，工作时钟频率可超过 1GHz。尽管 Cortex-R 处理器具备高性能，但是其架构复杂且功耗大，因此并不适合用于移动式电池供电的设备。Cortex-R7 的性能是 3.77DMIPS/MHz。Cortex-R52 是系列中最快的芯片，性能高达 5.07DMIPS/MHz。

2.2.3 Cortex-A

Cortex-A 系列是使用实时操作系统的最高性能的 ARM 处理器系列，主要用于移动设备，例如移动电话、平板、GPS 设备、电子游戏机等。这些处理器支持高级特征，能满足移动操作系统的设计需求，例如 iOS、Android、Linux 等。另外，高级存储器管理使得该系列处理器具备虚拟内存功能。该系列的早期产品（包括处理器）采用 ARMv7-A 架构，例如从 Cortex-A5 到 Cortex-A17。该系列最新产品是 Cortex-A50 和 Cortex-A72 系列，设计用于低功耗和超高性能的移动设备。这些处理器使用 ARMv8-A 架构，能提供 64 位节能操作，可支持高于 4GB 的物理内存。

2.2.4 Cortex-M 处理器对比

表 2.1 展示了多种 Cortex-M 系列处理器的对比。从表中可以看出，Cortex-M0 和 Cortex-M0+ 用于低速低功耗应用。Cortex-M1 对可编程门阵列应用进行了优化。Cortex-M3 和 Cortex-M4 是中等性能的处理器，采用 Cortex-M4 的微控制器应用支持 DSP 和浮点算术

操作。Cortex-M7 是高性能系列，可用于需求比 Cortex-M4 更高性能的应用中。

表 2.1　Cortex-M 处理器对比

Cortex-M 处理器	描　述
Cortex-M0	低功耗，中低性能，最小的 ARM 处理器
Cortex-M0+	低功耗，比 Cortex-M0 性能高
Cortex-M1	主要设计用于门阵列应用
Cortex-M3	非常流行，低功耗，中等性能，调试特征，用于典型微控制器应用
Cortex-M4	与 Cortex-M3 结构相同且内置 DSP 和浮点运算，用于高端微控制器应用
Cortex-M7	高性能处理器，用于 Cortex-M4 还不够快的应用，支持 DSP 和单精度及双精度运算

2.2.5　Cortex-M 兼容性

Cortex 家族处理器相互之间是向上兼容的。Cortex-M0 和 Cortex-M0+ 基于 ARMv6-M 架构，使用 Thumb 指令集。Cortex-M4 和 Cortex-M7 基于 ARMv7-M 架构，使用 Thumb-2 指令集，该指令集是 Thumb 的超集。尽管架构不同，但是在 Cortex-M0 和 Cortex-M0+ 处理器上开发的软件可以不经修改直接在 Cortex-M3、Cortex-M4 和 Cortex-M7 上运行，仅仅需要提供足够的存储器和可用的输入 / 输出端口。

2.2.6　处理器性能测量

处理器性能通常使用基准（benchmark）程序来测量。现在有很多基准程序可供使用，在对不同处理器进行性能测量时需要谨慎考虑，因为性能取决于多种外部因素，例如使用的编译器的效率和测量操作的类型。

过去针对处理器性能测量并给出单一的度量值进行过许多尝试。例如，MOPS、MFLOPS、Dhrystone、DMIPS、BogoMIPS 等。CoreMark 是目前度量处理器性能的最常用的基准程序之一。CoreMark 是由嵌入式微处理器基准联盟（EEMBC, www.eembc.org/coremark）开发的，是目前最可靠的性能测试工具之一。

表 2.2 展示了一些常用微控制器的 CoreMark 结果。从表中可以看出，Cortex-M7 达到 5.01 CoreMark/MHz，而中端 PIC18 微控制器仅达到 0.04 CoreMark/MHz。

表 2.2　部分常用微控制器 CoreMark/MHz 值

处理器	CoreMark/MHz	处理器	CoreMark/MHz
Cortex-M7	5.01	Cortex-M0	2.33
Cortex-A9	4.15	dsPIC33	1.89
Cortex-M4	3.40	MSP430	1.11
Cortex-M3	3.32	PIC24	1.88
Cortex-M0+	2.49	PIC18	0.04

2.3 STM32F407VGT6 微控制器

STM32 系列 32 位微控制器基于 ARM Cortex 架构，系列中有超过 300 个兼容设备。下面将说明该系列微控制器包括 Cortex-M4、Cortex-M3 和 Cortex-M0 的架构。

本书中，我们将使用非常流行的 ARM 微控制器 STM32F407VGT6 以及 Clicker 2 for STM32 开发板（后续章节将详细描述）。在本章的余下部分，我们将浏览一下 STM32F407VGT6 微控制器的特点。微控制器的内部架构非常复杂，我们仅仅介绍大部分项目都会使用的重要模块，例如 I/O、定时器、ADC 和 DAC、中断、I^2C、USART 等。感兴趣的读者可以从因特网下载生产厂商的数据手册和应用说明并详细阅读。

2.3.1 STM32F407VGT6 的基本特点

STM32F407VGT6 微控制器基于 Cortex-M4 架构，具有如下特点：
- 32 位 ARM Cortex-M4 RISC 架构
- 内含浮点单元（FPU）和数字信号处理器（DSP）
- 最大高达 168MHz 工作频率
- 单周期乘法器和硬件除法器
- 高达 1MB 的闪存
- 高达 192KB 的 SRAM
- 1.8～3.6V 供电电压
- −40～+105℃ 工作温度
- 时钟锁相环（PLL）
- 4～26MHz 外部晶振
- 内部 16MHz 的 RC 时钟
- 内部 32kHz 的 RTC 晶振
- 具有睡眠、停止、待机模式的低功耗
- 3×12 位 24 通道 ADC，0～3.6V 参考电压
- 采样和保持功能
- 温度传感器
- 2×12 位 DAC
- 多达 17 个定时器
- 多达 140 个 I/O 端口（138 个端口兼容 +5V 电压）
- 16 通道 DMA 控制器
- 2×CAN 总线接口（2.0B）
- 6×USART 接口（具备 LIN 和 IrDA 功能）
- 3×SPI 接口（42 Mbit/s）
- 3×I^2S 接口
- 3×I^2C 接口

- 2×USB 接口
- 2× 看门狗定时器
- 2×16 位电机控制 PWM
- SDIO 接口
- 1×10/100 以太网接口
- 8～14 位并行摄像头接口
- 网状向量中断控制器
- 随机数生成器
- 串行线调试和 JTAG 接口
- 循环冗余校验（CRC）计算单元

图 2.1 总结了 STM32F407VGT6 微控制器基本特点。

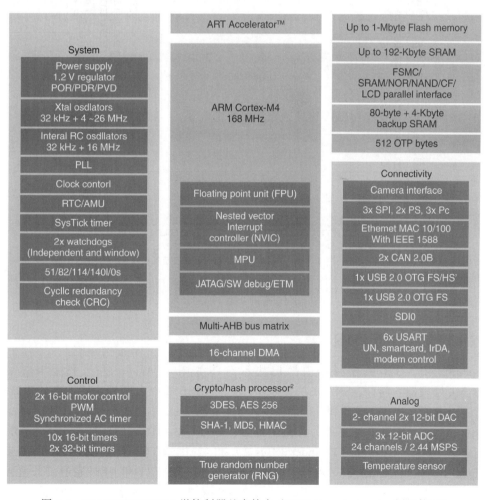

图 2.1　STM32F407VGT6 微控制器基本特点（©STMicroelectronics 授权使用）

图 2.2 展示了 STM32F407VGT6 微控制器的引脚（100 脚封装）。STM32F407VGT6 微控制器详细信息可从下列文档获取：

RM0090, Reference manual, STM32F405/415, STM32F407/417, STM32F427/437 and STM32F429/439 advanced Arm-based 32-bit MCUs
RM0090 Rev 18, STMicroelectronics.

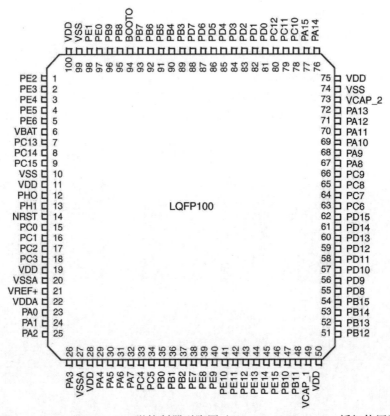

图 2.2　STM32F407VGT6 微控制器引脚图（©STMicroelectronics 授权使用）

2.3.2　内部模块示意图

STM32F407VGT6 微控制器内部模块示意图如图 2.3 所示。左上角是 168MHz 的 Cortex-M4 处理器、闪存、SRAM 以及 DMA 通道。USB 和以太网模块接近在处理器的下方。摄像头接口、电压调节器和外部晶振输入显示在图 2.3 的右上角。内部 AHB（Advanced High-speed Bus，先进高速总线）有两个部分：AHB1 和 AHB2。AHB1 被分为 84MHz 的高速总线 APB2（Advanced Peripheral Bus 2）和 42MHz 的低速总线 APB1（Advanced Peripheral Bus 1）。APB2 支持某些定时器、SPI 总线、USART 和 ADC 通道。低速 APB1 总线支持某些定时器、USART、I²C 总线、CAN 模块、DAC 和看门狗定时器。由高速 168MHz AHB1 总线驱动的时钟到 GPIO 端口在图 2.3 的中间。AHB2 总线驱动摄像头接口和 USB 端口。存储器显示在图 2.3 的中上部分。

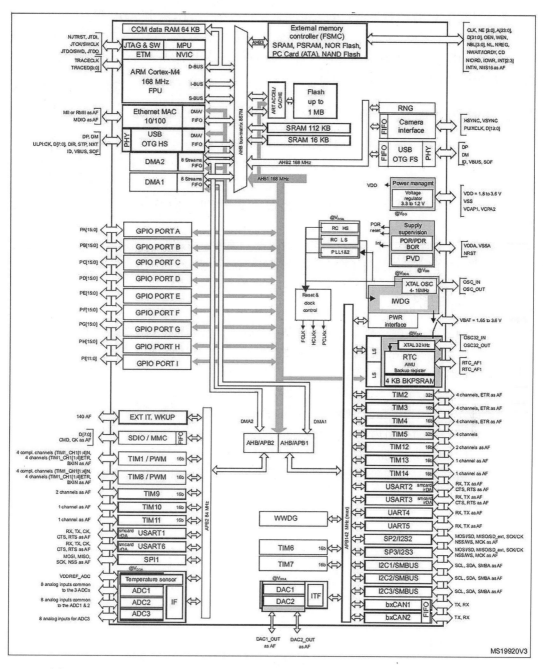

图 2.3　STM32F407VGT6 微控制器内部模块示意图（©STMicroelectronics 授权使用）

2.3.3 供电

微控制器从 VDD 引脚供电，电压范围是 1.8～3.6V。VDDA 是 ADC 和芯片某些部分的外部模拟供电。要使用 ADC 时，VDDA 至少需要 1.8V 电压。VDDA 和 VSSA 可以分别连接到 VDD 和 VSS。当 VDD 掉电时，V_{BAT} 是 RTC、32kHz 晶振和备份寄存器的外部电池供电电压。这个电压的范围必须在 1.65～3.6V。

2.3.4 低功耗模式

STM32F407VGT6 微控制器具有三种低功耗操作模式：

睡眠模式：在此模式下，CPU 停止运行但所有外设继续运行。当有中断发生时，唤醒 CPU。

停止模式：在此模式下，所有时钟都停止，仅保留 CPU 寄存器和 SRAM 的内容，能达到最低功率消耗。

待机模式：在此模式下，晶振和电压调节器被关闭，因此能达到最低功率消耗。所有寄存器和 SRAM 的内容都丢失（除非为寄存器外接备用电路）。

2.3.5 时钟电路

STM32F407VGT6 微控制器的时钟电路非常强大而且非常复杂。在控制微控制器内所有时序时，正确配置时钟电路是非常重要的。在本节中，我们将介绍各种时钟选项，也将了解如何配置时钟。

启动时，16MHz 内部 RC 晶振被选作默认的 CPU 时钟。然后，应用程序能选择 RC 晶振或者外部 4～26MHz 晶振时钟源作为系统时钟。这个时钟能进行错误监测。如果监测到出错，系统将自动切换回内部 RC 晶振。时钟源将输入 PLL 中，这样能够将频率提升至 168MHz。还有几个分频器，这就允许将时钟配置为所需速度。

总之，有两类时钟源可以用于驱动系统时钟：外部时钟源和内部时钟源（如图 2.4 所示）。

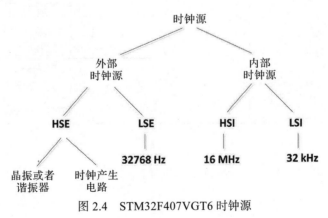

图 2.4　STM32F407VGT6 时钟源

时钟电路结构示意图如图 2.5 所示。

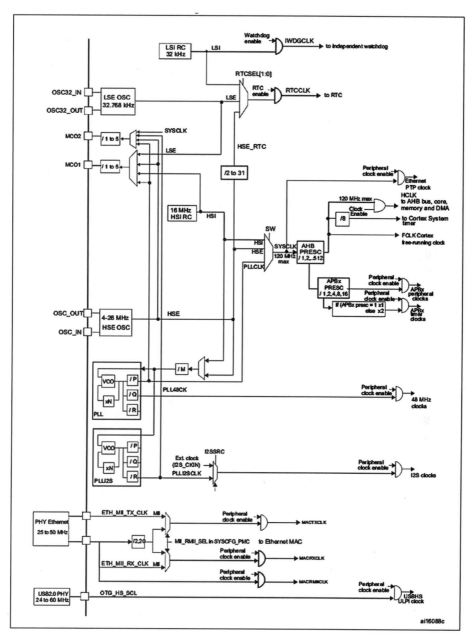

图 2.5　STM32F407VGT6 微控制器时钟电路结构示意图（©STMicroelectronics 授权使用）

2.3.5.1　外部时钟源

高速外部（HSE）：可能是外部晶振、谐振器设备或者外部时钟信号。晶振或者谐振器频率范围应该是 4～26MHz。图 2.6 展示了典型晶振电路。晶振电路推荐使用 2 个 4～25pF

的电容器。

当使用时钟产生电路时，波形可以是方波、正弦波或者三角波，且必须是对称的，即 50% 开时间和 50% 关时间。时钟信号必须从微控制器 OSC_IN 引脚输入（如图 2.7 所示）。

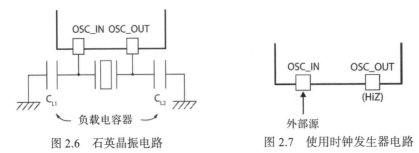

图 2.6　石英晶振电路　　　　图 2.7　使用时钟发生器电路

如果是同外部时钟电路，为避免冲突应该将 HSE 晶振旁路。

低速外部（LSE）：这是 32 768Hz 时钟，有外部晶振驱动并提供给内部实时时钟（RTC）模块。

2.3.5.2　内部时钟源

高速内部（HSI）：有一个 16MHz 的内部精确时钟，工厂校准精度为 1%。

低速内部（LSI）：此时钟源不精确，大约为 32kHz。尽管 LSI 能用于 RTC，但由于不精确，并不推荐使用。LSI 常用于独立看门狗时钟源（IWDG）。

2.3.5.3　配置时钟

如图 2.5 所示，时钟电路由一些多路器、分频器和锁相环（PLL）组成。多路器用于选择所需的时钟源。分频器用于将时钟频率按某常数进行分频。类似地，PLL 用于按某常数进行倍频，以使芯片运行在更高的频率上。

通过对内部时钟寄存器编程可以配置时钟，这是一项复杂的任务，还需要详细掌握时钟电路的相关知识。幸运的是，STMicroelectronics 提供了一个 Excel 文件工具来帮助配置时钟。图 2.8 展示了向导模式下的 Excel 配置工具（参见网址：http://www.st.com/web/catalog/tools/FM147/CL1794/SC961/SS1533/PF257927#）。使用该工具可以简化时钟配置以实现需要的速度。

举个例子，假设要使用外部 25MHz 晶振（Clicker 2 for STM32 开发板就使用该型号晶振）并且需要将 CPU 时钟设置为 168MHz，上述 Excel 工具可以使用专家模式去查找各种时钟参数。你必须在 Excel 中开启宏，单击底部的运行按键来显示时钟配置。168MHz CPU 时钟配置如下（本书所有项目都使用该设置）：

- 使用 HSE 时钟
- 设置晶振频率为 25MHz
- 在多路器中选择 HSE
- 设置 PLL 为 25
- 设置 PLL_N 为 336

- 设置 PLL_P 为 2
- 设置 PLL_Q 为 8
- 选择 PLL
- 设置 AHBx 分频器为 1

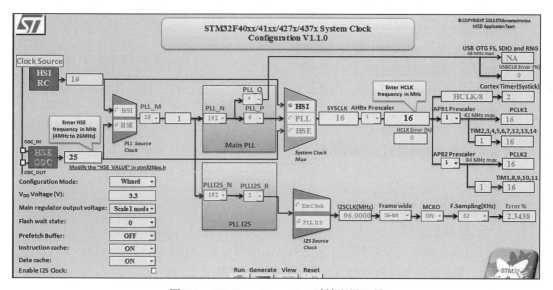

图 2.8　STMicroelectronics 时钟配置工具

如图 2.9 所示，CPU 时钟将设置为 168MHz，APB1 时钟设置为 42MHz，APB2 时钟设置为 84MHz。

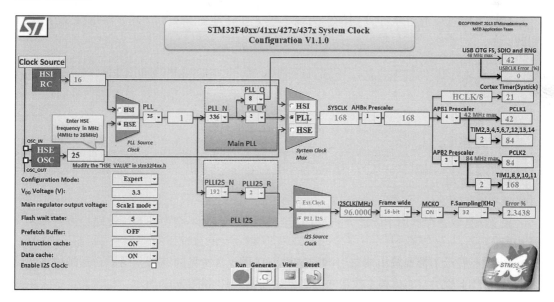

图 2.9　配置时钟

2.4 通用输入和输出

通用输入和输出（GPIO）端口有 5 个，分别被称为 A、B、C、D 和 E，每个端口有 16 个引脚。每个端口有独立时钟，具有以下基本特点：

- 大部分端口用作输入引脚（除模拟输入引脚外）时是 +5V 兼容的
- 端口输出能配置为推挽、开漏或上拉、下拉
- 可以在软件中配置各个端口的速度
- 端口输入能配置为上拉或下拉、模拟或悬空
- 端口引脚可以是数字 I/O，或者具有复用功能，例如 DAC、SPI、USB、PWM 等
- 每个端口引脚能用作 15 种复用功能（AF）中的一种
- 每个端口都支持位操作

在硬件或软件重启之后，端口引脚的默认值是：

- 输入
- 推挽
- 2MHz 速度
- 无上拉或下拉

每个 I/O 端口都有以下寄存器，能使用 mikroC Pro for ARM 语言进行编程：

- 2 个 32 位配置寄存器 GPIOx_CRL 和 GPIOx_CRH
- 2 个 32 位数据寄存器 GPIOx_IDR 和 GPIOx_ODR
- 1 个 32 位设置/复位寄存器 GPIOx_BSRR
- 1 个 16 位复位寄存器 GPIOx_BRR
- 1 个 32 位锁定寄存器 GPIOx_LCKR

端口引脚可以通过软件分别配置为以下模式。请注意 I/O 端口寄存器是按 32 位字访问的：

- 浮空输入
- 上拉输入
- 下拉输入
- 模拟输入
- 开漏输出
- 推挽输出
- 推挽复用
- 开漏复用

设置/复位寄存器用于读取/修改任意端口引脚，而且不会引起系统终端控制器模块生成中断。

图 2.10 展示了推挽输出端口引脚的结构，这是非常常见的结构。同样，开漏输出端口引脚如图 2.11 所示。上拉和下拉输入电路分别如图 2.12 和图 2.13 所示。

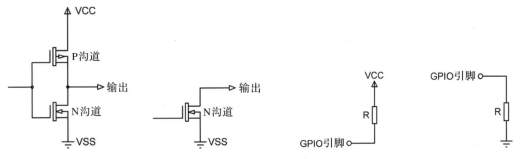

图 2.10 推挽输出引脚　　图 2.11 开漏输出引脚　　图 2.12 上拉引脚　　图 2.13 下拉引脚

I/O 端口引脚基本结构如图 2.14 所示。图中可以看到推挽晶体管和上拉、下拉电阻。请注意每个端口输入端都使用了保护二极管，用于避免高电压损坏输入电路。

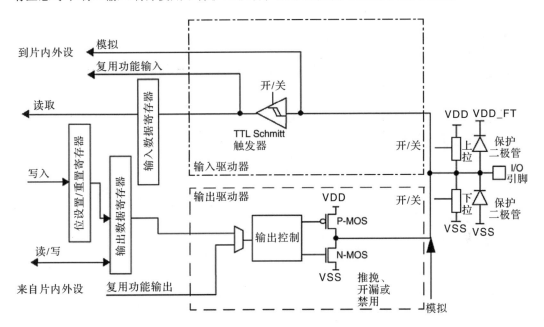

图 2.14　I/O 端口引脚基本结构（©STMicroelectronics 授权使用）

端口配置寄存器 GPIOx_CRL 和 GPIOx_CRH 用于对端口以下参数进行配置：
- 模拟模式
- 浮空输入模式
- 上拉 / 下拉输入
- 推挽输出
- 开漏输出
- 复用推挽输出
- 复用开漏输出
- 输出速度

端口数据寄存器 GPIOx_IDR 和 GPIOx_ODR 分别用于读取和写入端口数据。

端口位设置/复位寄存器 GPIOx_BSRR 或者 GPIOx_BRR 用于读取/修改操作。使用这些寄存器可以修改端口引脚且不生成中断。这样，在端口进行读/写操作时就无须通过软件设置禁止中断。

端口锁定寄存器 GPIOx_LCKR 允许将端口输入/输出配置锁定直至微控制器复位。当端口已经配置且需要避免意外修改时，锁定操作就很有用处了。

端口引脚可编程为复用功能。对于复用输入，端口必须配置为所需的输入模式。同样，对于复用输出，端口也必须配置为复用输出模式。当端口配置为复用功能时，上拉和下拉电阻就无效了，输出将设置为推挽式或者开漏式的。

大部分端口输入都是兼容 +5V 的，这意味着采用 +5V 输出的设备可以直连到微控制器输入端口，且无须降低电压。+5V 兼容的输入在数据表中以"FT"来表示。

2.5 嵌套向量中断控制器

STM32F407 包含一个嵌套向量中断控制器（NVIC），能管理 16 个优先级和处理 82 个可屏蔽中断。

2.6 外部中断控制器

外部中断（EXTI）控制器由 23 个用于接收和生成中断的边沿检测线组成。每条线可独立配置来选择触发模式——上升沿、下降沿或者上下双沿，在软件控制下，每条线能单独被屏蔽。

2.7 定时器

STM32F407 微控制器包含 2 个高级控制定时器，8 个通用定时器，2 个基本定时器和 2 个看门狗定时器。这些定时器具有以下特点：

TIM1、TIM8：16 位递增/递减高级控制定时器（具备 PWM 功能）。

TIM3、TIM4：16 位递增/递减定时器。

TIM2、TIM5：32 位递增/递减定时器。

TIM6、TIM7、TIM9、TIM10、TIM11、TIM12、TIM13、TIM14：16 位递增定时器。

2.8 模数转换器

内含 3 个 12 位模数转换器（ADC），每个 ADC 都共用至多 16 个外部通道，具有 4096 级刻度。可以按照单次转换或者扫描模式完成转换。扫描模式是非常常用的选项，可以在所选通道上进行自动转换。ADC 通道具备采样和保持功能，用于在转换发生之前保持输入信号。ADC 可被 TIM1、TIM2、TIM3、TIM4 和 TIM8 中的任意一个定时器触发。

2.9 内置温度传感器

微控制器芯片提供内置温度传感器,能按照芯片温度线性输出电压值。温度传感器内部连接到模拟端口 ADC1_IN16。温度传感器不是很精确,仅能用于检测温度变化而不是读取精确温度值。

2.10 数模转换器

数模转换器(DAC)提供 2 个 12 位 DAC 通道,8 位或者 12 位输出,256 级或者 4096 级刻度。转换数据可以左对齐或者右对齐,各通道均具备 DMA 功能。DAC 通道还具备噪声波生成和三角波生成功能。

2.11 复位

复位的类型有三种:系统复位、电源复位和后备域复位。系统复位将所有寄存器设置为默认复位值。复位由以下事件生成:
- NRST 引脚上的低电平信号(外部复位)
- 看门狗超时
- 软件复位
- 低功耗管理复位

当进入待机模式或者停止模式时,就会触发低功耗管理复位。

当微控制器上电或者退出待机模式时,就会生成电源复位。后备域复位将 RTC 寄存器重置为复位值。当设置后备域控制寄存器的某一位而触发软件复位时,或者当 VDD 或 VBAT 接通且之前都是关闭时,就会生成后备域复位。

2.12 电特性

在将微控制器用于项目之前,理解其最大值及典型值是很重要的。持续加以最大值可能会影响设备可靠性,甚至毁坏设备。STM32F407VCT6 微控制器的部分绝对最大额定值如表 2.3 所示。在表中,请注意 I/O 引脚的输出拉电流和灌电流最大可达 25mA(典型值是 8mA,但是对于释放的 I/O 电压,电流可以增加到 20mA),因此能够直接驱动 LED。为了驱动更大的负载,就必须使用 BJT 晶体管或 MOSFET 晶体管开关电路,甚至使用继电器来驱动更高的电压。全部 I/O 引脚输出电流加上 CPU 运行消耗总共不超过 240mA。当驱动 +5V 供电的 CMOS 电路时,应该特别注意,因为微控制器 I/O 引脚的输出电压不足以驱动 CMOS 输入,即使使用上拉电阻。在这种情况下,推荐使用 3~5V 转换电路,例如晶体管开关或者电压转换集成电路。

表 2.3 绝对最大额定值

标记	描述	绝对最大额定值
Vdd-Vss	外部供电电压	4.0V
Vin	+5V 宽容引脚上的输入电压	4.0V
Vin	非 +5V 宽容引脚上的输入电压	4.0V
Ivdd	Vdd 电源线上总电流（拉电流）	240mA
Ivss	Vss 电源线上总电流（灌电流）	240mA
Io	I/O 引脚输出灌电流	25mA
Io	I/O 引脚输出拉电流	25mA
Tstg	存储温度	−65～+150℃
Tj	最高结温	150℃

表 2.4 展示了 STM32F407VCT6 微控制器的典型工作条件。在标准工作条件下，需要考虑表中的给定值。

表 2.4 典型工作条件

标记	描述	最小值	最大值
fhclk	内部 AHB 时钟频率	0	168MHz
fpclk1	内部 APB1 时钟频率	0	42MHz
fpclk2	内部 APB2 时钟频率	0	84MHz
Vdd	工作电压	1.8V	3.6V
Vdda	ADC 工作电压	1.8V	3.6V
V_{BAT}	备份电压	1.8V	3.6V
Pd	功率消耗（LQFP100 封装）	—	465mW
Id	代码在闪存中运行模式时的供电电流（运行频率为 168MHz，使用所有外设）	—	87mA
Id	代码在闪存中运行模式时的供电电流（运行频率为 168MHz，所有外设不使用）	—	40mA

2.13 小结

本章描述了 Cortex-M 处理器的基本特点，另外，详细介绍了 STM32F407VCT6 微控制器的结构，因为本书中所有项目都使用该微控制器。本章还给出了 STM32F407VCT6 微控制器的时钟配置选项和通用输入/输出结构。在下一章中，我们将了解常用的 ARM Cortex 开发板的一些基本特点。

拓展阅读

[1] J. Yiu, The Definitive Guide to the ARM Cortex-M3, second ed. Newnes, Oxford, 2010.
[2] D. Ibrahim, Programming With STM32 Nucleo Boards, Elektor, Netherlands, (2014) ISBN: 978-1-907920-68-4.
[3] T. Martin, The Designer's Guide to the Cortex-M Processor Family, Elsevier, Oxford, (2013).
[4] T. Wilmhurst, An Introduction to the Design of Small-scale Embedded Systems, Palgrave, London, (2001).

第 3 章
ARM Cortex 微控制器开发板

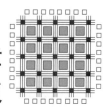

3.1 概述

微控制器开发板（或者套件）有助于系统设计师简便快捷地开发项目。这些开发板包括目标微控制器以及通用附加存储器、输入/输出端口、一些 LED、一些开关、设备编程器和一些其他外设接口（例如 UART、I²C、SPI 等）。由于开发板硬件已经通过制造商测试，设计者认可硬件能正常工作，因此可以专注于应用软件。本章中，我们将介绍一些流行的 ARM Cortex 微控制器开发板的基本特点。

3.2 LPC1768

这是一款兼容 Mbed 的微控制器，基于 Cortex-M3 处理器（如图 3.1 所示），其外形是引脚间距 0.1 英寸的 40 针 DIP，是由 NXP 生产的。此开发板基本特点是：

- 32 位 96MHz 处理器
- 32KB SRAM，512KB 闪存
- 12 位 ADC
- 10 位 DAC
- 以太网
- SPI、I²C、UART、PWM、CAN 接口
- 兼容实验电路板
- USB 或者外部电源供电

图 3.1　LPC1768 开发板（Pololu Robotics & Electronics, pololu.com）

3.3 STM32 Nucleo 系列

STM32 Nucleo 系列由多种不同规格的 ARM Cortex Mbed 兼容开发板组成。例如：Nucleo-L476RG 是该系列中一款低成本、非常流行的开发板（如图 3.2 所示），具有以下规格：

- 32 位 Cortex-M4 CPU
- 80MHz 最大 CPU 频率

- 1MB 闪存，128KB SRAM
- 13 个定时器
- 2 个看门狗
- 3 个 SPI
- 3 个 I²C
- 3 个 USART，2 个 UART
- CAN 总线
- 2 个 SAI
- 51GPIO 端口，具备外部中断功能
- 12 通道容性传感
- 3 个 12 位 16 通道 ADC
- 12 位 2 通道 DAC
- 2 个模拟比较器
- 2 个运算放大器
- 用户 LED 和用户按键

图 3.2　Nucleo-L476RG 开发板（©STMicroelectronics 授权使用）

Nucleo 系列微控制器支持大量兼容的插入板，例如 Wi-Fi、蓝牙、DC 和步进电机控制器、温度传感器、距离传感器等。

3.4　EasyMx PRO v7 for STM32

EasyMx PRO v7 for STM32 是采用 STM32 ARM Cortex-M3 和 Cortex-M4、M7、M0 架构的开发板。有许多设备开发必需的板载模块，包括多媒体、以太网、USB、RS232、CAN 接口等。板载的 mikroProg 编程器和调试器支持超过 180 种 ARM 微控制器的编程和调试。开发板完全支持和兼容 mikroC Pro for ARM 编译器和 IDE。EasyMx PRO v7 for STM32 是连同 STM32F107VCT6 微控制器卡一起交付的。此开发板是由 mikroElektronika 生产的全尺寸板（如图 3.3 所示），具有以下规格：

- STM32F107VCT6 微控制器
- 72 MHz 时钟
- 256KB 闪存，64KB SRAM
- 5 个 USB UART
- 压电蜂鸣器
- 模拟和数字温度传感器
- 以太网

图 3.3　EasyMx PRO v7 for STM32 开发板（www.mikroe.com）

- CAN
- 2 个 12 位 ADC
- 2 个 12 位 DAC
- 2 个 I²C
- 2 个 SPI
- 2 个 CAN
- microSD 卡槽
- 立体声 MP3 解码
- 8MB 串行闪存
- 8 个 256 字节 EEPROM
- 320×240 像素图形 TFT 板
- 128×64 像素图形 LCD
- 2 个 microbus 连接器
- 触摸屏控制器
- 67 个 LED 和 67 个按键
- 导航开关
- 板载编程器/调试器

3.5 STM32F4DISCOVERY 板

这是另一款非常流行、应用广泛的 ARM 开发板。此开发板（如图 3.4 所示）是采用 STM32F407VGT6 32 位 ARM Cortex-M4 内核 CPU 的，具有以下基本规格：

- 1MB 闪存 192KB SRAM
- MEMS 3 轴加速度计
- MEMS 音频传感器全向数字麦克风
- 音频 DAC，集成 D 类扬声器驱动
- 8 个 LED
- 2 个按键
- USB OTG FS，使用 micro-AB 连接器
- USB ST-LINK，具备重新枚举功能、调试端口、虚拟串口和大容量存储

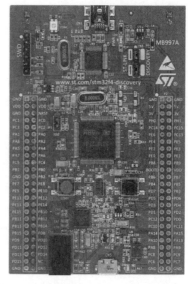

图 3.4 STM32F4DISCOVERY 板（©STMicroelectronics 授权使用）

3.6 mbed 应用板

这是小尺寸且流行的 32 位 ARM 微控制器（如图 3.5 所示）开发板，可用于快速原型设计，

图 3.5 mbed 应用板（SparkFun Electronics 提供，Juan Peña 拍摄）

具有以下规格：
- 信用卡大小
- 128×32 图形 LCD
- 5 路游戏杆
- 3 轴 MEMS 加速度计
- 温度传感器
- 2 个电位器
- 5 路导航开关
- RGB LED
- 微型扬声器
- 2 个伺服电机插座
- Xbee ZigBee 模块专用插座
- mini USB 连接器
- RJ-45 以太网口
- 6～9V DC 电源插座

该板需要使用 LPC1768 微处理器，使用后能实现 LPC1768 的全部规格（参见 3.2 节）。

3.7　EasyMx PRO v7 for Tiva

EasyMx PRO v7 for Tiva C 系列是使用 TI 的 Tiva C 系列 ARM Cortex M4 微控制器的全功能开发板（如图 3.6 所示）。具有许多大量应用开发必需的板载模块，包括多媒体、以太网、USB、RS232、CAN 等。板载的 mikroProg 编程器和调试器支持超过 55 种 TI Tiva C 系列微控制器的编程和调试。该开发板连同 TM4C129XNCZAD 型 Tiva 微控制器插座一起交付。此开发板基本特点是：

图 3.6　EasyMx PRO v7 for Tiva（www.mikroe.com）

- 32 位 Cortex-M4 处理器
- 120MHz 时钟
- 1MB 闪存，256KB SRAM
- 6KB EEPROM
- 2 个 mikroBus 插座
- 2 个 USB UART
- 蜂鸣器
- 2 个 CAN
- 2 个 12 位 ADC

- 8 个 UART
- 8 个定时器
- 2 个看门狗定时器
- 16 个数字比较器
- 8MB 闪存
- 以太网
- 256×8 I2C EEPROM
- 立体声 MP3 解码
- mikro SD 卡槽
- 67 个 LED 和 67 个按键
- 320×240 像素图形 TFT
- 模拟和数字温度传感器
- 所有 I/O 口均引出到插座

3.8 MINI-M4 for STM32

这是采用 STM32F415RG 型号微控制器的小型 ARM Cortex-M4 开发板（如图 3.7 所示）。它装配有 16MHz 晶体振荡器和用于内部 RTCC 模块的 32.768kHz 晶振。它有 1 个复位按键和 3 个信号 LED。该开发板可以使用快速 USB 引导加载程序来重新编程，因此不需要外部编程器来进行微控制器编程和程序开发。该开发板与 mikroc Pro for ARM 编译器和 IDE 完全兼容。此开发板基本特点是：

- 32 位 ARM Cortex-M4 处理器
- 1MB 闪存，192 + 4 KB SRAM
- 高达 168MHz 工作频率
- 7 个模拟输入
- CAN
- 4 个 PWM 通道
- 2 个 SPI
- I²C
- 2 个 UART
- 3 个 12 位 ADC
- 2 个 12 位 DAC
- 17 个定时器

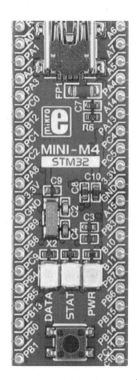

图 3.7　MINI-M4 for STM32 板
（www.mikroe.com）

3.9 Clicker 2 for MSP432

此开发板采用 MSP432 32 位 Cortex-M4 处理器（如图 3.8 所示）。开发板支持 2 个 mikroBUS 插座，因此可以将 2 个 Click 板插入开发板。此开发板基本特点是：

- 48MHz 时钟
- 256KB 闪存，64KB SRAM
- 6 个定时器
- SPI
- I^2C
- 2 个 LED
- 2 个按键开关
- 52 个通用 GPIO
- 2 个 mikroBUS 插座
- 板载 Bootloader
- mikro-USB 连接器
- 电源管理

图 3.8 Clicker 2 for MSP432 (www.mikroe.com)

3.10 Tiva EK-TM4C123GXL LaunchPad

这是一款基于 ARM Cortex-M4 内核 TM4C123-GH6PMI 微控制器的低成本开发板（如图 3.9 所示）。此开发板基本特点是：

- 32 位 ARM 处理器
- 80MHz 时钟
- 256KB 闪存，32KB SRAM
- 2 个 CAN 模块
- 8 个支持 IrDA 的 UART
- 2 个 12 位 12 通道 ADC
- 2 个模拟比较器，16 个数字比较器
- 12 个 16 位定时器
- 43 个通用 GPIO
- RGB LED
- 复位开关
- 电机控制 PWM

图 3.9 Tiva EK-TM4C123GXL LaunchPad（由 Texas Instruments Inc 提供）

3.11 Fusion for ARM V8

这是一款使用 ARM 微控制器的最高水准的先进开发板（如图 3.10 所示）。该开发板支持超过 1600 种 ARM 处理器，其独特在于可以通过 Wi-Fi 远程连接进行编程 / 调试。该开发板适合所有类型微控制器项目开发，因为它提供了大量开关、LED、LCD 和图形 TFT 插座、CAN 总线、UART 等。该开发板默认装配 STM32F407ZG 微控制器。此开发板基本特点是（使用默认处理器）：

- 支持 32 位 ARM 处理器
- 1MB 闪存，192 + 4KB SRAM
- 168MHz 时钟
- 3 个 12 位 24 通道 ADC
- 2 个 12 位 DAC
- 17 个定时器
- 多达 140 个 I/O 端口
- 3 个 I^2C
- 4 个 UART
- 3 个 SPI
- 2 个 CAN
- 支持高达 800 × 480 像素 TFT
- 1 个 16 针 LCD 连接器
- 5 个 mikroBUS 连接器
- CODEGRIP 编程器 / 调试器，能通过 Wi-Fi 连接进行编程和调试
- 大量可配置的 LED 和按键开关
- 在 USB-C 上提供 UART 连接
- 上拉下拉开关
- 2 个 5 针 I/O 插座

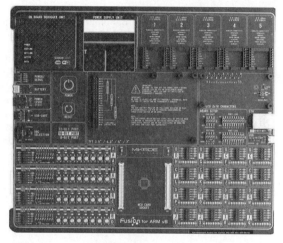

图 3.10 Fusion for ARM V8（www.mikroe.com）

该开发板特点是：截止到写作本书的时候，这是第一款可以通过 Wi-Fi 连接进行编程 / 调试的开发板。

3.12 Clicker 2 for STM32

这是一款基于 32 位 ARM 处理器 STM32F407VGT6 的非常流行的低成本开发板。此开发板装配有两个 mikroBUS 插座，因此至多 2 个 Click 板能插入开发板。开发板提供了一个 mini USB 端口连接 PC。引导加载程序已经预加载到微控制器的程序存储器中。基于 PC 的引导加载程序可从生产商那里获得（www.mikroe.com），因此处理器能简便地通过用户应用程序进行编程。

这是本书所有项目中使用的开发板，该开发板的详细描述见第 4 章。

3.13 小结

本章介绍了一些流行的基于 ARM 处理器的开发板,并研究了这些开发板的基本特点。在第 4 章中,我们将了解 Clicker 2 for STM32 开发板的基本架构,以及该开发板上使用的 STM32F407VGT6 处理器。

拓展阅读

[1] LPC1768 development board, Pololu Robotics & Electronics. Available from: www.pololu.com.
[2] Nucleo-L476RG development board, STMiroelectronics. Available from: www.st.com.
[3] EasyMx PRO v7 for STM32 development board. Available from: www.mikroe.com.
[4] STM32F4DISCOVERY board, STMiroelectronics. Available from: www.st.com.
[5] mbed Application board, SparkFun Electronics. Available from: www.sparkfun.com.
[6] EasyMx PRO v7 for Tiva development board. . Available from: www.mikroe.com.
[7] MINI-M for STM32 development board. Available from: www.mikroe.com.
[8] Clicker 2 for MSP432 development board. Available from: www.mikroe.com
[9] Tiva EK-TM4C123GXL development board, Texas Instruments Inc. Available from: www.ti.com.
[10] Fusion for ARM V8 development board. Available from: www.mikroe.com.

第 4 章
Clicker 2 for STM32 开发板

4.1 概述

在第 3 章中，我们介绍了一些流行的 ARM 处理器开发板。本章中，我们将详细介绍 Clicker 2 for STM32 开发板的特点，本书中所有项目均使用这款开发板。

4.2 Clicker 2 for STM32 硬件

Clicker 2 for STM32 是一款非常强大的微控制器开发板，采用 STM32F407VGT6 32 位 ARM Cortex-M4 微控制器，工作频率高达 168MHz。该开发板之所以被称为 Clicker 2，是因为其上安装有两个 mikroBUS 插座。该开发板包括 1MB 闪存和超过 192KB 的 SRAM 存储器。该开发板（如图 4.1 所示）是由 mikroElektronika（www.mikroe.com）研制并生产的，具备以下基本特点：

- STM32F407VGT6 微控制器（100 引脚）
- 168MHz 工作速度
- 1MB 闪存
- 超过 192 KB SRAM
- 25 MHz 和 32.768 kHz 外部晶振
- 52 个可编程 GPIO 引脚
- 16 位和 32 位定时器
- 3 个 12 位模数转换器
- SPI、I^2C、UART、USART、RTC、以太网接口
- 2 mikroBUS 插座，可插入 Click 板
- USB mini-B 连接器
- 2 个 LED
- 2 个按键开关
- 2 个 26 孔连接焊盘
- 电源管理 IC
- 复位按键
- 外部电池接口

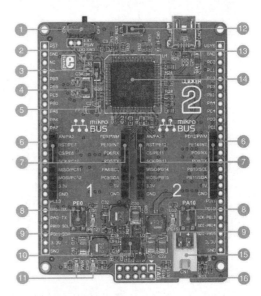

关键特点
1 ON/OFF开关
2 连接外部ON/OFF开关的焊盘
3 使能RTC供电的跳线
4 25MHz晶体振荡器
5 32.768kHz晶体振荡器
6 2个26孔连接焊盘
7 mikroBUS插座1和2
8 按键
9 附加LED
10 LTC3586 USB电源管理芯片
11 指示LED
12 RESET按键
13 USB mini-B连接器
14 STM32F407VGT6
15 电池连接器
16 JTAG编程连接器

图 4.1　Clicker 2 for STM32 开发板

Clicker 2 for STM32 开发板的两侧具有 2 个 26 孔连接器。因此该开发板可以插入合适尺寸的实验电路板中，以便在项目开发阶段可以方便地访问输入 / 输出引脚。这是使用开发板进行项目开发的推荐方法。

4.2.1　板载 LED

开发板上有两个板载的 LED，LD1 和 LD2，分别连接到 PE12 和 PE15 端口引脚。LED 的阴极由 2.2kΩ 限流电阻连接到地，阳极直接连接到相关的端口引脚。这样，微控制器对应输出端口输出逻辑 1 时，LED 点亮。

4.2.2　板载按键开关

开发板上有两个板载的按键开关，T2 和 T3，分别连接到 PE0 和 PA10 端口引脚。开关连接到端口引脚，通常通过 10kΩ 电阻拉至高电平。按下开关使其输出逻辑 0，以便对应端口引脚能读到逻辑 0。

图 4.2 展示了开发板上 LED 和按键开关的连接。

R1
2K2
R2
2K2
T2
VCC-33V
VCC-33V
T3
R6
10K
PE12-LD1
PE0-T2
PA10-T3
PE15-LD2

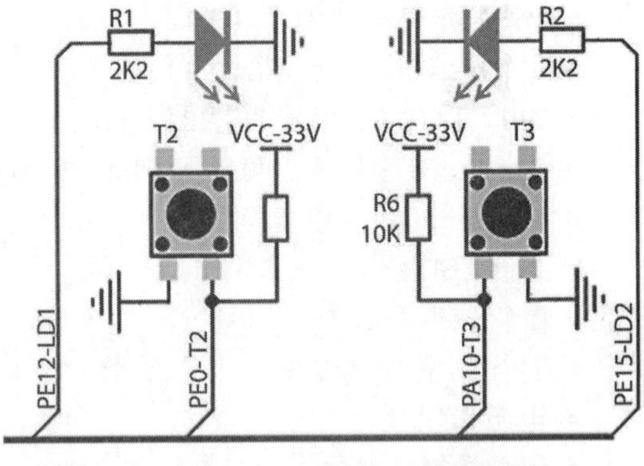

图 4.2　LED 和按键开关连接

4.2.3　复位开关

开发板上提供了一个复位开关。按压开关能使微控制器复位，大约 5s 后使其进入引导加载程序。如果 PC 上没有相应的引导加载程序的连接请求，那么处理器将其寄存器初始化为默认复位状态，然后开始执行用户程序。

4.2.4 供电

开发板可以由 PC 或者兼容的外部 5V 电源通过 mini USB 口进行供电（如图 4.3 所示），还可以使用外部的 3.7V 锂聚合物电池供电（如图 4.4 所示）。电池的充电电流和充电电压分别是 300mA 和 4.2V。通常，开发板通过 mini USB 电缆连接到 PC，这个接口能用于开发板供电，同时还能对开发板上的微控制器进行编程。

图 4.3　通过 mini USB 端口供电

图 4.4　通过外接锂聚合物电池供电

4.2.5 板载 mikroBUS 插座

开发板上有两个 mikroBUS 插座（标记为 mikroBUS 1 和 mikroBUS 2），可连接任意类型的 Click 板到处理器。Click 板是由 mikroElektronika（www.mikroe.com）生产的，有超过 800 款 Click 板（在本书编写的时候，数量还在不停增长中）可以插入 mikroBUS 兼容插座。mikroBUS 接口提供常用协议的连接，例如 SPI、I2C、UART、模拟输入等。Click 板简化了全系统开发的工作。有各种各样的模拟和数字传感器、显示屏、继电器、通信板等的 Click 板。部分 Click 样板列举如下：
- 温度和湿度传感器
- 加速度计
- 回旋器
- 压力传感器

- 气体传感器
- GPS
- Wi-Fi
- 以太网
- ZigBee
- CAN 总线
- 7 段 LED
- Mini LCD
- OLED
- 蜂鸣器
- 条形图 LED
- EEPROM
- 线跟踪器
- RF 发射器 / 接收器
- 心率传感器
- ADC 和 DAC
- DC 电机控制器
- 步进电机控制器
- 更多其他设备

mikroBUS 插座具有 16 个引脚，形成 2×8 引脚的双行插座。引脚 1 位于插座的左上角。图 4.5 展示了 Clicker 2 for the STM32 开发板上的两个 mikroBUS 插座的引脚配置。

图 4.5　mikroBUS 插座的引脚配置

4.2.6　输入 / 输出引脚

图 4.6 展示了 Clicker 2 for STM32 开发板背面的输入 / 输出引脚的名称。输入 / 输出引脚分类如下：

数字输入 / 输出

PB5、PB6、PB7、PC7、PC8、PC13、PD7、PD10、PD11、PD13、PD14、PD15、PE1、PE2、PE3、PE4、PE6

模拟输入

PC0、PC1、PC2、PC3、PB1、PA4、PC4

中断线

PD0、PD1、PD2、PD3

UART 线

PA0 (TX)、PA1(RX)

I²C 线

PB10 (SCL)、PB11(SDA)

SPI 线

PB13 (SCK)、PB14 (SDI)、PB15 (SDO)

电源和地

+3.3V 和 +5V 电源和地线，提供给 mikro-BUS 插座。主板还提供 +3.3V 电源和地线。

另外，开发板安装如下部件：

- 复位按键（RST）
- on-off 滑动开关
- GND 和 +3.3V 电源引脚
- 电源管理和电池充电模块
- JTAG 编程接口
- mini USB 插座

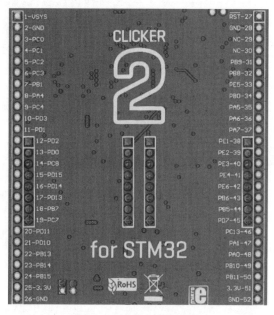

图 4.6　输入 / 输出引脚

4.2.7　振荡器

除了内部 16 MHz RC 振荡器外，开发板还安装了 25MHz 和 32 768Hz 的晶体振荡器，以实现精确的处理器定时和精确的 RTC 应用（如图 4.7 所示）。

4.2.8　板载微控制器编程

对开发板上的微控制器进行编程的方法如下：

- 引导加载程序，已经预加载至板载微控制器的程序存储器中。通过下载兼容 mikroBootloader 程序到 PC 中，我们能够对板载微控制器进行编程。这个方法将在第 5 章中介绍。
- 使用外接 ST-LINK V2 编程器设备（如图 4.8 所示）。
- 使用 mikroProg for STM32 编程器设备（如图 4.9 所示）。

图 4.7　板载的 25MHz 和 32 768 Hz 晶振

图 4.8　ST-LINK V2 编程器

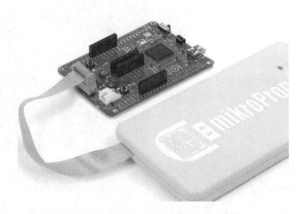

图 4.9　mikroProg for STM32 编程器设备

　　本书所有项目均采用引导加载程序编程方法，因为这不需要任何额外的附加编程设备，这也是最经济最快速的板载微控制器编程方法。

4.3　小结

　　本章介绍了 Clicker 2 for the STM32 开发板的基本特点。因为本书所有项目均使用该开发板，所以理解其基本特点是尤为重要的。

　　在第 5 章中，我们将介绍各种 ARM 微控制器编程工具，包括本书所有项目使用的 mikroC Pro for ARM 编译器和 IDE。

拓展阅读

[1] Clicker 2 for STM32 development board. Available from: www.mikroe.com.

第 5 章
ARM 微控制器编程

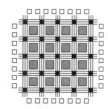

5.1 概述

在第 4 章中我们已经见识过了本书所有项目都会用到的 Clicker 2 for STM32 开发板的特性，本章的内容涉及用于开发 ARM 微控制器程序的软件开发工具（又被称为集成开发环境或者工具链），同时还涉及将编写好的代码上传到目标处理器的程序存储器当中。本章还会提供一份有关主流 ARM 处理器程序开发工具的简要说明。

5.2 支持 ARM 微控制器的集成开发环境

有好几种集成开发环境都支持 ARM 微控制器，这些集成开发环境由文本编辑器、编译器、调试器、仿真器以及用于将可执行代码上传到目标处理器的程序存储器中的工具组成。编译器通常是某个版本的专为嵌入式处理器开发的 C/C++ 编译器，本书中我们仅介绍 ARM 的 STM32 系列微控制器。一些支持 ARM STM32 微控制器的主流集成开发环境如下所示：

- IAR Systems 公司出品的 Embedded Workbench for ARM（EWARM）
- ARM Mbed
- Keil 公司出品的 MDK-ARM
- TrueStudio for STM32
- AC6 公司出品的 System Workbench for STM32（SW4STM32）
- mikroElektronika 公司出品的 mikroC Pro for ARM

在本书中我们使用的是非常流行的 mikroC Pro for ARM 集成开发环境，接下来的几小节会对所有其他的主流集成开发环境做简明扼要的介绍。

5.2.1 EWARM

EWARM 是由 IAR Systems 公司研发的一个基于主流 C/C++ 语言构建的专业编译器，它支持 ARM Cortex-M0、Cortex-M0+、Cortex-M3、Cortex-M4 以及 Cortex-M7 处理器。该集成开发环境有两个免费的试用版本可用：代码大小受限版本以及时间受限版本。这两个版本都可用于为 ARM 处理器开发小型到中型程序，它们之间的差别在于：

- 大小受限版本
  - 全部代码的大小不能超过 32KB
  - 不包含运行时库的源代码

- 不支持 MISRA C
- 只能得到有限的技术支持
● 30 天时间受限版本
  - 许可在 30 天后到期
  - 不支持 MISRA C
  - 能够利用 C-RUN 进行运行时分析的代码大小不超过 12KB
  - 不包含运行时库的源代码
  - 只能得到有限的技术支持
  - 不能利用该集成开发环境开发商业产品

用户在使用该集成开发环境之前会被要求进行注册，在本书写作时其最新版本是 8.20，可从如下网站下载。有关 EWARM 的完整文档和应用说明可从互联网上获取。

https://www.iar.com/iar-embedded-workbench/tools-for-arm/arm-cortex-m-edition/

5.2.2 ARM Mbed

Mbed 是一个在线集成开发环境，可用于为 32 位 ARM Cortex 系列处理器开发程序。它在很多国家得到 60 多位合作伙伴的支持，并且拥有一个超过 200 000 名开发者的社区。Mbed 由一个文本编辑器和一个编译器组成。用户程序在云端使用某个主流的 C/C++ 编译器在线编译，生成的可执行代码可以通过拖放操作（或者简单的复制操作）轻松地上传到目标处理器的程序存储器当中。Mbed 支持数量众多的 ARM 微控制器开发板，并且提供了大量的软件库使得编程成为一项简单的任务。有关 Mbed 的很多应用说明和示例程序都可以在互联网上获得，用户在被允许使用 Mbed 之前必须进行注册。注册网站如下所示：

https://os.mbed.com/account/login

5.2.3 MDK-ARM

MDK-ARM 是由 Keil 公司研发的专业集成开发环境，该集成开发环境有三个版本可用：MDK-Professional、MDK-Plus 以及 MDK-Lite。MDK-Professional 和 MDK-Plus 可从网上下载，在没有许可的情况下可以使用 7 天。MDK-Lite 是该集成开发环境的一个代码大小受限的版本，它要求代码大小不能超过 32KB。MDK-Lite 是免费的，主要目的是用于产品评估、开发小型到中型项目以及用于教育教学。MDK-Lite 还提供了一个调试器，同样它支持的代码大小也不能超过 32KB。

MDK-Lite 具有以下限制：
- 支持的代码大小不超过 32KB
- 编译器不生成反编译列表
- 不会生成与地址无关的代码
- 不能使用第三方链接器实用工具链接汇编器和链接器输出文件

在互联网上可以获取很多有关使用 MDK_ARM 的示例项目和文档，MDK-Lite 会占用 800MB 磁盘空间，可以从下面的网站下载：

http://www2.keil.com/mdk5/editions/lite

5.2.4 TrueStudio for STM32

TrueStudio for STM32 是一个用于开发 STM32 处理器项目的专业集成开发环境,该集成开发环境支持高度优化的编译器、编辑器、汇编器以及链接器,此外它还具有以下特点:
- 单核和多核调试
- 跟踪和分析
- 内存分析工具
- 硬故障分析
- 堆栈分析工具
- 项目管理
- 版本控制

感兴趣的读者应该可以在因特网上找到很多使用 TrueStudio 的示例项目,TrueStudio 是免费的,可以从如下所示的网站下载:

https://atollic.com/truestudio

5.2.5 System Workbench for STM32

System Workbench for STM32 工具链又被称作 SW4STM32,它是一个基于 Eclipse 的免费开发环境,支持全系列的 STM32 微控制器。SW4STM32 的重要特点包括:
- 全面支持所有 STM32 处理器和大多数开发板
- 完全免费,既没有代码大小限制,也没有时间限制
- 具有团队协作管理功能的 Eclipse 类集成开发环境
- 兼容 Eclipse 插件
- 支持 ST-LINK 仿真调试器
- C/C++ 编译器和调试器

用户在下载和使用 SW4STM32 之前必须进行注册,可以从下面的网站下载 SW4STM32:

http://www.openstm32.org/HomePage

5.2.6 mikroC Pro for ARM

mikroC Pro for ARM 是由 mikroElektronika(www.mikroe.com)开发的专业集成开发环境,它支持几乎所有型号的 ARM Cortex 微控制器,具有下述特点:
- 支持超过 1300 种型号的 ARM 处理器
- 支持 Cortex-M0、Cortex-M0+、Cortex-M4 和 Cortex-M7 微控制器
- 支持 1200 多个库函数
- 具有 400 多个示例项目
- 针对嵌入式设计开发的 C 类型编译器
- 有代码受限的免费版本
- 支持 FreeRTOS 实时多任务处理内核
- 支持 LCD、GLCD 以及 TFT 显示
- 支持库管理器、中断助手、项目浏览器和快速转换器
- 支持位图编辑器和 7 段 LED 编辑器

- 支持用户数据报协议（UDP）终端、通用异步收发器（UART）终端和人机接口设备（HID）终端
- ASCII 码表
- 处于活动状态的注释编辑器
- 高级统计功能
- 支持仿真器和调试器
- 支持硬件在线调试器
- 代码助手
- 完备的文档
- 通过开发板或者编程器设备将可执行代码上传到目标处理器
- 在线技术支持

mikroC Pro for ARM 有一个代码大小限制为 2KB 的免费版本，可用来试用于开发小型项目或者教育教学，以及了解该集成开发环境的特点。它还提供了收费的 USB 看门狗让授权的用户开发大型程序。用户也可以不用看门狗，而是申请许可代码或站点许可。可从下面的网站下载不带看门狗或者授权许可的 mikroC Pro for ARM（无论是使用看门狗还是授权许可，mikroC Pro for ARM 在用法上没什么不同）：

https://www.mikroe.com/mikroc-arm

mikroC Pro for ARM 是本书中所有项目都会用到的集成开发环境，它的最新版的编译器中包含了 FreeRTOS 实时多任务处理内核。mikroC Pro for ARM 包含 Visual TFT 软件包和 TFT 库，支持超过 17 种 TFT 控制器，用于开发基于 TFT 的图形化项目。TFT 库包含大量内置函数，这些函数可用于绘制各种图形、线条、图像，以及显示不同大小的文本，此外 TFT 库还带有很多其他函数。用户可以在图形化屏幕和编译期间轻松地进行切换。开发好的图形化程序可被编译并上传到目标处理器的程序存储器中。

Libstock 网站（https://libstock.mikroe.com）是众多示例项目的集散地，这些项目由一般公众用户或者 mikroElektronika 公司的程序员开发，兼容 mikroElektronika 公司的所有编译器。此外，所有 Click 板都包含库和软件开发包（Software Development Kit, SDK），便于用户使用 Click 系列开发板编程。这些示例程序和库可以很容易地一键安装到用户的开发环境当中。Libstock 网站提供的示例程序适用于 mikroElektronika 开发和生产的几乎所有 800 种 Click 系列的开发板。

5.3 小结

在本章中我们简要介绍了各种用于开发 ARM STM32 项目的集成开发环境，在本书所有项目中使用的都是 mikroC Pro for ARM。在第 6 章中我们将会看到利用第 4 章中所介绍的 Clicker 2 for STM32 开发板构建的一个简单项目，并且会学习如何使用 mikroC Pro for ARM 创建项目、编译代码以及将可执行代码上传到目标微控制器的程序存储器当中。

拓展阅读

[1] D. Ibrahim, Programming with STM32 Nucleo Boards, Elektor, Netherlands, 2014, ISBN: 978-1-907920-68-4.
[2] D. Norris, Programming with STM32, Getting Started with the Nucleo Board and C/C++, McGraw Hill, USA, 2014, ISBN: 978-1-260-03131-7.

第 6 章
使用 mikroC Pro for ARM 编程

6.1 概述

在第 5 章，我们介绍了各种用于 ARM 微控制器编程的集成开发环境。在本书的所有项目中，我们将使用 mikroC Pro for ARM。本章描述该 IDE 的基本特点，并给出示例项目以说明如何创建、编译程序，然后将程序上传到 Clicker 2 for STM32 的程序存储器中。本章给出的示例基于 STM32F407VGT6 微控制器，因为该微控制器是 Clicker 2 for STM32 开发板所采用的。

6.2 mikroC Pro for ARM

mikroC Pro for ARM（以下简称 mikroC）与标准 C 语言非常相似，但它是为 ARM 微控制器编程专门开发的。mikroC 允许程序员：
- 使用内置的文本编辑器编写源代码
- 包含必需的库以加速开发过程
- 简化项目管理
- 监控程序的结构体、变量和函数
- 为目标处理器编程生成汇编、HEX 和清单文件
- 使用集成仿真器在 PC 上调试代码
- 使用集成的硬件调试器加速程序开发和测试
- 生成有关存储器使用、调用树、编译列表等的详细报告
- 使用集成编程软件进行目标处理器编程（Clicker 2 for STM32 开发板不适用，因为该开发板使用引导加载程序编程）

mikroC 包含硬件、数字信号处理、ANSI C 等库文件。更多常用库有（超过 60 个库）：
- ADC 库
- CAN 库
- EEPROM 库
- 以太网库
- GPIO 库
- LCD 和图形 LCD 库

- 键盘库
- 声音库
- UART 库
- TFT 显示库
- 触摸板库
- USB 库
- 数字滤波器库（FIR 和 IIR）
- FFT 库
- 矩阵库
- ANSI C 数学库
- 按键库
- 变换库
- 时间库
- 三角函数库

  mikroC 包括内置的集成帮助系统，有助于程序员学习各种库声明语句的格式，也能检查程序语句的语法。帮助功能的优点不同于纸质文档，帮助功能是能保持更新的。mikroC 将应用程序组织成项目目录，由单个项目文件、一个或多个源文件和头文件组成，所有都在同一目录中。IDE 能帮助程序员创建多个项目。项目目录组成如下：

- 项目名称
- 目标微控制器设备
- 设备时钟
- 项目源文件列表
- 头文件
- 二进制文件
- 图像文件
- 其他文件

  图 6.1 展示了为 Clicker 2 for STM32（前面已经提到，读者应该注意该开发板使用 STM32F407VGT6 微控制器）编写的 mikroC 程序的结构。尽管程序中注释是可选的，但是还是非常推荐使用注释，因为这可使程序易于理解和维护。这个非常简单的程序（程序文件：LED.c）可以使连接到端口引脚 PE12 的板载 LED 每秒闪烁一次。在本章，我们将看到一些 mikroC 语言针对 STM32F407VGT6 的特点。本章中介绍的大部分特点对 STM32 系列其他的型号同样适用。

  熟悉标准 C 语言的人可能会注意到图 6.1 中程序开头处没有库包含文件（例如头文件）。这是因为当创建新文件时，所有库文件将被编译器自动包含。

  本章余下部分将介绍重要的 GPIO 库（这将用于大部分的项目中）和一些 STM32 的 mikroC 特点。另外，还将介绍创建、编译、上传程序到 Clicker 2 for STM32 开发板的步骤。

```
/************************************************************************
                              FLASHING LED
                              ============

In this project the on-board LED connected to PE12 of the Clicker 2 for
STM32 development board is flashed every second

Author: Dogan Ibrahim
File   : LED.c
Date   : September, 2019

*************************************************************************/
#define LED GPIOE_ODR.B12

void main()
{

    GPIO_Digital_Output(&GPIOE_BASE, _GPIO_PINMASK_12);    // Set PE12 as digital output

    while(1)                                               // Do Forever
    {
         LED = 1;                                          // LED ON
         Delay_ms(1000);                                   // 1 second delay
         LED = 0;                                          // LED OFF
         Delay_ms(1000);                                   // 1 second delay
    }
}
```

图 6.1　LED 闪烁的简单程序

6.3　通用输入 / 输出库

mikroC 通用输入 / 输出（GPIO）库包含一系列能简化处理 GPIO 引脚功能的程序。该库包含以下函数（仅列举本节中介绍的 STM32 处理器专有特点）：
- GPIO_Clk_Enable
- GPIO_Clk_Disable
- GPIO_Config
- GPIO_Set_Pin_Mode
- GPIO_Digital_Input
- GPIO_Digital_Output
- GPIO_Analog_Input
- GPIO_Alternate_Function_Enable

6.3.1　GPIO_Clk_Enable

该函数可以启用指定端口的时钟。在以下示例代码中，启用 PORTE 上的时钟：

GPIO_Clock_Enable(&GPIO_BASE)

6.3.2 GPIO_Clk_Disable

该函数可以禁用指定端口的时钟。在以下示例代码中，禁用 PORTE 上的时钟：

GPIO_Clock_Disable(&GPIO_BASE)

6.3.3 GPIO_Config

该函数根据指定参数配置端口引脚，具有如下格式：

void GPIO_Config(unsigned long *port, unsigned int pin_mask, unsigned long config)

其中，port 表示期望使用的 PORT，pin_mask 是期望配置的引脚，config 表示端口引脚的期望配置。

如果没有错误，则函数返回 0。在以下示例中，PORTA 的引脚 0 和 7 被配置为数字输入，且无上拉或者下拉电阻：

GPIO_Config(&GPIOA_BASE,_GPIO_PINMASK_0 | _GPIO_PINMASK_7,
_GPIO_CFG_MODE_INPUT | _GPIO_CFG_PULL_NO);

同样，以下示例将 PORTB 所有引脚配置为具有推挽输出晶体管的数字输出模式：

GPIO_Config(&GPIOB_BASE,_GPIO_PINMASK_ALL,
_GPIO_CFG_MODE_OUTPUT | _GPIO_CFG_OTYPE_PP);

以下示例将 PORTB 的引脚 1 配置为数字输出：

GPIO_Config(&GPIOB_BASE,_GPIO_PINMASK_1,
_GPIO_CFG_MODE_OUTPUT);

pin_mask 可以取以下数值：

_GPIO_PINMASK_0	引脚0掩码
_GPIO_PINMASK_1	引脚1掩码
……………………………………	
_GPIO_PINMASK_15	引脚15掩码
_GPIO_PINMASK_LOW	低8位端口引脚
_GPIO_PINMASK_HIGH	高8位端口引脚
_GPIO_PINMASK_ALL	所有引脚掩码

config 依据端口用途可取不同的数值。以下数值是有效的：

基本

_GPIO_CFG_PULL_UP	配置引脚为上拉
_GPIO_CFG_PULL_DOWN	配置引脚为下拉
_GPIO_CFG_PULL_NO	配置引脚为浮空（无上/下拉）
_GPIO_CFG_MODE_ALT_FUNCTION	引脚有复用功能（非GPIO）
_GPIO_CFG_MODE_ANALOG	配置引脚为模拟
_GPIO_CFG_OTYPE_OD	配置引脚为开漏

_GPIO_CFG_OTYPE_PP	配置引脚为推挽
_GPIO_CFG_SPEED_400KHZ	为引脚配置400kHz时钟
_GPIO_CFG_SPEED_2MHZ	为引脚配置2MHz时钟
_GPIO_CFG_SPEED_10MHZ	为引脚配置10MHz时钟
_GPIO_CFG_SPEED_25MHZ	为引脚配置25MHz时钟
_GPIO_CFG_SPEED_40MHZ	为引脚配置40MHz时钟
_GPIO_CFG_SPEED_50MHZ	为引脚配置50MHz时钟
_GPIO_CFG_SPEED_100MHZ	为引脚配置100MHz时钟
_GPIO_CFG_SPEED_MAX	为引脚配置最大时钟
_GPIO_CFG_DIGITAL_OUTPUT	配置引脚为数字输出
_GPIO_CFG_DIGITAL_INPUT	配置引脚为数字输入
_GPIO_CFG_ANALOG_INPUT	配置引脚为模拟输入

定时器

这些是定时器函数,且函数名依据所使用的定时器而进行修改。例如,对于定时器1,以下函数可用(类似的函数对其他定时器可用,更多细节参见HELP文件):

_GPIO_CFG_AF_TIM1	定时器1复用功能映射
_GPIO_CFG_AF2_TIM1	定时器1复用功能2映射
_GPIO_CFG_AF6_TIM1	定时器1复用功能6映射
_GPIO_CFG_AF11_TIM1	定时器1复用功能11映射

I²C

以下函数可用于I²C操作:

_GPIO_CFG_AF_I2C1	复用功能映射
_GPIO_CFG_AF4_I2C1	复用功能4映射
_GPIO_CFG_AF_I2C2	复用功能映射
_GPIO_CFG_AF4_I2C2	复用功能4映射
_GPIO_CFG_AF_I2C3	复用功能映射

SPI

部分SPI函数如下(详见HELP文件):

_GPIO_CFG_AF_SPI1	SPI1复用功能映射
_GPIO_CFG_AF5_API1	SPI1复用功能5映射

USART

部分USART函数如下(详见HELP文件):

_GPIO_CFG_AF_USART1	USART1复用功能映射
_GPIO_CFG_AF7_USART1	USART1复用功能7映射

CAN

部分CAN函数如下(详见HELP文件):

_GPIO_CFG_AF_CAN1	CAN1复用功能映射
_GPIO_CFG_AF_CAN2	CAN2复用功能7映射

USB

部分USB函数如下(详见HELP文件):

_GPIO_CFG_AF_USB	USB复用功能映射
_GPIO_CFG_AF14_USB	USB复用功能14映射

I²S

部分 I²S 函数如下（详见 HELP 文件）：

```
_GPIO_CFG_AF5_I2S1          I2S复用功能5映射
_GPIO_CFG_AF6_I2S1          I2S复用功能6映射
```

TSC

部分 TSC 函数如下（详见 HELP 文件）：

```
_GPIO_CFG_AF3_TSC_G1        TSC组1复用功能3映射
_GPIO_CFG_AF3_TSC_G2        TSC组2复用功能3映射
```

RTC

RTC 函数如下：

```
_GPIO_CFG_AF_RTC_50 Hz      RTC 50Hz复用功能映射
_GPIO_CFG_AF_RTC_AF1        RTC复用功能映射
_GPIO_CFG_AF_TAMPER         TAMPER复用功能映射
```

MCO

MCO 函数如下：

```
_GPIO_CFG_AF_MCO            MCO1和MCO2复用功能映射
_GPIO_CFG_AF0_TSC_G2        MCO1和MCO2复用功能0映射
_GPIO_CFG_AF_MCO1           MCO1复用功能映射
```

DEBUG

DEBUG 函数如下：

```
_GPIO_CFG_AF_SWJ            SWJ复用功能映射
_GPIO_CFG_AF_TRACE          TRACE复用功能映射
_GPIO_CFG_AF0_TRACE         TRACE复用功能0映射
```

MISC

部分其他函数如下（详见 HELP 文件）：

```
_GPIO_CFG_AF_WKUP           Wakeup复用功能映射
_GPIO_CFG_AF_LCD            LCD复用功能映射
_GPIO_CFG_ETH               ETHERNET复用功能映射
```

6.3.4 GPIO_Set_Pin_Mode

该函数通过使用参数配置期望的引脚，具有如下格式：

```
GPIO_Set_Pin_Mode(port_base : ^dword; pin : word; config : dword;)
```

其中，port_base 表示使用的端口，pin 表示期望配置的引脚，config 表示期望的引脚配置。

pin 可取以下数值：

```
_GPIO_PIN_0                 引脚0
_GPIO_PIN_1                 引脚1
..........
_GPIO_PIN_15                引脚15
```

config 可取以下数值：

_GPIO_CFG_MODE_INPUT	配置引脚为输入
_GPIO_CFG_MODE_OUTPUT	配置引脚为输出
_GPIO_CFG_PULL_UP	配置引脚为上拉
_GPIO_CFG_PULL_DOWN	配置引脚为下拉
_GPIO_CFG_PULL_NO	配置引脚为浮空
_GPIO_CFG_MODE ALT_FUNCTION	引脚有复用功能（非GPIO）
_GPIO_CFG_MODE_ANALOG	为引脚配置模拟输入
_GPIO_CFG_OTYPE_OD	配置引脚为开漏
_GPIO_CFG_OTYPE_PP	配置引脚为推挽
_GPIO_CFG_SPEED_400KHZ	为引脚配置400kHz时钟
_GPIO_CFG_SPEED_2MHZ	为引脚配置2MHz时钟
_GPIO_CFG_SPEED_10MHZ	为引脚配置10MHz时钟
_GPIO_CFG_SPEED_25MHZ	为引脚配置25MHz时钟
_GPIO_CFG_SPEED_50MHZ	为引脚配置50MHz时钟
_GPIO_CFG_SPEED_100MHZ	为引脚配置100MHz时钟
_GPIO_CFG_SPEED_MAX	为引脚配置最大时钟

在以下示例中，PORTE 的引脚 0 被配置为具有推挽驱动晶体管的数字输出模式：

```
GPIO_Set_Pin_Mode(&GPIOE_BASE, _GPIO_PIN_0,
_GPIO_CFG_MODE_OUTPUT |
_GPIO_CFG_PULL_UP)
```

6.3.5　GPIO_Digital_Input

该函数可将期望的端口引脚配置为数字输入，具有如下格式：

void GPIO_Digital_Input(**unsigned long** *port, **unsigned long** pin_mask)

其中，port 表示配置的端口，pin_mask 表示掩码，定义见 6.3.3 节。

在以下示例中，PORTC 引脚 0 和 1 被定义为数字输入：

```
GPIO_Digital_Input(&GPIOC_BASE, _GPIO_PINMASK_0 |
_GPIO_PINMASK_1);
```

6.3.6　GPIO_Digital_Output

该函数可将期望的端口引脚配置为数字输出，具有如下格式：

void GPIO_Digital_Output(**unsigned long** *port, **unsigned long** pin_mask)

其中，port 表示配置的端口，pin_mask 表示掩码，定义见 6.3.3 节。

在以下示例中，PORTC 引脚 0 和 1 被定义为数字输出：

```
GPIO_Digital_Output(&GPIOC_BASE, _GPIO_PINMASK_0 |
_GPIO_PINMASK_1);
```

6.3.7　GPIO_Analog_Input

该函数可将期望的端口引脚配置为模拟输入，具有如下格式：

void GPIO_Analog_Input(**unsigned long** *port, **unsigned long** pin_mask)

在以下示例中，PORTC 引脚 0 和 1 被定义为模拟输入：

GPIO_Analog_Input(&GPIOC_BASE, _GPIO_PINMASK_0);

6.3.8　GPIO_Alternate_Function_Enable

该例程可将预定义的内部模块引脚输出作为参数使用，实现 GPIO 上所需的复用功能。函数具有如下格式：

void GPIO_Alternate_Function_Enable(const Module_Struct *module)

这里，Module Struct 是期望的模块引脚输出（预定义模块引脚输出请参见 mikroC Pro for ARM 帮助文件）。

6.4　存储器类型说明符

mikroC 中每个变量都可以使用存储器类型说明符来分配特定的存储空间。存储器类型说明符列表如下：

- code
- data
- sfr
- ccm

code 用于在程序存储器中分配常量。在以下示例中，字符数组 Dat 被分配至程序存储器中：

const code char Dat[] = "Test";

data 用于在数据存储器中存储变量。示例如下：

data char count;

sfr 允许用户访问特殊功能寄存器。示例如下：

extern sfr char tst;

ccm 允许用户在核内联存储器中分配变量（仅适用于 Cortex-M4）。示例如下：

ccm unsigned char cnt;

6.5　PORT 输入/输出

PORT 输出和输入数据可分别通过 GPIOx_ODR 和 GPIOx_IDR 寄存器进行访问。举个例子，PORTA 可通过以下语句设置成全高电平：

GPIOA_ODR = 0xFFFF;

类似地，再举一例，PORTA 数据可通过以下语句读取和存储到变量 Cnt 中：

Cnt = GPIOA_IDR;

6.6 按位访问

mikroC 允许按位访问变量。B0～B15（或者 F0～F15）分别用于访问变量的第 0～15 位。**sbit** 数据类型能访问寄存器、特殊功能寄存器（SFR）、变量等。**at** 用于为变量创建别名。在以下示例中，LED 可用于访问 PORTA 的第 3 位：

sbit LED at GPIOA_ODR.B3;

同样，`#define` 语句可用于访问示例中的 PORTA 的第 3 位：

#define LED GPIOA_ODR.B3

6.7 bit 数据类型

mikroC 提供 `bit` 数据类型，用于在应用程序中定义单个位。示例如下：

bit x;

请注意，`bit` 变量不能被初始化，也不能作为结构体和联合体的成员。

6.8 中断和异常

Cortex-M3 支持嵌套向量中断控制器（NVIC），能处理大量异常和外部中断（IRQ）。依据所使用的处理器型号，可处理具备多种优先级（例如多达 250 级）的大量外部中断（例如多达 240 个）。向量表包含异常处理和中断服务程序（ISR）的地址。

6.8.1 异常

依据优先级，Cortex-M3 处理器的中断/异常可分为两类：可配置的和不可配置的。

不可配置异常

不可配置异常具有固定的优先级，由以下类型组成：

- **复位**：具有最高优先级（−3），当异常发生时将从中断向量表中提供的复位入口点地址开始重启。
- **NMI**：不可屏蔽中断（NMI）具有除复位之外的最高优先级（−2）。NMI 不可被屏蔽或者被其他异常打断。
- **硬错误**：这类异常具有 −1 优先级，且由于异常不能被正确处理而产生。

可配置异常

你能为中断分配从 0 到 255 的优先级。中断号越小，硬件优先级越高。这样优先级 0 是最高优先级，优先级 255 是最低优先级。当具有相同优先级数值的多个中断同时产生时，最小中断号（最高优先级）的中断将被优先处理。

可配置异常具有可编程的优先级，由以下类型组成：
- **存储器管理**：此异常产生于存储器保护错误发生之时。其优先级是可编程的。
- **总线错误**：此异常是因为存储器错误或者总线出错而产生的。
- **指令错误**：此类异常是因为指令错误而产生的，例如未定义的指令、无效的地址、指令运行的无效状态或者异常返回出错。例如，除零错误。
- **SVCall**：监管者程序调用（SVC）异常是由使用 SVC 指令访问内核功能或设备驱动的应用程序产生的。
- **PendSV**：这是系统级服务的中断驱动请求。
- **SysTick**：此异常是由系统定时器在其达到 0 时产生的。
- **中断（IRQ）**：此类异常是由外设触发或者软件产生的。

6.8.2 中断服务程序

中断服务程序（Interrupt Service Routine，ISR）被定义为以下格式的函数（例如，对于定时器 7 中断）：

void interrupt() iv IVT_INT_TIM7 ics ICS_OFF

{

interrupt service routine here…

}

其中，`iv` 是保留字，以通知编译器这是个 ISR；`IVT_INT_TIM7` 是定时器 7 的中断向量（不同中断源有不同的向量名称）；`ics` 是中断上下文保存（Interrupt Context Saving），具有取值 `ICS_OFF`（不保存上下文）和 `ICS_AUTO`（编译器选择是否完成上下文保存）。

mikroC 的中断辅助工具可用于创建 ISR 模板。为了使用中断辅助工具，请启动 mikroC 的 IDE，然后点击 **Tools -> Interrupt Assistant**。你应该能看到如图 6.2 所示的界面。输入所需的 ISR 函数名称（例如，**button**），选择中断源类型（例如，**INT_TIM2**），选择 ics 参数（例如，**AUTO**），然后单击 **OK**（如图 6.3 所示）。将自动生成下列 ISR 代码模板：

void button() iv IVT_INT_TIM2 ics ICS_AUTO {
}

图 6.2　中断辅助界面

图 6.3　中断辅助示例

6.9 创建新项目

本节中，创建项目的目的是展示如何开发项目，然后如何编译和上传可执行代码到目标处理器的程序存储器中。在本节中，我们将让连接到 Clicker 2 for STM32 开发板端口引脚 PE12 的 LED 每秒闪烁一次。在该项目中，我们将使用外部 25MHz 晶振作为时钟源。

创建新 mikroC 项目的步骤如下：

- **步骤 1**：通过单击图标启动 mikroC Pro for ARM IDE 软件。图 6.4 展示了 IDE 界面元素。

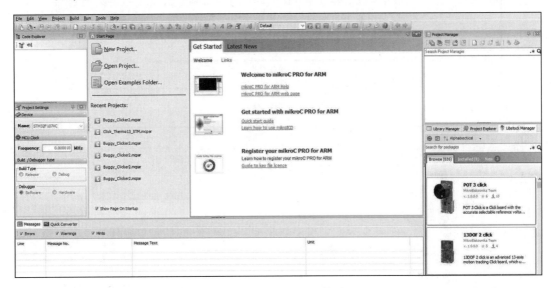

图 6.4　mikroC IDE 界面

- **步骤 2**：单击 **New Project**，创建一个新项目。选择 **Standard project**，然后单击 **Next**。如图 6.5 所示，给定一个项目名称（例如 LED）并指定目录（例如 D:\ARM）。选择设备名称为 STM32F407VG，然后设置设备时钟为 168MHz。单击 **Next**。单击 **Finish**，然后你能看到如图 6.6 所示的主 IDE 窗口。

界面元素描述如下：

1. 顶部菜单栏。这些在菜单栏下的图标集是 IDE 各种功能和工具的快捷访问方式。

2. 代码浏览器（Code Explorer）位于屏幕的左上角。你能看到已打开项目的函数、网页链接和活动注释的列表。

3. 项目设置（Project Settings）。在本部分中包含所使用的设备的名称和微控制器时钟频率。时钟频率决定了微控制器的速度。

4. 选择构建或调试器类型，Build Type 应该选择 **Release**。

5. 消息（Messages）。在编译期间，一旦遇到错误，编译器就会将其显示到消息框中，并且不会生成 hex 文件。编译器还显示警告，但是这些不会影响输出，只有错误才影响正确的 hex 文件生成。

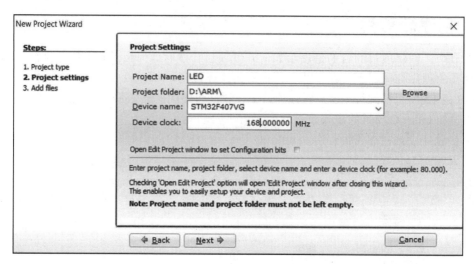

图 6.5 创建新项目

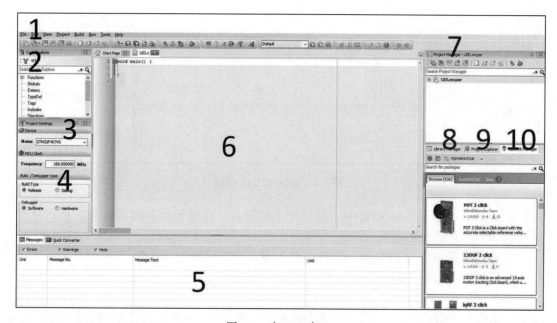

图 6.6 主 IDE 窗口

6. 代码编辑器支持可调节的语法高亮显示、代码折叠、代码提示、参数提示、输入自动纠正和代码模板。

7. 项目管理器（Project Manager）是 IDE 的特色功能，允许管理多个项目。它能显示每个项目的源文件和头文件。同一时刻可以打开多个项目，但是任一时刻只有一个项目处于活动状态。为了将项目设置为活动状态，你必须双击项目管理器中的该项目。

8. 库管理器（Library Manager）允许简单方便地使用库文件。库管理器窗口列举所有库文件。通过选择紧挨着库名称的多选框，所需的库就会被加入项目。为了使所有库功能可用,仅仅需要按下全选(Check All)按键,就这么简单。

9. 项目浏览器(Project Explorer)。

10. Libstock Manager。如有需要,可以查看最近使用的 Click 板、安装软件和 SDK(软件开发包)的列表。

步骤 3:你应该能看到一个仅有 main 函数的代码模板。键入如图 6.1 给出的程序代码,界面看上去应该如图 6.7 所示。

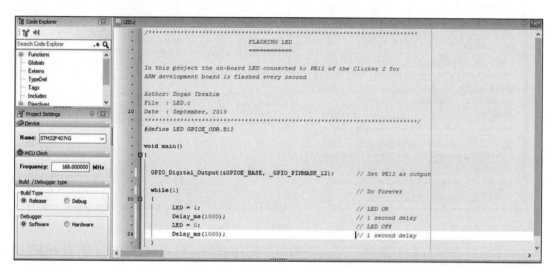

图 6.7 编写你的程序

步骤 4:现在我们应该设置项目的时钟。这是创建新项目时的重要步骤之一。单击 **Project -> Edit Project**。将时钟设置为使用外部高速时钟。图 6.8a 和 b 展示了运行于 168MHz 所需的设置(时钟设置详见第 2 章)。

图 6.8a 和 b 中展示的各种时钟配置选项解释如下:

- **Internal high-speed clock enable(内部高速时钟使能)**:此选项用于启用/禁用内部 16MHz 高速时钟 HSI。
- **External high-speed clock enable(外部高速时钟使能)**:此选项用于启用/禁用外部高速时钟 HSE。
- **External high-speed clock bypass(外部高速时钟旁路)**:如果外部高速时钟 HSE 已启用,并且同时外部高速时钟旁路,那么这就意味着外部时钟产生器电路(例如不是晶振)被连接到微控制器的 OSC_IN 引脚。
- **Clock security system enable(时钟安全系统使能)**:此选项用于启用/禁用时钟安全系统。当启用时,如果 HSE 晶振出错,那么 HIS 晶振自动开始运行并产生微控制器的时钟。同时,产生一个中断。
- **Main PLL enable(主 PLL 使能)**:此选项启用/禁用 PLL 模块。
- **PLLI2S enable(PLLI2S 使能)**:此选项启用/禁用 PLLI2S 模块。

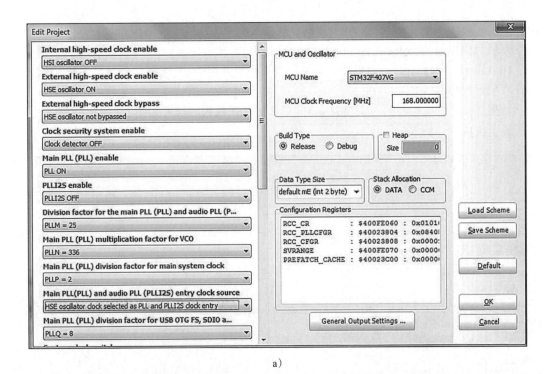

图 6.8 各种时钟配置选项

- Division factor for the man PLL and Audio PLL (PLLI2S) input clock[主 PLL 和音频 PLL(PLLI2S)输入时钟的分频因子]：此选项用于选择主 PLL 分频因子，在图 6.8 中表示为 **PLL_M**。
- Main PLL (PLL) multiplication factor for VCO（VCO 的主 PLL 倍频因子）：此选项用于选择 VCO 的主 PLL 倍频因子，在图 6.8 中表示为 **PLL_N**。
- Main PLL (PLL) division factor for main system clock（主系统时钟的主 PLL 分频因子）：此选项用于选择 AHB 预分频器，在图 6.8 中表示为 **PLL_P**。
- Main PLL (PLL) and audio PLL (PLLI2S) entry clock source（主 PLL 和音频 PLL 输入时钟源）：此选项用于选择 PLL 模块，提供时钟给主 PLL 和 I2S。HSE 或者 HIS 时钟也能在其中进行选择，在图 6.8 中表示为 **PLL Source Clock**。
- Main PLL (PLL) division factor for USB OTG FS, SDIO and random number generatorclocks（用于 USB OTG FS、SDIO 和随机数生成器时钟的主 PLL 分频因子）：选择 USB OTG FS、SDIO 和随机数生成器的分频因子，在图 6.8 中表示为 **PLL_Q**。
- System clock switch（系统时钟切换）：此选项用于从 HIS、HSE 或者 PLL 中选择系统时钟。
- Set and cleared by software to control the division factor of the AHB clock（通过软件设置和清除来控制 AHB 时钟的分频因子）：此选项用于选择分频因子以便从系统时钟 SYSCLK 生成 AHB 时钟，在图 6.8 中表示为 **AHBx Prescaler**。
- APB low-speed prescaler (APB1)（APB 低速预分频器）：此选项用于选择低速 APB1 时钟（PCLK1），在图 6.8 中表示为 **APB1 Prescaler**。
- APB high-speed prescaler (APB2)（APB 高速预分频器）：此选项用于选择高速 APB2 时钟（PCLK2），在图 6.8 中表示为 **APB2 Prescaler**。
- HSE division factor for RTC clock（用于 RTC 时钟的 HSE 分频因子）：此选项用于选择 RTC 时钟的分频因子。
- Microcontroller clock output 1（微控制器时钟输出 1）：此选项用于从 HIS、HSE、LSE 或 PLL 之中选择微控制器时钟输出（MCO1）。
- I²S clock selection（I²S 时钟选择）：此选项用于选择 I²S 时钟源。可以选择 PLLI2S 或者连接到 I2S_CKIN 引脚的外部时钟源。
- MCO1 prescaler（MCO1 预分频器）：此选项用于选择 MCO1 输出时钟预分频器。
- MCO2PRE（MCO2 预分频器）：此选项用于选择 MCO2 预分频器。
- Microcontroller clock output 2（微控制器时钟输出 2）：此选项用于从 SYSCLK、PLLI2S、HSE 或 PLL 之中选择微控制器时钟 2 输出（MCO2）。
- Voltage range（电压范围）：使用此选项选择电压范围。
- Prefetch and cache option（预取和缓存选项）：如果我们希望将数据存储到闪存区域，那么此选项用于启用 / 禁用预取和缓存。

在配置时钟时，遵循以下规则是十分重要的：
- PLL 模块输入频率必须介于 1MHz 和 2MHz。
- PLL 模块输出频率必须介于 64MHz 和 432MHz。

- USB 频率必须是 48MHz。
- 请确保 PLL_N > 1, PLL_Q > 1 和 PLL_P = 2, 4, 6 或者 8。
- AHB 频率不得高于 168MHz。
- APB1 频率不得高于 42MHz。
- APB2 频率不得高于 84MHz。

下面给出一个示例,用来说明如何在新项目中进行时钟配置。

示例

需要将时钟配置为使用内部高速时钟(16MHz),并且 STM32F407VGT6 微控制器运行于 168MHz。确保 RTC、USB 或 I²S 在应用程序中未被使用。

解决方案

所需的时钟设置是:

Internal high-speed clock:	ON
External high-speed clock:	OFF
External high-speed clock bypass:	HSE oscillator not bypassed
Clock security system enable:	Clock detector OFF
Main PLL (PLL) enable:	PLL ON
PLLI2S enable:	PLLI2S OFF
Division factor for the main PLL and…:	PLLM = 16
Main PLL (PLL) multiplication factor:	PLLN = 336
Main PLL (PLL) division factor for main..:	PLLP = 2
Main PLL (PLL) and Audio PLL (PLLI2S):	HSI oscillator clock selected as PLL…
Main PLL (PLL) division factor for USB..:	(not important here)
System clock switch:	PLL selected as system clock
Set and cleared by software to control the…:	SYSCLK not divided
APB low-speed prescaler (APB1):	HCLK divided by 4
APB high-speed prescaler (APB2):	HCLK divided by 2
HSE division factor for RTC clock:	no clock
Microcontroller clock output 1:	(not important here)
I2S clock selection:	(not important here)
MCO1 prescaler:	(not important here)
MCO2PRE:	(not important here)
Microcontroller clock output 2:	(not important here)
Voltage range:	2.7–3.6 V
Prefetch and cache option:	(not important here)

在本示例中,内部 16MHz HSI 时钟被 16 分频为 1MHz,然后乘以 336 倍为 336MHz,再除以 2 为 168MHz 系统时钟。

步骤 5:我们现在准备编译程序。单击 **Build -> Build** 或者单击 **Build** 图标(如图 6.9 所示)。你的程序应该能编译且没有错误,如图 6.10 所示。请注意在屏幕底部消息窗口中会显示存储器使用情况和编译耗时。编译器生成各种文件,例如编译列表、HEX 文件、配置文件等(部分文件的生成是可选的)。重要的文件是 HEX 文件,因为这用于上传到目标微控制器的程序存储器中。

图 6.9 Build 图标

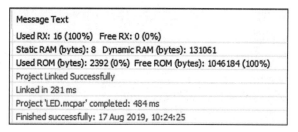

图 6.10　程序编译且无错误

上传可执行代码

　　Clicker 2 for STM32 开发板上的微控制器可通过引导加载程序固件进行编程，这已经被生产商加载到微控制器的存储器中了。我们需要在 PC 上安装 mikroBootloader 软件，以便能上传可执行代码到目标处理器的程序存储器中。安装 mikroBootloader 软件的步骤如下：
- 访问网址：https://www.mikroe.com/clicker-2-stm32f4
- 在屏幕底部单击 **clicker 2 STM32 Bootloader**
- 拷贝软件到你选择的目录（例如桌面）

上传可执行代码到微控制器存储器的步骤如下：
- 通过一条 mini USB 电缆将 Clicker 2 for STM32 开发板连接到 PC，然后打开电源开关。你应该能看到绿色的电源 LED 被点亮。
- 在 PC 上启动 mikroBootloader 软件。
- 按下并释放开发板电源开关旁边的红色 Reset 按键。
- 尽可能快地在 mikroBootloader 应用程序中单击 **Connect** 按键（你应该在 5 秒内完成，否则微控制器会执行硬件复位并且开始运行先前加载的用户程序——如果存在）。你应该能看到**连接**消息（如图 6.11 所示）。

图 6.11　连接 mikroBootloader 到开发板

- 单击 **Browse for HEX** 按键并选择应用程序的 HEX 文件（如图 6.12 所示）。你应该能看到以下类似的消息：

  Opened: D:\ARM\LED.hex

- 单击 **Begin uploading**，开始上传可执行代码到开发板微控制器的程序存储器中。你应该能看到上传成功的消息，如图 6.13 所示。
- 如果一切正常，那么你应该看到开发板上的红色 LED 每秒闪烁一次。

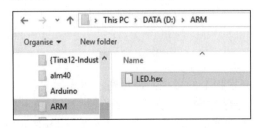

图 6.12　选择应用程序的 HEX 文件

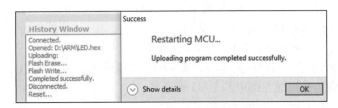

图 6.13　上传可执行代码到目标处理器

6.10　仿真

仿真是程序开发期间非常有用的工具，有助于在代码被加载到目标微控制器程序存储器之前的早期阶段找出编程错误。仿真通常在 PC 上运行，可用于单步运行程序、设置断点以及查看和修改处理器的寄存器及程序使用的变量。在本节中，我们将介绍如何仿真 6.9 节中开发的简单 LED 闪烁程序。

对我们的程序进行仿真的步骤如下：

步骤 1：单击 **Run -> Start Debugger**。在右侧将打开仿真窗口，如图 6.14 所示。横穿屏幕的蓝色条块表示当前运行到的程序步骤，默认情况应该是在程序的开头处。

步骤 2：当程序运行于单步模式时，让我们观察一下 PORTE 的内容。选择 PORTE 输出寄存器 `GPIOE_ODR`，并单击 **Add**（+ 标记）。PORTE 将被添加到窗口中（如图 6.15 所示），这样当程序运行时我们就能观察它的值。此时该值显示为 0。

步骤 3：继续按下 F8 以便单步运行程序。当按下按键时，你应该能看到蓝色条块在程序中移动。

步骤 4：当端口值已改变时，你应该能观察到 PORTE 数据在改变。单击仿真窗口中的数值可以将输出数据按照十进制到二进制进行显示（如图 6.16 所示）。当 PE12 设置为 1 时，应该能观察到端口数值显示为 0000 0000 0000 0000 0001 0000 0000 0000，如图 6.17 所示。

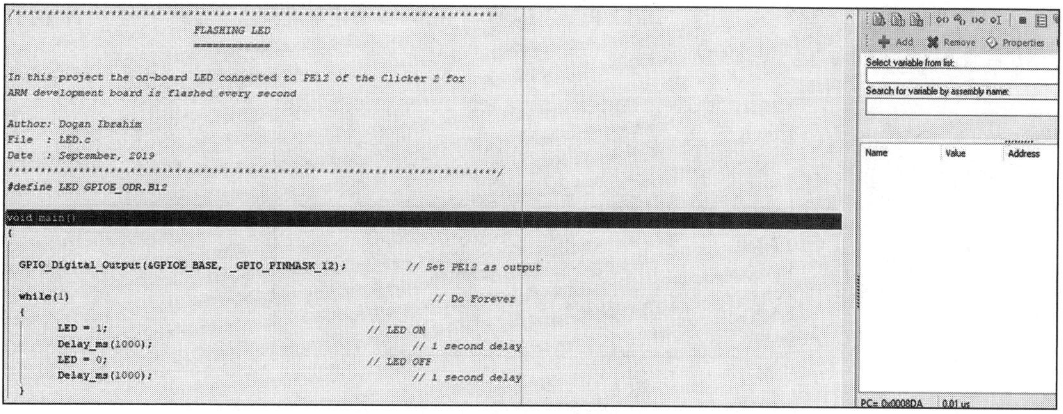

```
/***********************************************************
                    FLASHING LED
                    ============
In this project the on-board LED connected to PE12 of the Clicker 2 for
ARM development board is flashed every second

Author: Dogan Ibrahim
File   : LED.c
Date   : September, 2019
***********************************************************/
#define LED GPIOE_ODR.B12

void main()
{
    GPIO_Digital_Output(&GPIOE_BASE, _GPIO_PINMASK_12);   // Set PE12 as output
    while(1)                                               // Do Forever
    {
        LED = 1;                                           // LED ON
        Delay_ms(1000);                                    // 1 second delay
        LED = 0;                                           // LED OFF
        Delay_ms(1000);                                    // 1 second delay
    }
}
```

图 6.14　仿真窗口

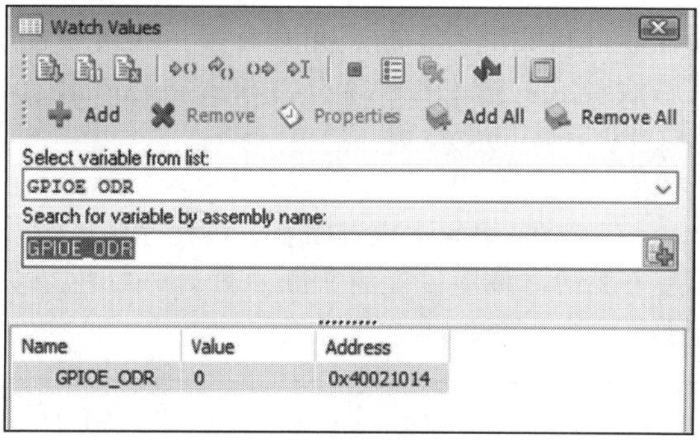

图 6.15　添加 GPIOE_ODR 至仿真窗口

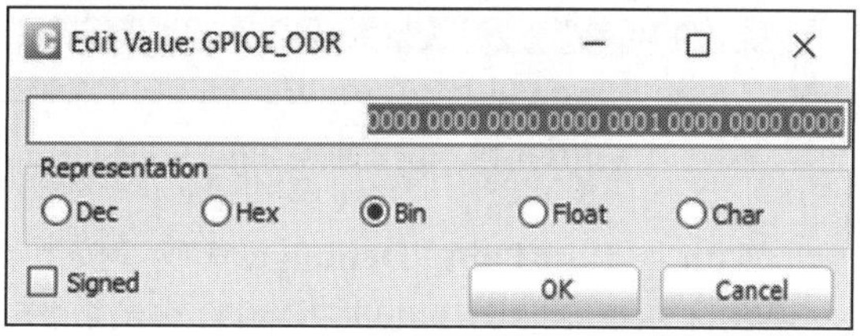

图 6.16　将输出数值改为十六进制显示

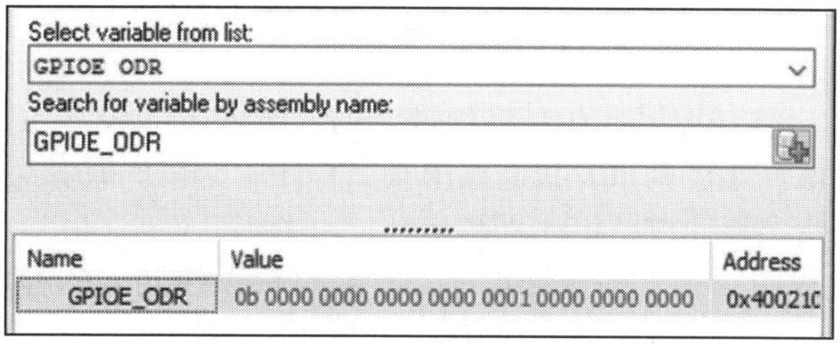

图 6.17　端口数据改为 0xFFFF

步骤 5：当单步运行程序时，端口 PE12 的值将在 0 和 1 之间改变。仿真时序统计显示在仿真窗口的底部（如图 6.18 所示）。

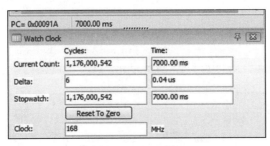

图 6.18　仿真时序统计

设置断点

当对庞大且复杂的程序进行测试时，断点尤其有用。通过对程序设置断点，我们允许程序运行到断点处，然后检查或者修改各种寄存器和变量的数值。本节给出的示例说明了如何设置断点以及如何检查程序中的变量值。

步骤 1：启动前面介绍的仿真器。

步骤 2：在 Delay_ms(1000) 语句上设置断点。将光标移至该语句上，然后单击 **Run -> Toggle Breakpoint**（或者按下 F5）。你应该能看到断点处有一红色条块（如图 6.19 所示），而且断点处语句的左手边还有一个小箭头。

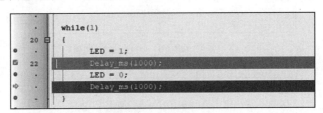

图 6.19　设置断点

步骤 3：现在通过单击 **Run -> Run/Pause Debugger**（或者按下 F6）来运行程序。程序将运行到断点处并停止。现在你能查看前面提到的 PORTE 输出数据。

步骤 4：单击 **Run -> Toggle Breakpoint** 或者单击断点处语句左手边的小箭头，能移除断点。

6.11　调试

调试与仿真类似，但它是运行在目标硬件上的。被调试的硬件通常由完整的项目硬件组成，包括所有的外设。通过调试，我们试图查出程序中的错误或者与硬件相关的错误（尽管只有极少数的硬件错误能通过调试过程找出）。

在典型的调试过程中，开发的应用程序上传到目标微控制器的程序存储器中，然后在程序实时运行于目标微控制器时，真正的调试开始了。与仿真一样，代码能单步运行，断点能被插入代码中，寄存器和变量可以很容易地按照需要进行检查或修改。

不幸的是，我们不能在 Clicker 2 for STM32 开发板上进行调试，因为这需要硬件编程器设备连接到开发板。而且调试的步骤与仿真的步骤相同。在调试器可以启动之前，应该先将 Build/Debugger 类型面板设置为 Debug and Hardware。

6.12 其他 mikroC IDE 工具

mikroC IDE 包含许多其他有用的工具，可以在程序开发期间使用。本节将介绍一些常用的工具。

6.12.1 ASCII 表

此工具通过 **Tools -> Ascii Chart** 进行访问，它能显示标准 ASCII 表，如图 6.20 所示。

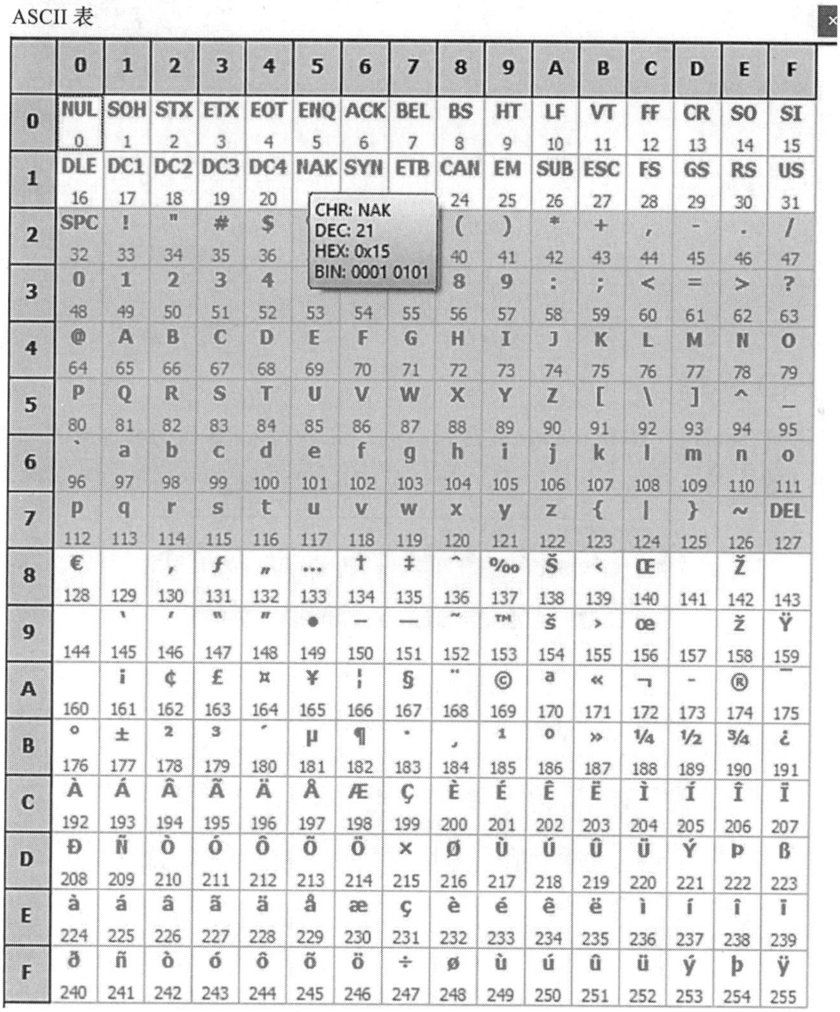

图 6.20　ASCII 表工具

6.12.2 GLCD 位图编辑器

此工具通过 **Tools -> GLCD Bitmap Editor** 进行访问，它有助于设计 GLCD 显示屏的位图。图 6.21 展示了该编辑器工具。

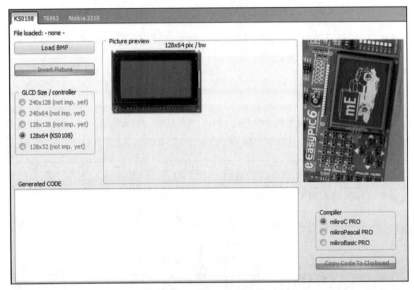

图 6.21　GLCD 位图编辑器

6.12.3 HID 终端

此工具通过 **Tools -> HID terminal** 进行访问，在进行 USB 应用程序开发时非常有用。图 6.22 展示了该工具。

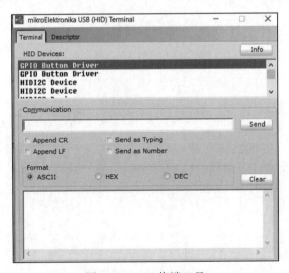

图 6.22　HID 终端工具

6.12.4 中断助手

此工具可帮助创建前面章节介绍的 ISR 模板。

6.12.5 LCD 定制字符

此工具通过 **Tools -> LCD Custom Character** 进行访问，它能用于为标准 LCD 显示屏定制字符创建代码。图 6.23 展示了该工具。

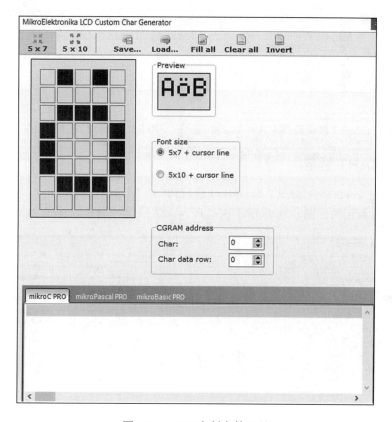

图 6.23 LCD 定制字符工具

6.12.6 7 段编辑器

此工具通过 **Tools -> Seven Segment Editor** 进行访问，它能用于创建标准 7 段显示模式。图 6.24 展示了该工具。

6.12.7 UDP 终端

此工具通过 **Tools -> UDP Terminal** 进行访问，当进行 UDP 通信应用程序开发时，它是非常有用的。图 6.25 展示了该工具。

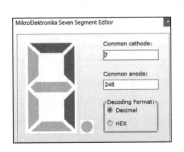

图 6.24　7 段编辑器工具

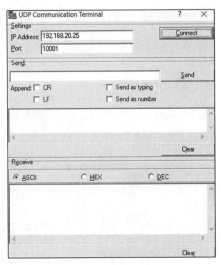

图 6.25　UDP 终端工具

6.12.8　USART 终端

该工具通过 **Tools -> USART Terminal** 进行访问，当进行 RS232 串行通信应用程序开发时，它是非常有用的。图 6.26 展示了该工具。

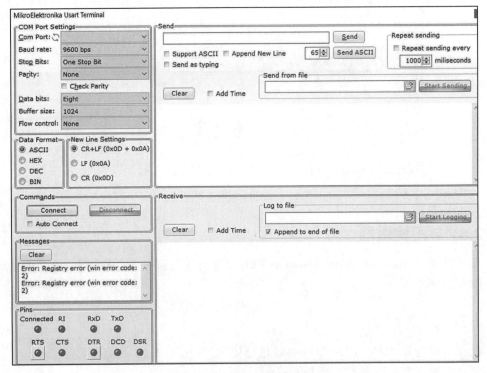

图 6.26　USART 终端工具

6.12.9 USB HID bootloader

该工具通过 **Tools -> USB HID Bootloader** 进行访问，它可用于上传代码至已经加载 bootloader 程序的微控制器中。图 6.27 展示了该工具。

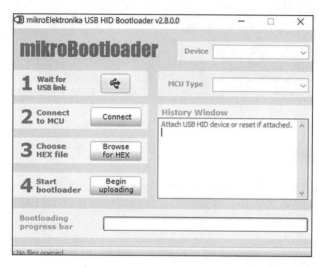

图 6.27　USB HID bootloader 工具

6.12.10 统计

编程统计能通过使用 **View -> Statistics** 工具显示出来。例如，图 6.28 展示了 RAM 使用统计。同样，图 6.29 展示了 ROM 使用统计。概要统计界面如图 6.30 所示。

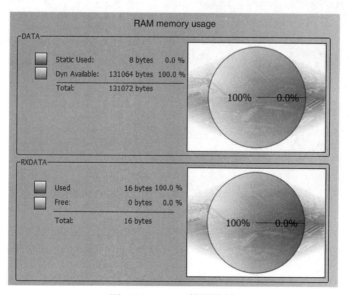

图 6.28　RAM 使用统计

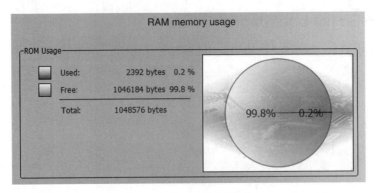

图 6.29　ROM 使用统计

6.12.11　库管理器

项目包含的库函数列表能通过 View -> Library Manager 菜单选项显示出来。通过在库管理器中单击所需库名称的左边，所需的附加库能添加至项目中。图 6.31 展示了部分库管理器界面。

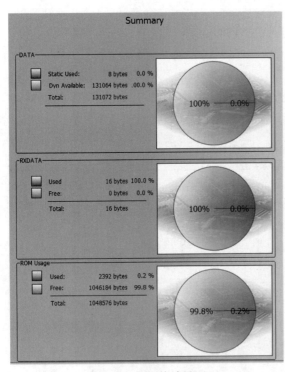

图 6.30　概要统计界面

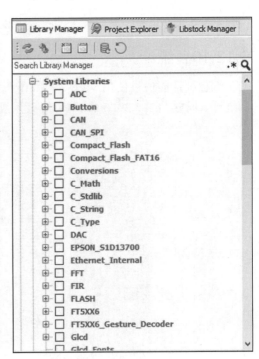

图 6.31　部分库管理器界面

6.12.12 编译列表

程序的编译列表能通过单击 **View- > Assembly** 显示出来，如图 6.32 所示。

```
_main:
;LED.c,14 ::                    void main()
SUB         SP, SP, #4
;LED.c,17 ::                    GPIO_Digital_Output(&GPIOE_BASE, _GPIO_PINMASK_12
MOVW        R1, #4096
MOVW        R0, #lo_addr(GPIOE_BASE+0)
MOVT        R0, #hi_addr(GPIOE_BASE+0)
BL          _GPIO_Digital_Output+0
;LED.c,19 ::                    while(1)
L_main0:
;LED.c,21 ::                    LED = 1;
MOVS        R1, #1
SXTB        R1, R1
MOVW        R0, #lo_addr(GPIOE_ODR+0)
MOVT        R0, #hi_addr(GPIOE_ODR+0)
_SX         [R0, ByteOffset(GPIOE_ODR+0)]
;LED.c,22 ::                    Delay_ms(1000);
MOVW        R7, #32254
MOVT        R7, #854
NOP
NOP
L_main2:
SUBS        R7, R7, #1
BNE         L_main2
NOP
```

图 6.32　编译列表

6.12.13　输出文件

编译器生成的输出文件列表能通过在项目管理器窗口中单击 **Output Files** 选项卡显示出来，如图 6.33 所示。最重要的输出文件是 HEX 文件，因为该文件是上传到微控制器程序存储器中去的。

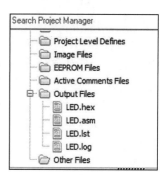

图 6.33　输出文件

6.12.14　选项窗口

单击 **Options** 图标可以显示出各种用户能设置的 IDE 选项。示例如图 6.34 所示。

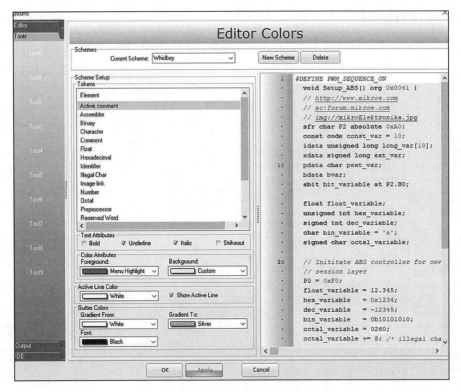

图 6.34 选项窗口

6.13 小结

本章介绍了 mikroC Pro for ARM 编程语言和 IDE 的特点。简要给出了该语言针对 ARM Cortex-M4 的独有特点，并给出适当示例加以说明。本章还展示了如何使用 IDE 创建新项目，之后如何编译和上传生成的 HEX 代码到 Clicker 2 for STM32 开发板程序存储器中。另外，还详细介绍了程序软件仿真的步骤。最后，还展示了 mikroC IDE 的一些有用工具界面。

第 7 章将介绍多任务，这是本书的主要内容，还将介绍一些常用多任务规划算法的基本原理。

拓展阅读

[1] mikroC User Manual. Available from: www.mikroe.com.
[2] D. Ibrahim, Advanced PIC Microcontroller Projects in C, Newnes, Oxon, UK, 2008, ISBN: 978-0-7506-8611-2.
[3] D. Ibrahim, Designing Embedded Systems With 32-Bit PIC Microcontrollers and MikroC, Newnes, Oxon, UK, 2014, ISBN: 978-0-08-097786-7.

第 7 章
多任务处理简介

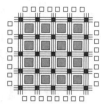

7.1 概述

当今微控制器以各种各样的方式应用在众多电子设备当中，据估计欧洲现代住宅的智能家居中使用的微控制器超过了 50 个。其中一些典型的应用领域有微波炉、移动电话、平板、电饭煲、洗衣机、洗碗机、MP3 播放器、高保真音响设备、电视机、电脑、游戏机、手表和时钟等。一些基于微控制器的系统需要在尽可能最短的时间内响应外部事件，这类系统通常被称作实时系统。重要的是要明白并非所有的系统都是实时的。例如，大多数汽车和航空航天系统都可被归类为实时系统。车辆中的各种专用控制功能都是实时系统的实例，比如引擎控制、刹车和离合控制。类似地，飞机中的发动机控制、机翼控制以及其他动力控制也属于实时系统。所有的数字信号处理应用都要求微控制器能做出即时响应，因此都可被划归为实时系统。

大多数复杂的实时系统都要求若干任务（或程序）能在同时得到处理。例如，请考虑一下一个极为简单的实时系统，在这个系统中要求 LED 按照规定的时间间隔闪烁，同时要找出来自键盘的按键输入。一个解决方案是让 LED 闪烁，同时在一个循环中定期对键盘进行扫描。尽管这种方法对于简单的例子有效，但是在大多数复杂的实时系统中应当实现某种多任务处理方法。

术语多任务处理是指在同一 CPU 上对多个任务（或程序）进行并行处理。但是同时在单个 CPU 上运行多个任务是不可能的，因此，任务共享 CPU 时间的奥妙之处在于实现任务切换。在很多应用中，任务的运行并不能独立于其他任务，我们希望任务之间按照某种方式进行协作。例如，某个任务的执行依赖于另一个任务执行结束，或者某个任务需要其他任务产生的数据。在此类情况下，必须利用某种形式的任务间通信方法来同步所涉及的任务。

实时系统是一种时间响应系统，在这种系统中 CPU 永远不能过载。在此类系统中任务通常都具有必须严格遵守的优先级。优先级较高的任务可以从优先级较低的任务手中抢占 CPU，之后一直独占 CPU 直到其将 CPU 释放为止。当优先级较高的任务结束其处理过程之后，或者当其正在等待某个资源可用时，优先级较低的任务就能抢占 CPU 的控制权，并从其中断之处恢复自己的处理过程。人们希望实时系统能够尽快对事件做出响应。外部事件一般使用外部中断处理，一般希望此类系统的中断时延非常短，以便一旦中断出现，中断服务程序马上就能得到执行。

在本章中，我们将看到各种不同的多任务处理算法，并简要探讨这些算法的优势和不足。

7.2 多任务处理内核的优势

- 如果没有多任务处理内核，可以在循环中执行多个任务，但是这种方式会导致实时性能的控制很糟糕，使用这种方法会使任务执行时间无法得到控制。
- 可以为各种任务编写代码，使其成为中断服务程序。这种方法在实践中可行，但是如果应用程序中的任务很多，那么中断的数量也会随之增长，这样就会导致代码难于管理。
- 多任务处理内核可以毫不费力地添加新任务或者将某些已有的任务从系统中移除。
- 与不带内核的多任务系统相比，带有多任务处理内核的多任务处理系统的测试和调试都较为简单。
- 使用多任务处理内核可以更好地管理内存。
- 使用多任务处理内核可以轻松地处理任务间通信。
- 使用多任务处理内核可以较为简单地控制任务同步。
- 使用多任务处理内核可以很轻松地管理 CPU 时间。
- 大多数多任务处理内核都提供内存安全机制，在这种机制下一个任务无法访问其他任务的内存空间。
- 大多数多任务处理内核都提供了任务优先级，在这种机制下优先级较高的任务可以抢占 CPU 并停止较低优先级任务的执行。这样可以让重要的任务在任何所需之时得到运行。

7.3 对实时操作系统的需求

实时操作系统（Real-Time Operating System，RTOS）是一种计算机程序，可以管理系统资源、调度系统中各项任务的执行、同步任务执行、管理资源分配以及提供任务间的通信和信息收发机制。每一个实时操作系统都包含一个提供底层功能的内核，这些底层功能主要包括调度、任务创建、任务间通信、资源管理等。大多数复杂的实时操作系统还提供文件处理服务、磁盘读写操作、中断服务、网络管理以及用户管理等。

在多任务处理系统中，一个任务就是一个独立的执行线程，它通常具有自己的局部数据集合。多任务处理系统包含多个任务，每个任务都执行自己的代码，并与其他任务进行通信和同步以便访问共享资源。最简单的实时操作系统由一个调度程序组成，调度程序决定了系统中任务的执行顺序。每个任务都有自己的上下文环境，由 CPU 以及与之关联的寄存器的状态组成。调度程序通过上下文切换从一个任务切换到另一个任务，在上下文切换中，正在执行的任务被存储，相应地下一个任务的上下文被加载，这样就可以让下一个任务务正确地继续执行下去。CPU 耗费在上下文切换上的时间被称为上下文切换时间，与任务的实际执行时间相比，上下文切换时间微不足道。

7.4 任务调度算法

尽管目前有众多各式各样的调度算法可用，但是最常用的三种算法是：
- 协作调度
- 轮询调度
- 抢占调度

所使用的调度算法类型取决于应用程序的性质，并且总的来说，大多数应用程序使用的都是上述三种算法之一，或者结合使用上述算法，也可能是使用上述算法的修改版本。

7.4.1 协作调度

图 7.1 展示的是协作调度，又称为非抢占调度，它可能是最简单的算法，在这种算法中，在没有什么有用之事可做或者在等待某些资源变为可用的时候，任务会自动放弃 CPU 的使用权。该算法的主要缺点在于某些任务可能会占用过多的 CPU 时间，因此无法让其他一些重要的任务在需要的时候能够得以执行。协作调度只能用于简单的多任务处理系统当中，在这类系统中不存在时序要求严格的任务。

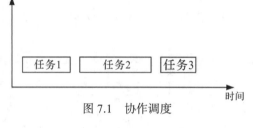

图 7.1　协作调度

状态机，也被称为有限状态机（Finite-State Machine, FSM），可能是实现协作调度的最简单的方法。如下面的代码所示，在一个三任务应用程序中，用一个 **while** 循环让任务一个接着一个执行。在下面的代码中，用一个函数表示一个任务：

```
Task1()
{
  Task 1 code
}
Task2()
{
  Task 2 code
}
Task3()
{
  Task 3 code
}
while(1)
{
  Task1();
  Task2();
  Task3();
}
```

这些任务在用 while 语句构成的主无限循环中逐个依次执行，在这种简单的方式中，任务可以利用在程序最开始处声明的全局变量互相通信。有一点很重要，即协作调度算法中的任务必须满足如下要求才能让整个系统成功运行：

- 任务不能由于某些原因而阻塞系统的整体运行，举例来说，这些原因包括使用延迟或等待某些资源而没有释放 CPU。
- 每个任务的执行时间对其他任务而言是可以接受的。
- 任务只要一结束自己的处理过程就应该马上退出。
- 任务不一定非要一直运行到结束为止，比如任务可以在等待某个资源可用之前退出。
- 任务应该从其释放 CPU 之处恢复执行。

上述最后一个要求非常重要，上面介绍的那个简单调度程序并不能满足这个要求。恢复执行任务要求其释放 CPU 时的程序计数器地址以及重要变量被保存，并且被保存的程序计数器地址和重要变量能在恢复执行任务时也被恢复（这也被称为上下文切换），这样就能使得被中断的任务可以正常继续执行下去，就好像它从未被中断一样。

实现非常简单的协作调度的另一种方法是在无限循环中使用 `switch` 语句，如下所示。请注意，和之前一样，下面这个简单示例中也没有保存任务状态：

```
Task1()
{
  Task 1 code
}
Task2()
{
  Task 2 code
}
Task3()
{
  Task 3 code
}
nxt = 1;
while(1)
{
  switch(nxt)
  {
    case 1:
      Task1();
      nxt = 2;
      break;
    case 2:
      Task2();
      nxt = 3;
      break;
    case 3:
      Task3();
      nxt = 1;
      break;
  }
}
```

简单的调度还可以用定时器中断实现,任务可以在后台运行,后台中每个任务的持续时间可以由定时器中断安排。下面给出一个示例程序,展示在基于简单协作调度的应用程序中如何使用定时器中断。

示例

编写程序,让 Clicker 2 for STM32 开发板上的两个 LED 灯以不同的频率闪烁。灯 LD1(位于 PE12 端口)应该每秒闪烁一次,而灯 LD2(位于 PE15 端口)应该每 0.2s(即 200ms)闪烁一次。

解决方案

所需的程序清单请见图 7.2(程序文件为 `multiled.c`),你应当像 6.9 节所描述的那样将微控制器时钟频率设置为 168MHz。在程序最开始,端口 PE12 和 PE15 分别被定义为 LD1 和 LD2。在主程序中,I/O 端口 PE12 和 PE15 被配置为数字输出。程序是基于定时器中断开发的,其中定时器 Timer 2 用于每 100ms 产生一次中断,中断服务程序是函数 `Timer2_interrupt`。在程序中有两个任务:`Task1()` 和 `Task2()`,每个任务都被分配了一个计数器,计数器名称分别为 `count1` 和 `count2`。此外,这两个任务还带有标志位 `LD1flag` 和 `LD2flag`。在中断服务程序内,每当中断出现一次,两个计数器的值就会增加。当 `count1` 达到 2(即时间过去 200ms),标志位 `LD1flag` 就被设置为 1。与此类似,当 `count2` 达到 10(即 1000ms),标志位 `LD2flag` 就被设置为 1。`Task1()` 会在 `LD1flag` 被设置为 1 时让 LED 灯 LD1 发光或关闭。类似地,`Task2()` 会在 `LD2flag` 被设置为 1 时让 LED 灯 LD2 发光或关闭。结果就是 LED 灯 LD1 每 200ms 闪烁一次,而 LED 灯 LD2 每 1s 闪烁一次。

```
/***********************************************************************
              TWO LEDS FLASHING AT DIFFERENT RATES LED
              ========================================

In this project the on-board LEDs PE12 and PE15 are used. The program
establishes two tasks called TASK1() and TASK2(). TAsk1() flashes LED
PE12 every 200ms. Similarly, TASK2() flashes LED PE15 every second.

Author: Dogan Ibrahim
File   : multiled.c
Date   : September, 2019
***********************************************************************/
#define LD1 GPIOE_ODR.B12
#define LD2 GPIOE_ODR.B15

int count1 = 0, count2 = 0;
int LD1flag = 0, LD2flag = 0;

//
// Define the interrupt parameetrs so that Timer 2 interrupts at every 100ms
//
void InitTimer2()
{
  RCC_APB1ENR.TIM2EN = 1;
  TIM2_CR1.CEN = 0;
  TIM2_PSC = 279;
  TIM2_ARR = 59999;
```

图 7.2 程序清单

```
    NVIC_IntEnable(IVT_INT_TIM2);
    TIM2_DIER.UIE = 1;
    TIM2_CR1.CEN = 1;
}

//
// This is the interrupt service routine The program jumps here every 100ms
//
void Timer2_interrupt() iv IVT_INT_TIM2
{
  count1++;
  count2++;

  if(count1 == 2)                        // If 200ms
  {
    count1 = 0;                          // Reset counter
    LD1flag = 1;                         // Set flag for LD1
  }

  if(count2 == 10)                       // Of 1000ms (1 sec)
  {
    count2 = 0;                          // Reset counter
    LD2flag = 1;                         // Set flag for LD2
  }
  TIM2_SR.UIF = 0;                       // Clear interrupt flag
}

//
// This is Task1. If LD1flag is set then toggle the LD1
//
TASK1()
{
   if(LD1flag == 1)
   {
     LD1flag = 0;
     LD1 = ~LD1;                         // Toggle LD1
   }
}

//
// This is Task2. If LD2flag is set then toggle the LD2
//
TASK2()
{
   if(LD2flag == 1)
   {
     LD2flag = 0;
     LD2 = ~LD2;                         // Toggle LD2
   }
}

//
// Start of main program. Configure PE12 and PE15 as outputs
//
void main()
{
  int nxt = 1;
  GPIO_Digital_Output(&GPIOE_BASE, _GPIO_PINMASK_12 | _GPIO_PINMASK_15);
  InitTimer2();

  while(1)
  {
     switch(nxt)
     {
        case 1:
             TASK1();
             nxt = 2;
```

图 7.2 （续）

```
                break;
        case 2:
                TASK2();
                nxt = 1;
                break;
        }
    }
}
```

图 7.2 （续）

可通过调用函数 `InitTimer2` 启用定时器 Timer 2 中断。由 mikroElektronika 开发的实用工具 `Timer Calculator` 可用于设置定时器中断参数，这个实用工具可从如下所示的链接下载：

- https://www.mikroe.com/timer-calculator

在使用 `Timer Calculator` 之前，首先要在计算机上安装它。用于让定时器 Timer 2 每 100ms 产生一次中断的参数设置步骤如下所示（如图 7.3 所示）：

- 启动 `Timer Calculator` 实用工具。
- 选择设备 STM32F2xx/3xx/4xx。
- 将微控制器频率设置为 168MHz。
- 选择 Timer 2。
- 将中断时间设置为 100ms。
- 单击 Calculate 按键。
- 将函数 `InitTimer2` 复制到你的程序当中初始化定时器，此外还要将中断服务程序函数 `Timer2_interrupt` 复制到你的程序当中。

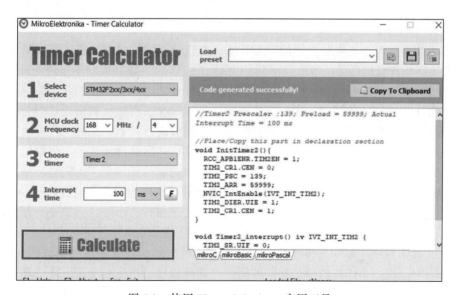

图 7.3 使用 Timer Calculator 实用工具

从上面这个例子中可以清楚地看到，当使用了定时器中断后，多任务处理（即使是非常简单的只有两个任务的应用程序）可能会比较复杂。

7.4.2 轮询调度

轮询调度（如图 7.4 所示）会为每个任务分配均等的 CPU 时间，任务位于一个循环队列当中，当某个任务所分配的时间超时后，这个任务就会被移除并放置到队列的尾部。在任何实时应用程序当中，这种类型的调度都无法让人满意，因为此时每个任务对 CPU 时间的需求量取决于其所涉及处理的复杂程度。轮询调度要求当正在执行的任务从队列中被移除时，其上下文能够保存在堆栈上，以便当任务再次被激活时能够从中断之处恢复执行。纯基于轮询的调度的一种变体是提供基于优先级的调度，具有相同优先级的任务可以获得相等的 CPU 时间。

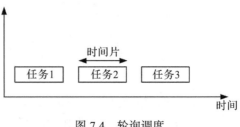

图 7.4　轮询调度

轮询调度具有以下优点：
- 易于实现。
- 每个任务获得的 CPU 时间相等。
- 易于计算平均响应时间。

轮询调度的不足之处有：
- 一般而言，为每个任务分配相同的 CPU 时间并非好主意。
- 一些重要的任务可能无法执行到完成。
- 由于任务通常具有不同的处理需求，所以不适用于实时系统。

7.4.3 抢占调度

抢占调度是实时系统中最常用的调度算法，在这种调度方式中，任务都被赋予了优先级，具有最高优先级的任务获取 CPU 时间（如图 7.5 所示）。如果某个任务的优先级高于当前正在执行的任务并准备运行，内核就会保存当前任务的上下文，并加载优先级较高任务的上下文实现到该任务的切换。优先级最高的任务通常会一直运行到完成或变为不可计算为止，例如等待某个资源成为可用，或者调用某个函数进行延迟。此时调度算法会确定能够运行的优先级最高的任务，并加载该任务的上下文，然后执行该任务。尽管抢占调度功能强大，但要注意的是，编程错误可能会将一个高优先级的任务置于无限循环中，从而不会释放 CPU 给其他任务。一些多任务处理系统会结合使用轮询调度和抢占调度，在此类系统中，时间关键型任务会被赋予优先级并在抢占调度下运行，而非时间关键型任务则运行在轮询调度下，彼此之间共享剩余的 CPU 时间。

在抢占调度程序中有一点很重要，即具有相同优先级的任务是按照轮询模式运行的。在这种系统中，当一个任务使用分配的时间时，调度程序会产生一个定时器中断，它会保存当前任务的上下文并将 CPU 控制权转交给其他准备运行的具有同等优先级的任务，条件是没有其他具有更高优先级的任务准备运行。

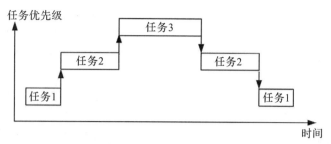

图 7.5　抢占调度

抢占调度程序中的优先级可以是静态的，也可以是动态的。在静态优先级系统中，任务会始终使用同一个优先级，在基于动态优先级的调度程序当中，任务的优先级会在任务执行过程中发生变化。

到目前为止，我们还未曾讲到各个任务是如何按照一种有序的模式进行协作的。在大多数应用程序中，各个任务之间必然存在数据和命令流动，这样任务之间就能相互协作。一个非常简单的方法就是通过贮存在每个任务都能访问的 RAM 中的共享数据来实现。但是，现代的实时操作系统提供了局部任务内存以及任务间通信工具，例如邮箱、管道和队列，这些工具能够在各个任务之间以私有方式安全地传递数据。此外，现代实时操作系统还提供了诸如事件标志、信号量和互斥量之类的工具用于任务间通信和同步，以及在任务之间传递数据。

抢占调度程序的主要优势在于它提供了一种出色的机制，在这个机制中精确地定义了每个任务的重要程度。另一方面它也有缺点，即高优先级任务可能会引发 CPU 饥饿，导致低优先级任务永远没有机会运行。这种现象通常发生在编程错误的情况下，这种错误会使得高优先级任务无须等待任何系统资源就能持续运行，而且永不停止。

7.4.4　调度算法的目标

可以说，一个良好的调度算法应该具有以下特点：
- 每个进程获得 CPU 的机会是公平的。
- 通过让 CPU 处于忙状态来提高效率，算法不应该花费过多时间来决定进行何种处理。
- 通过最小化用户需要等待的时间来最大化吞吐量。
- 算法是可预见的，确保相同的任务在多次执行时花费的时间相同。
- 最小化响应时间。
- 最大化资源利用。
- 强制优先级。
- 避免 CPU 饥饿。

7.4.5　抢占调度与非抢占调度之间的区别

在表 7.1 中对抢占调度和非抢占调度之间的一些区别进行了总结：

表 7.1 抢占调度与非抢占调度

非抢占调度	抢占调度
任务没有优先级	任务具有优先级
任务不能被中断	优先级较高的任务可以中断优先级较低的任务
等待和响应时间较长	等待和响应时间较短
调度呆板	调度灵活
任务没有优先级	高优先级任务运行到结束
不适用于实时系统	适用于实时系统

7.4.6 其他一些调度算法

在实际工作中还有很多其他类型的调度算法，这些算法中的大多数都是本章中介绍的三种基本算法的组合或派生。本节将简要介绍其中一些调度算法的细节。

1. 先到先服务算法

这是最简单的调度算法之一，也被称为 FIFO 调度。在这个算法中，任务按照其完成准备的顺序执行，该算法的一些特点是：

- 吞吐量低，这是因为长进程可能占用 CPU，导致短进程要等待很长时间。
- 没有优先级，因此无法快速执行实时任务。
- 它属于非抢占调度。
- 上下文切换只在任务结束时发生，因此开销最小。
- 尽管等待的时间较长，但是每个进程都有机会得到执行。

2. 最短剩余时间优先算法

在该算法中，调度程序将估计剩余处理时间最短的任务排在队列的下一个执行，该算法的一些特点是：

- 如果估计剩余处理时间较短的任务到达，那么当前正在执行的任务就被中断，这样就会造成开销。
- 所需处理时间较长的任务的等待时间会相当长。
- 如果系统中处理时间较短的任务过多，那么估计剩余处理时间较长的任务可能就永远没有机会执行。

3. 最长剩余时间优先算法

在该算法中，调度程序将估计剩余处理时间最短的任务排在队列的下一个执行，该算法的一些特点是：

- 如果估计剩余处理时间较长的任务到达，那么当前正在执行的任务就被中断，这样就会造成开销。
- 所需处理时间较短的任务的等待时间会相当长。

- 如果系统中处理时间较长的任务过多，那么估计剩余处理时间较短的任务可能就永远没有机会执行。

4. 多级队列调度算法

在这种类型的调度中，任务被划分到各个组中，比如交互组（前台）和批处理组（后台）。每个组都有其自己的调度算法，因为后台任务可以一直等待下去，所以前台任务被赋予较高的优先级。

5. 动态优先级调度算法

在动态优先级调度中，尽管任务具有优先级，但是其优先级是可以改变的，即任务的优先级可能会比之前的更低或更高。动态优先级算法较为高效地利用了处理器并且能够适应任务参数未知的动态环境。然而并不推荐在实时系统中使用动态优先级，因为存在重要的任务无法及时执行的不确定性。

7.5 调度算法的选择

当设计多任务处理系统时，程序员必须考虑究竟哪种调度算法会为要开发的应用程序带来最佳性能。简而言之，大多数实时系统都应该基于优先级不变的抢占式调度，即时间关键型任务抢占并使用 CPU，直到它们完成处理或等待资源可用。如果有几个时间关键型任务，那么所有此类任务都应该以相同的更高优先级执行，一般来讲，优先级相同的任务按照轮询方式执行并共享可用的 CPU 时间。那么所有其他非时间关键型任务应该以较低的优先级执行。如果完成一项任务所花费的时间并不重要，那么可以使用简单的协作调度算法。

7.6 小结

在本章中我们介绍了多任务处理的基础知识，也学习了多任务处理系统的一些基本特点，包括各种调度算法的概念。

本书中的项目基于使用 FreeRTOS 多任务处理内核。在第 8 章中我们将介绍 FreeRTOS 多任务处理内核，并学习如何将其安装到 mikroC Pro for ARM 集成开发环境和编译器上，以便在我们的项目中使用它。

拓展阅读

[1] D. Ibrahim, Designing Embedded Systems With 32-Bit PIC Microcontrollers and MikroC, Newnes, Oxon, UK, 2014, ISBN: 978-0-08-097786-7.
[2] T.W. Schultz, C and the 8051: Vol. 1: Hardware, Modular Programming & Multitasking, Prentice Hall, New Jersey, USA, 1997.
[3] D. Ibrahim, Designing Embedded Systems with 32-Bit PIC Microcontrollers and MikroC, Newnes, Oxon, UK, 2014, ISBN: 978-0-08-097786-7.

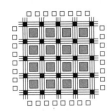

第 8 章
FreeRTOS 简介

8.1 概述

　　FreeRTOS 最初是由 Richard Barry 在 2003 年左右开发的，然后凭借 Richard 自己的公司 Real Time Engineers Ltd. 与世界领先的芯片制造商的十多年的紧密合作得到了进一步的开发和维护。FreeRTOS 是一个实时内核（也可以称为实时调度程序），它非常适合基于微控制器的嵌入式多任务处理应用程序，在此类应用程序中有多个任务共享 CPU。FreeRTOS 是一款专业开发的高质量软件，具有严格的质量控制，即使在商业应用程序中也能免费使用。FreeRTOS 非常流行，它支持超过 35 种架构，据报道（www.freertos.org），FreeRTOS 在 2018 年每隔 175s 就会被下载一次。Real Time Engineers Ltd 在 2017 年将 FreeRTOS 的管理工作交给了亚马逊云服务（Amazon Web Services，AWS）。

　　在本章中我们将对 FreeRTOS 做一个简单介绍，看看如何将其与 Clicker 2 for STM32 开发板上的 microC Pro for ARM 编译器和集成开发环境搭配使用。

　　FreeRTOS 具有如下所示的标准特点，目前如果你不理解其中的一些术语也不必焦虑：

- 抢占式或协作式运行
- 任务管理
- 任务通知
- 堆内存管理
- 灵活的任务优先级分配
- 队列管理
- 软件定时器管理
- 中断管理
- 资源管理
- 二进制和计数信号量
- 互斥量
- 事件分组
- 栈溢出检查
- 跟踪记录
- 任务运行时统计信息采集
- 可选的商业许可和支持

有关 FreeRTOS 及其功能的详细信息，请参见如下所示的资料：

（1） *Mastering the FreeRTOS Real Time Kernel: A Hands-On Tutorial Guide*，作者 Richard Barry，网站是：

a. https://www.freertos.org/wp-content/uploads/2018/07/161204_Mastering_the_FreeRTOS_Real_Time_Kernel-A_Hands-On_Tutorial_Guide.pdf

（2） *The FreeRTOS Reference Manual*，网站是：

b. https://www.freertos.org/wp-content/uploads/2018/07/FreeRTOS_Reference_Manual_V10.0.0.pdf

（3） https://www.freertos.org/documentation

8.2　FreeRTOS 发行版

在成功地使用 FreeRTOS 发行版之前，理解它的结构十分重要。FreeRTOS 以一组 C 语言源文件的形式提供，这些文件可与你的应用程序代码一起构建组成项目。作为发行版本的一部分，还会提供一个演示文件夹，这个文件夹中包含示例应用程序，这些示例应当会在初学者开发自己的程序的过程中有所帮助。

最新的官方发行版是一个标准的压缩文件（.zip）或者是一个自解压的压缩文件（.exe），下面给出安装 FreeRTOS 的步骤：

- 转到 FreeRTOS 网站：

https://www.freertos.org/a00104.html

- 单击 Download Source Code and Projects（如图 8.1 所示）：

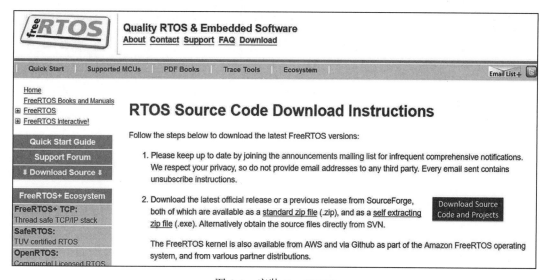

图 8.1　安装 FreeRTOS

- 在 FreeRTOS 安装文件上双击并选择一个磁盘进行安装（比如 C:\），本书中 FreeRTOS 都会在 C:\ 盘上进行安装，但是也可以在其他盘上安装。在本书写作时，安装文件名为 **FreeRTOSv10.2.1.exe**。

8.3 从 mikroElektronika 网站进行安装

另一种办法是从 mikroElektronika Libstock 网站复制所有 mikroC Pro for ARM 编译必需的 FreeRTOS 文件，这么做的好处是所有文件都已经针对 mikroC Pro for ARM 进行了正确的配置，并且演示文件无须任何修改就能运行。这是本书采用的方法，并且也推荐使用这种方法。下面给出安装面向 mikroC 的 FreeRTOS 的步骤：

- 按照下面给出的网址打开 mikeoElektronika **Libstock** 网站：
    - https://libstock.mikroe.com/projects/view/2083/freertos-v9-0-0-mikroc-examples
- 单击打开面向 mikroC Pro for ARM 的文件。
- 在 C:\ 盘上创建如下所示的文件夹，并从 Libstock 的对应文件夹中将文件复制出来，你应该在 C:\ 盘上看到如下所示的文件夹和文件：

C:
 FreeRTOS
  Source
   croutine.c
   event_groups.c
   list.c
   queue.c
   stream_buffer.c
   tasks.c
   timers.c
   include
    header files (.h)
   portable
    MikroC
     ARM_CM4F
      port.c
      portmacro.h
     ARM_CM3
      port.c
      portmacro.h
    MemMang
     heap_1.c
     heap_2.c
     heap_3.c
     heap_4.c
     heap_5.c
   Common
    mpu_wrappers.c
  Demo
   STM32F407_MikroC
    LedBlinking
     main.h
     main.c

```
FreeRTOS_STM32F407_LedBlinking.mcpar
FreeRTOS_STM32F407_LedBlinking.cfg
FreeRTOS_STM32F407_LedBlinking.hex
FreeRTOS_STM32F407_LedBlinking.bin
FreeRTOSConfig.h
```

FreeRTOS 用头文件 `FreeRTOSConfig.h` 进行配置，该文件与用户正在构建的应用程序位于同一个文件夹中。该文件包含各种常量以及应用程序专有的宏定义，比如 `configCPU_CLOCK_Hz`、`configTICK_RATE_HZ`、`configSYSTICK_CLOCK_DIVIDER` 等。编译器特定的源文件所在的文件夹是：FreeRTOS/Source/portable。

以 `INCLUDE_` 开头的常量用于包含或排除 FreeRTOS API 函数，例如，将 `INCLUDE_vTaskPrioritySet` 设置为 1，将包含 API 函数 `vTaskPrioritySet()`；如果将其设置为 0，则会从 API 中排除该函数。如果一个函数被排除出了 FreeRTOS API，那么它就被应用程序调用。将函数从 API 排除出去的优点是能减少代码大小。

以 `config` 开头的常量定义了内核的属性，或者包含或排除了内核的特性。有关配置文件 `FreeRTOSConfig.h` 内容的详细信息，可以参见 8.1 节中给出的参考资料。当在后续章节中用到配置文件中一些重要参数时，我再对这些参数的含义和用法进行介绍。

如果在 `FreeRTOSConfig.h` 中将 `configSUPPORT_DYNAMIC_ALLOCATION` 设置为 1，那么 FreeRTOS 还需要堆内存分配和堆内存管理。有 5 种堆内存分配方案，并通过诸如 `heap_1.c`、`heap_2.c`、`heap_3.c`、`heap_4.c` 和 `heap_5.c` 这样的文件形式实现了这些方案。堆分配方案位于文件夹 FreeRTOS/Source/portable/MemMang 中，用户应用程序则在文件 `main.c` 中。

8.4 编写项目文件

也许开发新的应用程序的最简单的方式是使用模板文件，并针对不同的项目对这个模板文件进行修改。在本书中，所有的示例程序都被存放在 DEMO 文件夹当中，就像我们在上面的文件夹结构中所看到的那样。图 8.2 展示的就是一个能在本书程序中用到的模板文件（这个模板文件是 LibStock 网站上 LedBlinking 文件中的文件 `main.c` 的一个修改版本，本书所有项目中都会用到它。）。如果你不理解该模板文件中的一些语句，不用担心，因为当我们在下一章介绍 FreeRTOS API 函数时，一切都会弄清楚。

```
/*===============================================================
                        TEMPLATE FILE
                        =============

This template file will be used in all the projects in this book. This
heading and the contents of the file will be modified as required. This
template file is shown with only one task which does nothing useful

Author: Dogan Ibrahim
```

图 8.2　模板程序

```
Date:      September, 2019
=============================================================*/

#include "main.h"

//
// Define all your TASK functions here
// ===================================
//

// Task 1
void task1(void *pvParameters)
{
    while (1)
    {
    }
}

//
// Start of MAIN program
// =====================
//
void main()
{

//
// Create all the TASKS here
// =========================
//

// Create Task 1
    xTaskCreate(
        (TaskFunction_t)task1,
        "Task 1",
        configMINIMAL_STACK_SIZE,
        NULL,
        10,
        NULL
    );
//
// Start the RTOS scheduler
// ========================
//
    vTaskStartScheduler();
//
// We will never reach here
// ========================
//
    while (1);
}
```

图 8.2 （续）

8.5 FreeRTOS 头文件路径与源文件路径

编译器集成开发环境必须进行配置，使其正确地包含头文件和源文件的路径，这样编译器才能查找到这些文件。在 mikroC Pro for ARM 集成开发环境中，你应该单击 **Projcet→Edit Search Paths**，然后按照下述步骤配置文件路径（如图 8.3 所示）：

头文件路径：
- 单击 **Headers Path** 窗口右下角的 "..."，并选择文件夹：**C:\FreeRTOS\Source\include**。
- 单击左下角的 **Add**。
- 选择并添加文件夹 **C:\FreeRTOS\Source\portable\MikroC\ARM_CM4F**。
- 再选择并添加文件夹 **C:\FreeRTOS\Demo\STM32F407\LedBlinking**。

源文件路径：
- 单击 **Sources Path** 窗口右下角的 "..."，并选择文件夹：**C:\FreeRTOS\Source**。
- 单击 **Add** 添加上面的文件夹。
- 选择并添加文件夹 **C:\Source\portable\MemMang**。
- 选择并添加文件夹 **C:\Users\Public\Documents\Mikroelektronika\mikroC Profor ARM\Packages\Memory manager dmalloc\Uses**。
- 再选择并添加文件夹 **C:\FreeRTOS\Source\portable\MikroC\ARM_CM4F**。

图 8.3　配置编译器查找路径

8.6　编译器大小写敏感

必须在编译程序之前启用 mikroC Pro for ARM 的大小写敏感，否则你将遇到编译错误。启用的步骤如下所示：
- 打开 mikroC Pro for ARM。

- 单击 **Tools→Options** 并选择 **Output** 选项卡。
- 单击 **Output Settings**。
- 单击 **Complier** 下面的 **Case sensitive**（如图 8.4 所示）。

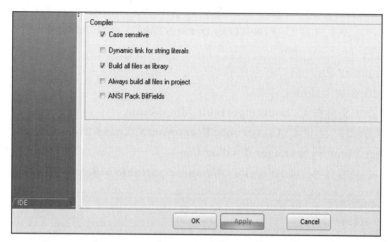

图 8.4　在编译器中启用大小写敏感

8.7　编译模板程序

此时你应该单击 **Build** 图标来编译模板程序（如图 8.5 所示）并保证程序文件编译完成。请确保编译成功并且集成开发环境底部的消息面板中没有错误消息。如果出现了编译错误，建议你回过头去查看安装说明。始终要保证在成功编译后保存你的项目程序。

Build 图标

图 8.5　单击 Build 图标进行编译

8.8　小结

在本章中我们对 FreeRTOS 内核进行了介绍，并且看到了如何将内核文件安装到我们的计算机上，以便让 mikroC Pro for ARM 编译器和集成开发环境使用。

在第 9 章中我们将详细介绍 FreeRTOS 的各种 API 函数，并学习如何在程序中使用它们。

拓展阅读

[1] R. Barry. Mastering the FreeRTOS Real Time Kernel: A Hands-On Tutorial Guide. Available from: https://www.freertos.org/wp-content/uploads/2018/07/161204_Mastering_the_FreeRTOS_Real_Time_Kernel-A_Hands-On_Tutorial_Guide.pdf.

[2] The FreeRTOS Reference Manual. Available from: https://www.freertos.org/wp-content/uploads/2018/07/FreeRTOS_Reference_Manual_V10.0.0.pdf.

[3] https://www.freertos.org/documentation

第 9 章
使用 FreeRTOS 函数

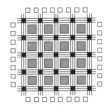

9.1 概述

在第 8 章中我们对 FreeRTOS 进行了介绍，并看到了面向 mikroC Pro for ARM 编译器和集成开发环境如何将 FreeRTOS 的发行版文件安装到我们的计算机上。在本章中，我们将学习如何使用 FreeRTOS 的各种函数。

有关 FreeRTOS 函数和特性的更多信息可从如下所示的资料中获取：

- www.freertos.org/documentation
- *Mastering the FreeRTOS Real Time Kernel—a Hands On Tutorial Guide*，Richard Barry
- *FreeRTOS Reference Manual*，亚马逊云服务
- *Using the FreeRTOS Real Time Kernel: A Practical Guide*，Richard Barry 著
- *Using the FreeRTOS Real Time Kernel: ARM Cortex-M3 Edition* Richard Barry 著

FreeRTOS 含有数量众多的函数，本章只会介绍其中一些最常用的 FreeRTOS 函数，有兴趣的读者可以参阅上面给出的 *FreeRTOS Reference Manual*。

9.2 FreeRTOS 数据类型

头文件 `portmacro.h` 包含数据类型 `TickType_t` 和 `BaseType_t` 的定义。

`TickType_t`：由 FreeRTOS 调用的周期性中断，称为滴答中断。滴答计数指的是从 FreeRTOS 应用程序启动开始，滴答中断出现的次数，用于衡量时间。两个滴答中断之间的时间间隔称为滴答周期，时间被规定为滴答周期的倍数。`TickType_t` 是一个应用存放滴答计数值的数据类型，它要么是无符号 16 位类型，要么是无符号 32 位类型，这取决于 `FreeRTOSConfig.h` 中 `configUSE_16_BIT_TICKS` 的设置，将 `configUSE_16_BIT_TICKS` 设为 1 或 0，分别表示将 `TickType_t` 定义为 16 位和 32 位。虽然设置为 16 位能提高效率，但是在 32 位 CPU 上推荐将其设置为 32 位。

`BaseType_t`：它在 32 位 CPU 上是 32 位，在 16 位 CPU 上是 16 位。`BaseType_t` 用于返回只能表示范围非常有限的值，以及用于表示 pdTRUE/pdFALSE 类型的布尔变量。

9.3 FreeRTOS 变量命名

用前缀表示变量类型，如下所示：

c	字符型
s	16 位整型（短整型）
l	32 位整型（长整型）
x	基础类型（BaseType）或者其他非标准类型
u	无符号变量类型
p	指针变量类型

9.4 FreeRTOS 函数命名

函数名称根据其返回值类型以及被定义时所在的文件加上前缀，下面给出一些例子：

vTaskPrioritySet()	返回空值（void），在 **tasks.c** 中定义
xQueueReceive()	返回类型为 BaseType 的变量，在 **queue.c** 中定义
pvTimerGetTimerID()	返回指向空值的指针，在 **timers.c** 中定义

9.5 常用宏定义

FreeRTOS 中会用到如下所示的宏定义：

pdTRUE	1	pdPASS	1
pdFALSE	0	pdFAIL	0

9.6 任务状态

FreeRTOS 中的任务任何时候都处于四种状态之一：运行（Running）、就绪（Ready）、挂起（Suspended）以及阻塞（Blocked）。图 9.1 展示了可能的任务状态以及任务如何从一个状态迁移到另一个状态。

运行状态：如果一个任务正在使用 CPU 并且没有等待任何资源，也没有任何其他任务能以更高的优先级执行，那么我们就称这个任务处于运行状态。

就绪状态：如果一个任务没有等待任何资源以准备运行，那么它就是就绪状态。调度程序总是会从处于就绪状态的任务当中选择优先级最高的任务。如果一个优先级较高的任务没有准备好执行（比如正在等待某些资源变为可用），那么调度程序就会选择优先级较低但是处于就绪状态可以执行的任务。

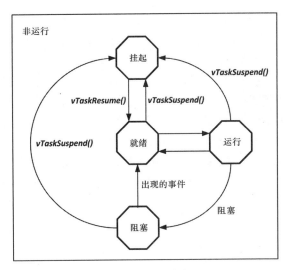

图 9.1 任务状态

挂起状态：任务处于挂起状态是指其不能被调度程序所用，因而无法执行。可以调用 API 函数 **vTaskSuspend()** 将任务置于挂起状态，而调用 API 函数 **vTaskResume()** 或 **xTaskResumeFromISR()** 能让被挂起的任务跳出该状态变为准备执行。

阻塞状态：正在等待资源（比如一个事件）的任务处于阻塞状态。任务可以出于下列原因被阻塞：

- 任务可能正在等待与定时器相关的事件出现（延迟到达的过期或绝对时间）。
- 任务正在等待同步，例如，接收队列中的数据。
- 队列、信号量、互斥量、事件分组以及直接的任务通知都能阻塞任务。

本书示例中的所有任务都利用抢占调度算法执行，其中配置文件 FreeRTOSConfig.h 中的参数 configUSE_PREEMPTION 和 configUSE_TIME_SLICING 都被设置为 1，因此，优先级相同的任务会在时间切片内执行，并且彼此之间共享 CPU 时间（即在轮询调度下执行）。一个时间切片等于两个 FreeRTOS 滴答中断之间的时间。请注意，轮询调度无法保证优先级相同的任务拥有的 CPU 时间分秒不差，但是它能保证处于就绪状态并且优先级相同的任务能够依次进入运行状态。大多数应用程序中都是这么配置的，也就是说，对优先级相同的任务采用带有时间切片的抢占调度。

通过将参数 configUSE_TIME_SLICING 设置为 0，也可以将调度程序配置为不使用时间切片的抢占调度。这和之前介绍的一样，但是优先级相同的任务之间不会共享 CPU 时间。在这种情况下，当调度程序选择处于就绪状态的任务时，这个任务会抢占 CPU 并一直执行到下列情况之一发生：

- 更高优先级的任务进入就绪状态。
- 正在执行的任务进入阻塞或挂起状态，例如，等待某个资源变为可用。

当关闭时间切片时，调度程序必然会减少上下文切换，这削减了调度程序的开销。但与此同时，评估其他优先级相同的任务何时有机会执行会非常困难。

通过将参数 configUSE_PREEMPTION 设置为 0 还能将调度算法变为协作调度。当使用协作调度算法时，可以将参数 configUSE_TIME_SLICING 设置为任意值。在协作调度中，一个变为可执行的任务会一直运行到下列情况之一发生：
- 正在执行的任务进入阻塞或挂起状态，例如，等待一个资源变为可用。
- 正在执行的任务通过手动调用函数 taskYIELD() 请求上下文切换，也就是说，正在执行的任务决定应该何时完成上下文切换。

由于没有抢占，所以在协作调度算法中不能使用时间切片。

参数 configUSE_TICKLESS_IDLE 也会影响调度算法，因为这个参数能够关闭滴答中断。这是一个高级参数，可用于需要最小化处理器功耗的应用程序。如果在配置文件中没有定义参数 configUSE_TICKLESS_IDLE，那么它的默认值是 0。

9.7 与任务相关的函数

在本节中，我们将认识一些常用的与任务相关的 FreeRTOS 函数，并了解如何在简单的项目中使用这些函数。在之后的章节中，我们将会介绍其他重要的函数，并学习如何在项目中使用它们。

9.7.1 创建新任务

如下所示的函数会创建一个新任务实例：

```
xTaskCreate(TaskFunction_t pvTaskCode,
    const char* const pcName,
    unsigned short usStackDepth,
    void *pvParameters,
    UBaseType_t uxPriority,
    TaskHandle_t *pxCreatedTask);
```

任务可在调度程序启动之前或之后被创建。当任务被创建时，会从 FreeRTOS 堆中自动为其分配所需内存。新创建的任务最开始处于就绪状态，但是如果没有其他优先级更高的任务能够执行，或者当前正在执行的任务与该任务优先级相同，并且正在执行的任务放弃 CPU 的控制权，那么该任务则可能转为运行状态。

参数

pvTaskCode：该参数是实现任务的函数名。

pcName：这是为方便调试而赋予任务的名称，但同样也可用于调用 xTaskGetHandle() 来获取任务句柄。配置文件 FreeRTOSConfig.h 中应用程序定义的常量 configMAX_TASK_NAME_LEN 规定了任务名称的最大字符长度。

usStackDepth：每个任务都有自己唯一的堆栈，堆栈在任务被创建时由内核分配，usStackDepth 值告诉内核堆栈的大小。这个值规定了堆栈能够存放的字（不是字节）的数量。配置文件中的常量 configMINIMAL_STACK_SIZE 定义了堆栈的最小大小。如果任务需求更多的堆栈空间，那么就应该为该任务分配一个更大的值。

pvParameters：任务函数接受一个"指向空值的指针"（void*）类型参数，赋予 pvParameters 的值会被传入任务中。例如，在任务被创建时可以通过将整数转换为 void* 向任务函数中传入整数类型。然后在任务函数中将 void* 转换回整数，这样这个参数就被传入函数中。

uxPriority：这个参数定义了任务执行时的优先级，优先级的分配从最低优先级 0 开始一直到最高优先级 configMAX_PRIORITIES-1。使用超过 configMAX_PRIORITIES-1 的 uxPriority 值会导致分配给任务的优先级被默认限制为最大的合法值。

pxCreatedTask：这个参数用作任务的句柄，该句柄可用于在 API 调用（例如改变任务优先级、删除任务等）中引用任务。

返回值

有两个返回值：

pdPASS：该返回值表示任务被成功创建。

errCOULD_NOT_ALLOCATE_REQUIRED_MEMORY：该返回值表示无法创建任务，原因是没有足够的堆内存可供 FreeRTOS 分配给任务的数据结构和堆栈。**FreeRTOSConfig.h** 中的参数 configSUPPORT_DYNAMIC_ALLOCATION 必须被设置为 1 或者简单地不进行定义以使该函数可用。

9.7.2 延迟任务

如下所示的函数会通过延迟指定的时间来暂时阻塞任务。

`vTaskDelay(TickType_t xTicksToDelay);`

该函数会以固定数量的滴答中断阻塞调用任务。

参数

xTicksToDelay：该参数是调用任务被阻塞的滴答中断的数量。例如，如果滴答计数为 100 并且某个任务调用了 vTaskDelay(10)，那么该任务就会一直处于阻塞状态，直到滴答计数达到 110 为止。

宏 pdMS_TO_TICKS() 可用于将毫秒数转换为滴答计数，以便任务能够按照指定的毫秒数被阻塞。

在文件 **FreeRTOSConfig.h** 中必须将 INCLUDE_vTaskDelay 设置为 1，这样才能在程序中调用 vTaskDelay API 函数。

返回值

该函数没有返回值。

9.7.3 项目 1——让 LED 每秒闪烁 1 次

描述：该项目让位于 Clicker for STM32 开发板上 PE12 端口上的 LED 灯每秒闪烁一次。

目标：展示如何在项目中使用 FreeRTOS API 函数 vTaskCreate()、xTicksToDelay()

以及宏 `pdMS_TO_TICKS()`。在本项目中只有一个任务。

框图：如图 9.2 所示。

程序清单：如图 9.3 所示（程序文件：`LED1.c`），在编译程序之前请确保 CPU 时钟被正确地设置为 168MHz（如图 6.8 所示）。在这个程序中只有一个任务 `Task 1`，它由如下所示的 API 函数调用创建：

```
xTaskCreate(
  (TaskFunction_t)task1,
  "Task 1",
  configMINIMAL_STACK_SIZE,
  NULL,
  10,
  NULL
);
```

PE12端口的LED

图 9.2　项目框图

其中，任务函数为 `task1`，任务名称为 `Task1`，堆栈大小为最小堆栈大小，参数为空，任务优先级为 10，任务句柄为空。

任务函数 `task1` 将端口引脚 PE12 配置为数字输出，每秒切换一次这个引脚，这样连接到这个端口的 LED 就会每秒闪烁一次。`task1` 很简单：

```
void task1(void *pvParameters)
{
  GPIO_Digital_Output(&GPIOE_BASE, _GPIO_PINMASK_12);
  while (1)
  {
    vTaskDelay(pdMS_TO_TICKS(1000));
    GPIOE_ODR.B12 = ~GPIOE_ODR.B12;
  }
}
```

```
/*===============================================================
                     FLASH AN LED
                     ============

This program flashes the LED connected to port pin PE12 of the Clicker 2 for
STM32 development board every second. The program uses only one task.

Author: Dogan Ibrahim
Date   : September, 2019
File   : LED1.c
================================================================*/
#include "main.h"

//
// Define all your Task functions here
// =================================
//

// Task 1 - Flashes LED at port pin PE12 every second
void task1(void *pvParameters)
{
    GPIO_Digital_Output(&GPIOE_BASE, _GPIO_PINMASK_12);    // Set PE12 output

    while (1)
    {
```

图 9.3　LED.c 的程序清单

```
            vTaskDelay(pdMS_TO_TICKS(1000));          // 1 second delay
            GPIOE_ODR.B12 = ~GPIOE_ODR.B12;            // Toggle LED
        }
    }


//
// Start of MAIN program
// ======================
//
void main()
{
//
// Create all the TASKS here
// =========================
//
        // Create Task 1
        xTaskCreate(
            (TaskFunction_t)task1,
            "Task 1",
            configMINIMAL_STACK_SIZE,
            NULL,
            10,
            NULL
        );
//
// Start the RTOS scheduler
//
        vTaskStartScheduler();
//
// Will never reach here
//
        while (1);
}
```

图 9.3 （续）

用如下函数调用启动调度程序：

vTaskStartScheduler();

建议在调用 API 函数时查看其返回状态，以确保函数已经成功完成调用。图 9.3 中的任务创建代码可以按照如下所示的方式修改为查看返回状态：

```
If(xTaskCreate(
  (TaskFunction_t)task1,
  "Task 1",
  configMINIMAL_STACK_SIZE,
  NULL,
  10,
  NULL
  ) != pdPASS)
{
       // Task could not be created – not sufficient heap memory
}
else
{
// Task created successfully – carry on with the remainder of the program
}
```

9.7.4 项目 2——让一个 LED 每秒闪烁 1 次，另一个 LED 每 200ms 闪烁 1 次

描述：本项目中会用到两个 LED，其中一个 LED（位于端口 PE12）每秒闪烁一次，而另一个 LED（位于端口 PE15）每 200ms 闪烁一次。

目标：展示如何在项目中使用 FreeRTOS API 函数 `vTaskCreate()`、`xTicks-ToDelay()` 以及宏 `pdMS_TO_TICKS()`。在本项目中有两个任务。

框图：如图 9.4 所示。

程序清单：如图 9.5 所示（程序文件：**LED2.c**），`task1` 的代码与图 9.3 相同，`task2` 将端口引脚 PE15 配置为数字输出，每 200ms 切换一次这个引脚。`task2` 的代码为：

```
void task2(void *pvParameters)
{
  GPIO_Digital_Output(&GPIOE_BASE, _GPIO_PINMASK_15);
  while (1)
  {
    vTaskDelay(pdMS_TO_TICKS(200));
    GPIOE_ODR.B15 = ~GPIOE_ODR.B15;
  }
}
```

端口 PE12 的 端口 PE15 的
LED1   LED2

图 9.4 项目框图

按照图 9.3 创建 `task1`，`task2` 的创建与之类似，如下所示：

```
xTaskCreate(
  (TaskFunction_t)task2,
  "Task 2",
  configMINIMAL_STACK_SIZE,
  NULL,
  10,
  NULL
);
```

```
/*=================================================================
                      FLASH TWO LEDs
                      ==============

This program flashes the two LEDs connected to port pins PE12 and PE15 of the
Clicker 2 for STM32 development board. LED at PE12 flashes every second, while
the LED at port PE15 flashes every 200ms.

Author: Dogan Ibrahim
Date   : September, 2019
File   : LED2.c
===================================================================*/
#include "main.h"
```

图 9.5 LED2.c 的程序清单

```
//
// Define all your Task functions here
// ====================================
//

// Task 1 - Flashes LED at port pin PE12 every second
void task1(void *pvParameters)
{
    GPIO_Digital_Output(&GPIOE_BASE, _GPIO_PINMASK_12);    // Set PE12 output

    while (1)
    {
        vTaskDelay(pdMS_TO_TICKS(1000));                   // 1 second delay
        GPIOE_ODR.B12 = ~GPIOE_ODR.B12;                    // Toggle LED
    }
}

 // Task 2 - Flashes LED at port pin PE15 every 200ms
void task2(void *pvParameters)
{
    GPIO_Digital_Output(&GPIOE_BASE, _GPIO_PINMASK_15);    // Set PE15 output

    while (1)
    {
        vTaskDelay(pdMS_TO_TICKS(200));                    // 200ms delay
        GPIOE_ODR.B15 = ~GPIOE_ODR.B15;                    // Toggle LED
    }
}
//
// Start of MAIN program
// =====================
//
void main()
{
//
// Create all the TASKS here
// =========================
//
    // Create Task 1
    xTaskCreate(
        (TaskFunction_t)task1,
        "Task 1",
        configMINIMAL_STACK_SIZE,
        NULL,
        10,
        NULL
    );

     // Create Task 2
    xTaskCreate(
        (TaskFunction_t)task2,
        "Task 2",
        configMINIMAL_STACK_SIZE,
        NULL,
        10,
        NULL
    );
//
// Start the RTOS scheduler
//
    vTaskStartScheduler();

//
// Will never reach here
//
    while (1);
}
```

图 9.5 （续）

9.7.5 挂起任务

被挂起的任务无法执行，直到其被恢复为止，通过调用 API 函数 vTaskSuspend() 将任务挂起，如下所示：

vTaskSuspend(TaskHandle_t pxTaskToSuspend);

参数
pxTaskToSuspend：该参数是要被挂起的任务的句柄。任务句柄是在创建任务时指定的。可以将任务名提供给函数 xTaskGetHandler() 来获取其句柄。

返回值
该函数没有返回值。

API 函数 vTaskSuspendAll() 会挂起调度程序，其格式如下所示：

vTaskSuspendAll(void);

该函数既没有参数，也没有返回值。挂起调度程序会避免出现上下文切换，但会启用中断。当调度程序被挂起时，任何请求上下文切换的中断都会一直被挂起，直到通过 API 调用 xTaskResumeAll() 让调度程序恢复运行。对 xTaskSuspendAll() 可以进行嵌套调用，并且在调度程序跳出挂起状态之前，对 xTaskResumeAll() 的调用次数与对 vTasksuspend() 的调用次数必须相同。xTaskResumeAll() 必须从正在执行的任务中被调用。当调度程序挂起时，任何其他的 FreeRTOS API 函数都不能被调用。

9.7.6 让挂起的任务恢复执行

通过调用函数 vTaskResume() 可以让被挂起的任务恢复执行，并将其置于就绪状态，如下所示：

vTaskResume(TaskHandle_t pxTaskToResume);

参数
pxTaskToResume：该参数是要恢复执行的任务的句柄，任务句柄是在创建任务时指定的，可以将任务名提供给函数 xTaskGetHandler() 来获取其句柄。

返回值
该函数没有返回值。

API 函数 xTaskResumeAll() 会在函数调用 vTaskSuspendAll() 之后恢复调度程序的运行，该函数的格式如下所示：

xTaskResumeAll(void);

该函数没有参数，但是有如下所示的返回值：
pdTRUE：调度程序转为活动状态。
pdFALSE：调度程序转为活动状态并且转移过程没有引发上下文切换，或者对 vTaskSuspendAll() 的嵌套调用，调度程序仍然处于挂起状态。

由于对 vTaskSuspendAll() 可以进行嵌套调用，所以在调度程序跳出挂起状态并进入活动状态之前，对 xTaskResumeAll() 的调用次数与对 vTasksuspend() 的调用次数必须相同。函数 xTaskResumeAll() 必须从正在执行的任务中被调用。

9.7.7　项目 3——挂起和恢复任务

描述：本项目中有两个任务，和上一个项目一样，任务 1 让位于端口 PE12 的 LED 每秒闪烁一次，任务 2 让位于端口 PE15 的 LED 每 200ms 闪烁一次。当任务 1 完成 10 次闪烁之后，任务 2 会被任务 1 挂起，结果任务 2 将让 LED 停止闪烁；然后当任务 1 完成 15 次闪烁之后，任务 2 会被任务 1 恢复执行，此时任务 2 将让 LED 再次开始闪烁。

目标：展示如何在程序中使用 FreeRTOS API 函数 vTaskCreate()、xTicksToDelay()、vTaskSuspend()、vTaskResume() 以及宏 pdMS_TO_TICKS()。本项目中有两个任务。

框图：与图 9.4 相同。

程序清单：如图 9.6 所示（程序文件：**LED3.c**）。本程序的代码与图 9.5 中的代码类似，在代码中，task2 的句柄被存放在由 **xT2Handle** 指向的变量当中，之后这个句柄会被 task1 用于挂起 task2，然后再用于让 task2 恢复执行。当变量 **cnt** 等于 10 时，task2 就被挂起。然后当 **cnt** 变为等于 15 时，task2 就被恢复执行。用于挂起和恢复 task2 的代码如下所示：

```
void task1(void *pvParameters)
{
  GPIO_Digital_Output(&GPIOE_BASE, _GPIO_PINMASK_12);
  while (1)
  {
    vTaskDelay(pdMS_TO_TICKS(1000));
    GPIOE_ODR.B12 = ~GPIOE_ODR.B12;
    cnt + +;

    if(cnt == 10)vTaskSuspend(xT2Handle);
    if(cnt == 15)vTaskResume(xT2Handle);
  }
}
```

```
/*===================================================================
               FLASH TWO LEDs - Suspend and Resume
               ====================================

This program flashes the two LEDs connected to port pins PE12 and PE15 of the
Clicker 2 for STM32 development board. LED at PE12 (Task 1) flashes every second,
while the LED at port PE15 (Task 2) flashes every 200ms. Task 2 is suspended
after Task 1 makes 10 flashes. When Task 2 is suspended it stops flashing.
Task 2 is then resumed after Task 1 makes 15 flashes. At this point Task 2
starts flashing again

Author: Dogan Ibrahim
Date   : September, 2019
File   : LED3.c
====================================================================*/
#include "main.h"
TaskHandle_t xT2Handle;
unsigned int cnt = 0;

//
// Define all your Task functions here
// ===================================
```

图 9.6　LED3.c 的程序清单

```c
//
// Task 1 - Flashes LED at port pin PE12 every second
void task1(void *pvParameters)
{
    GPIO_Digital_Output(&GPIOE_BASE, _GPIO_PINMASK_12);    // Set PE12 output

    while (1)
    {
        vTaskDelay(pdMS_TO_TICKS(1000));                    // 1 second delay
        GPIOE_ODR.B12 = ~GPIOE_ODR.B12;                     // Toggle LED
        cnt++;
        if(cnt == 10)vTaskSuspend(xT2Handle);               // Suspend task2
        if(cnt == 15)vTaskResume(xT2Handle);                // Resume task2
    }
}

// Task 2 - Flashes LED at port pin PE15 every 200ms
void task2(void *pvParameters)
{
    GPIO_Digital_Output(&GPIOE_BASE, _GPIO_PINMASK_15);    // Set PE15 output

    while (1)
    {
        vTaskDelay(pdMS_TO_TICKS(200));                     // 200ms delay
        GPIOE_ODR.B15 = ~GPIOE_ODR.B15;                     // Toggle LED
    }
}
//
// Start of MAIN program
// =====================
//
void main()
{
//
// Create all the TASKS here
// =========================
//
    // Create Task 1
    xTaskCreate(
        (TaskFunction_t)task1,
        "Task 1",
        configMINIMAL_STACK_SIZE,
        NULL,
        10,
        NULL
    );

    // Create Task 2
    xTaskCreate(
        (TaskFunction_t)task2,
        "Task 2",
        configMINIMAL_STACK_SIZE,
        NULL,
        10,
        &xT2Handle
    );
//
// Start the RTOS scheduler
//
    vTaskStartScheduler();

//
// Will never reach here
//
    while (1);
}
```

图 9.6 （续）

9.7.8 删除任务

被删除的任务会从系统中移除，并且再也无法执行。API 函数 vTaskDelete() 用于删除任务：

vTaskDelete(TaskHandle_t pxTask);

参数

`pxTask`：该参数是要被删除的任务的句柄，任务可以通过传递 NULL 代替有效的任务句柄来删除自身。

返回值

该函数没有返回值。

9.7.9 项目 4——让 LED 闪烁并删除任务

描述：本项目中有两个任务，与前一个项目一样，任务 1 让位于端口 PE12 的 LED 每秒闪烁一次，任务 2 让位于端口 PE15 的 LED 每 200ms 闪烁一次。当任务 1 完成了 10 次闪烁之后，任务 2 会被任务 1 删除，此时只有任务 1 仍然留在系统中执行。

目标：展示如何在程序中使用 vTaskCreate()、xTicksToDelay()、vTaskDelete() 以及宏 pdMS_TO_TICKS()。本项目中有两个任务。

框图：与图 9.4 相同。

程序清单：如图 9.7 所示（程序文件：**LED4.c**）。本程序与图 9.6 中的程序类似，但是这里在任务 1 完成了 10 次闪烁后，任务 2 会被删除。删除任务 2 的代码如下所示：

```
void task1(void *pvParameters)
{
   GPIO_Digital_Output(&GPIOE_BASE, _GPIO_PINMASK_12);
   while (1)
   {
      vTaskDelay(pdMS_TO_TICKS(1000));
      GPIOE_ODR.B12 = ~GPIOE_ODR.B12;
      cnt + +;
      if(cnt == 10)vTaskDelete(xT2Handle);
   }
}
```

```
/*===================================================================
                  FLASH TWO LEDs - Deleta a Task
                  ==============================

This program flashes the two LEDs connected to port pins PE12 and PE15 of the
Clicker 2 for STM32 development board. LED at PE12 (Task 1) flashes every second,
while the LED at port PE15 (Task 2) flashes every 200ms. Task 2 is deleted
after Task 1 makes 10 flashes. At this point only Task 1 flashes the LED

Author: Dogan Ibrahim
Date   : September, 2019
File   : LED4.c
===================================================================*/
```

图 9.7　LED4.c 的程序清单

```c
#include "main.h"
TaskHandle_t xT2Handle;
unsigned int cnt = 0;

//
// Define all your Task functions here
// ===================================
//

// Task 1 - Flashes LED at port pin PE12 every second
void task1(void *pvParameters)
{
    GPIO_Digital_Output(&GPIOE_BASE, _GPIO_PINMASK_12);     // Set PE12 output

    while (1)
    {
        vTaskDelay(pdMS_TO_TICKS(1000));                    // 1 second delay
        GPIOE_ODR.B12 = ~GPIOE_ODR.B12;                     // Toggle LED
        cnt++;
        if(cnt == 10)vTaskDelete(xT2Handle);                // Delete task2
    }
}

 // Task 2 - Flashes LED at port pin PE15 every 200ms
void task2(void *pvParameters)
{
    GPIO_Digital_Output(&GPIOE_BASE, _GPIO_PINMASK_15);     // Set PE15 output

    while (1)
    {
        vTaskDelay(pdMS_TO_TICKS(200));                     // 200ms delay
        GPIOE_ODR.B15 = ~GPIOE_ODR.B15;                     // Toggle LED
    }
}
//
// Start of MAIN program
// =====================
//
void main()
{
//
// Create all the TASKS here
// =========================
//
    // Create Task 1
    xTaskCreate(
        (TaskFunction_t)task1,
        "Task 1",
        configMINIMAL_STACK_SIZE,
        NULL,
        10,
        NULL
    );

     // Create Task 2
    xTaskCreate(
        (TaskFunction_t)task2,
        "Task 2",
        configMINIMAL_STACK_SIZE,
        NULL,
        10,
        &xT2Handle
    );
//
// Start the RTOS scheduler
//
```

图 9.7（续）

```
    vTaskStartScheduler();
//
// Will never reach here
//
    while (1);
}
```

图 9.7 （续）

9.7.10　获取任务句柄

任务句柄会在创建任务时被定义。我们可以使用 API 函数调用 xTaskGetHandle() 返回任务的句柄。

xTaskGetHandle(const char *pcNameToQuery);

参数

`pcNameToQuery`：该参数是要返回句柄的任务的名称，其中任务名称被规定为以 NULL 结尾的标准 C 字符串。

要想让函数 xTaskGetHandle() 能为程序所用，必须将 FreeRTOSConfig.h 中的参数 INCLUDE_xTaskGetHandle 设置为 1。

- **返回值**

该函数返回任务句柄。如果没有指定名称的任务，就会返回 NULL。这个函数可能需要较长的时间才能完成，因此不建议针对每个任务只使用一次。

请考虑图 9.7 中的示例程序，如下面的代码所示，task1 能够获取 task2 的句柄，然后将其删除。和上一个程序一样，在下面的代码中，task2 会在 task1 完成 10 次闪烁之后被删除。请注意，在删除任务之前，代码会检查任务句柄是否有效：

```
TaskHandle_t xT2Handle, xHandle;
void task1(void *pvParameters)
{
    const char *pcNameToQuery = "Task 2";
    GPIO_Digital_Output(&GPIOE_BASE, _GPIO_PINMASK_12);
    while (1)
    {
        vTaskDelay(pdMS_TO_TICKS(1000));
        GPIOE_ODR.B12 = ~GPIOE_ODR.B12;
        cnt + +;
        if(cnt == 10)
        {
            xHandle = xTaskGetHandle(pcNameToQuery);
            if(xHandle != NULL) vTaskDelete(xHandle);
        }
    }
}
```

API 函数调用 xTaskGetIdleTaskHandle() 返回空闲任务的任务句柄。空闲任务会被调度程序自动创建，并在后台以最低优先级执行。该函数没有参数，其格式为：

xTaskGetIdleTaskHandle(void);

为了让该函数可用，必须在文件 FreeRTOSConfig.h 中将参数 INCLUDE_xTaskGet-IdleTaskHandle 设置为 1。

API 函数 xTaskGetCurrentTaskHandle() 返回当前正在执行的任务的句柄。该函数没有参数。

要想让 xTaskGetCurrentTaskHandle() 可用，必须在文件 FreeRTOSConfig.h 中将参数 INCLUDE_xTaskGetCurrentTaskHandle 设置为 1。

9.7.11 定时执行

API 函数 vTaskDelayUntil() 可用于为任务设置固定的执行频率。该函数会阻塞任务直到达到某个绝对时间为止，因此能够用于定时执行任务。

vTaskDelayUntil(TickType_t *pxPreviousWakeTime, TickType_t xTimeIncrement);

参数

pxPreviousWakeTime：该参数存放任务最后跳出阻塞状态的时间。这个时间被用作一个参考点，以计算任务下次跳出阻塞状态的时间。pxPreviousWakeTime 指向的变量在 vTaskDelayUntil() 函数中自动更新。

xTimeIncrement：假定该函数用于实现一个周期性执行的任务，执行频率不变，那么该参数就是重复间隔的频率。

为了能让 API 函数 vTaskDelay() 可用，FreeRTOSConfig.h 中的参数 INCLUDE_vTaskDelayUntil 必须被设置为 1。

返回值

该函数没有返回值。

9.7.12 滴答计数

滴答计数指的是从调度程序启动开始滴答中断发生的总次数。API 函数 xTask-GetTickCount() 返回当前的滴答计数。在某个时刻之后，滴答计数会产生溢出并返回 0，但这不会影响到内核的内部运转。一个滴答周期所代表的实际时间取决于在文件 FreeRTOSConfig.h 中为参数 configTICK_RATE_HZ 所赋的值。

xTaskGetTickCount(void);

参数

无。

返回值

该函数返回被调用时的当前滴答计数。

9.7.13 项目5——利用函数 vTaskDelayUntil() 让 LED 闪烁

描述：本项目中只会用到连接到端口引脚 PE12 的 LED，项目中的程序会让这个 LED

每 500ms 闪烁一次。

目标：展示如何在程序中使用 FreeRTOS API 函数 `vTaskCreate()`、`vTaskDelayUntil()`、`xTaskGetTickCount()` 以及宏 `pdMS_TO_TICKS`。在本项目中只有一个任务。

框图：与图 9.2 相同。

程序清单：如图 9.8 所示（程序文件：**LED5.c**），这个程序中只用到了一个任务。在这个任务中，重复周期被设置为 500ms 并存放在 xPeriod 当中，当前的滴答计数被获取并存放在 xPreviousWakeTime 当中。用 xPreviousWakeTime 和 xPeriod 作为参数来调用函数 `vTaskDelayUntil()`。最终的结果是使循环中的代码每 500ms 执行一次，让 LED 产生闪烁。

```
/*===============================================================
              FLASH AN LED USING vTaskDeleteUntil()
              ======================================

This program flashes the LED connected to port pin PE12 every 500ms, using the
API function vTaskDelayUntil().

Author: Dogan Ibrahim
Date   : September, 2019
File   : LED5.c
================================================================*/
#include "main.h"

//
// Define all your Task functions here
// ===================================
//

// Task 1 - Flashes LED at port pin PE12 every 500ms
void task1(void *pvParameters)
{
    TickType_t xPreviousWakeTime;
    const TickType_t xPeriod = pdMS_TO_TICKS(500);         // 500ms

    GPIO_Digital_Output(&GPIOE_BASE, _GPIO_PINMASK_12);    // Set PE12 output
    xPreviousWakeTime = xTaskGetTickCount();

    while (1)
    {
        vTaskDelayUntil(&xPreviousWakeTime, xPeriod);
        GPIOE_ODR.B12 = ~GPIOE_ODR.B12;                    // Toggle LED
    }
}

//
// Start of MAIN program
// =====================
//
void main()
{
//
// Create all the TASKS here
// =========================
//
    // Create Task 1
    xTaskCreate(
        (TaskFunction_t)task1,
```

图 9.8 LED5.c 的程序清单

```
            "Task 1",
            configMINIMAL_STACK_SIZE,
            NULL,
            10,
            NULL
        );
    //
    // Start the RTOS scheduler
    //
        vTaskStartScheduler();
    //
    // Will never reach here
    //
        while (1);
    }
```

图 9.8 （续）

9.7.14 任务优先级

任务优先级的取值范围从 0（最低优先级）到 configMAX_PRIORITIES-1（最高优先级），参数 configMAX_PRIORITIES 在文件 FreeRTOSConfig.h 中定义，高优先级任务可以抢占 CPU 并阻塞优先级较低的任务的执行。一旦优先级较高的任务完成执行，或者当优先级较高的任务等待资源时，优先级较低的任务就变为可执行。

vTaskSetPriority()

任务的优先级可在其被创建时定义，API 函数 vTaskSetPriority() 可被用于改变任务的优先级。该函数必须从正在执行的任务中被调用，其格式为：

vTaskPrioritySet(TaskHandle_t pxTask, UBaseType_t uxNewPriority);

参数

`pxTask`：该参数是优先级将被改变的任务的句柄。通过传入 NULL 来代替任务的句柄，任务可以修改自身的优先级。

`uxNewPriority`：任务将要被设置的优先级。在本书所用的 FreeRTOSConfig.h 文件当中，configMAX_PRIORITIES 的值为 16，因此优先级可被指定为 0～15 之间的值。指定大于 15 的值会将其设置为 15。

返回值

该函数没有返回值。

uxTaskPriorityGet()

API 函数 uxTaskPriorityGet() 可被调用以返回调用之时的任务优先级，其格式如下所示：

uxTaskPriorityGet(TaskHandle_t pxTask);

参数

`pxTask`：该参数是被查询的任务的句柄。通过传入 NULL 来代替有效的任务句柄，任务可以查询自身的优先级。

返回值

该函数返回被查询任务的优先级。

9.7.15 项目6——让LED闪烁和切换不同优先级的按键开关

描述：本项目中与端口引脚PE12连接的LED在任务1中使用，另外还有一个与端口引脚PE0连接的按键开关在任务2中使用。任务的优先级会发生改变，并将其结果记录如下：

任务1	任务2
持续打开LED	关闭LED

任务1无须等待资源，持续执行。任务2切换按键开关，并在按键被按下时关闭LED。对于优先级，我们遇到以下三种情况：

任务1比任务2的优先级高：LED会持续打开。按下按键对于LED没什么效果，这是由于任务1的优先级更高，并且没有释放CPU。

任务1和任务2的优先级相同：任务1和任务2共享CPU。LED会持续打开，按下按键会将LED的亮度稍稍调暗。

任务1比任务2的优先级低：任务1永远不会执行，而LED保持关闭状态，这是因为任务2一直不释放CPU。

目标：展示具有不同优先级的两个任务如何执行。

框图：如图9.9所示。

程序清单：如图9.10所示（程序文件：**LED6.c**）。可对任务的优先级进行修改，并且针对上述三种情况分别对程序进行编译和测试。请注意，按键开关的输出状态是逻辑1，当按键被按下时，输出状态变为逻辑0。

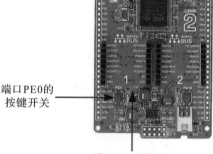

图 9.9 项目框图

```
/*===================================================
            TWO TASKS AT DIFFERENT PRIORITIES
           ===================================

This program has two tasks: Task1 turns ON the LED connected to port pin PE12
continuously. In Task 2 a push-button switch is used. Pushing the button is
supposed to turn OFF the LED.

Author: Dogan Ibrahim
Date   : September, 2019
File   : LED6.c
=====================================================*/
#include "main.h"

//
```

图 9.10 LED6.c的程序清单

```c
// Define all your Task functions here
// ====================================
//
// Task 1 - Turn ON the LED at port pin PE12 continuously
void Task1(void *pvParameters)
{
    GPIO_Digital_Output(&GPIOE_BASE, _GPIO_PINMASK_12);   // Set PE12 output

    while (1)
    {
        GPIOE_ODR.B12 = 1;                                // LED ON
    }
}

// Task 2 - Push-button switch at port pin PE0. Turn OFF the LED
void Task2(void *pvParameters)
{
    GPIO_Digital_Output(&GPIOE_BASE, _GPIO_PINMASK_12);   // Set PE12 output
    GPIO_Digital_Input(&GPIOE_BASE, _GPIO_PINMASK_0);     // Set PE0 as input

    while (1)
    {
        while(GPIOE_IDR.B0 == 1);                         // Wait for switch
        GPIOE_ODR.B12 = 0;                                // Turn OFF LED
    }
}
//
// Start of MAIN program
// =====================
//
void main()
{
//
// Create all the TASKS here
// =========================
//
    // Create Task 1
    xTaskCreate(
        (TaskFunction_t)Task1,
        "Task 1",
        configMINIMAL_STACK_SIZE,
        NULL,
        1,
        NULL
    );

    // Create Task 2
    xTaskCreate(
        (TaskFunction_t)Task2,
        "Task 2",
        configMINIMAL_STACK_SIZE,
        NULL,
        10,
        NULL
    );
//
// Start the RTOS scheduler
//
    vTaskStartScheduler();

//
// Will never reach here
//
    while (1);
}
```

图 9.10 （续）

9.7.16 项目 7——获取 / 设置任务优先级

描述：本项目中与端口引脚 PE12 连接的 LED 在任务 1 中使用，另外还有一个与端口引脚 PE0 连接的按键开关在任务 2 中使用。最初两个任务在被创建时都被赋予相同的优先级 10。结果就是 LED 始终保持亮灯，而按下按键会将 LED 的亮度稍稍调暗。在按下按键时，任务 2 会获取任务 1 的优先级并对其进行检测，如果获得的优先级为 10，则将其修改为 8，结果任务 2 就会抢占 CPU，LED 始终保持关闭。

目标：展示如何获取任务的优先级并对其进行修改。项目程序中会用到 API 函数 xTask-Create()、vTaskPrioritySet() 和 uxTask-PriorityGet()。

框图：如图 9.9 所示。

程序清单：如图 9.11 所示（程序文件：**LED7.c**）。两个任务被创建时具备的优先级均为 10。当按下按键时，任务 2 通过调用函数 uxTaskPriorityGet() 获取任务 1 的优先级，并将其存放到变量 uxTask1-Priority 当中。如果获取的优先级为 10，则会通过调用函数 vTaskPrioritySet()，并向其传入任务 1 的句柄和新优先级 8 将任务 1 的优先级修改为 8。

```
/*===========================================================================
                 GET/SET TASK PRIORITIES
                 =======================

This program has two tasks: Task1 turns ON the LED connected to port pin PE12
continuously. In Task 2 a push-button switch is used. When the button is
pressed, Task2 gets the priority of Task1 and changes it to 8 so that Task2 has
a higher priority. As a result, the LED turns OFF forever.

Author: Dogan Ibrahim
Date   : September, 2019
File   : LED7.c
============================================================================*/
#include "main.h"
TaskHandle_t xHandle;

//
// Define all your Task functions here
// ===================================
//

// Task 1 - Turn ON the LED at port pin PE12 continuously
void Task1(void *pvParameters)
{
    GPIO_Digital_Output(&GPIOE_BASE, _GPIO_PINMASK_12);     // Set PE12 output

    while (1)
    {
        GPIOE_ODR.B12 = 1;                                   // LED ON
    }
}

// Task 2 - Push-button switch at port pin PE0. Turn OFF the LED
void Task2(void *pvParameters)
{
    UBaseType_t uxTask1Priority;

    GPIO_Digital_Output(&GPIOE_BASE, _GPIO_PINMASK_12);     // Set PE12 output
    GPIO_Digital_Input(&GPIOE_BASE, _GPIO_PINMASK_0);       // Set PE0 as input
```

图 9.11　LED7.c 的程序清单

```c
    while (1)
    {
        while(GPIOE_IDR.B0 == 1);                               // Wait for switch
        uxTask1Priority = uxTaskPriorityGet(xHandle);           // Get Task1 priority
        if(uxTask1Priority == 10) vTaskPrioritySet(xHandle, 8);
        GPIOE_ODR.B12 = 0;                                      // Turn OFF LED
    }
}

//
// Start of MAIN program
// ========================
//
void main()
{
    //
    // Create all the TASKS here
    // ========================
    //
        // Create Task 1
        xTaskCreate(
            (TaskFunction_t)Task1,
            "Task 1",
            configMINIMAL_STACK_SIZE,
            NULL,
            10,
            &xHandle
        );
        // Create Task 2
        xTaskCreate(
            (TaskFunction_t)Task2,
            "Task 2",
            configMINIMAL_STACK_SIZE,
            NULL,
            10,
            NULL
        );
    //
    // Start the RTOS scheduler
    //
        vTaskStartScheduler();
    //
    // Will never reach here
    //
        while (1);
}
```

图 9.11 （续）

9.8 使用液晶显示屏

在本节中，我们将学习如何使用液晶显示屏（Liquid Crystal Display, LCD）来显示 FreeRTOS 项目的各种文本输出。在探讨基于 LCD 的项目的细节之前，有必要重温一下基于字符的 LCD 的基本特性。

在微控制器系统中，被测变量的输出通常使用 LED、7 段数码管或 LCD 类型显示屏进行显示。LCD 的优势在于可被用于显示字符型或图形化数据，一些 LCD 的显示长度能达到 40 个或者更多字符，并且能够显示若干行。还有一些 LCD 能被用于显示图形图像。一些模块提供了彩色显示，还有一些引进了背光技术，从而能在光线昏暗的条件下观看。

就接口技术而言，LCD 大致可以分为两类：并口 LCD 和串口 LCD。并口 LCD（例如 Hitachi HD44780）用多条数据线与微控制器连接，以并行方式传输数据，通常会用到 4 条或者 8 条数据线。使用 4 条数据线连接可以节约 I/O 引脚，但由于数据要分两个阶段进行传输，因此传输速度较慢。串口 LCD 只用一条数据线与微控制器进行连接，通常使用标准的 RS-232 异步数据通信协议向 LCD 发送数据。串口 LCD 更易于使用，但是价格要比并口 LCD 高。

并口 LCD 的编程通常是一个比较复杂的任务，需要对 LCD 控制器包括时序图在内的内部运转有很好的理解。幸运的是，大多数高级语言都为在字符型 LCD 以及图像型 LCD 上显示数据提供了专用的库命令。用户所要做的全部工作就是将 LCD 连接到微控制器上，在软件中定义 LCD 连接，然后发送专有命令来在 LCD 上显示数据。

9.8.1　HD44780 LCD 模块

HD44780 是工业界和业余爱好者所使用的最流行的字符型 LCD 模块之一，该模块是单色的并且具有不同的尺寸，有 8、16、20、24、32 和 40 列的模块可供选择。根据所选择的型号，行数有 1、2 或者 4。该显示屏提供了一个 14 针（或 16 针）的接头与微控制器连接。表 9.1 给出了 14 针 LCD 模块的引脚配置与功能，下面对引脚功能做一个总结：

表 9.1　HD44780 LCD 模块的引脚配置与功能

引脚编号	引脚名称	引脚功能
1	V_{SS}	接地
2	V_{DD}	电源正极
3	V_{EE}	对比度
4	RS	寄存器选择
5	R/W	读 / 写
6	E	使能
7	D0	数据位 0
8	D1	数据位 1
9	D2	数据位 2
10	D3	数据位 3
11	D4	数据位 4
12	D5	数据位 5
13	D6	数据位 6
14	D7	数据位 7

V_{SS} 是 0V 供电引脚或接地引脚。V_{DD} 引脚应该连接到电源正极。尽管该模块的制造商规定应该使用 5V 直流电源，但是它通常能用低至 3V 或高至 6V 的电源工作。

引脚 3 的名称为 V_{EE}（或 V_O），它是对比度控制引脚，用于调节显示屏的对比度，并且应该连接到电压可变的电源上。在电源线之间应该连接一个 10kΩ 的电位器，电位器的电刷臂应该被连接到该引脚上，以便能够调节对比度。

引脚 4 是寄存器选择（RS）引脚，当该引脚被置为低电平时，传送到显示屏的数据被视为命令；当该引脚被置为高电平时，可向模块传入字符数据或从模块中向外传出字符数据。

引脚 5 是读/写（R/W）线，该引脚被下拉至低电平以便向 LCD 模块写入命令或字符数据；当该引脚为高电平时，可从模块中读取字符数据或者状态信息。

引脚 6 是使能（E）引脚，用于初始化模块与微控制器之间的命令或数据传输。当向显示屏写入数据时，只有在该引脚从高电平变为低电平时才进行数据传输。当从显示屏读取数据时，只有在使能引脚从低电平变为高电平时数据才可用，并且只要使能引脚保持在高电平，数据就一直有效。

引脚 7~14 是 8 条数据总线（D0~D7），可以使用单个 8 位字节或者 2 个 4 位半字节在微控制器与 LCD 模块之间传输数据。在后一种情况中，只会用到上面 4 条数据线（D4~D7）。4 位模式有其优势，即与 LCD 通信时可以少用 4 条 I/O 线。本书中我们都是以 4 位接口模式使用字符型 LCD。

有一些 LCD 具有用于背光的 A 引脚和 K 引脚，K 引脚应该接地，而 A 引脚应当通过一个 220Ω 的电阻与 +5V 电源连接。

9.8.2 连接 LCD 与 Clicker 2 for STM32 开发板

除了电源引脚与接地引脚，在 4 位模式下还会用到如下所示的 LCD 数据引脚：
D4:D7
E
RS

在 4 位模式下，LCD 的 R/W 引脚接地。

在本书中我们将按照下表所示的方式将 LCD 与 Clicker 2 for STM32 微控制器开发板连接起来，其中在开发板上只用到了 mikroBUS 1 接头的引脚：

LCD 引脚	微控制器引脚	LCD 引脚	微控制器引脚
D4	接地	RS	数据位 4
D5	电源正极	E	数据位 5
D6	对比度	V_{SS}	数据位 6
D7	寄存器选择	V_{DD}	数据位 7

9.8.3 LCD 函数

mikroC Pro for ARM 编译器支持下列 LCD 函数：

LCD 函数	目 的
Lcd_Init()	初始化 LCD 库
Lcd_Out(r, c, text)	在 LCD 的第 r 行、第 c 列显示给定的文本
Lcd_Out_Cp(text)	在当前光标位置显示给定的文本
Lcd_Chr(r, c, ch)	在 LCD 的第 r 行、第 c 列显示给定的字符
Lcd_Chr_Cp(ch)	在当前光标位置显示给定的字符
Lcd_Cmd(cmd)	向 LCD 发送命令

函数 Lcd_Init 描述了 LCD 与正在使用的单片机系统之间的接口，该函数必须在使用其他 LCD 函数之前调用。

有效的 LCD 命令如下所示：

LCD 命令	目 的
_LCD_FIRST_ROW	将光标移到第一行
_LCD_SECOND_ROW	将光标移到第二行
_LCD_THIRD_ROW	将光标移到第三行
_LCD_FOURTH_ROW	将光标移到第四行
_LCD_CLEAR	清屏
_LCD_RETURN_HOME	光标归位，结果是屏幕移动到初始位置。显示数据内存不受影响
_LCD_CURSOR_OFF	关闭光标
_LCD_UNDERLINE_ON	给光标加上下划线
_LCD_BLINK_CURSOR_ON	让光标闪烁
_LCD_MOVE_CURSOR_LEFT	在不改变显示数据内存的情况下向左移动光标
_LCD_MOVE_CURSOR_RIGHT	在不改变显示数据内存的情况下向右移动光标
_LCD_TURN_ON	打开 LCD
_LCD_TURN_OFF	关闭 LCD
_LCD_SHIFT_LEFT	在不改变显示数据内存的情况下向左移动屏幕
_LCD_SHIFT_RIGHT	在不改变显示数据内存的情况下向右移动屏幕

9.8.4　项目 8——在 LCD 上显示文本

描述：在本项目中按照 9.8.2 节中介绍的方式将 LCD 连接到 Cliker 2 for STM32 开发板，从 LCD 的第 0 行、第 5 列开始显示文本 **FreeRTOS**。

目标：展示如何在基于微控制器的项目中使用 LCD。

框图：如图 9.12 所示。

电路搭建：本项目在实验电路板上搭建，如图 9.13 所示，图中展示了 Clicker 2 for STM32 开发板、LCD、用于调节对比度的电位器、连线

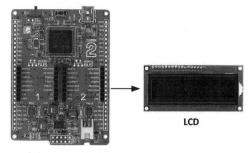

图 9.12　项目框图

以及实验电路板。实验电路板和 LCD 之间的连线是用跨接线完成的。

电路图：如图 9.14 所示，LCD 与 Clicker 2 for STM32 微控制器开发板之间的连接按照本节稍前介绍的方式进行。

图 9.13　在实验电路板上搭建的项目

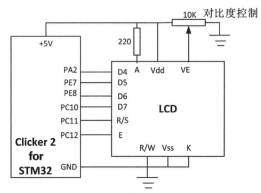

图 9.14　项目的电路图

程序清单：如图 9.15 所示（程序文件：`LCD1.c`），本程序中只用到了一个任务，在程序开始处定义了 LCD 与微控制器开发板之间的接口。然后在任务 1 中初始化 LCD，并在 LCD 的第 0 行、第 5 列显示文本 FreeRTOS。你应当用电位器来调节对比度，直到得到清晰的图像为止。

```
/*===============================================================
                    GET/SET TASK PRIORITIES
                    =======================

This program has two tasks: Task1 turns ON the LED connected to port pin PE12
continuously. In Task 2 a push-button switch is used. When the button is
pressed, Task 2 gets the priority of Task 1 and changes it to 8 so that Task2 has
a higher priority. As a result, the LED turns OFF forever.

Author: Dogan Ibrahim
Date  : September, 2019
File  : LCD1.c
===============================================================*/
#include "main.h"

// LCD module connections
sbit LCD_RS at GPIOC_ODR.B11;
sbit LCD_EN at GPIOC_ODR.B12;
sbit LCD_D4 at GPIOA_ODR.B2;
sbit LCD_D5 at GPIOE_ODR.B7;
sbit LCD_D6 at GPIOE_ODR.B8;
sbit LCD_D7 at GPIOC_ODR.B10;
// End LCD module connections

//
// Define all your Task functions here
// ==================================
//

// Task 1 - Display text FreeRTOS on LCD
void Task1(void *pvParameters)
{
    Lcd_Init();                                  // Initialize LCD
    Lcd_Cmd(_LCD_CLEAR);                         // Clear LCD
```

图 9.15　`LCD1.c` 的程序清单

```
    Lcd_Out(0, 5, "FreeRTOS");                              // Display text

    while (1)
    {
    }
}
//
// Start of MAIN program
// ======================
//
void main()
{
//
// Create all the TASKS here
// =========================
//
    // Create Task 1
    xTaskCreate(
        (TaskFunction_t)Task1,
        "Task 1",
        configMINIMAL_STACK_SIZE,
        NULL,
        10,
        NULL
    );
//
// Start the RTOS scheduler
//
    vTaskStartScheduler();
//
// Will never reach here
//
    while (1);
}
```

图 9.15 （续）

请注意，在编译使用 LCD 的程序之前，必须在 mikroC Pro for ARM 的库管理器窗口中启用 LCD 库。

9.9 任务名称、任务数量及滴答计数

API 函数 `pcTaskGetName()` 按照以 NULL 结尾的标准 C 字符串格式返回任务名称，该函数的格式为：

pcTaskGetName(TaskHandle_t xTaskToQuery);

参数

xTaskToQuery：该参数是被查询的任务的句柄，可以通过传入 NULL 代替有效的任务句柄来让任务查询自己的名称。

返回值

通过输入任务句柄返回任务名称。

API 函数 `uxTaskGetNumberOfTasks()` 返回该函数被调用时存在的任务数量。该函数的格式为：

uxTaskGetNumberOfTasks(void);

参数

无。

返回值

函数返回其被调用时处于 FreeRTOS 控制之下的任务总数，包括被挂起的任务、被阻塞的任务、处于就绪状态的任务、空闲任务以及正在执行的任务的数量之和。

API 函数 xTaskGetTickCount() 返回自调度程序启动开始时钟中断发生的总次数，该函数的格式为：

xTaskGetTickCount(void);

参数

无。

返回值

函数返回滴答计数，通过文件 FreeRTOSConfig.h 中的参数 configTICK_RATE_HZ 来设置一个滴答周期。经过一段时间后滴答计数会产生溢出并返回 0，但这并不会影响内核的内部运转。

9.10 项目 9——在 LCD 上显示任务名称、任务数量及滴答计数

描述：和前一个项目一样，本项目中也会将 LCD 连接到 Clicker 2 for STM32 微控制器开发板上。除了空闲任务，本项目中还有 3 个任务。LCD 会显示调用任务的名称、系统中的任务数量以及调用函数时的滴答计数。

目标：展示如何用 LCD 显示任务名称、任务数量以及调用相关 API 函数时的滴答计数。

程序清单：如图 9.16 所示（程序文件：**LCD2.c**），在程序开始处定义了 LCD 与微控制器开发板之间的接口。任务 2 和任务 3 是虚拟任务，不会做任何有用的事情。任务 1 初始化 LCD 并对其清屏，然后用 NULL 代替任务句柄获取该任务的名称并将其显示在 LCD 上。然后程序获取 FreeRTOS 控制下的任务数量并将其显示在 LCD 上。此外滴答计数也会被获取并显示在 LCD 上。

```
/*===============================================================
                DISPLAY TASK NAME,NUMBER OF TASKS,TICK COUNT
   ===============================================================
This program displays the task name of the calling task, number of tasks under
the control of FreeRTOS, and the tick count on the LCD.

Author: Dogan Ibrahim
Date   : September, 2019
File   : LCD2.c
===============================================================*/
#include "main.h"
TaskHandle_t xHandle;

// LCD module connections
sbit LCD_RS at GPIOC_ODR.B11;
```

图 9.16 LCD2.c 的程序清单

```
sbit LCD_EN at GPIOC_ODR.B12;
sbit LCD_D4 at GPIOA_ODR.B2;
sbit LCD_D5 at GPIOE_ODR.B7;
sbit LCD_D6 at GPIOE_ODR.B8;
sbit LCD_D7 at GPIOC_ODR.B10;
// End LCD module connections

//
// Define all your Task functions here
// ====================================
//

// Task 1 - Display Task name, Number of tasks, Tick count on LCD
void Task1(void *pvParameters)
{
    char *TaskName;
    char TaskCount;
    char Txt[7];
    int Tcount;

    Lcd_Init();                                         // Initialize LCD
    Lcd_Cmd(_LCD_CLEAR);                                // Clear LCD
    TaskName = pcTaskGetName(NULL);                     // Current Task name
    Lcd_Out(1, 1, TaskName);                            // Display Task name

    TaskCount = uxTaskGetNumberOfTasks(void);           // Number of Tasks
    ByteToStr(TaskCount, Txt);                          // Convert to text
    Lcd_Out(1, 10, Txt);                                // Display Task cnt

    Tcount = xTaskGetTickCount(void);                   // Get tick count
    IntToStr(Tcount, Txt);                              // Convert to text
    Lcd_Out(2, 1, Txt);                                 // Display tick cnt

    while (1)
    {
    }
}

// Task 2 - Dummy task
void Task2(void *pvParameters)
{
    while (1)
    {
    }
}

// Task 3 - Dummy task
void Task3(void *pvParameters)
{
    while (1)
    {
    }
}


//
// Start of MAIN program
// =====================
//
void main()
{
//
// Create all the TASKS here
// =========================
//
```

图 9.16 （续）

```
        // Create Task 1
        xTaskCreate(
            (TaskFunction_t)Task1,
            "Task 1",
            configMINIMAL_STACK_SIZE,
            NULL,
            10,
            NULL
        );

        // Create Task 2
        xTaskCreate(
            (TaskFunction_t)Task2,
            "Task 2",
            configMINIMAL_STACK_SIZE,
            NULL,
            10,
            NULL
        );

        // Create Task 3
        xTaskCreate(
            (TaskFunction_t)Task3,
            "Task 3",
            configMINIMAL_STACK_SIZE,
            NULL,
            10,
            NULL
        );

//
// Start the RTOS scheduler
//
        vTaskStartScheduler();

//
// Will never reach here
//
        while (1);
}
```

图 9.16 （续）

图 9.17 展示了 LCD 显示屏，请注意，正如所预期的那样，任务名称为 **Task 1**，包括空闲任务，一共有 4 个任务处于 FreeRTOS 控制之下，LCD 显示屏刷新时的滴答计数为 **232**。

图 9.17 LCD 显示屏

空闲任务

请注意，虽然我们在项目中创建了 3 个任务，但是显示的任务数量却是 4，这是因为还存在空闲任务。当 FreeRTOS 调度程序启动时，会自动以最低优先级创建空闲任务，以确保始终至少有一个任务能够执行。空闲任务不会使用 CPU，因为其他任务都假定比它的优先级高。空闲任务负责释放由 FreeRTOS 分配的将要被删除的任务的内存。

9.11 转而执行另一个优先级相同的任务

API 函数 `taskYield()` 将 CPU 控制权转交给另一个具有相同优先级的任务，此时一个任务在没有被抢占的情况下自愿放弃 CPU 的使用权，并且它的时间片也没有用完。该函数的格式为：

taskYIELD(void);

该函数既没有参数也没有返回值，它必须从正在执行的任务中被调用。在调用该函数时，调度程序会选择另一个优先级相同的就绪状态任务，并将其置于运行状态。如果没有其他优先级相同的任务可以执行，则该任务将被重新置于运行状态。

9.12 取消延迟

可以调用 API 函数 `xTaskAbortDelay()` 来取消由函数 `vTaskDelay()` 设置的延迟，然后将该函数从阻塞状态变为就绪状态。`vTaskDelay()` 会阻塞调用它的任务直到设置的超时时间过去为止，在此时间之后任务会跳出阻塞状态。被阻塞的任务无法执行，也不会消耗任何 CPU 时间。函数 xTaskAbortDelay() 的格式为：

xTaskAbortDelay(TaskHandle_t xTask);

<u>参数</u>

`xTask`：该参数是将要从阻塞状态跳出的任务的句柄。

<u>返回值</u>

`pdPASS`：任务从阻塞状态跳出。

`pdFAIL`：任务没有从阻塞状态跳出，这是因为它并没有被阻塞。

9.13 项目 10——7 段 2 位多路复用 LED 显示屏计数器

描述：在本项目中将一个 7 段 2 位多路复用 LED 显示屏用作计数器，从 0 开始每秒向上递增计数，一直到 99 为止。多位 7 段显示屏需要不断刷新其数字，从而使人眼看到的数字是稳定和不闪烁的。一般使用的技术是让每个数字都能维持一个较短的时间（例如 10ms），以便人眼随时能同时看到两个数字，这个过程需要交替和持续让这些数字可见。结果就是处理器无法执行其他任务，只能忙于刷新数字。在非多任务系统中使用的一种技术是使用定时器中断，并在定时器中断服务程序中刷新数字。在本项目中，我们将应用一种多任务处理方法来刷新显示数字。

目标：展示如何在任务中刷新多路复用 2 位 7 段 LED 显示屏上的数字，同时另一个任务会向显示屏发送数据，让显示屏以秒为单位从 0 到 99 向上计数。

7 段 LED 显示屏：7 段 LED 显示屏经常在电子电路中被用于显示数字或字符值。如图 9.18 所示，7 段 LED 一般由 7 个连接在一起的 LED 组成，可以显示数字 0～9 以及一些字母。各段分别由字母 a～g 表示，图 9.19 展示了典型的 7 段显示屏的各段名称。

图 9.18　7 段 LED 显示屏

图 9.20 展示了如何通过点亮显示屏上不同的段来获取数字 0～9。

7 段 LED 显示屏可以按照两种不同的配置使用：**共阴和共阳**。如图 9.21 所示，在共阴配置中，各段 LED 的阴极被连接在一起并接地。通过限流电阻对所需的 LED 段应用逻辑 1，就能将相应的段点亮。采用共阴配置的 7 段 LED 按照拉电流模式与微控制器进行连接。

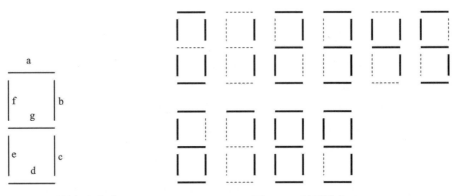

图 9.19　7 段显示屏的各段名称

图 9.20　显示数字 0～9

在共阳配置当中，LED 的阳极被连接在一起，如图 9.22 所示，然后共接点被连接到电源正极，通过限流电阻对阴极应用逻辑 0，就能将相应的段点亮。采用共阳配置的 7 段 LED 按照灌电流模式与微控制器进行连接。

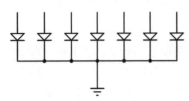

图 9.21　共阴 7 段 LED 显示屏

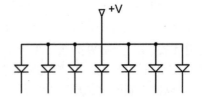

图 9.22　共阳 7 段 LED 显示屏

在多路复用 LED 应用程序当中（例如，图 9.23 所示的 2 位 LED），所有位的 LED 段被连在一起，每一位的共接引脚单独由微控制器控制置为 ON。通过让每位数字显示几毫秒，肉眼根本无法分辨出数字并非始终都点亮。这种方式可以同时多路复用任意数量的 7 段显示屏。例如，要想显示数字 53，我们只需向第一位发送 5 并将共接引脚置为 ON，几毫秒后再将数字 3 发送到第二位并将第二位的共接引脚置为 ON。当这个过程持续重复下去时，用户看上去就好像两个数字都是持续点亮的。

一些厂商提供的多路复用多位显示屏采用的是单独整体封装，例如，我们可以买到

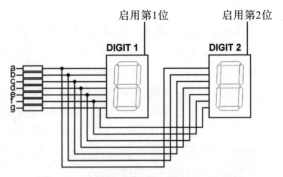

图 9.23　2 位多路复用 7 段 LED 显示屏

单独整体封装的 2 位、4 位或 8 位多路复用显示屏。本项目中使用的是 DC56-11EWA，它的发光颜色是红色，显示高度为 0.56 英寸[⊖]，它是一种共阴连接的 2 位显示屏，带有 18 根引脚，引脚配置如图 9.2 所示。该显示屏可以按照如下所示的方式被微控制器控制：

表 9.2　DC56-11EWA 2 位显示屏的引脚配置

引脚编号	段	引脚编号	段
1, 5	e	16, 11	a
2, 6	d	18, 12	f
3, 8	c	13	启用第 2 位
14	启用第 1 位	4	小数点 1
17, 7	g	9	小数点 2
15, 10	b		

- 将第 1 位的段位模式数据发送到段 a～g
- 启用第 1 位
- 等待几毫秒
- 禁用第 1 位
- 将第 2 位的段位模式数据发送到段 a～g
- 启用第 2 位
- 等待几毫秒
- 禁用第 2 位
- 持续重复上述过程

DC56-11EWA 显示屏的各段配置如图 9.24 所示。在多路复用显示屏应用程序当中，与各段对应的段引脚被连接在一起。例如，引脚 11 和引脚 16 连接在一起作为公共的 a 段，类似地，引脚 15 和引脚 10 连接在一起作为公共的 b 段，其他情况以此类推。

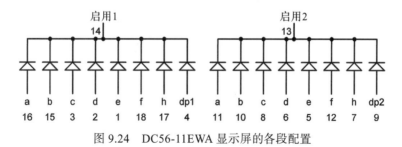

图 9.24　DC56-11EWA 显示屏的各段配置

框图：项目框图如图 9.25 所示。

电路图：本项目的电路图如图 9.26 所示，在本项目中 Clicker 2 for STM32 开发板的下列引脚用于连接 7 段显示屏：

⊖　1 英寸等于 0.0254 米。——编辑注

7 段显示屏的引脚	Clicker 2 for STM32 的端口引脚
a	PA0
b	PA1
c	PA2
d	PA3
e	PA4
f	PA5
g	PA6
E1	PD12（通过晶体管）
E2	PE14（通过晶体管）

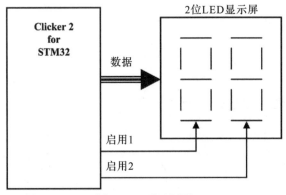

图 9.25　项目框图

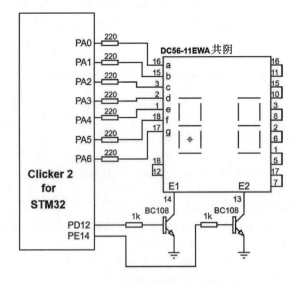

图 9.26　项目的电路图

7 段显示段通过 220Ω 电流限制电阻由端口引脚驱动。位使能引脚 E1 和 E2 通过两个 BC108 型 NPN 晶体管（此处可使用任意其他型号的 NPN 晶体管）由端口引脚 PD11 和 PD14 驱动，当作开关使用。晶体管的集电极驱动段位，当相应晶体管的基极被设置为逻辑 1 时，段就被启用。请注意，要想进行多路复用显示，请将显示屏的下列引脚连接在一起：16 和 11、15 和 10、3 和 8、2 和 6、1 和 5、17 和 7、18 和 12。

程序清单：在驱动显示屏之前，我们必须搞清楚要显示的数字与对应的要被点亮的段之间的关系，这种关系如表 9.3 所示。例如，要想显示数字 3，我们必须向 PORTA 发送十六进制数 0x4F 来点亮段 **a**、**b**、**c**、**d** 和 **g**。类似地，要想显示数字 9，我们必须向 PORTA 发送十六进制数 0x6F 来点亮段 **a**、**b**、**c**、**d**、**f** 和 **g**。

表 9.3　显示的数字与发送到 PORTA 的数据

数字	x	g	f	e	d	c	b	a	PORTA 数据
0	0	0	1	1	1	1	1	1	0x3F
1	0	0	0	0	0	1	1	0	0x06
2	0	1	0	1	1	0	1	1	0x5B
3	0	1	0	0	1	1	1	1	0x4F
4	0	1	1	0	0	1	1	0	0x66
5	0	1	1	0	1	1	0	1	0x6D
6	0	1	1	1	1	1	0	1	0x7D
7	0	0	0	0	0	1	1	1	0x07
8	0	1	1	1	1	1	1	1	0x7F
9	0	1	1	0	1	1	1	1	0x6F

注：x 没用到，当作 0。

图 9.27 展示的是程序清单（程序文件：`Seg7-2.c`），该程序包含 2 个具有相同优先级的任务：任务 1 让公用变量 `Cnt` 每秒向上递增。当 `Cnt` 达到 100 时，它会被重置回 0。任务 2 在 7 段 2 位显示屏上显示变量 `Cnt` 的内容。与每位数字对应的位模式（如表 9.3 所示）存放在数组 `SEGMENT` 中。最开始通过将 `DIGIT1` 和 `DIGIT2` 都设置为 0 使两位数字都不点亮。将 `Cnt` 的最高有效位提取出来并启用 `DIGIT2` 来点亮对应的数字。在经过 10ms 延迟后提取最低有效位并禁用 `DIGIT2`，再启用 `DIGIT1` 以便显示对应的数字。可以通过调用 API 函数 `vTaskDelay()` 并将宏 `pdMS_TO_TICKS` 设置为 10 实现延迟。每位数字都会显示 10ms，并且上述过程循环反复。结果就是肉眼会看到两位数字持续点亮。请注意，如果 `Cnt` 小于 10，其最高有效位为空，因此以数字 5 为例，该数字只会显示为 5 而非 05。

```c
/*===============================================================
             7-SEGMENT 2-DIGIT MULTIPLEXED DISPLAY COUNTER
             ========================================

This is a 7-segment 2-digit multiplexed LED counter program. The program counts
up every second from 0 to 99 continuously. Task 1 increment variable Cnt, and
Task 2 refreshes the display.

Author: Dogan Ibrahim
Date   : September, 2019
File   : SEG7-2.c
================================================================*/
#include "main.h"
TaskHandle_t xHandle;
int Cnt = 0;

//
// Define all your Task functions here
// ===================================
//

// Task 1 - Increment variable Cnt every second and display it on 7-segment LED
void Task1(void *pvParameters)
{
    while (1)
    {
      Cnt++;                                            // Increment Cnt
      if(Cnt == 100)Cnt = 0;                            // If 100,back to 0
      vTaskDelay(pdMS_TO_TICKS(1000));                  // Delay 1 sec
    }
}

// Task 2 - Refresh the 7-segment LED and display data in variable Cnt
void Task2(void *pvParameters)
{
    #define DIGIT1 GPIOD_ODR.B12                        // DIGIT1 at PD12
    #define DIGIT2 GPIOE_ODR.B14                        // DIGIT2 at PE14

    unsigned char Pattern;
    unsigned char MSD, LSD;
    unsigned char SEGMENT[] = {0x3F,0x06,0x5B,0x4F,0x66,0x6D,
                               0x7D,0x07,0x7F,0x6F};

    GPIO_Config(&GPIOA_BASE, _GPIO_PINMASK_ALL, _GPIO_CFG_MODE_OUTPUT);
    GPIO_Config(&GPIOD_BASE, _GPIO_PINMASK_12,  _GPIO_CFG_MODE_OUTPUT);
    GPIO_Config(&GPIOE_BASE, _GPIO_PINMASK_14,  _GPIO_CFG_MODE_OUTPUT);

    DIGIT1 = 0;                                         // Disable digit 1
    DIGIT2 = 0;                                         // Disable digit 2

    while (1)
    {
      if(Cnt > 9)
      {
            MSD = Cnt / 10;                             // Get MSD digit
            GPIOA_ODR = SEGMENT[MSD];                   // Output bit pattern
            DIGIT2 = 1;                                 // Enable DIGIT2
            vTaskDelay(pdMS_TO_TICKS(10));              // Delay 10ms
      }
            DIGIT2 = 0;                                 // Disable DIGIT2
            LSD = Cnt % 10;                             // Get LSD digit
            GPIOA_ODR = SEGMENT[LSD];                   // Output bit pattern
            DIGIT1 = 1;                                 // Enable DIGIT1
            vTaskDelay(pdMS_TO_TICKS(10));              // Delay 10ms
            DIGIT1 = 0;                                 // Disable DIGIT1
    }
}
```

图 9.27 Seg7-2.c 的程序清单

```
//
// Start of MAIN program
// ======================
//
void main()
{
//
// Create all the TASKS here
// =========================
//
    // Create Task 1
    xTaskCreate(
        (TaskFunction_t)Task1,
        "Task 1",
        configMINIMAL_STACK_SIZE,
        NULL,
        10,
        NULL
    );

    // Create Task 2
    xTaskCreate(
        (TaskFunction_t)Task2,
        "Task 2",
        configMINIMAL_STACK_SIZE,
        NULL,
        10,
        NULL
    );
//
// Start the RTOS scheduler
//
    vTaskStartScheduler();
//
// Will never reach here
//
    while (1);
}
```

图 9.27 （续）

9.14　项目 11——7 段 4 位多路复用 LED 显示屏计数器

描述：本项目和前一个项目类似，但是这里使用的是 4 位多路复用 7 段 LED 显示屏，这样就能显示 0～9999 的数字，而不是前一个项目中的 0～99。

目标：展示如何设计 4 位 7 段多路复用 LED 显示屏。

框图：如图 9.28 所示。

电路图：如图 9.29 所示。与前一个项目一样，微控制器的 PORTA 用于向显示屏发送数据。4 个 NPN 型晶体管分别用于控制每位显示。在本项目中，Clicker 2 for STM32 开发板的下列引脚用于连接 7 段显示屏：

7 段显示屏的引脚	Clicker 2 for STM32 的端口引脚
a	PA0
b	PA1
c	PA2
d	PA3
e	PA4
f	PA5
g	PA6
E1	PD12（通过晶体管）
E2	PE14（通过晶体管）
E3	PD9（通过晶体管）
E4	PD8（通过晶体管）

130　嵌入式系统多任务处理应用开发实战：基于 ARM MCU 和 FreeRTOS 内核

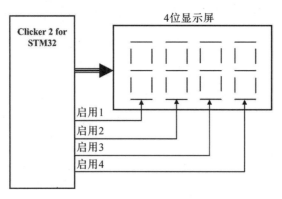

图 9.28　项目框图

因为 DC56-11EWA 是 2 位显示屏，所以要用 2 个此型号的模块组成 4 位显示屏。和前一个项目一样，将显示屏的下列引脚连接在一起组成多路复用 4 位显示屏：16 和 11、15 和 10、3 和 8、2 和 6、1 和 5、17 和 7、18 和 12。

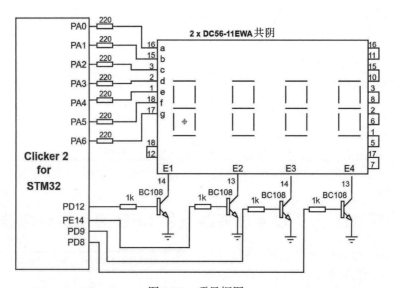

图 9.29　项目框图

程序清单：表 9.3 所示的用于控制 LED 段的位模式同样也用在本项目当中。程序清单如图 9.30 所示（程序文件：`Seg7-4.c`），该程序包含 2 个具有相同优先级的任务，任务 1 让公用变量 `Cnt` 每秒向上递增。当 `Cnt` 达到 10 000 时，它会被重置回 0。任务 2 在 7 段 4 位显示屏上显示变量 `Cnt` 的内容。与每位数字对应的位模式（如表 9.3 所示）存放在数组 `SEGMENT` 中。最开始通过将 `DIGIT1`、`DIGIT2`、`DIGIT3` 和 `DIGIT4` 都设置为 0，使四位数字都不点亮。将 `Cnt` 的最高有效位提取出来并使 `DIGIT4` 有效来点亮对应的数字。依次在经过 5ms 延迟后提取其他位点亮对应的位。通过调用 API 函数 `vTaskDelay()` 并将宏

pdMS_TO_TICKS 设置为 5 来显示每位数字 5 毫秒。结果就是肉眼会看到两位数字持续点亮。请注意，如果 Cnt 的最高有效位是 0，则不为空。因此，以数字 5 为例，该数字只会显示为 0005 而非 5，类似地，数字 200 被显示为 0200 而非 200。

```
/*===============================================================
                7-SEGMENT 4-DIGIT MULTIPLEXED DISPLAY COUNTER
                =============================================

This is a 7-segment 4-digit multiplexed LED counter program. The program counts
up every second from 0 to 9999 continuously. Task 1 increment variable Cnt, and
Task 2 refreshes the display.

Author: Dogan Ibrahim
Date   : September, 2019
File   : SEG7-4.c
================================================================*/
#include "main.h"
TaskHandle_t xHandle;
int Cnt = 0;

//
// Define all your Task functions here
// ===================================
//

// Task 1 - Increment variable Cnt every second and display it on 7-segment LED
void Task1(void *pvParameters)
{
    while (1)
    {
      Cnt++;                                        // Increment Cnt
      if(Cnt == 10000)Cnt = 0;                      // If 10000,back to 0
      vTaskDelay(pdMS_TO_TICKS(1000));              // Delay 1 sec
    }
}

// Task 2 - Refresh the 7-segment LED and display data in variable Cnt
void Task2(void *pvParameters)
{
    #define DIGIT1 GPIOD_ODR.B12                    // DIGIT1 at PD12
    #define DIGIT2 GPIOE_ODR.B14                    // DIGIT2 at PE14
    #define DIGIT3 GPIOD_ODR.B9                     // DIGIT3 at PD9
    #define DIGIT4 GPIOD_ODR.B8                     // DIGIT4 at PD8

    unsigned char Pattern;
    unsigned char MSD, LSD;
    unsigned int D1, D2, D3, D4, D5, D6;
    unsigned char SEGMENT[] = {0x3F,0x06,0x5B,0x4F,0x66,0x6D,
                               0x7D,0x07,0x7F,0x6F};

    GPIO_Config(&GPIOA_BASE, _GPIO_PINMASK_ALL, _GPIO_CFG_MODE_OUTPUT);
    GPIO_Config(&GPIOD_BASE, _GPIO_PINMASK_12 | _GPIO_PINMASK_8 | _GPIO_PINMASK_9,
                _GPIO_CFG_MODE_OUTPUT);
    GPIO_Config(&GPIOE_BASE, _GPIO_PINMASK_14, _GPIO_CFG_MODE_OUTPUT);

    DIGIT1 = 0;                                     // Disable digit 1
    DIGIT2 = 0;                                     // Disable digit 2
    DIGIT3 = 0;                                     // Disable digit 3
    DIGIT4 = 0;                                     // Disable digit 4

    while (1)
    {
        D1 = Cnt / 1000;                            // Get MSD digit
        GPIOA_ODR = SEGMENT[D1];                    // Output bit pattern
```

图 9.30　Seg7-4.c 的程序清单

```c
                DIGIT4 = 1;                           // Enable DIGIT4
                vTaskDelay(pdMS_TO_TICKS(5));         // Delay 5ms
                DIGIT4 = 0;                           // Disable DIGIT4

                D2 = Cnt % 1000;                      // Get next digit
                D3 = D2 / 100;
                GPIOA_ODR = SEGMENT[D3];              // Output bit pattern
                DIGIT3 = 1;                           // Enable DIGIT3
                vTaskDelay(pdMS_TO_TICKS(5));         // Delay 5ms
                DIGIT3 = 0;                           // Disable DIGIT3

                D4 = D2 % 100;                        // Get next digit
                D5 = D4 / 10;
                GPIOA_ODR = SEGMENT[D5];              // Output bit pattern
                DIGIT2 = 1;                           // Enable DIGIT2
                vTaskDelay(pdMS_TO_TICKS(5));         // Delay 5ms
                DIGIT2 = 0;                           // Disable DIGIT2

                D6 = D4 % 10;                         // Get next digit
                GPIOA_ODR = SEGMENT[D6];              // Output bit pattern
                DIGIT1 = 1;                           // Enable DIGIT1
                vTaskDelay(pdMS_TO_TICKS(5));         // Delay 5ms
                DIGIT1 = 0;                           // Disable DIGIT1
        }
}


//
// Start of MAIN program
// =====================
//
void main()
{
//
// Create all the TASKS here
// =========================
//
    // Create Task 1
    xTaskCreate(
        (TaskFunction_t)Task1,
        "Task 1",
        configMINIMAL_STACK_SIZE,
        NULL,
        10,
        NULL
    );

    // Create Task 2
    xTaskCreate(
        (TaskFunction_t)Task2,
        "Task 2",
        configMINIMAL_STACK_SIZE,
        NULL,
        10,
        NULL
    );

//
// Start the RTOS scheduler
//
    vTaskStartScheduler();

//
// Will never reach here
//
    while (1);
}
```

图 9.30 （续）

可以对图 9.30 中的程序清单进行修改，使得开头的 0 为空，举例来说，就是让 20 显示为 20 而非 0020。修改后的程序清单（程序文件：`Seg7-4-2.c`）如图 9.31 所示。

```c
/*===============================================================
                7-SEGMENT 4-DIGIT MULTIPLEXED DISPLAY COUNTER
                ==============================================

This is a 7-segment 4-digit multiplexed LED counter program. The program counts
up every second from 0 to 9999 continuously. Task 1 increment variable Cnt, and
Task 2 refreshes the display. In this modified version of the program the
leading zeroes are blanked.

Author: Dogan Ibrahim
Date   : September, 2019
File   : SEG7-4-2.c
================================================================*/
#include "main.h"
TaskHandle_t xHandle;
int Cnt = 0;

//
// Define all your Task functions here
// ==================================
//

// Task 1 - Increment variable Cnt every second and display it on 7-segment LED
void Task1(void *pvParameters)
{
    while (1)
    {
      Cnt++;                                          // Increment Cnt
      if(Cnt == 10000)Cnt = 0;                        // If 10000,back to 0
      vTaskDelay(pdMS_TO_TICKS(1000));                // Delay 1 sec
    }
}

// Task 2 - Refresh the 7-segment LED and display data in variable Cnt
void Task2(void *pvParameters)
{
    #define DIGIT1 GPIOD_ODR.B12                      // DIGIT1 at PD12
    #define DIGIT2 GPIOE_ODR.B14                      // DIGIT2 at PE14
    #define DIGIT3 GPIOD_ODR.B9                       // DIGIT3 at PD9
    #define DIGIT4 GPIOD_ODR.B8                       // DIGIT4 at PD8

    unsigned char Pattern;
    unsigned char MSD, LSD;
    unsigned int D1, D2, D3, D4, D5, D6;
    unsigned char SEGMENT[] = {0x3F,0x06,0x5B,0x4F,0x66,0x6D,
                               0x7D,0x07,0x7F,0x6F};

    GPIO_Config(&GPIOA_BASE, _GPIO_PINMASK_ALL, _GPIO_CFG_MODE_OUTPUT);
    GPIO_Config(&GPIOD_BASE, _GPIO_PINMASK_12 | _GPIO_PINMASK_8 | _GPIO_PINMASK_9,
                _GPIO_CFG_MODE_OUTPUT);
    GPIO_Config(&GPIOE_BASE, _GPIO_PINMASK_14, _GPIO_CFG_MODE_OUTPUT);

    DIGIT1 = 0;                                       // Disable digit 1
    DIGIT2 = 0;                                       // Disable digit 2
    DIGIT3 = 0;                                       // Disable digit 3
    DIGIT4 = 0;                                       // Disable digit 4

    while (1)
    {
        D1 = Cnt / 1000;                              // Get MSD digit
```

图 9.31 `Seg7-4-2.c` 的程序清单

```c
                    if(Cnt > 999)
                    {
                        GPIOA_ODR = SEGMENT[D1];            // Output bit pattern
                        DIGIT4 = 1;                          // Enable DIGIT4
                        vTaskDelay(pdMS_TO_TICKS(5));        // Delay 5ms
                        DIGIT4 = 0;                          // Disable DIGIT4
                    }

                    D2 = Cnt % 1000;                         // Get next digit
                    D3 = D2 / 100;
                    if(Cnt > 99)
                    {
                        GPIOA_ODR = SEGMENT[D3];            // Output bit pattern
                        DIGIT3 = 1;                          // Enable DIGIT3
                        vTaskDelay(pdMS_TO_TICKS(5));        // Delay 5ms
                        DIGIT3 = 0;                          // Disable DIGIT3
                    }

                    D4 = D2 % 100;                           // Get next digit
                    D5 = D4 / 10;
                    if(Cnt > 9)
                    {
                        GPIOA_ODR = SEGMENT[D5];            // Output bit pattern
                        DIGIT2 = 1;                          // Enable DIGIT2
                        vTaskDelay(pdMS_TO_TICKS(5));        // Delay 5ms
                        DIGIT2 = 0;                          // Disable DIGIT2
                    }

                    D6 = D4 % 10;                            // Get next digit
                    GPIOA_ODR = SEGMENT[D6];                // Output bit pattern
                    DIGIT1 = 1;                              // Enable DIGIT1
                    vTaskDelay(pdMS_TO_TICKS(5));            // Delay 5ms
                    DIGIT1 = 0;                              // Disable DIGIT1
        }
}


//
// Start of MAIN program
// =====================
//
void main()
{
//
// Create all the TASKS here
// =========================
//
    // Create Task 1
    xTaskCreate(
        (TaskFunction_t)Task1,
        "Task 1",
        configMINIMAL_STACK_SIZE,
        NULL,
        10,
        NULL
    );

    // Create Task 2
    xTaskCreate(
        (TaskFunction_t)Task2,
        "Task 2",
        configMINIMAL_STACK_SIZE,
        NULL,
        10,
        NULL
    );
```

图 9.31 (续)

```
//
// Start the RTOS scheduler
//
    vTaskStartScheduler();

//
// Will never reach here
//
    while (1);
}
```

图 9.31 （续）

9.15　项目 12——7 段 4 位多路复用 LED 显示屏事件计数器

描述：本项目与前一个项目类似，但是此处用一个 4 位多路复用 7 段 LED 显示屏对外部事件计数。当端口引脚 PE0 从逻辑 1 变为逻辑 0 时就假定有一个外部事件发生，效果与按下连接到端口 PE0 的按键开关相同。在真实事件计数器项目中，可以使用可见或红外光束和光探测器来检测外部事件的发生。程序对外部事件计数，并将事件总数显示在 7 段 4 位 LED 显示屏上。

目标：展示如何设计一个事件计数器对外部事件计数，并将总数显示在 4 位 7 段多路复用 LED 显示屏上。

框图：如图 9.32 所示，为简化起见，按下按键 PE0 就被当作创建一个外部事件。

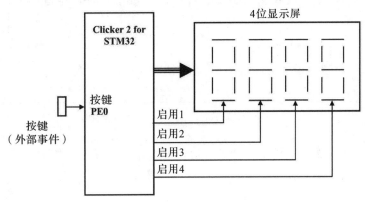

图 9.32　项目框图

电路图：与图 9.29 相同。

程序清单：请注意，机械式开关通常会有触点抖动问题。当按下开关时，它的触点会与另一个触点接触，它们会被设想为产生一个干脆利落的运动。但在实际情况中并非如此，由于触点的重量以及机械作用，触点在完全静止之前会抖动几毫秒。几毫秒对于微控制器而言是一个相当长的时间，在抖动期间微控制器的输入端口会读取到错误的开关状态。在有些应用程序中，开关触点抖动也许并不是什么问题，但是很多应用程序必须要消除这种抖动问题。在实践中有几种硬件和软件方法可用于消除触点抖动问题，其中一些常用的方法有：

- 修改机械式开关的设计，减少开关闭合或打开时的动能。
- 使用时间常数约为 20ms 的电阻 – 电容滤波电路来避免触点抖动。
- 使用数字施密特触发门来减少或消除触点抖动。
- 使用交叉耦合与非门电路来消除触点抖动。
- 使用 D 型触发器来消除触点抖动。
- 读取开关状态后在软件中引入一个较小的时延。

典型的机械式开关在关闭时的状态如图 9.33 所示（一般假设其输出为逻辑 1，当关闭时输出为逻辑 0）。

本项目中的程序与图 9.31 中的程序类似，只是任务 1 的代码有所不同，如图 9.34 所示。本程序包含两个具有相同优先级的任务：当出现外部事件时（即按键被按下），任务 1 让变量 `Cnt` 增加，任务 2 在 7 段 4 位多路复用显示屏上显示总数。任务 1 中的按键输入被配置为数字输入。该程序对于事件的计数最多到 9999。请注意，本项目中没有用到开关消抖硬件。

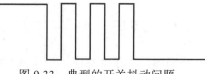

图 9.33 典型的开关抖动问题

```
// Task 1 - Increment variable Cnt when the puch-button is pressed
void Task1(void *pvParameters)
{
    #define Button GPIOE_IDR.B0

    GPIO_Config(&GPIOE_BASE, _GPIO_PINMASK_0, _GPIO_CFG_MODE_INPUT);

    while (1)
    {
        while(Button == 1);                 // Wait for button
        while(Button == 0);                 // Wait for release
        Cnt++;                              // Increment Cnt
    }
}
```

图 9.34 修改后的任务 1 的代码

相反，按键的状态会被检查：如果按键没有被按下，任务就等待。当按键被按下时，在计数值 `Cnt` 增加之前，程序就会一直等待，直到按键被松开为止。

9.16 项目 13——交通灯控制器

描述：本项目针对一个路口设计了一个简单的交通灯控制器。这个路口位于两条道路的交叉处：东大街和北大街。此外，在北大街南边的交通灯的顶端有一个 2 位 7 段 LED，这个显示屏会进行倒计时，并指明红绿灯转换的剩余时间。在北大街上的交通灯附近有几个按键开关，行人按下按键会在交通灯循环结束时将所有灯变为红色，然后蜂鸣器就会响起，指示行人可以安全地通过马路。此外出于安全和监控的考虑，系统还连接了一个 LCD，以便查看路口交通灯的状态。图 9.35 展示了路口设备的布局。

第 9 章 使用 FreeRTOS 函数

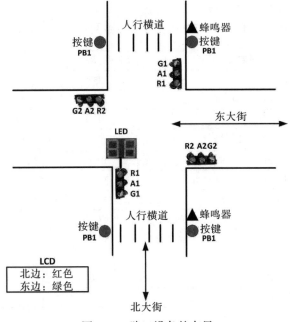

图 9.35 路口设备的布局

在本项目中，每种颜色的交通灯的维持时间和行人蜂鸣器的时间都是固定的，如下所示。为简单起见，假设交叉路口的两条马路的时间是相同的：

红灯（Red）时间	21s
黄灯（Amber）时间	4s
绿灯（Green）时间	15s
红灯 + 黄灯（Red+Amber）时间	2s
行人（Pedestrian）时间	10s

本项目中交通灯的全部循环时间被设置为 42s。

交通灯的亮灯顺序如下图所示（不同国家的顺序可能不同）：

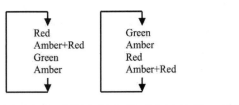

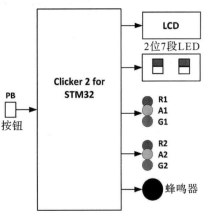

图 9.36 项目框图

目标：展示如何采用多任务处理方法为路口设计一个简单的交通灯控制器。

框图：如图 9.36 所示。

电路图：如图 9.37 所示，本项目使用红色（R）、黄色（Amber）和绿色（G）LED 表示真实的交通灯。在 Clicker 2 for STM32 开发板与道路交通设备之间进行如下所示的连接：

Clicker 2 for STM32	道路交通设备	Clicker 2 for STM32	路交通设备
PA0	7 段 LED 的 a 引脚	PD5	LED R2
PA1	7 段 LED 的 b 引脚	PC9	LED A2
PA2	7 段 LED 的 c 引脚	PE11	LED G2
PA3	7 段 LED 的 d 引脚	PB13	蜂鸣器
PA4	7 段 LED 的 e 引脚	PE9	LCD 的 D4 引脚
PA5	7 段 LED 的 f 引脚	PE7	LCD 的 D5 引脚
PA6	7 段 LED 的 g 引脚	PE8	LCD 的 D6 引脚
PD12	7 段 LED 的 E1 引脚（通过晶体管）	PC10	LCD 的 D7 引脚
PE14	7 段 LED 的 E2 引脚（通过晶体管）	PC11	LCD 的 E 引脚
PE13	LED R1	PC12	LCD 的 R/S 引脚
PE10	LED A1	PE0	PB（板载按键开关）
PD6	LED G1		

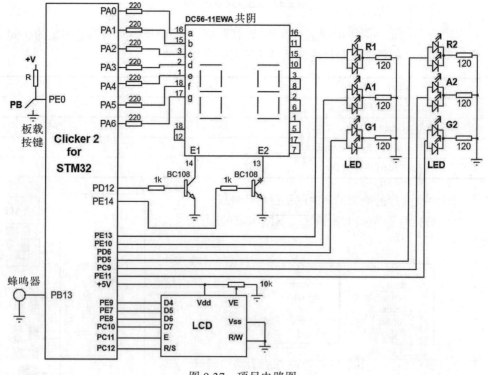

图 9.37　项目电路图

Clicker 2 for STM32 开发板的输入 / 输出映射如图 9.38 所示。

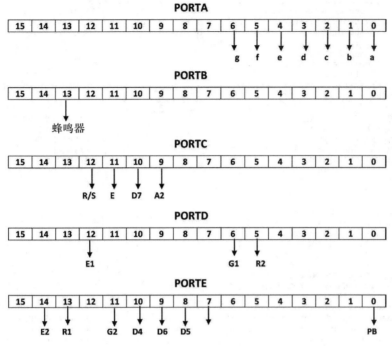

图 9.38 Clicker 2 for STM32 开发板的输入 / 输出映射

程序清单：项目的程序清单如图 9.39 所示（程序文件：`Traffic.c`），除了默认的空闲任务，该程序还包含 5 个优先级相同的任务。在程序最开始处定义了与 LED、蜂鸣器以及按键开关的连接，然后定义了 LCD 与 Clicker 2 for STM32 开发板之间的接口（如图 9.37 所示）。然后在任务之前定义了各种全局变量，这些全局变量的功能如下所示：

`Cnt`	该变量每秒递减一次，在 7 段 2 位多路复用显示屏上显示北大街上红灯和绿灯的剩余时间，将其设置为 99 会清空显示
`RedDuration`	该变量是红灯的维持时间，它被设置为 21s，当北大街上的红灯开始亮起时，LCD 从此值开始倒计时
`GreenDuration`	该变量是绿灯的维持时间，它被设置为 15s，当北大街上的绿灯开始亮起时，LCD 从此值开始倒计时
`RedStart`	该变量设置为 1 时表示北大街上的红灯开始亮起，LCD 用它开始倒计时
`GreenStart`	该变量设置为 1 时表示北大街上的绿灯开始亮起，LCD 用它开始倒计时
`PedMode`	该变量设置为 1 时表示行人按键开关被按下了

```
/*===================================================================
                    TRAFFIC LIGHTS CONTROLELR
                    ========================
This is a traffic lights controller program. In this program a junction with two
```

图 9.39 `Traffic.c` 的程序清单

```
  roads is considered with traffic lights in each road. Additionally, there are
  pedestrian crossings in one of the roads with a push-button switch and a buzzer
  (refer to the drawings in the text for details)

  Author: Dogan Ibrahim
  Date   : September, 2019
  File   : Traffic.c
  ==========================================================================*/
  #include "main.h"

  #define Buzzer GPIOB_ODR.B13                           // Buzzer port
  #define PB GPIOE_IDR.B0                                // PB port
  #define R1 GPIOE_ODR.B13                               // R1 port
  #define A1 GPIOE_ODR.B10                               // A1 port
  #define G1 GPIOD_ODR.B6                                // G1 port
  #define R2 GPIOD_ODR.B5                                // R2 port
  #define A2 GPIOC_ODR.B9                                // A2 port
  #define G2 GPIOE_ODR.B11                               // G2 port

  // LCD module connections
  sbit LCD_RS at GPIOC_ODR.B12;
  sbit LCD_EN at GPIOC_ODR.B11;
  sbit LCD_D4 at GPIOE_ODR.B9;
  sbit LCD_D5 at GPIOE_ODR.B7;
  sbit LCD_D6 at GPIOE_ODR.B8;
  sbit LCD_D7 at GPIOC_ODR.B10;
  // End LCD module connections

  unsigned char Cnt = 99;                                // 99 to disable 7-seg
  unsigned char RedDuration = 20;                        // Red duration
  unsigned char GreenDuration = 15;                      // Green duration
  unsigned char RedStart = 0;                            // Start of Red
  unsigned char GreenStart = 0;                          // Start of Green
  unsigned char PedMode = 0;                             // Pedestrian mode

  //
  // Define all your Task functions here
  // ====================================
  //

  // Task 1 - This is the LCD controller task. The state of the lights are dislayed
  void Task1(void *pvParameters)
  {
      Lcd_Init();                                        // Initialize LCD
      Lcd_Cmd(_LCD_CLEAR);                               // Clear LCD
      Lcd_Out(1, 1, "North Str:");                       // Display text
      Lcd_Out(2, 1, "East Str :");                       // Display text

      while (1)
      {
        if(G1 == 1 && A1 == 0)                           // If North Str=Green
            Lcd_Out(1, 12, "Green");
        else
            if(R1 == 1 && A1 == 0)Lcd_Out(1, 12, "Red  ");   // If North Str=Red

        if(G2 ==1 && A2 == 0)                            // If East Str=Green
            Lcd_Out(2, 12, "Green");
        else
            if(R2 == 1 && A2 == 0)Lcd_Out(2, 12, "Red  ");   // If EastStr=Red

        vTaskDelay(pdMS_TO_TICKS(1000));                 // 1 second delay
      }
  }

  // Task 2 - LED controller
  void Task2(void *pvParameters)
  {
```

图 9.39 (续)

```c
    unsigned char Flag = 0;

    while (1)
    {
        if(RedStart == 1)                                   // If Red start
        {
            RedStart = 0;
            Cnt = RedDuration;                              // Get Red duration
            Flag = 1;
        }
        else if(GreenStart == 1)                            // If Green start
        {
            GreenStart = 0;
            Cnt = GreenDuration;                            // Get Green duration
            Flag = 1;
        }

        if(Flag == 1)
        {
            vTaskDelay(pdMS_TO_TICKS(1000));                // Delay 1 second
            Cnt--;                                          // Decremen Cnt
            if(Cnt == 0)                                    // If end
            {
                Cnt=99;                                     // Disable LCD
                Flag = 0;
            }
        }
    }
}

// Task 3 - 7-segment 2-digit multiplexed LED controller
void Task3(void *pvParameters)
{
    #define DIGIT1 GPIOD_ODR.B12                            // DIGIT1 at PD12
    #define DIGIT2 GPIOE_ODR.B14                            // DIGIT2 at PE14

    unsigned char Pattern;
    unsigned char MSD, LSD;
    unsigned char SEGMENT[] = {0x3F,0x06,0x5B,0x4F,0x66,0x6D,
                               0x7D,0x07,0x7F,0x6F};

    GPIO_Config(&GPIOA_BASE, _GPIO_PINMASK_ALL, _GPIO_CFG_MODE_OUTPUT);
    GPIO_Config(&GPIOD_BASE, _GPIO_PINMASK_12, _GPIO_CFG_MODE_OUTPUT);
    GPIO_Config(&GPIOE_BASE, _GPIO_PINMASK_14, _GPIO_CFG_MODE_OUTPUT);

    DIGIT1 = 0;                                             // Disable digit 1
    DIGIT2 = 0;                                             // Disable digit 2
    while (1)
    {
        if(Cnt != 99)
        {
            MSD = Cnt / 10;                                 // Get MSD digit
            GPIOA_ODR = SEGMENT[MSD];                       // Output bit pattern
            DIGIT2 = 1;                                     // Enable DIGIT2
            vTaskDelay(pdMS_TO_TICKS(10));                  // Delay 10ms

            DIGIT2 = 0;                                     // Disable DIGIT2
            LSD = Cnt % 10;                                 // Get LSD digit
            GPIOA_ODR = SEGMENT[LSD];                       // Output bit pattern
            DIGIT1 = 1;                                     // Enable DIGIT1
            vTaskDelay(pdMS_TO_TICKS(10));                  // Delay 10ms
            DIGIT1 = 0;                                     // Disable DIGIT1
        }
    }
}
```

图 9.39 （续）

```c
// Task 4 - Main program control loop
void Task4(void *pvParameters)
{
    GPIO_Config(&GPIOD_BASE, _GPIO_PINMASK_5 | _GPIO_PINMASK_6,
                _GPIO_CFG_MODE_OUTPUT);
    GPIO_Config(&GPIOC_BASE, _GPIO_PINMASK_9, _GPIO_CFG_MODE_OUTPUT);
    GPIO_Config(&GPIOE_BASE, _GPIO_PINMASK_13 | _GPIO_PINMASK_10 | _GPIO_PINMASK_11,
                _GPIO_CFG_MODE_OUTPUT);
    GPIO_Config(&GPIOB_BASE, _GPIO_PINMASK_13, _GPIO_CFG_MODE_OUTPUT);

    while (1)
    {
        RedStart = 0; GreenStart = 0;
        R1 = 0; A1 = 0; G1 = 1; R2 = 1; A2 = 0; G2 = 0;    // East Street Green
        GreenStart = 1;
        vTaskDelay(pdMS_TO_TICKS(15000));
        G1 = 0; A1 = 1;                                     // East Street Amber
        vTaskDelay(pdMS_TO_TICKS(2000));
        A1 = 0; R1 = 1; A2 = 1;                             // North Street Red
        RedStart = 1;
        vTaskDelay(pdMS_TO_TICKS(2000));
        A2 = 0; R2 = 0; G2 = 1;                             // East Street Green
        vTaskDelay(pdMS_TO_TICKS(15000));
        G2 = 0; A2 = 1;                                     // East Street Amber
        vTaskDelay(pdMS_TO_TICKS(2000));
        A2 = 0; A1 = 1; R2 = 1;                             // East Street Red
        vTaskDelay(pdMS_TO_TICKS(2000));

        if(PedMode == 1)                                    // Ped button active
        {
            G1 = 0; R1 = 1; A1 = 0; G2 = 0; R2 = 1; A2 = 0;
            PedMode = 0;
            Buzzer = 1;                                     // Buzzer ON
            vTaskDelay(pdMS_TO_TICKS(10000));               // 10 sec delay
            Buzzer = 0;                                     // Buzzer OFF
        }
    }
}
// Task 5 - Pedestrian controller
void Task5(void *pvParameters)
{
    GPIO_Config(&GPIOE_BASE, _GPIO_PINMASK_0, _GPIO_CFG_MODE_INPUT);

    while (1)
    {
        if(PB == 0)                                         // If button pressed
        {
            PedMode = 1;                                    // Set Ped mode
        }
    }
}


//
// Start of MAIN program
// =======================
//
void main()
{
//
// Create all the TASKS here
// =========================
//
    // Create Task 1
    xTaskCreate(
        (TaskFunction_t)Task1,
        "LCD Controller",
        configMINIMAL_STACK_SIZE,
```

图 9.39 （续）

```
            NULL,
            10,
            NULL
        );

        // Create Task 2
        xTaskCreate(
            (TaskFunction_t)Task2,
            "LED Controller",
            configMINIMAL_STACK_SIZE,
            NULL,
            10,
            NULL
        );

        // Create Task 3
        xTaskCreate(
            (TaskFunction_t)Task3,
            "7-seg LED Controller",
            configMINIMAL_STACK_SIZE,
            NULL,
            10,
            NULL
        );

        // Create Task 4
        xTaskCreate(
            (TaskFunction_t)Task4,
            "Main program loop",
            configMINIMAL_STACK_SIZE,
            NULL,
            10,
            NULL
        );

        // Create Task 5
        xTaskCreate(
            (TaskFunction_t)Task5,
            "Pedestrian Controller",
            configMINIMAL_STACK_SIZE,
            NULL,
            10,
            NULL
        );

    //
    // Start the RTOS scheduler
    //
        vTaskStartScheduler();

    //
    // Will never reach here
    //
        while (1);
    }
```

图 9.39 （续）

任务 1

该任务在 LCD 上显示北大街和东大街上任意时刻交通灯的状态。当交通灯为绿色并且没有黄灯时，LCD 会显示 Green。与之类似，当交通灯为红色并且没有黄灯时，LCD 会显示 Red。LCD 会每秒刷新一次显示，LCD 上的典型显示如下所示：

```
North Str: Green
East  Str : Red
```

任务 2

这是一个 7 段 LED 控制器任务，如果变量 `RedStart` 设置为 1，那么红灯的维持时间（21s）就被存放到变量 `Cnt` 当中。与之类似，如果变量 `GreenStart` 设置为 1，那么绿灯的维持时间（15s）就被存放到变量 `Cnt` 当中。然后 `Cnt` 的值每秒递减一次，直到为 0 为止。`Cnt` 的值由 7 段任务（任务 3）进行显示，当 `Cnt` 为 0 时，它会被设置为 99 以便 7 段显示屏清屏。

任务 3

这是 7 段 2 位多路复用显示屏控制器任务，当变量 `Cnt` 不是 99 时，该任务会显示 `Cnt` 的值。如果 `Cnt` 被设置为 99，则显示屏会清屏。

任务 4

这是控制 LED 的主程序任务，为每个 LED 指定正确的计时。在该任务的代码中，当北大街上的绿灯开始亮起时，变量 `GreenStart` 被置为 1，与之类似，北大街上的红灯开始亮起时，变量 `RedStart` 被置为 1。在一个完整的循环结束之时，程序会检查行人按键 PB 是否被按下，这由变量 `PedMode` 的值是否为 1 来确定。如果 `PedMode` 为 1，那么所有的红灯都会亮起，蜂鸣器也会发出 10s 的声音，告知行人现在可以安全地通过马路。10s 结束后，蜂鸣器就不再发声。

任务 5

这是行人控制器循环。行人可以在任意时刻按下按键 PB 请求通过马路。当按键 PB 被按下时，该任务会将变量 `PedMode` 设置为 1，`PedMode` 是在任务 4 中的亮灯循环结束时使用的，用于让行人通过马路。

9.17 项目 14——改变 LED 闪烁频率

描述：在本项目中会用到一个连接到端口引脚 PE12 的 LED，此外还会用到两个分别连接到端口引脚 PE0 和 PA10 的按键。LED 开始时以 1s 的频率闪烁，每按下一次 PE0 按键（此处称为 UP 键），闪烁频率就会增加 1s。与之类似，每按下一次 PA10 按键（此处称为 DOWN 按键），闪烁频率就会减少 1s。最小和最大闪烁频率分别被设置为 1s 和 60s（如果需求，可以很容易地进行修改）。

目标：展示如何利用多任务处理方法改变 LED 的闪烁频率。

框图：如图 9.40 所示。

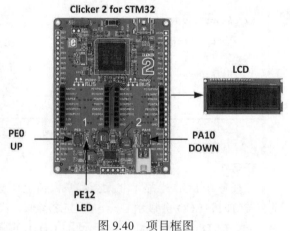

图 9.40　项目框图

电路图：如图 9.41 所示，本项目中唯一的外部元件是 LCD。

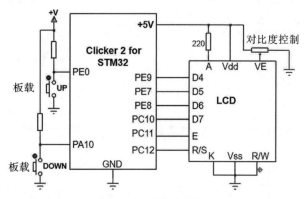

图 9.41　项目电路图

LCD 和 Clicker 2 for STM32 开发板之间的连接如下所示：

LCD 引脚	Clicker 2 for STM32 引脚	LCD 引脚	Clicker 2 for STM32 引脚
D4	PE9	R/W	GND
D5	PE7	Vdd	+5 V
D6	PE8	K	GND
D7	PC10	Vss	GND
E	PC11	A	+5 V（通过电阻）
R/S	PC12	VE	电位器

程序清单：项目的程序清单如图 9.42 所示（程序文件：`UpDown.c`），在程序最开始处定义了 LCD 与 Clicker 2 for STM32 开发板之间的接口，按键开关和 LED 分别被命名为 UP、DOWN 和 LED。除了空闲任务，本程序还包含 3 个任务。

```
/*===================================================================
                 CHANGING LED FLASHING RATE
                 ===========================

In this program the LED connected to port pin PE12 is flashed. The flashing rate
is chaned by using button connected to port pin PE0 (UP) and to PA10 (DOWN).
pressing the UP button increments the flashing rate, while pressing the DOWN
button decrements the flashing rate. Current flashing rate is displayed on the
LCD.

Author: Dogan Ibrahim
Date   : September, 2019
File   : UpDown.c
===================================================================*/
#include "main.h"

#define LED GPIOE_ODR.B12                          // LED port
#define UP GPIOE_IDR.B0                            // UP button
#define DOWN GPIOA_IDR.B10                         // DOWN button
```

图 9.42　`UpDown.c` 的程序清单

```
unsigned char FlashRateSecs = 1;                        // Flash rate sec
unsigned long FlashRateMs = 1000;                       // Flash rate ms

// LCD module connections
sbit LCD_RS at GPIOC_ODR.B12;
sbit LCD_EN at GPIOC_ODR.B11;
sbit LCD_D4 at GPIOE_ODR.B9;
sbit LCD_D5 at GPIOE_ODR.B7;
sbit LCD_D6 at GPIOE_ODR.B8;
sbit LCD_D7 at GPIOC_ODR.B10;
// End LCD module connections

//
// Define all your Task functions here
// ==================================
//

// Task 1 - LCD controller
void Task1(void *pvParameters)
{
    unsigned char Txt[4];

    Lcd_Init();                                         // Initialize LCD
    Lcd_Cmd(_LCD_CLEAR);                                // Clear LCD
    Lcd_Cmd(_LCD_CURSOR_OFF);                           // LCD Cursor OFF
    Lcd_Out(1, 1, "Flashing Rate:");                    // Heading

    while (1)
    {
        ByteToStr(FlashRateSecs, Txt);                  // Convert to string
        Ltrim(Txt);                                     // Remove leading spaces
        Lcd_Out(2, 1, Txt);                             // Display flash rate
        Lcd_Chr_CP('s');                                // Display s
        Lcd_Chr_CP(' ');
    }
}

// Task 2 - LED Controller
void Task2(void *pvParameters)
{
    GPIO_Config(&GPIOE_BASE, _GPIO_PINMASK_12, _GPIO_CFG_MODE_OUTPUT);

    while (1)
    {
        LED = 0;                                        // LED OFF
        vTaskDelay(pdMS_TO_TICKS(FlashRateMs));         // Delay
        LED = 1;                                        // LED ON
        vTaskDelay(pdMS_TO_TICKS(FlashRateMs));         // Delay
    }
}

// Task 3 - Button Controller
void Task3(void *pvParameters)
{
    GPIO_Config(&GPIOE_BASE, _GPIO_PINMASK_0, _GPIO_CFG_MODE_INPUT);
    GPIO_Config(&GPIOA_BASE, _GPIO_PINMASK_10, _GPIO_CFG_MODE_INPUT);

    while (1)
    {
        if(UP == 0)                                     // UP button pressed
        {
            FlashRateSecs++;                            // Increment flash rate
            if(FlashRateSecs > 60) FlashRateSecs = 1;
```

图 9.42 （续）

```
                    FlashRateMs = 1000 * FlashRateSecs;      // Convert to ms
                    while(UP == 0);                          // Wait to release
            }

            if(DOWN == 0)                                    // DOWN button pressed
            {
                    FlashRateSecs--;                         // Decrement flash rate
                    if(FlashRateSecs < 1) FlashRateSecs = 1;
                    FlashRateMs = 1000 * FlashRateSecs;      // Convert to ms
                    while(DOWN == 0);                        // Wait to release
            }
    }
}
//
// Start of MAIN program
// =====================
//
void main()
{
//
// Create all the TASKS here
// =========================
//
    // Create Task 1
    xTaskCreate(
        (TaskFunction_t)Task1,
        "LCD Controller",
        configMINIMAL_STACK_SIZE,
        NULL,
        10,
        NULL
    );

    // Create Task 2
    xTaskCreate(
        (TaskFunction_t)Task2,
        "LED Controller",
        configMINIMAL_STACK_SIZE,
        NULL,
        10,
        NULL
    );

    // Create Task 3
    xTaskCreate(
        (TaskFunction_t)Task3,
        "Button Controller",
        configMINIMAL_STACK_SIZE,
        NULL,
        10,
        NULL
    );
//
// Start the RTOS scheduler
//
    vTaskStartScheduler();

//
// Will never reach here
//
    while (1);
}
```

图 9.42 （续）

任务 1

该任务是 LCD 控制器任务，它显示当前的 LED 闪烁频率，该闪烁频率单位为 s，存放在变量 `FlashRateSecs` 当中。LCD 的第一行还会显示一个标题。当闪烁频率被设置为 5s 时，LCD 显示屏显示的内容如下所示：

```
Flashing Rate:
5 s
```

任务 2

该任务是 LED 控制器，LED 以变量 `FlashRateMs` 指定的频率闪烁，`FlashRateMs` 是由 `FlashRateSecs` 乘上 1000 得到，将单位从 s 转换为 ms。使用 API 函数 `vTaskDelay()` 和宏 `pdMS_TO_TICKS()` 设置所需的延迟时间（单位为 ms）。

任务 3

该任务是按键控制器任务，在任务一开始，按键 PE0 和 PA10 被配置为数字输出。程序会检查按键是否被按下。如果 UP 按键被按下，那么变量 `FlashRateSecs` 就会加 1，当改变量达到 60 时，会被重置为 1。此外，在任务内部还会将闪烁频率的单位转换为 ms。与之类似，如果 DOWN 按键被按下，那么变量 `FlashRateSecs` 就会减 1，当改变量达到 0 时，会被重置为 1。

请注意，在编译程序之前，必须在 mikroC Pro for ARM 的库管理器中启用 `Lcd` 和 `Lcd_Constants` 项。

9.18 项目 15——通过 USB 串口向 PC 发送数据

描述：在有些应用程序中你可能希望通过 USB 串口向 PC 发送数据，例如显示设备状态、显示日志数据等。在本项目中，会将一块小型 USB UART 板连接到 Clicker 2 for STM32 开发板上。这块 USB 板可以通过其 USB 端口与 PC 连接，可以通过这块 USB UART 板向 PC 发送数据或者从 PC 读取数据。在本项目中每秒会向 PC 发送一次文本 FreeRTOS，利用终端模拟程序（例如 Putty 或 HyperTerm，也可以是其他终端模拟程序）可以将这个文本显示在 PC 的屏幕上。另外，还可以通过终端模拟软件从 PC 键盘接收数据，然后再将数据发送给开发板。

目标：展示连接到 Clicker 2 for STM32 开发板的小型 USB UART 板，如何利用 PC 上的终端模拟程序向 PC 发送数据或者从 PC 读取数据。

框图：如图 9.43 所示。

电路图：本项目中的 USB UART click 板由 mikroElektronika 研制生产（见 www.mikroe.com，元件编号：MIKROE-1203），该板兼容 mikroBUS，因此可以直接插入 Clicker 2 for STM32 开发板的

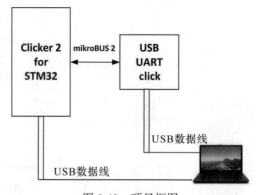

图 9.43 项目框图

某个 mikroBUS 接口当中，项目中的 USB UART click 板与开发板的 mikroBUS 2 接口连接，USB UART click 板用到的开发板引脚如下所示：

USB UART click 板引脚	Clicker 2 for STM32 开发板
TX	PD9
RX	PD8
3.3 V	3.3 V
GND	GND

PD8 和 PD9 分别是 UART 3 的接收（RX）和发送（TX）引脚。

USB UART click 板通过 USB 数据线增加了串行 UART 通信功能，它具有 FT232RL USB-to-UART 接口模块。如图 9.44 所示，该板有 RX 和 TX LED 来指示通过 USB 发送和接收数据。该板的基本特点有：

- IC 模块：FT232RL
- 接口：UART
- 供电：3.3 或 5V（可选跳线）
- 电源指示灯
- TX 和 RX 指示灯
- mini B 型 USB 接头

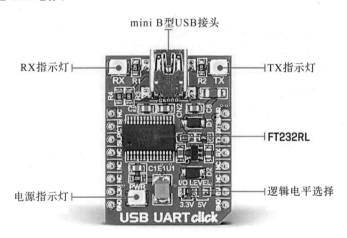

图 9.44　USB UART click 板

USB UART click 板上的波特率发生器根据 48 MHz 参考时钟为 UART 控制器提供了 16 倍时钟输入，它由提供波特率微调的一个 14 位的预分频器和 3 个寄存器位组成，用于除以一个数再加上一个分数。这决定了 UART 的波特率，波特率是可编程的，范围从 183 波特到 3M 波特，此外还支持非标准的波特率。波特率由 FTDI 驱动器自动计算得到，所以它非常简单，只需要将所需波特率发送给驱动就够了，这通常通过 PC 终端应用程序的 GUI 接口选择波特率实现（例如使用终端模拟软件）。

图 9.45 展示的是与 Clicker 2 for STM32 开发板的 mikroBUS 2 接口连接的 USB UART click 板。

程序清单：本项目的程序只包含一个任务。在任务的最开始处，调用函数 UART3_Init_Advanced() （参见本节稍后的内容）将 UART 3 初始化为 9600 波特、8 数据位、1 停止位、无校验位，并且 PD8 和 PD9 分别作为 UART 的 TX 和 RX 引脚。初始化 UART 之后，通过 UART 向外发送文本信息 FreeRTOS。

在 PC 上可利用 Putty 程序显示数据，该程序可从如下所示的链接免费获取：

https://www.putty.org

在使用 Putty 之前，我们必须知道分配给 USB UART click 板的串口号，串口号可从设备管理器窗口找到，查找串口号的步骤如下所示：

- 将 USB UART click 板插入 mikroBUS 2 接口。
- 将 USB 数据线插入 Clicker 2 for STM32，并将开发板的电源开关打到位置 ON。
- 用 USB 数据线连接 USB UART click 板和 PC。
- 按下 Windows 键不放，然后按下 **R** 键，打开运行对话框。
- 输入 **devmgmt.msc** 并单击"确定"按键。
- 单击展开"端口"树节点。
- 你应该能看到如图 9.46 所示的分配给 USB UART click 板的串口号，在本示例中所需的串口号是 **COM3**。
- 关闭"设备管理器"窗口。

图 9.45 与 mikroBUS 2 接口连接的 USB UART click 板

现在准备使用 Putty，步骤如下所示：

- 单击 Putty.exe 启动 Putty。
- 单击 **Serial** 单选按键，在 **Speed** 文本框中输入 9600 设置波特率，在 **Serial line** 文本框中输入如前所述的串口号（在本例中选择的是 COM3，如图 9.46 所示）。
- 单击 **Open** 按键打开终端模拟器窗口（如图 9.47 所示）。

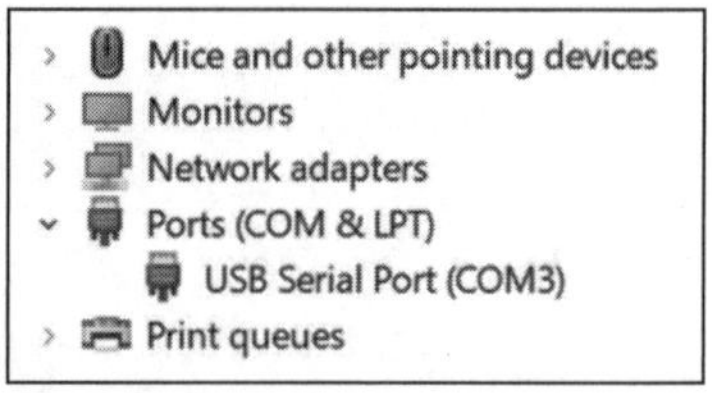

图 9.46 分配给 USB UART click 板的串口号

请注意，你可以为 Putty 配置各种选项，并在打开会话之前保存会话选项。保存的会话可在下次你打算使用 Putty 时加载和打开。可进行配置的一些有用的选项有：

- 屏幕背景色
- 文本前景色
- 文本大小
- 加粗或斜体文本

- 光标颜色

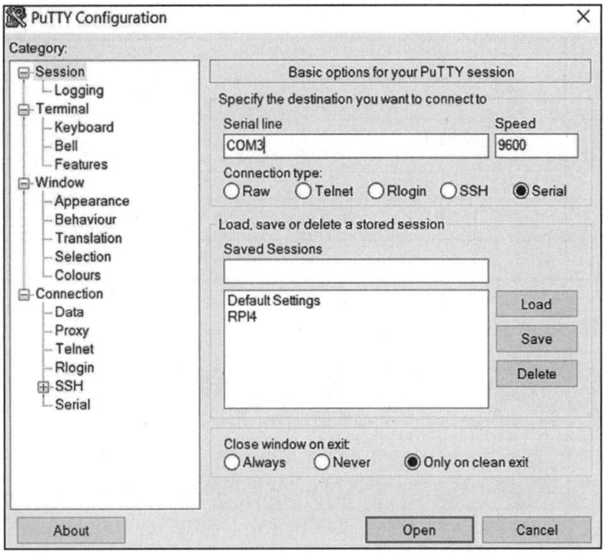

![PuTTY Configuration 窗口]

图 9.47　Putty 启动窗口

图 9.48 展示的是使用 Putty 显示文本的 PC 显示屏的一部分。

在编译程序之前，必须在 mikroC Pro for ARM 编译器的库管理器中启用 UART 库。

编译器支持下列 UART 函数（假设 UART 使用的是 COM2）：

UART3_Init(baud-rate)：设置波特率，例如 9600、19 200、38 400 等，默认情况是 8 数据位、1 停止位、无校验位。

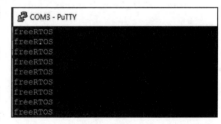

图 9.48　正在运行 Putty 的 PC 显示屏

UART3_Init_Advanced：设置高级选项，参数为：

UART2_Init_Advanced(**unsigned long** baud_rate, **unsigned int** data_bits, **unsigned int** parity, **unsigned int** stop_bits, **const** module_Struct* module);

其中，

baud_rate	所需的波特率	
data_bit	_UART_8_BIT_DATA	8 数据位
	_UART_9_BIT_DATA	9 数据位
parity	_UART_NOPARITY	无校验
	_UART_EVENPARITY	偶校验
	_UART_ODDPARITY	奇校验
stop_bit	_UART_HALF_STOPBIT	半停止位
	_UART_ONE_STOPBIT	1 停止位

module：正确的模块引脚分配。在 Clicker 2 for STM32 开发板上可使用下列 UART（第一个引脚为 TX，第二个引脚为 RX）：

PC10, 11	UART 4	PD5, 6	UART 2
PC12, PD2	UART 5	PB10, 11	UART 3
PA9, 10	UART 1	PC10, 11	UART 3
PB6, 7	UART 1	PD8, 9	UART 3
PB2, 3	UART 2	PC6, 7	UART 6
PD5, PA3	UART 2	PG9, 14	UART 6

在调用任何下列函数之前，必须初始化 UART。

`UART3_Data_Ready()`	该函数检查在接收缓存中是否有数据可用，如果接收缓存中有数据可用，则返回 1，如果接收缓存中无数据可用，则返回 0
`UART3_TX_Idle()`	该函数用于检查发送缓存是否为空，如果数据已被发送并且缓存为空，则返回 1，如果缓存不为空，则返回 0。建议在向 UART 发送数据之前调用这个函数进行检查
`UART3_Read()`	该函数从 UART 接收一个字节（字符），建议在尝试读取之前调用函数 `UART3_Data_Ready()`
`UART3_Read_Text()`	该函数从 UART 读取文本直到遇到指定的定界符，该函数的格式为：

  void UARTx_Read_Text(**char** *Output, **char** *Delimiter, **char** Attempts);

其中，

  `Output` 是接收的文本。

  `Delimiter` 是标识所接收字符串结尾的字符序列。

  `Attempts` 定义包括预期的定界符序列在内的字符数，如果 `Attempts` 设置为 255，则函数将不断尝试检测定界符序列。

  `UART3_Write()`：该函数向 UART 发送一个字节。

  `UART_Write_Text()`：该函数通过 UART 发送文本，文本应以 0 结尾并且不超过 255 个字节。

  `UART_Set_Active()`：该函数设置激活的 UART 模块，让其可被使用。该函数调用的格式为：

  void UART_Set_Active(**unsigned** (*read_ptr)(), **void** (*write_ptr)(**unsigned char** _data), **unsigned** (*ready_ptr)(), **unsigned** (*tx_idle_ptr)());

其中，

  `read_ptr` 是 `UART3_Read` 的句柄。

  `write_ptr` 是 `UART3_Write` 的句柄。

  `ready_ptr` 是 `UART3_Data_Ready` 的句柄。

  `tx_idle_ptr` 是 `UART3_Tx_IDLE` 的句柄。

  `UART3_Enable()`：该函数启用 UART3。

UART3_Disable()：该函数禁用 UART3。

程序清单如图 9.49 所示（程序文件：**UART.c**），因为本项目的目标是展示如何将数据发送给 PC，所以为简单起见，程序中只用到了一个任务。

```
/*===============================================================
                    SENDING DATA TO A PC
                    ====================
In this program the USB UART Click board is plugged in to mikroBUS socket 2 of
the Clicker 2 for STM32 development board. UART 3 is used on the development
board to send text FreeRTOS to the PC. A terminal emulator can be used on the
PC to display the received data.

Author: Dogan Ibrahim
Date   : September, 2019
File   : UART.c
===============================================================*/
#include "main.h"

//
// Define all your Task functions here
// ===================================
//

// Task 1 - UART Controller
void Task1(void *pvParameters)
{
    UART3_Init_Advanced(9600,_UART_8_BIT_DATA,_UART_NOPARITY,_UART_ONE_STOPBIT,
                        &_GPIO_MODULE_USART3_PD89);
    while (1)
    {
        UART3_Write_Text("freeRTOS\n\r");        // Send text to UART
        vTaskDelay(pdMS_TO_TICKS(1000));         // Wait 1 second
    }
}

//
// Start of MAIN program
// =====================
//
void main()
{
//
// Create all the TASKS here
// =========================
//
    // Create Task 1
    xTaskCreate(
        (TaskFunction_t)Task1,
        "UART Controller",
        configMINIMAL_STACK_SIZE,
        NULL,
        10,
        NULL
    );

//
// Start the RTOS scheduler
//
    vTaskStartScheduler();

//
// Will never reach here
//
    while (1);
}
```

图 9.49　UART.c 的程序清单

请注意，在编译程序之前，必须在 mikroC Pro for ARM 编译器的库管理器中启用 UART 项。

9.19　项目 16——用 PC 键盘改变 LED 闪烁频率

描述：在本项目中会用到与端口引脚 PE12 连接的板载 LED。此外，和前一个项目一样，本项目还会用到 USB UART click 板。从 PC 键盘读取 LED 闪烁频率，它是一个单位为 s 的整数，并且该数用于改变 LED 闪烁时的闪烁频率。除了空闲任务，本项目中还有 2 个任务。

目标：展示如何利用 USB UART click 板从 PC 键盘读取数据。这是一个多任务处理程序，其中 LED 保持闪烁，同时提示用户通过 PC 键盘输入闪烁频率。

框图：与图 9.43 相同，但是这里还用到了端口 PE12 上的 LED，USB UART click 插入 Clicker 2 for STM32 开发板的 mikroBUS 2 接口。

程序清单：如图 9.50 所示（程序文件：**UARTFlash.c**）。程序由两个具有下述功能的任务组成：

任务 1

该任务是 UART 控制器任务，与前一个项目一样，在任务一开始将 UART 3 初始化为以 9600 波特运行，然后会在 PC 屏幕上显示如下所示的文本，提示用户输入所需的闪烁频率：

Enter LED Flash Rate (Seconds):

程序将闪烁频率读取为数值型数据，并以 s 为单位将总数存放在变量 `Total` 当中。当按下键盘上的回车键时，结束用户的数字输入。变量 `Total` 通过乘上 1000 转换为以 ms 为单位，并存放到变量 `FlashRateMs` 当中，在任务 2 中会使用 `FlashRateMs` 让 LED 进行闪烁。输入完成后，PC 屏幕上会显示如下所示的文本：

Flashing Rate Changed…

任务 2

该任务实现了 LED 的闪烁功能，LED 会按照用户利用键盘输入的数据保持闪烁，以 ms 为单位的闪烁频率从全局变量 `FlashRateMs` 读取，并会在函数 `vTaskDelay()` 中用到。

程序的典型运行情况如图 9.51 所示，图中的闪烁频率被设置为 10s。

```
/*===============================================================
            CHANGE LED FLASHING RATE FROM THE PC KEYBOARD
            =========================================

In this program the USB UART Click board is plugged in to mikroBUS socket 2 of
the Clicker 2 for STM32 development board. The LED connected to port pin PE12 is
used in this project. Commands are received from the PC keyboard to change the
LED flashing rate in seconds.

Author: Dogan Ibrahim
Date    : September, 2019
File    : UARTFlash.c
===============================================================*/
```

图 9.50　UARTFlash.c 的程序清单

```c
#include "main.h"
unsigned long FlashRateMs = 1000;
unsigned int N, Total;

//
// Define all your Task functions here
// ====================================
//

// Task 1 - UART Controller
void Task1(void *pvParameters)
{
    unsigned char Buffer[20];

    UART3_Init_Advanced(9600,_UART_8_BIT_DATA,_UART_NOPARITY,_UART_ONE_STOPBIT,
                        &_GPIO_MODULE_USART3_PD89);
    while (1)
    {
        UART3_Write_Text("\n\r\n\rEnter LED Flash Rate (Seconds): ");
        N = 0;
        Total = 0;

        while(1)
        {
           N = UART3_Read();                                // Read a number
           UART3_Write(N);                                  // Echo the number
           if(N == '\r') break;                             // If Enter
           N = N - '0';                                     // Pure number
           Total = 10*Total + N;                            // Total number
        }
        FlashRateMs = Total * 1000;                         // Flash rate
        UART3_Write_Text("\n\rFlashing Rate Changed...");   // Send message
    }
}

// Task 2 - LED Controller
void Task2(void *pvParameters)
{
    #define LED GPIOE_ODR.B12

    GPIO_Config(&GPIOE_BASE, _GPIO_PINMASK_12, _GPIO_CFG_MODE_OUTPUT);

    while (1)
    {
        LED = 0;                                            // LED OFF
        vTaskDelay(pdMS_TO_TICKS(FlashRateMs));             // Delay
        LED = 1;                                            // LED ON
        vTaskDelay(pdMS_TO_TICKS(FlashRateMs));             // Delay
    }
}

//
// Start of MAIN program
// =====================
//
void main()
{
//
// Create all the TASKS here
// =========================
//
    // Create Task 1
    xTaskCreate(
        (TaskFunction_t)Task1,
        "UART Controller",
        configMINIMAL_STACK_SIZE,
        NULL,
        10,
```

图 9.50 （续）

```
            NULL
    );


    // Create Task 2
    xTaskCreate(
        (TaskFunction_t)Task2,
        "LED Controller",
        configMINIMAL_STACK_SIZE,
        NULL,
        10,
        NULL
    );
//
// Start the RTOS scheduler
//
    vTaskStartScheduler();

//
// Will never reach here
//
    while (1);
}
```

图 9.50 （续）

```
Enter LED Flash Rate (Seconds): 10
Flashing Rate Changed...

Enter LED Flash Rate (Seconds):
```

图 9.51 将闪烁频率设置为 10s

9.20 任务列表

API 函数 `vTaskList()` 会在缓存中创建一个表，这个表描述了该函数被调用时各个任务的状态。函数格式为：

vTaskList(char* pcWriteBuffer);

参数

pcWriteBuffer：该参数是表数据被写入的字符缓存，由于没有边界检查，所以这个缓存必须足够大以便能容纳表。

返回值

该函数没有返回值。

任务表的格式如下所示：

Name	State	Priority	Stack	Num
LCD	R	10	300	25
LED	R	10	320	18
空闲	R	0	60	0

其中，
Name：任务被创建时赋予它的名称。
State：该函数被调用时的任务状态，它可以接受的值如下所示：

X:	任务正在执行（调用该函数的任务）
B:	任务处于阻塞状态
R:	任务处于就绪状态
S:	任务处于没有超时的挂起状态
D:	任务被删除（空闲任务没有释放任务使用的内存）

Priority：调用该函数时被赋予任务的优先级。
Stack：任务生命周期内可用空闲堆栈的最小容量。
Num：分配给每个任务的唯一编号。如果相同的名称被分配给了多个任务，那么可以用它来标识任务。

提供函数 vTaskList() 只是为简便起见，该函数将在其执行期间会禁用中断。

要想调用 vTaskList()，必须将文件 FreeRTOSConfig.h 中的参数 configUSE_TRACE_FACILITY 和 configUSE_STATS_FORMATTING_FUNCTIONS 都设置为 0。

下一节将给出一个项目，在 PC 显示屏上显示任务列表。

9.21　项目 17——在 PC 屏幕上显示任务列表

描述：在本项目中会在 PC 屏幕上显示任务列表，和前一个项目一样，本项目也会用到 USB UART click。为了进行显示，本项目会创建若干虚拟任务。

目标：展示如何在 PC 屏幕上显示任务列表。

框图：与图 9.43 相同。

程序清单：如图 9.52 所示（程序文件：**Tasks.c**）。程序包含 3 个没有进行任何有用的处理的任务（除了空闲任务）。在任务 MAIN 一开始创建了一个缓存，并将 UART 3 初始化为以 9600 波特运行并调用函数 vTaskList()。使用之前的项目中介绍过的终端模拟软件 Putty 在 PC 屏幕上显示的任务列表如图 9.53 所示。请注意，除了空闲任务具有最低优先级 0，所有任务都具有相同的优先级 10。

```
/*===================================================================
                    DISPLAY THE TASK LIST
                    =====================
In this program the USB UART Clicker board is connected to mikroBUS socket 2 of
the Clicker 2 for STM32 development board. The program displays the Task List
at the time of making the API function call vTaskList().

Author: Dogan Ibrahim
Date   : September, 2019
```

图 9.52　Tasks.c 的程序清单

```
File : Tasks.c
=============================================================================*/
#include "main.h"

//
// Define all your Task functions here
// ===================================
//

// Task 1 - Dummy task - Display the Task List
void Task1(void *pvParameters)
{
    static char Buffer[512];

    UART3_Init_Advanced(9600,_UART_8_BIT_DATA,_UART_NOPARITY,_UART_ONE_STOPBIT,
                        &_GPIO_MODULE_USART3_PD89);
    vTaskList(Buffer);
    UART3_Write_Text(Buffer);

    while (1)
    {
    }
}

// Task 2 - Dummy TAsk
void Task2(void *pvParameters)
{
    while (1)
    {
    }
}


// Task 3 - Dummy TAsk
void Task3(void *pvParameters)
{
    while (1)
    {
    }
}

//
// Start of MAIN program
// =====================
//
void main()
{
//
// Create all the TASKS here
// =========================
//
    // Create Task 1
    xTaskCreate(
        (TaskFunction_t)Task1,
        "Main",
        configMINIMAL_STACK_SIZE,
        NULL,
        10,
        NULL
    );

    // Create Task 2
    xTaskCreate(
        (TaskFunction_t)Task2,
        "Dummy2",
        configMINIMAL_STACK_SIZE,
```

图 9.52 （续）

```
        NULL,
        10,
        NULL
    );

    // Create Task 3
    xTaskCreate(
        (TaskFunction_t)Task3,
        "Dummy3",
        configMINIMAL_STACK_SIZE,
        NULL,
        10,
        NULL
    );

//
// Start the RTOS scheduler
//
    vTaskStartScheduler();
//
// Will never reach here
//
    while (1);
}
```

图 9.52 （续）

```
Dummy3      R      10      115     3
Main        R      10      98      1
Dummy2      R      10      116     2
IDLE        R      0       116     4
```

图 9.53　显示在 PC 屏幕上的任务列表

请注意，在编译程序之前，必须在 mikroC Pro for ARM 编译器的库管理器中启用库函数 sprint。

9.22　任务信息

该函数获取单个任务的结构，并用此信息填充 TaskStatus_t 类型的结构体。该函数的格式为：

　　void vTaskGetTaskInfo(TaskHandle_t xTask,TaskStatus_t *pxTaskStatus,BaseType_t xGetFreeStackSpace, eTaskState eState);

其中，

xTask：被查询的任务的句柄。

pxTaskStatus：该参数指向一个 TaskStatus_t 类型的变量，该变量由被查询的任务的相关信息进行填充。

xGetFreeStackSpace：将该参数设置为 TRUE 使获取的任务信息包含任务的最小堆栈空间容量。

eState：将该参数设置为 eInvalid 让结构体 TaskStatus_t 中包含任务的状态信息。

要想调用 vTaskGetTaskInfo()，必须将文件 FreeRTOSConfig.h 中的参数 config-USE_TRACE_FACILITY 设置为 1。

下一节将给出一个项目，在 PC 屏幕上显示任务信息。

9.23 项目 18——在 PC 屏幕上显示任务信息

描述：在本项目中会在 PC 屏幕上显示任务信息，和前一个项目一样，本项目也会使用 USB UART click 板，在本项目中有 3 个任务（除了空闲任务），屏幕会显示名为 Dummy2 的任务信息。

目标：展示如何在 PC 屏幕上显示任务信息。

框图：与图 9.43 相同。

程序清单：如图 9.54 所示（程序文件：**TaskInfo.c**）。程序包含 3 个没有进行任何有用的处理的任务（除了空闲任务）。在任务 1 中，UART 3 被初始化为 9600 波特，接着将任务 2（任务名称：Dummy2）的句柄存放在 xHandle 当中，然后程序用这个句柄调用函数 vTaskGetTaskInfo()，任务的信息被填入 TaskStatus_t 类型的结构体 xTaskInfo 当中，紧接着程序显示任务名称、当前任务优先级、基础任务优先级以及任务编号。

结构体 TaskStatus_t 有如下所示的成员：

```
code const unsigned char *pcTaskName
UBaseType_t xTaskNumber
eTaskState eCurrentState
UBaseType_t uxCurrentPriority
UBaseType_t uxBasePriority
Uint32_t ulRunTimeCounter
StackType_t *pxStackBase
Uint16_t usStackHighWaterMark
```

请注意，在显示每个参数之后会输出一个回车换行对，以便每个参数在新的一行开始。调用 mikroC Pro for ARM 编译器的内置函数 ByteToStr() 将参数当前优先级、基础优先级和任务编号转换为字符串，调用函数 Ltrim() 删除顶头的空格，然后再发送给 UART。

```
/*===============================================================
                    DISPLAY TASK INFORMATION
                    ========================

In this program the USB UART Clicker board is connected to mikroBUS socket 2 of
the Clicker 2 for STM32 development board. The program displays the Task Info
of the task called Dummy2 (Task 2).

Author: Dogan Ibrahim
Date   : September, 2019
File   : Taskinfo.c
===============================================================*/
#include "main.h"
TaskHandle_t xHandle;
TaskStatus_t xTaskInfo;

//
// Define all your Task functions here
```

图 9.54　Taskinfo.c 的程序清单

第 9 章　使用 FreeRTOS 函数

```c
// ===================================
//
// Task 1 - Dummy task - Display the Task List
void Task1(void *pvParameters)
{
    unsigned char Txt[4];
    UART3_Init_Advanced(9600,_UART_8_BIT_DATA,_UART_NOPARITY,_UART_ONE_STOPBIT,
                        &_GPIO_MODULE_USART3_PD89);

    xHandle = xTaskGetHandle("Dummy2");
    vTaskGetTaskInfo(xHandle, &xTaskInfo, pdTRUE, eInvalid);

    UART3_Write_Text("Task Name: "); UART3_Write_Text(xTaskInfo.pcTaskName);
    UART3_Write('\n'); UART3_Write('\r');

    ByteToStr(xTaskInfo.uxCurrentPriority, Txt); Ltrim(Txt);
    UART3_Write_Text("Current Priority: "); UART3_Write_Text(Txt);
    UART3_Write('\n'); UART3_Write('\r');

    ByteToStr(xTaskInfo.uxBasePriority, Txt); Ltrim(Txt);
    UART3_Write_Text("Base Priority: "); UART3_Write_Text(Txt);
    UART3_Write('\n'); UART3_Write('\r');

    ByteToStr(xTaskInfo.xTaskNumber, Txt); Ltrim(Txt);
    UART3_Write_Text("Task Number: "); UART3_Write_Text(Txt);
    UART3_Write('\n'); UART3_Write('\r');

    while (1)
    {
    }
}
// Task 2 - Dummy TAsk
void Task2(void *pvParameters)
{
    while (1)
    {
    }
}

// Task 3 - Dummy Task
void Task3(void *pvParameters)
{
    while (1)
    {
    }
}

//
// Start of MAIN program
// =====================
//
void main()
{
//
// Create all the TASKS here
// =========================
//
    // Create Task 1
    xTaskCreate(
        (TaskFunction_t)Task1,
        "Main",
        configMINIMAL_STACK_SIZE,
        NULL,
        10,
        NULL
    );
```

图 9.54　（续）

```
        // Create Task 2
        xTaskCreate(
            (TaskFunction_t)Task2,
            "Dummy2",
            configMINIMAL_STACK_SIZE,
            NULL,
            10,
            NULL
        );

        // Create Task 3
        xTaskCreate(
            (TaskFunction_t)Task3,
            "Dummy3",
            configMINIMAL_STACK_SIZE,
            NULL,
            10,
            NULL
        );
//
// Start the RTOS scheduler
//
    vTaskStartScheduler();
//
// Will never reach here
//
    while (1);
}
```

图 9.54 （续）

在编译程序之前，必须在 mikroC Pro for ARM 的库管理器中启用库函数 `sprint`。和前一个项目一样，利用终端模拟软件 Putty 将数据显示在 PC 屏幕上，图 9.55 展示的是 PC 屏幕上的典型输出。

```
Task Name: Dummy2
Current Priority: 10
Base Priority: 10
Task Number: 2
```

图 9.55 PC 屏幕上的典型输出

9.24 任务状态

API 函数 `eTaskGetState()` 会根据所提供的任务句柄返回该任务的状态，该函数的格式为：

`eTaskGetState(TaskHandle_t pxTask);`

参数

`pxTask`：要被查询状态的任务的句柄。

返回值

该函数会返回如下所示的枚举值：

任务状态	返回的枚举值
运行状态	eRunning（调用该函数的任务）
就绪状态	eReady
阻塞状态	eBlocked
挂起状态	eSuspended
被删除	eDeleted（任务的结构等待被清空）

要想调用 eTaskGetState()，必须将文件 FreeRTOSConfig.h 中的参数 INCLUDE_eTaskGetState 设置为 1。

在下一节中将给出一个调用函数 eTaskGetState() 的示例项目。

9.25　项目 19——在 PC 屏幕上显示任务状态

描述：在本项目中会在 PC 屏幕上显示任务状态，和前一个项目一样，本项目也会使用 USB UART click 板。屏幕会显示名为 Dummy2 的任务状态。

目标：展示如何在 PC 屏幕上显示任务状态。

框图：与图 9.43 相同。

程序清单：如图 9.56 所示（程序文件：**Taskstate.c**）。在任务 1 中，UART 3 被初始化为 9600 波特，接着将任务 2（任务名称：Dummy2）的句柄存放在 xHandle 当中，然后程序用这个句柄调用函数 eTaskGetState()，通过一个 switch 语句显示任务状态。在本示例中，由于任务被调用时处于就绪状态，所以在 PC 屏幕上会显示字符串 Ready。

```
/*===================================================================
                      DISPLAY TASK STATE
                      ==================
In this program the USB UART Clicker board is connected to mikroBUS socket 2 of
the Clicker 2 for STM32 development board. The program displays the Task State
of the task called Dummy2 (Task 2).

Author: Dogan Ibrahim
Date  : September, 2019
File  : Taskstate.c
===================================================================*/
#include "main.h"
TaskHandle_t xHandle;
eTaskState xTask;
//
// Define all your Task functions here
// ===================================
//

// Task 1 - Dummy task - Display the Task List
void Task1(void *pvParameters)
{
    unsigned char Txt[4];
    UART3_Init_Advanced(9600,_UART_8_BIT_DATA,_UART_NOPARITY,_UART_ONE_STOPBIT,
                        &_GPIO_MODULE_USART3_PD89);

    xHandle = xTaskGetHandle("Dummy2");
    xTask = eTaskGetState(xHandle);

    switch (xTask)
    {
       case eReady:
                   UART3_Write_Text("Ready");
                   break;
       case eRunning:
                   UART_Write_Text("Running");
                   break;
       case eBlocked:
                   UART_Write_Text("Blocked");
                   break;
```

图 9.56　Taskstate.c 的程序清单

```
                case eSuspended:
                        UART_Write_Text("Blocked");
                        break;
                case eDeleted:
                        UART_Write_Text("Deleted");
                        break;
        }
        while (1)
        {
        }
}
// Task 2 - Dummy Task
void Task2(void *pvParameters)
{
    while (1)
    {
    }
}


//
// Start of MAIN program
// =====================
//
void main()
{
//
// Create all the TASKS here
// =========================
//
    // Create Task 1
    xTaskCreate(
        (TaskFunction_t)Task1,
        "Main",
        configMINIMAL_STACK_SIZE,
        NULL,
        10,
        NULL
    );

    // Create Task 2
    xTaskCreate(
        (TaskFunction_t)Task2,
        "Dummy2",
        configMINIMAL_STACK_SIZE,
        NULL,
        10,
        NULL
    );
//
// Start the RTOS scheduler
//
    vTaskStartScheduler();

//
// Will never reach here
//
    while (1);
}
```

图 9.56 （续）

9.26 任务参数

我们之前曾经看到过创建新任务时的参数之一是 `pvParameters`，函数接受指向 `void` 类型的指针即（`void*`）作为参数，赋给 `pvParameters` 的值就是要传入任务中的值。

举个例子，假如我们希望将如下所示的字符串传递给任务：

This is for Task 1

该字符串应当被定义为一个常量，以确保它能在任务执行时保持有效。因此，请按照如下所示的方式定义该字符串：

static const char *pcTaskText = "This is for Task 1"

然后我们可以在任务被创建时将这个字符串传递给任务，如下所示：

xTaskCreate(vTaskFunction,
  "Task 1",
  1000,
  (void*)pcTaskText,
  10,
  NULL);

9.27 小结

在本章中我们学习了如何使用大多数重要的 FreeRTOS 任务函数，并以项目形式给出了经过测试能够运行的示例，以此展示在应用程序中如何使用这些函数。

在第 10 章中我们将会看到与队列管理相关的函数，并给出示例展示如何在实际的应用程序中使用这些函数。

拓展阅读

[1] R. Barry. Mastering the FreeRTOS Real Time Kernel: A Hands-On Tutorial Guide. Available from: https://www.freertos.org/wp-content/uploads/2018/07/161204_Mastering_the_FreeRTOS_Real_Time_Kernel-A_Hands-On_Tutorial_Guide.pdf.

[2] The FreeRTOS Reference Manual. Available from: https://www.freertos.org/wp-content/uploads/2018/07/FreeRTOS_Reference_Manual_V10.0.0.pdf.

[3] https://www.freertos.org/documentation.

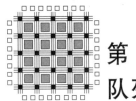

第 10 章
队列管理

10.1 全局变量概述

在第 9 章中，我们已经开发了几个基于 FreeRTOS 的项目，每个项目都具有多个任务。你可能注意到了在那些项目中我们使用全局变量（在所有任务之前的程序最开始处声明的变量）在任务之间传递数据。尽管在小型程序中全局变量可能是安全易用的，但基于以下几点原因，一般不建议在复杂程序中使用全局变量：

- 全局变量可以被代码的任何一部分修改（例如，被多任务环境中的任何一个任务），这使得难以跟踪这些变量。
- 使用全局变量会导致代码的紧密耦合。
- 全局变量没有任何访问控制。
- 测试使用全局变量的程序非常困难，这是因为难以对全局变量进行解耦。
- 如果全局变量可被多个任务在同一时间访问，那么这些任务之间的同步必不可少。

在小型程序中使用全局变量没有任何问题，只要用几个字母作为这些全局变量名称的前缀，使其不会与具有类似名称的局部变量混淆即可。例如，用 GblCnt 取代 Cnt 作为全局变量。

10.2 为何是队列

队列是多任务处理操作系统的重要组成部分，队列用于多任务处理操作系统中的任务间通信，它可用于在任务之间以及任务与中断服务程序之间传送消息和数据。在多任务处理程序中当需要在任务之间传递数据或消息时，建议在复杂程序中用队列取代全局变量。队列大体上就是一个先进先出（First In First Out, FIFO）型缓存，新数据被发送到队列的末尾，发送到队列的第一个数据就是接收任务接收到的第一个数据。请注意，在 FreeRTOS 中可以将数据发送到队列的最前面。你可以认为队列就像只有一行但有很多列的表。数据按照表的各列从左侧进入，从右侧提取。例如，请考虑有 4 个存储单元的队列，假定数字 2、4、6、8 被放入这个队列，那么该队列看上去应该如图 10.1 所示。

图 10.1 带有 4 个单元的队列

在 FreeRTOS 中，消息通过副本传入队列，这意味着将数据本身而非对数据的引用复制到队列中。这样做的结果是数据可以重用。内核为队列的使用分配内存，小型消息和数据（例如字符、整数、小型结构体等）可被直接发送到队列中，而不用为其分配缓存。通过定义一个存放指针的队列，并将消息的指针复制到队列当中，可以将大型数据传入队列。单个队列可用于接收不同的消息类型以及来自多个位置的消息，方法是定义队列来保存一个结构体，该结构体具有保存消息类型的成员以及其他保存消息数据的成员。

在本章中我们将探讨 FreeRTOS 的各种队列函数，并看一看如何在应用程序中使用它们。在本章中只会介绍经常使用的队列函数，有兴趣的读者可以按照如下所示的链接获取有关所有队列函数的进一步详细信息：

https://www.freertos.org/wp-content/uploads/2018/07/FreeRTOS_Reference_Manual_V10.0.0.pdf

10.3 创建队列并利用队列发送和接收数据

API 函数 `xQueueCreate()` 用于创建一个新队列，队列所需的 RAM 内存由内核自动分配，该函数的格式为：

xQueueCreate(UBaseType_t uxQueueLength, UBaseType_t uxItemSize);

参数
`uxQueueLength`：该参数是队列在任意时刻所能存放的数据项的最大数目。
`uxItemSize`：存放在队列当中的每个数据项的大小（单位：字节）。

返回值
NULL：该队列无法创建（例如因为没有足够的堆内存可被 FreeRTOS 分配给队列）。
任意其他值：队列被成功创建，返回值是一个句柄，通过该句柄可引用所创建的队列。
要想能调用该函数，文件 `FreeRTOSConfig.h` 中的参数 `configSUPPORT_DYNAMIC_ALLOCATION` 必须被设置为 1 或者简单地保留为未定义。

API 函数 `xQueueReceive()` 用于从队列中接收（读取）数据，该函数的格式为：

xQueueReceive(QueueHandle_t xQueue, void *pvBuffer, TickType_t xTicksToWait);

参数
`xQueue`：要从中接收（读取）数据的队列的句柄，队列句柄由调用 `xQueueCreate()` 返回。
`pvBuffer`：一个指向内存的指针，接收到的数据将被复制到该内存中。这个缓存的长度至少要等于队列数据项的大小。队列数据项的大小由调用 `xQueueCreate()` 时的参数 `uxItemSize` 设置。
`xTicksToWait`：该参数是指队列为空时，任务应该保持在阻塞状态以等待数据可用的最大时间。如果 `xTicksToWait` 为 0，那么 `xQueueReceive()` 会在队列已经为空的情况下立即返回。阻塞时间以滴答周期为单位指定，宏 `pdMS_TO_TICKS()` 用于将以 ms 为单位指定的时间转换为以滴答周期为单位指定的时间。如果在文件 `FreeRTOSConfig.`

h 中将 INCLUDE_vTaskSuspend 设置为 1，那么将 xTicksToWait 设置为 portMAX_DELAY 将会使任务无限期（没有超时）地等待下去。

返回值

pdPASS：如果从队列中成功地读取到了数据，那么就返回 pdPASS。如果指定了阻塞时间（xTicksToWait 不为 0），那么调用该函数的任务可能进入阻塞状态，等待队列上有数据可用，但在阻塞时间超时之前数据已成功地从队列中读取。

errQUEUE_EMPTY：如果因为队列已经为空而无法从队列中读取数据，那么就返回 errQUEUE_EMPTY。如果指定了阻塞时间（xTicksToWait 不为 0），那么调用该函数的任务就会进入阻塞状态，等待其他任务或中断向队列发送数据，但是在返回 errQUEUE_EMPTY 之前，阻塞时间会超时。

向队列发送数据的 API 函数有：

xQueueSend(QueueHandle_t xQueue, const void * pvItemToQueue, TickType_t xTicksToWait);
xQueueSendToFront(QueueHandle_t xQueue, const void * pvItemToQueue, TickType_t xTicksToWait);
xQueueSendToBack(QueueHandle_t xQueue, const void * pvItemToQueue, TickType_t xTicksToWait);

API 函数 xQueueSend() 和 xQueueSendToBack() 相同，它们都是将数据发送（写入）到队列的最后面。函数 xQueueSendToFront() 向队列的最前面发送数据。

参数

xQueue：要向其发送（写入）数据的队列的句柄，队列句柄由创建队列的函数调用返回。

pvItemToQueue：指向要被复制进队列中的数据的指针，在创建队列时指定了队列中每个数据项能够容纳的大小，大量字节将从 pvItemToQueue 复制到队列存储区域。

xTicksToWait：指任务处于阻塞状态等待队列上空间变为可用的最大时间，此时队列应该已满。

xQueueSend()：如果 xTicksToWait 为 0 并且队列已满，xQueueSend() 和 xQueueSendToBack() 会立刻返回。阻塞时间以滴答周期为单位指定，宏 pdMS_TO_TICKS() 用于将以 ms 为单位指定的时间转换为以时钟周期为单位指定的时间。如果在文件 FreeRTOSConfig.h 中将 INCLUDE_vTaskSuspend 设置为 1，那么将 xTicks-ToWait 设置为 portMAX_DELAY 将会使任务无限期（没有超时）地等待下去。

返回值

pdPASS：如果数据成功地发送给队列，那么就返回 pdPASS。如果指定了阻塞时间（xTicksToWait 不为 0），那么调用该函数的任务可能进入阻塞状态，在函数返回前等待队列中的空间可用，但在阻塞时间超时之前数据已成功向队列中写入。

errQUEUE_FULL：如果因为队列已经满了而无法向队列中写入数据，那么就返回 errQUEUE_FULL。如果指定了阻塞时间（xTicksToWait 不为 0），那么调用该函数的任务就会进入阻塞状态，等待其他任务或中断向队列发送数据，但这一切要在阻塞时间超时之前完成。

10.4 节将给出一个示例项目，展示如何实际创建队列以及如何利用队列进行任务间通信。

10.4　项目 20——用 PC 键盘改变 LED 闪烁频率

描述：本项目与第 9 章中的项目 16 类似，项目 16 从键盘接收全局变量 `FlashRateMs`，并将其作为延迟参数来改变 LED 的闪烁频率。本程序创建了一个队列代替使用全局变量，并且利用这个队列将 LED 闪烁频率传递给控制 LED 的任务。除了空闲任务，本项目中还有 2 个任务。

目标：展示如何创建队列，以及如何利用队列从一个任务向另一个任务发送数据。

框图：如图 9.43 所示，但是本项目还使用了连接在端口 PE12 的 LED。与项目 16 一样，USB UART click 板被插入 Clicker 2 for STM32 开发板的 mikroBUS 接口 2。

程序清单：如图 10.2 所示（程序文件：`QueueLED.c`）。除了空闲任务，程序还包含两个任务，队列句柄被命名为 `xQueue`，并在前述两个任务创建期间作为参数传递给它们。任务 1 的创建方式如下所示：

```
xTaskCreate(
    (TaskFunction_t)Task1,
    "UART Controller",
    configMINIMAL_STACK_SIZE,
    (void*)xQueue,
    10,
    NULL
);
```

```
/*===========================================================================
                CHANGE LED FLASHING RATE FROM THE PC KEYBOARD
                ==============================================

In this program the USB UART Click board is plugged in to mikroBUS socket 2 of
the Clicker 2 for STM32 development board. The LED connected to port pin PE12 is
used in this project. Commands are received from the PC keyboard to change the
LED flashing rate in seconds.

In this program a Queue is used to send the flashing rate to the LED Controller
task

Author: Dogan Ibrahim
Date   : September, 2019
File   : QueueLED.c
===========================================================================*/
#include "main.h"

//
// Define all your Task functions here
// ==================================
//

// Task 1 - UART Controller
void Task1(void *pvParameters)
{
    unsigned N;
```

图 10.2　`QueueLED.c` 的程序清单

```c
        unsigned long Total;
        QueueHandle_t xQueue;
        xQueue = (QueueHandle_t) pvParameters;

        UART3_Init_Advanced(9600,_UART_8_BIT_DATA,_UART_NOPARITY,_UART_ONE_STOPBIT,
                        &_GPIO_MODULE_USART3_PD89);

        while (1)
        {
            UART3_Write_Text("\n\r\n\rEnter LED Flash Rate (Seconds): ");
            N = 0;
            Total = 0;

            while(1)
            {
              N = UART3_Read();                                 // Read a number
              UART3_Write(N);                                   // Echo the number
              if(N == '\r') break;                              // If Enter
              N = N - '0';                                      // Pure number
              Total = 10*Total + N;                             // Total number
            }

            Total = Total * 1000;                               // Flash rate (ms)
            xQueueSend(xQueue, &Total, pdMS_TO_TICKS(10));      // Send via Queue
            UART3_Write_Text("\n\rFlashing Rate Changed...");   // Write on screen
        }
    }

// Task 2 - LED Controller
void Task2(void *pvParameters)
{
    #define LED GPIOE_ODR.B12
    unsigned long FlashRateMs;
    QueueHandle_t xQueue;
    xQueue = (QueueHandle_t) pvParameters;

    GPIO_Config(&GPIOE_BASE, _GPIO_PINMASK_12, _GPIO_CFG_MODE_OUTPUT);
    FlashRateMs = 1000;                                         // Default rate

    while (1)
    {
        xQueueReceive(xQueue, &FlashRateMs, 0 );                // Receive data
        LED = 0;                                                // LED OFF
        vTaskDelay(pdMS_TO_TICKS(FlashRateMs));                 // Delay
        LED = 1;                                                // LED ON
        vTaskDelay(pdMS_TO_TICKS(FlashRateMs));                 // Delay
    }
}

//
// Start of MAIN program
// =====================
//
void main()
{
    #define QueueLength 1                                       // Queue length
    #define QueueSizeBytes 8                                    // item size (bytes)
    QueueHandle_t xQueue;

    xQueue = xQueueCreate(QueueLength, QueueSizeBytes);         // Create a Queue

//
// Create all the TASKS here
// =========================
//
```

图 10.2 （续）

```
    // Create Task 1
    xTaskCreate(
        (TaskFunction_t)Task1,
        "UART Controller",
        configMINIMAL_STACK_SIZE,
        (void*)xQueue,                              // Pass Queue handle
        10,
        NULL
    );

    // Create Task 2
    xTaskCreate(
        (TaskFunction_t)Task2,
        "LED Controller",
        configMINIMAL_STACK_SIZE,
        (void*)xQueue,                              // Pass Queue handle
        10,
        NULL
    );
//
// Start the RTOS scheduler
//
    vTaskStartScheduler();
//
// Will never reach here
//
    while (1);
}
```

图 10.2 （续）

因为通过队列只发送一个变量，所以将队列长度（QueueLength）设置为 1。因为要发送的变量是一个包含 8 个字节的长整数，所以将队列大小（QueueSizeBytes）设置为 8。这两个任务的执行情况如下所示：

任务 1

该任务是 UART 控制器任务，在任务最开始处从任务参数获取队列句柄，与项目 16 一样，UART 3 使用开发板的 PD8 和 PD9 端口，并被初始化为以 9600 波特运行。然后会提示用户输入所需的闪烁频率，此时 PC 屏幕上会显示如下所示的文本：

Enter LED Flash Rate (Seconds):

程序从 PC 键盘将闪烁频率读取为数值型数据，并将总数以 s 为单位存入变量 Total 当中。当按下键盘上的回车键时结束用户输入，然后通过乘 1000 将 Total 转换成以 ms 为单位，用如下所示的语句将变量值发送给队列。参数 xTicksToWait 被设置为 10ms，以便在队列中无可用空间时让任务处于阻塞状态 10ms：

xQueueSend(xQueue, &Total, pdMS_TO_TICKS(10));

之后会在 PC 屏幕上显示如下文本，以确认闪烁频率确实已经修改：

Flashing Rate Changed...

任务 2

该任务实现 LED 闪烁功能，在任务最开始处从任务参数获取队列句柄，闪烁频率被存

入变量 `FlashRateMs` 当中，该变量一开始默认被设置为 1000ms。只要用户从键盘输入数据，LED 就会保持闪烁。按照如下所示的方式从队列中读取闪烁频率，从队列中读取的数据被存放到变量 `FlashRateMs` 当中：

xQueueReceive(xQueue, &FlashRateMs, 0);

参数 `xTicksQueueWait` 被设置为 0，这样一来如果队列中没有数据，函数调用就会立即返回。该队列函数读取的值会在函数 `vTaskDelay()` 当中被用作 LED 新的闪烁频率。

正如你在图 10.2 中看到的那样，两个任务中用到的所有变量对于任务而言都是局部变量，程序中并没有用到全局变量。尽管在此情况中使用全局变量看上去是一个比较容易的选择，但是它也有在 10.1 节中介绍过的缺点。

图 10.3 展示的是闪烁频率被设置为 3s 时程序的典型运行情况。

```
Enter LED Flash Rate (Seconds): 3
Flashing Rate Changed...
```

图 10.3　将闪烁频率设置为 3s

10.5　删除队列、为队列命名、重置队列

API 函数 `xQueueDelete()` 会删除早先创建的队列，如果队列上当前有任何任务被阻塞，那么就不能删除该队列。该函数的格式为：

vQueueDelete(TaskHandle_t pxQueueToDelete);

参数

`pxQueueToDelete`：该参数是要被删除的队列的句柄。

返回值

该函数没有返回值。

API 函数 `pcQueueGetName()` 返回文本格式的队列名称，如果使用稍后介绍的函数 `vQueueAddToRegistry()` 将队列添加到队列注册表中，则队列只有一个文本名称。该函数的格式为：

pcQueueGetName(QueueHandle_t xQueue);

参数

`xQueue`：该参数是被查询的队列的句柄。

返回值

队列名称是以 NULL 结尾的标准 C 字符串，返回值是一个指向被查询的队列的名称的指针。

API 函数 `vQueueAddToRegistry()` 为队列赋予一个名称，并将队列名称添加到队列注册表当中。该函数的格式为：

vQueueAddToRegistry(QueueHandle_t xQueue, char *pcQueueName);

参数

`xQueue`：该参数是将要被添加到队列注册表中的队列的句柄。

pcQueueName：队列的描述性名称。请注意，FreeRTOS 不会以任何形式使用队列名称，队列名称的目的是用作调试辅助工具，因为通过名称确定队列要比试图通过句柄确定队列简单得多。

返回值

该函数没有返回值。

参数 configQUEUE_REGISTRY_SIZE 定义了任意时刻可被注册的队列和信号量（将在后文介绍）的最大数量。该参数必须大于 0。

API 函数 xQueueReset() 将队列重置为其初始状态，在该函数被调用时队列中的所有数据都会被丢弃。函数的格式为：

xQueueReset(QueueHandle_t xQueue);

参数

xQueue：该参数是要被重置的队列的句柄。

返回值

该函数返回 pdPASS 或者 pdFAIL。

10.6 项目 21——使用各种队列函数

描述：本项目展示了如何将 10.5 节中介绍的一些队列函数使用到应用程序当中，本项目只用到了一个任务，程序中会执行下列队列操作：

- 创建队列
- 为队列命名
- 在 PC 屏幕上显示队列名称
- 重置队列
- 删除队列

目标：展示如何在程序当中使用各种队列函数。

框图：如图 9.43 所示。与项目 16 一样，将 USB UART Click 板插入 Clicker 2 for STM32 开发板的 mikroUSB 2 接口当中。

程序清单：如图 10.4 所示（程序文件：**Queues.c**）。除了空闲任务，本项目还包含一个任务。在程序一开始定义了队列长度和队列大小，并将 UART 初始化为 9600 波特，然后将文本 **Various Queue operations** 显示到 PC 屏幕上。接下来创建一个名称为 MyQueue 的队列并将其添加到队列注册表当中。然后程序通过调用函数 pcQueueGetName() 获取队列名称并将其存放到 QueueName 指向的变量当中。然后通过将队列名称发送给 UART 将其显示在 PC 屏幕上。最后重置并删除队列。

利用 Putty 终端模拟程序显示程序输出，如图 10.5 所示。

```
/*==========================================================================
                        USING VARIOUS QUEUE FUNCTIONS
                        ============================

This program shows how various queue functions can be used in a program. The
following queue operations are performed by the program:

Create a queue
Give name to the queue (e.g. MyQueue)
Display the queue name on PC screen
Reset the queue
Delete the queue

Only one task is used in this program for simplicity

Author: Dogan Ibrahim
Date   : September, 2019
File   : Queues.c
===========================================================================*/
#include "main.h"

//
// Define all your Task functions here
// ===================================
//

// Task 1 - Various Queue operations
void Task1(void *pvParameters)
{
    const char *QueueName;
    #define QueueLength 1                                   // Queue length
    #define QueueSizeBytes 2                                // item size (bytes)

    QueueHandle_t xQueue;
    UART3_Init_Advanced(9600,_UART_8_BIT_DATA,_UART_NOPARITY,_UART_ONE_STOPBIT,
                        &_GPIO_MODULE_USART3_PD89);

    UART3_Write_Text("\n\rVarious Queue operations\n\r");
    xQueue = xQueueCreate(QueueLength, QueueSizeBytes);     // Create a Queue
    vQueueAddToRegistry(xQueue, "MyQueue");                 // Assign Queue name
    QueueName = pcQueueGetName(xQueue);                     // Get Queue name
    UART3_Write_Text("Queue name: ");
    UART3_Write_Text(QueueName);
    UART3_Write_Text("\n\r");                               // New line
    xQueueReset(xQueue);                                    // Reset queue
    vQueueDelete(xQueue);                                   // Delete queue

    while (1)
    {
    }
}

//
// Start of MAIN program
// =====================
//
void main()
{
//
// Create all the TASKS here
// =========================
//
    // Create Task 1
    xTaskCreate(
        (TaskFunction_t)Task1,
        "QUEUE operations",
```

图 10.4　Queues.c 的程序清单

```
            configMINIMAL_STACK_SIZE,
            NULL,
            10,
            NULL
        );
//
// Start the RTOS scheduler
//
    vTaskStartScheduler();
//
// Will never reach here
//
    while (1);
}
```

图 10.4 （续）

```
Various Queue operations
Queue name: MyQueue
```

图 10.5　程序输出

10.7　其他一些队列函数

API 函数 xQueueOverwrite() 可以在队列即使为满的情况下还向队列写入数据，它用于长度为 1 的队列（队列是空的或者满的）。该函数的格式为：

xQueueOverwrite(QueueHandle_t xQueue, const void *pvItemToQueue);

参数

`xQueue`：该参数是数据要发送到的队列的句柄。

`pvItemToQueue`：该参数是指向要被放入队列当中的数据项的指针。

返回值

xQueueOverwrite() 是调用 xQueueGenericSend() 的宏，因此与 xQueue-SendToFront() 具有相同的返回值。但 pdPASS 是 xQueueOverwrite() 的唯一返回值，因为它会在队列已经为空的情况下向队列写入数据。

API 函数 xQueuePeek() 从队列读取数据，它不会从队列中删除数据项。该函数的格式为：

xQueuePeek(QueueHandle_t xQueue, void *pvBuffer, TickType_t xTicksToWait);

参数

`xQueue`：该参数是要从中读取数据的队列的句柄。

`pvBuffer`：该参数是一个指针，指向从队列中读取到的数据要被复制到的内存。

`xTicksToWait`：该参数是指如果队列已空，任务应当保持在阻塞状态等待队列上数据可用的最长时间。如果 `xTicksToWait` 设置为 0，那么如果队列已空，`xQueuePeek()` 就会立即返回。阻塞时间以滴答周期为单位指定，`pdMS_TO_TICKS()` 宏可用于将以 ms

为单位执行的时间转换为以滴答周期为单位指定的时间。如果 INCLUDE_vTaskSuspend 设置为 1，那么将 xTicksToWait 设置为 portMAX_DELAY 将会导致任务无限期（没有超时）地等待下去。

返回值

`pdPASS`：如果从队列中成功读取到数据则返回该值。

`errQUEUE_EMPTY`：如果由于队列已为空而无法从队列读取数据，则返回该值。如果指定了阻塞时间（xTicksToWait 不为 0），那么调用该函数的任务就会被置于阻塞状态，直到另一个任务或中断向队列发送数据，但是在返回 errQUEUE_EMPTY 之前，阻塞时间会超时。

API 函数 uxQueueSpacesAvailable() 返回队列中空闲空间的数量，该函数的格式为：

uxQueueSpacesAvailable(const QueueHandle_t xQueue);

参数

xQueue：该参数是被查询的队列的句柄。

返回值

调用 uxQueueSpacesAvailable() 时被查询的队列中可用空闲空间的数量。

API 函数 uxQueueMessagesWaiting() 返回目前队列中数据项的数目，该函数的格式为：

uxQueueMessagesWaiting(const QueueHandle_t xQueue);

参数

xQueue：该参数是被查询的队列的句柄。

返回值

调用该函数时被查询的队列中存放数据项的数量。

10.8 项目 22——开关式温度控制器

描述：在本项目中我们将基于多任务处理方法设计一个开关式温度控制器，开关式温度控制器也被称为继电器式控制器，它会在温度超过预定阈值（即要求的值）时关闭加热器。与之类似，如果温度低于阈值，那么加热器就会被启用。使用开关式控制器是为了简单，因为它无须了解要受控装置的模型，唯一需要设置的参数就是阈值。当受控装置的响应时延较短并且上升时间的输出率较小时，开关控制非常适用。如果需要精确的温度控制，那么使用带有负反馈的专业 PID（比例＋积分＋微分）型控制器算法或者智能模糊控制器算法可能更为合适。大多数专业控制器的问题在于在推导出合适的控制算法之前，通常需要受控装置的精确模型。开关式控制器的缺点是用于打开和关闭加热器的继电器的工作次数过多，这可能会缩短继电器的寿命。

目标：利用多任务处理方法设计一个开关式控制器。

框图：如图 10.6 所示。除了 Clicker 2 for STM32 开发板之外，项目中还会用到下列元件：
- USB UART click 板
- 模拟温度传感器芯片
- LCD
- 用于 LCD 对比度调节的 10kΩ 电位器
- 蜂鸣器
- 继电器
- 加热器
- 键盘（以及 PC）

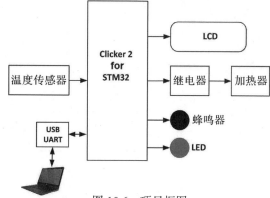

在本项目中需要利用开关式控制器来控制烤箱的温度。阈值温度利用与 PC 连接的键盘输入，在烤箱受控时，可以在任意所需

图 10.6　项目框图

时间改变这个阈值，也就是说，没有必要为了改变阈值而让烤箱停止工作（因此称为多任务处理）。与 Clicker 2 for STM32 开发板连接的继电器在软件控制下启用或关闭烤箱。与开发板连接的 LCD 显示阈值温度以及实际测得的烤箱温度。烤箱温度利用模拟温度传感器芯片测得。如果烤箱温度超过危险的预设值，就会激活一个蜂鸣器表示报警状态。用一个 LED 随时显示烤箱的状态，即当烤箱是启用状态时，LED 显示 ON；当烤箱是关闭状态时，LED 显示 OFF。

电路图：与第 9 章中的项目介绍的一样，用一块 16×2 字符型 LCD 与开发板相连。项目中还会用到 TMP36DZ 型温度传感器芯片，这是一个 3 引脚芯片，其基本规格如下所示：
- 工作电压为 2.7～5.5V
- 输出为 10mV/℃
- 精度 ±2℃
- 线性精度 ±0.5℃
- 工作温度 −40～+125℃
- 静态电流不超过 50μA

TMP36DZ 芯片的引脚如图 10.7 所示。

本设计中所用的继电器是一个标准继电器，工作电压为 +3.3V，假定通过与加热器连接，继电器的触点可以接通或断开交流电源。蜂鸣器是一种低电压（+3.3V）有源设备，当其 +V 输入端为逻辑 1 时，蜂鸣器就发声。与引脚 PE12 连接的板载 LED 用于表示烤炉状态（如果有必要，也可以用外部 LED 连接开发板）。

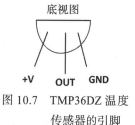

图 10.7　TMP36DZ 温度传感器的引脚

项目的电路图如图 10.8 所示，Clicker 2 for STM32 开发板与外部元件之间的接口如下所示：

Clicker 2 for STM32 引脚	外部元件引脚	模式
PE9	LCD 引脚 D4	数字输出
PE7	LCD 引脚 D5	数字输出
PE8	LCD 引脚 D6	数字输出

(续)

Clicker 2 for STM32 引脚	外部元件引脚	模式
PC10	LCD 引脚 D7	数字输出
PC11	LCD 引脚 E	数字输出
PC12	LCD 引脚 R/S	数字输出
PC9	继电器	数字输出
PE12	LED（板载）	数字输出
PA2	TMP36DZ 温度传感器	模拟输入
PA8	蜂鸣器	数字输出

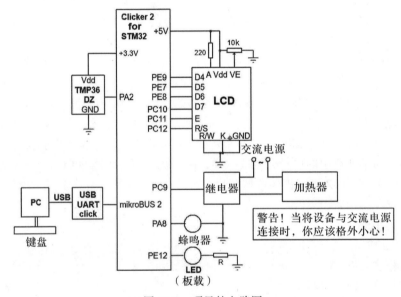

图 10.8 项目的电路图

程序清单：除了空闲任务，项目程序还包含 4 个任务，所有任务都被配置为以相同的优先级执行：

任务 1	主任务	任务 3	LCD 控制器
任务 2	UART 控制器	任务 4	蜂鸣器控制器

在程序一开始定义了 LCD 与开发板的接口。本程序中所用的 3 个队列的句柄如下所示（为简单起见，这些句柄都被定义为全局变量）：

队列句柄	描述	使用该句柄的任务
xUARTQueue	UART 队列	任务 1，任务 2
xLCDQueue	LCD 队列	任务 1，任务 3
xBuzzerQueue	蜂鸣器队列	任务 1，任务 4

下面对各任务做个说明。

任务 1

该任务是用于控制烤箱温度的主任务，它从与微控制器的通道 2（端口引脚 PA2）连接的 TMP36DZ 温度传感器芯片中读取模拟温度。默认情况下，在该任务一开始将阈值和报警值分别设置为 30℃和 50℃。新阈值通过 xUARTQueue 从任务 2 获取，端口引脚 PC9 上的继电器被配置为输出，端口引脚 PE12 上的 LED 也被配置为输出。通过调用内置的 ADC 函数 ADC1_Read(2) 读取温度，其中 2 是通道编号。微控制器上的 ADC 为 12 比特宽度，因此具有 4096 量化等级，ADC 的参考电压为 3.3V（3300mV）。从通道 2 读取的模拟值通过将其乘以 3300 并除以 4096 转换为物理毫伏。获取 TMP36DZ 的绝对温度的方法是：测量 TMP36DZ 的输出电压（单位：毫伏），将输出电压减去 500 然后再除上 10，即：

$$T=(V_o-500)/10$$

其中，T 是以℃为单位的绝对温度，V_o 是以毫伏单位的传感器芯片输出电压。如果测得的温度小于阈值，那么继电器就被激活，启动加热器。另一方面，如果测得的温度大于阈值，那么继电器就被关闭，关掉加热器。测得的温度会与预定义的报警值进行比较，如果其高于报警值，那么就会利用 xBuzzerQueue 将 1 传递给任务 4（蜂鸣器控制器），这样任务 4 就会激活蜂鸣器。测得的温度值和阈值温度都会通过 xLCDQueue 发送给 LCD 并在 LCD 上显示。一个结构体会被创建，分别以字符数组 Txt1 和 Txt2 存放测得的温度以及阈值温度。由于内置函数 ByteToStr() 会将一个字节转换成 4 个字符的字符串（包括开头的空格），因此这两个数组都有 4 个单元。

任务 2

该任务是 UART 控制器任务，在该任务一开始将 UART 初始化为 9600 波特，利用 Putty 终端模拟软件将消息 **Enter Temperature Setpoint (Degrees):** 显示在 PC 屏幕上。从键盘读取所需的阈值（整数），并通过 xUARTQueue 将阈值发送给任务 1，然后会在 PC 屏幕上显示消息 Temperature setpoint changed...。当阈值温度被设置为 45℃时，该任务所显示的消息如图 10.9 所示。

任务 3

该任务是 LCD 控制器任务，在该任务一开始初始化了 LCD 并将其清屏，光标被设置为 OFF 使其不可见。任务通过队列 xLCDQueue 以结构体的形式接收测得的温度以及阈值温度，字符数组 Txt1 和 Txt2 分别存放测得的温度和阈值温度。LCD 显示屏每秒刷新一次，LCD 显示屏如图 10.10 所示。

```
Enter Temperature Setpoint (Degrees): 45
Temperature setpoint changed...
```

图 10.9　任务 2 显示的消息

图 10.10　LCD 显示屏

任务 4

该任务是蜂鸣器控制器任务，在该任务一开始将端口引脚 PA8 配置为输出。该任务通过队列 xBuzzerQueue 接收蜂鸣器状态，如果接收到 1，就假定其为报警状态并且蜂鸣器被激活。另一方面，如果接收到 0，那么蜂鸣器就会被关闭。

项目程序清单如图 10.11 所示（程序文件：**Temperature.c**）。

```
/*===========================================================================
                        ON-OFF TEMPERATURE CONTROLLER
                        ============================
This is a multitasking ON-OFF temperature controller program. The program
measures the temperature of an oven and uses ON-OFF algorithm to control the
temperature so that it is within the setpoint. The setpoint value is set using
a keyboard. An LCD displays both the setpoint value and the measured temperature.
A relay is used to turn a heater ON and OFF.  buzzer sounds if the temperature
is above a preset value. An LED indicates when the hester is ON. The temperature
of the oven si measured using an analog temperature sensor chip. Communication
with the PC is using a USB UART Click board, plugged to mikroBUS socket 2 of
the Clicker 2 for STM32 development board.

Author: Dogan Ibrahim
Date   : September, 2019
File   : Temperature.c
===========================================================================*/
#include "main.h"
// LCD module connections
sbit LCD_RS at GPIOC_ODR.B12;
sbit LCD_EN at GPIOC_ODR.B11;
sbit LCD_D4 at GPIOE_ODR.B9;
sbit LCD_D5 at GPIOE_ODR.B7;
sbit LCD_D6 at GPIOE_ODR.B8;
sbit LCD_D7 at GPIOC_ODR.B10;
// End LCD module connections

QueueHandle_t xUARTQueue;                          // UART Queue handle
QueueHandle_t xLCDQueue;                           // LCD Queue handle
QueueHandle_t xBuzzerQueue;                        // Buzzer Queue handle

//
// Define all your Task functions here
// ==================================
//

// Task 1 - MAIN Controller
void Task1(void *pvParameters)
{
    typedef struct Message
    {
       char Txt1[4];
       char Txt2[4];
    } AMessage;

    AMessage msg;

    #define HEATER GPIOC_ODR.B9
    #define LED GPIOE_ODR.B12
    #define ON 1
    #define OFF 0

    char *cpy;
    char *on;
    char off=0;
    unsigned char setpoint = 30;
    unsigned AdcValue;
    unsigned char Temperature;
    float mV;
```

图 10.11　Temperature.c 的程序清单

```c
    unsigned const char AlarmValue = 50;

    GPIO_Config(&GPIOC_BASE, _GPIO_PINMASK_9, _GPIO_CFG_MODE_OUTPUT);
    GPIO_Config(&GPIOE_BASE, _GPIO_PINMASK_12, _GPIO_CFG_MODE_OUTPUT);
    ADC1_Init();
    on = 1;
    off = 0;

    while (1)
    {
        xQueueReceive(xUARTQueue, &setpoint, 0 );        // Receive data
        AdcValue = ADC1_Read(2);                          // Read ADC Channel 2
        mV = AdcValue*3300.0 / 4096.0;                    // in mV
        mV = (mV - 500.0)/ 10.0;                          // Temp in C
        Temperature = (int)mV;                            // Temp as integer
        if(Temperature < setpoint)                        // If cold
        {
            HEATER = ON;                                  // Heater ON
            LED = ON;                                     // LED ON
        }
        else                                              // If hot
        {
            HEATER = OFF;                                 // Heater OFF
            LED = OFF;                                    // LED OFF
        }

        ByteToStr(Temperature, msg.Txt1);                 // Measured value
        ByteToStr(setpoint, msg.Txt2);                    // setpoint
        xQueueSend(xLCDQueue, &msg, 0);                   // Send via Queue

        if(Temperature > AlarmValue)                      // Alarm?
            xQueueSend(xBuzzerQueue, &on, 0);             // Buzzer ON
        else
            xQueueSend(xBuzzerQueue, &off, 0);            // Buzzer OFF
    }
}

// Task 2 - UART Controller
void Task2(void *pvParameters)
{
    unsigned N;
    unsigned AdcValue;
    unsigned char Total;

    UART3_Init_Advanced(9600,_UART_8_BIT_DATA,_UART_NOPARITY,_UART_ONE_STOPBIT,
                        &_GPIO_MODULE_USART3_PD89);

    while (1)
    {
        UART3_Write_Text("\n\r\n\rEnter Temperature Setpoint (Degrees): ");
        N = 0;
        Total = 0;

        while(1)
        {
            N = UART3_Read();                             // Read a number
            UART3_Write(N);                               // Echo the number
            if(N == '\r') break;                          // If Enter
            N = N - '0';                                  // Pure number
            Total = 10*Total + N;                         // Total number
        }

        xQueueSend(xUARTQueue, &Total, pdMS_TO_TICKS(10)); // Send via Queue
        UART3_Write_Text("\n\rTemperature setpoint changed...");
```

图 10.11 （续）

```c
            }
    }
    // Task 3 - LCD Controller
    void Task3(void *pvParameters)
    {
        typedef struct Message
        {
           char Txt1[4];
           char Txt2[4];
        } AMessage;

        AMessage msg;

      Lcd_Init();                                           // Initialize LCD
      Lcd_Cmd(_LCD_CLEAR);                                  // Clear LCD
      Lcd_Cmd(_LCD_CURSOR_OFF);                             // Cursor OFF

      while (1)
      {
        xQueueReceive(xLCDQueue, &msg, 0 );                 // Receive data
        Lcd_Out(1, 1, "Measured:");                         // Heading
        Ltrim(msg.Txt1);                                    // Remove spaces
        Lcd_Out_CP(msg.Txt1);                               // Display temp
        Lcd_Out(2, 1, "Setpoint:");                         // Heading
        Ltrim(msg.Txt2);                                    // Remove spaces
        Lcd_Out_CP(msg.Txt2);                               // Display setpoint
        vTaskDelay(pdMS_TO_TICKS(1000));                    // Wait 1 second
        Lcd_Out(1, 10, "    ");                             // Clear numbers
        Lcd_Out(2, 10, "    ");                             // Clear numbers
      }
    }

    // Task 4 - Buzzer Controller
    void Task4(void *pvParameters)
    {
        #define BUZZER GPIOA_ODR.B8
        unsigned char BuzzerState;

        GPIO_Config(&GPIOA_BASE, _GPIO_PINMASK_8, _GPIO_CFG_MODE_OUTPUT);
        BuzzerState = 0;                                    // Default state

        while (1)
        {
            xQueueReceive(xBuzzerQueue, &BuzzerState, 0);   // Get data
            if(BuzzerState == 1)                            // Alarm?
               BUZZER = 1;                                  // Buzzer ON
            else
               BUZZER = 0;                                  // Buzzer OFF
        }
    }

    //
    // Start of MAIN program
    // =====================
    //
    void main()
    {
       xUARTQueue = xQueueCreate(1, 1);                     // Create UART queue
       xLCDQueue = xQueueCreate(1,8);                       // Create LCD queue
       xBuzzerQueue = xQueueCreate(1, 1);                   // Create Buzzer queu

    //
    // Create all the TASKS here
```

图 10.11 （续）

```
//  ==========================
//
    // Create Task 1
    xTaskCreate(
        (TaskFunction_t)Task1,
        "MAIN Controller",
        configMINIMAL_STACK_SIZE,
        NULL,
        10,
        NULL
    );

    // Create Task 2
    xTaskCreate(
        (TaskFunction_t)Task2,
        "UART Controller",
        configMINIMAL_STACK_SIZE,
        NULL,
        10,
        NULL
    );

    // Create Task 3
    xTaskCreate(
        (TaskFunction_t)Task3,
        "LCD Controller",
        configMINIMAL_STACK_SIZE,
        NULL,
        10,
        NULL
    );

    // Create Task 4
    xTaskCreate(
        (TaskFunction_t)Task4,
        "BUZZER Controller",
        configMINIMAL_STACK_SIZE,
        NULL,
        10,
        NULL
    );
//
// Start the RTOS scheduler
//
    vTaskStartScheduler();
//
// Will never reach here
}
```

图 10.11 （续）

在如图 10.12 所示的程序描述语言（Program Description Language, PDL）对程序的运行进行了总结。

TASK 1 (Main Controller)
BEGIN
    Configure buzzer as output
    Configure LED as output

图 10.12　程序的运行

```
                    Initialize variables
                    Set the setpoint to 30
                    Set the AlarmValue to 50
                    DO FOREVER
                            Receive setpoint from UART Controller
                            Read Temperature from ADC Channel 2
                            Convert reading into millivolts
                            Convert reading into degrees centigrade
                            IF measured temperature < setpoint THEN
                                    Turn ON heater
                                    Turn ON LED
                            ELSE
                                    Turn OFF heater
                                    Turn OFF LED
                            ENDIF
                            Send the measured and setpoint temperatures to LCD Controller
                            IF measured temperature > AlarmValue THEN
                                    Send 1 to Buzzer Controller
                            ELSE
                                    Send 0 to Buzzer Controller
                            ENDIF
                    ENDDO
            END

            TASK 2 (UART Controller)

            BEGIN
                    Initialize UART
                    DO FOREVER
                            Write heading on screen (Enter temperature setpoint)
                            Read a number (setpoint) from the keyboard
                            Send setpoint to Main Controller
                            Write heading on screen (Temperature setpoint changed)
                    ENDDO
            END

            TASK 3 (LCD Controller)

            BEGIN
                    Initialize LCD
                    Clear LCD and turn OFF cursor
                    DO FOREVER
                            Receive measured and setpoint temperatures from Main Controller
                            Display measured and setpoint temperatures on LCD
                            Wait 1 second
                    ENDDO
            END

TASK 4 (Buzzer Controller)

BEGIN
        Configure buzzer as output
        DO FOREVER
                Receive buzzer state from Main Controller
                IF buzzer state = 1 THEN
                        Turn ON buzzer
                ELSE
                        Turn OFF buzzer
                ENDIF
        ENDDO
END
```

图 10.12 （续）

请注意，在编译程序前必须在 mikroC Pro for ARM 的库管理器中启用以下项：
- ADC
- Conversions
- C_String
- C_Stdlib
- Lcd
- Lcd_Constants
- UART

10.9 小结

在多任务处理程序中，队列用于进行任务间的互相通信，在本章中，我们已经学习如何在作为多任务处理项目开发的应用程序中使用各种 FreeRTOS 队列函数。

在第 11 章中，我们将会看到信号量和互斥量，并学习在多任务处理项目中，如何利用它们达到应用程序中的同步目的。

拓展阅读

[1] R. Barry. Mastering the FreeRTOS Real Time Kernel: A Hands-On Tutorial Guide. Available from: https://www.freertos.org/wp-content/uploads/2018/07/161204_Mastering_the_FreeRTOS_Real_Time_Kernel-A_Hands-On_Tutorial_Guide.pdf.
[2] The FreeRTOS Reference Manual. Available from: https://www.freertos.org/wp-content/uploads/2018/07/FreeRTOS_Reference_Manual_V10.0.0.pdf.
[3] https://www.freertos.org/documentation.

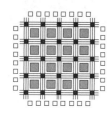

第 11 章
信号量和互斥量

11.1 概述

在多任务处理系统中，任务协作和共享可用资源非常普遍。例如，各个任务希望能共享通信接口，通信接口一次只能被一个通信接口使用。读者或许会想到可利用简单的技术（例如标志）来共享通信接口，如下面的例子所示：

```
while (serial port is busy);        // 等待直到串口空闲
Serial port busy flag = 1;          // 设置忙标志
Send data to serial port;           // 发送数据
Serial port busy flag = 0;          // 清除忙标志
```

乍看上去，貌似对串口的独占访问没什么问题。但是，在一个多任务处理系统中，很有可能出现其他任务跳转到上述代码的第一行和第二行之间的某处，并在第一个任务完成之前抢占串口的情况。串口可被认为是一个需要受保护的临界区，一次只能让一个任务访问。

在FreeRTOS中利用互斥量和信号量来处理诸如上述的资源共享问题。

互斥量：互斥量也被称为二进制型信号量，用于保护代码的临界区，使得其一次只能被一个任务访问。互斥量的运行方式是互斥量必须创建在使用之前，任务在进入临界区之前占有互斥量。在此期间，由于控制临界区的互斥量不可用，因此其他任何任务都无法访问共享资源。当任务在临界区内完成自己的处理后，就会释放互斥量，此时对于其他希望使用临界区的任务而言，临界区就是可用的。占有互斥量的任务必须将其释放，否则任何其他任务都无法使用临界区。

信号量：信号量既可能是二进制型也可能是计数型。二进制型信号量由于具有两个状态，所以与互斥量类似。计数型信号量包含一个带有上界的计数器，这个计数器在创建信号量时创建。计数器跟踪对共享资源（即临界区）的有限访问。当一个任务打算使用临界区时，它就占有信号量，此时如果计数器不为0，那么计数器就会减1。另一个任务同样可以占用信号量，同时计数器会再次减1。当计数值到0时，资源就变为不可用，再尝试占用信号量就会失败。当任务释放（即交出）信号量时，计数器的值就会加1。为了管理资源而创建的信号量的初始计数值应该等于可用资源的数量。

请注意，尽管互斥量和二进制型信号量非常相似，但是它们之间也存在一些重要的差别。互斥量包含优先级继承，但二进制型信号量没有。如果一个任务持有互斥量，而其他优先级更高的任务企图获取同一互斥量，那么持有互斥量的任务的优先级就会得到提升，也就是说持有互斥量的任务继承了企图获取同一互斥量的任务的优先级。当互斥量返回时，被继承的优先级将被取消继承关系。二进制型信号量在被获取后无须交还信号量。创建互斥量或信号量会向创建者返回一个句柄，这个句柄标识了所创建的互斥量或信号量。

在本章中我们将会看到各种 FreeRTOS 信号量和互斥量函数，还会给出一个示例项目展示如何在实时多任务处理项目中使用互斥量。

有关信号量和互斥量的更多信息可从如下所示的网站上的文档获取：

https://www.freertos.org/wp-content/uploads/2018/07/FreeRTOS_Reference_Manual_V10.0.0.pdf

11.2 创建二进制信号量和互斥量

API 函数 `xSemaphoreCreateBinary()` 会创建一个二进制型信号量并返回其句柄，该函数格式为：

xSemaphoreCreateBinary(void);

该函数没有参数，但它会返回如下所示的值：

返回值

NULL：由于没有足够的堆内存可被 FreeRTOS 用于分配信号量数据结构，所以无法创建信号量。

其他值：成功创建了信号量。该返回值表示所创建的信号量可以引用的句柄。

推荐使用二进制型信号量来实现任务之间或者任务与中断之间的同步，使用互斥量实现简单的互斥。

API 函数 `xSemaphoreCreateMutex()` 会创建一个互斥量并返回其句柄，该函数的格式为：

xSemaphoreCreateMutex(void);

与创建二进制型信号量一样，该函数没有参数并返回句柄。

要想能调用该函数，必须将文件 `FreeRTOSConfig.h` 中的参数 `configSUPPORT_DYNAMIC_ALLOCATION` 设置为 1。

11.3 创建计数型信号量

API 函数 `xSemaphoreCreateCounting()` 创建一个计数型信号量并返回其句柄，该函数的格式为：

xSemaphoreCreateCounting(UBaseType_t uxMaxCount, UBaseType_t uxInitialCount);

参数

uxMaxCount：该参数是所能达到的最大计数值，当信号量达到此值时，它就不能再被任务占用。

uxInitialCount：该参数是信号量创建时被分配的计数值。

返回值

NULL：由于没有足够的堆内存可被 FreeRTOS 用于分配信号量数据结构，所以无法创建信号量。

其他值：成功创建了信号量。该返回值表示所创建的信号量可以引用的句柄。

要想能调用该函数，必须将文件 `FreeRTOSConfig.h` 中的参数 `configSUPPORT_DYNAMIC_ALLOCATION` 设置为 1 或者不定义该参数。

11.4 删除信号量并获取信号量计数

API 函数调用 `vSemaphoreDelete()` 删除已有的信号量，该函数的格式为：

vSemaphoreDelete(SemaphoreHandle_t xSemaphore);

参数

`xSemaphore`：要被删除的信号量的句柄。

返回值

该参数无返回值。

请注意，如果当前有任务阻塞在信号量上，则绝不能删除该信号量。

API 函数 `uxSemaphoreGetCount()` 返回信号量计数值，该函数的格式如下所示：

uxSemaphoreGetCount(SemaphoreHandle_t xSemaphore);

参数

xSemaphore：被查询的信号量的句柄。

返回值

由传递给参数 `xSemaphore` 的句柄所引用的信号量的计数值。

11.5 释放和占用信号量

API 函数调用 `xSemaphireGive()` 交出（或释放）通过调用 `vSemaphoreCreate-Binary()`、`xSemaphoreCreateCounting()` 或 `xSemaphoreCreateMutex()` 所创建并已经被成功"占用"的信号量。该函数的格式为：

xSemaphoreGive(SemaphoreHandle_t xSemaphore);

参数

xSemaphore："被"释放"的信号量的句柄。信号量由 `SemaphoreHandle_t` 类型的变量引用，并且在使用之前必须被显式创建。

返回值

pdPASS：信号量的"释放"操作成功。

pdFAIL：由于调用 `xSemaphoreGive()` 的任务并非信号量占用者，因此信号量的

"释放"操作未成功。在成功地"释放"信号量之前,任务必须成功地"占用"信号量。

API 函数调用 xSemaphoreTake() 占用(或获取)之前通过调用 vSemaphoreCreateBinary()、xSemaphoreCreateCounting() 或 xSemaphoreCreateMutex() 创建的信号量。该函数的格式为:

xSemaphoreTake(SemaphoreHandle_t xSemaphore, TickType_t xTicksToWait);

参数

`xSemaphore`:被"占用"的信号量的句柄。信号量由 SemaphoreHandle_t 类型的变量引用,并且在使用之前必须被显式创建。

`xTicksToWait`:该参数是指如果信号量不能马上使用,任务保持阻塞状态等到信号量变为可用的最长时间。如果 xTicksToWait 为 0,那么 xSemaphoreTake() 在信号量不可用时立即返回。阻塞时间以滴答周期为单位指定,所以它表示的绝对时间取决于滴答频率。pdMS_TO_TICKS() 宏可用于将以 ms 为单位指定的时间转换为以滴答周期为单位指定的时间。如果文件 FreeRTOSConfig.h 中的参数 INCLUDE_vTaskSuspend 被设为 1,那么将 xTicksToWait 设置为 portMAX_DELAY 会导致任务无限期(没有超时)地等待下去。

返回值

`pdPASS`:仅在 xSemaphoreTake() 成功地获取了信号量时返回该值。如果指定了阻塞时间(xTicksToWait 不为 0),那么如果信号量不是马上可用,调用该函数的任务就可能会进入阻塞状态以等待这个信号量,但是在阻塞时间超时之前信号量会变为可用。

`pdFAIL`:在 xSemaphoreTake() 没有成功地获取信号量时返回该值。如果指定了阻塞时间(xTicksToWait 不为 0),那么调用该函数的任务就可能会进入阻塞状态,以等待这个信号量变为可用,但是在返回 pdFAIL 之前,阻塞时间会超时。

11.6 项目 23——向 PC 发送内部和外部温度数据

描述:在本项目中会用到两个模拟温度传感器芯片:一个温度传感器用于测量烤箱内部温度,另一个温度传感器用于测量烤箱外部的环境温度。除了空闲任务,项目中还有 3 个任务,其中两个任务分别读取外部和内部温度,另一个任务发送这些数据并将其显示在 PC 屏幕上。外部温度每 5s 显示一次,内部温度每 2s 显示一次。假定显示任务位于一个临界区当中,在这个临界区中发送任务必须占用/释放互斥量,以便共享 UART 并向 PC 发送数据。

目标:本项目展示了为了访问共享临界区,在多任务处理环境中任务如何创建、占用和释放互斥量。

框图:如图 11.1 所示。除了 Clicker 2 for STM32 开发板,本项目中还用到了下列元件:
- USB UART click 板
- 2 个模拟温度传感器芯片

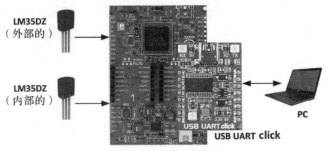

图 11.1 项目框图

电路图：项目的电路图如图 11.2 所示。在本项目中用到了两个 LM35DZ 模拟温度传感器芯片，传感器 `External` 与 Clicker 2 for STM32 模拟输入 PA2 连接；另一个 LM35DZ 传感器 `Internal` 与模拟输入 PA4 连接。两个传感器都由开发板引出的 +5V 电源供电。USB UART click 板与开发板的 mikroBUS Socket 2 连接，通过连接 USB UART click 板与 PC 任意 USB 接口的 USB 数据线完成到 PC 的连接。

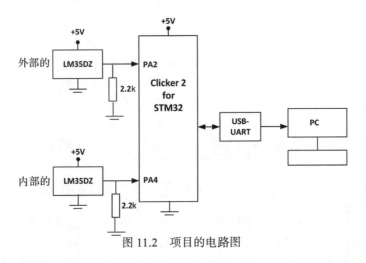

图 11.2 项目的电路图

程序清单：LM35DZ 是一个 3 引脚模拟温度传感器芯片，其规格如下所示：
- 温度测量范围是 0～100℃
- 工作电压为 4～20V
- 工作电流不超过 60μA
- 线性精度 ±4℃

该芯片的输出是一个模拟电压，与测量的温度成正比。所测温度与输出电压之间的关系如下所示：

$$T = 10\text{mV}/℃$$

例如，如果输出电压为 200mV，那么测得的温度就为 20℃；如果输出电压为 350mV，那么测得的温度就为 35℃，以此类推。

项目的程序清单如图 11.3 所示（程序文件：**mutex.c**），除了空闲任务，系统中还有 3 个任务。在主程序中创建了一个句柄为 xUARTQueue 的队列，长度为 1，大小为 28 字节。此外，还创建了一个句柄为 xSemaphore 的互斥量，每个任务执行的操作如下所示：

任务 1

该任务是外部测温任务，它从 LM35DZ 读取环境模拟温度，并将读取到的值的单位转换为毫伏，再将其除以 10 转换成温度。在该任务中用到了 Clicker 2 for STM32 开发板的模拟输入端口 PA2。读取的数据利用内置函数 IntToStr() 转换成字符串，然后任务尝试占用互斥量。如果互斥量被成功占用（即返回 pdPASS），那么就会向 UART 发送带有标题信息的温度，如下面的代码所示：

```
if(xSemaphoreTake(xSemaphore, pdMS_TO_TICKS(1000)) == pdTRUE)
{
  xQueueSend(xUARTQueue, &msg, 0);
  xSemaphoreGive(xSemaphore);
}
```

然后任务放弃互斥量并等待 5s。

任务 2

该任务是 UART 控制器任务，在任务一开始将 UART 初始化为以 9600 波特运行，然后任务检查队列，如果为 1 则读取消息。

任务 3

该任务与任务 1 类似，但是此处读取和发送到 UART 的是烤箱内部温度，该任务用到了 Clicker 2 for STM32 开发板的模拟端口 PA4。

```
/*===========================================================================
                          MUTEX EXAMPLE
                          =============
In this project two analog temperature sensors are used by two different tasks.
The tasks send the temperature to another task which displays the temperature via
the UART. Mutex is used to synchronize the access to the task handling the UART.

Author: Dogan Ibrahim
Date   : September, 2019
File   : mutex.c
===========================================================================*/
#include "main.h"
QueueHandle_t xUARTQueue;                          // UART Queue handle
SemaphoreHandle_t xSemaphore;                      // Semaphore handle

//
// Define all your Task functions here
// ===================================
//

// Task 1 - External sensor Controller
void Task1(void *pvParameters)
{
    typedef struct Message
```

图 11.3 mutex.c 的程序清单

```c
    {
        char Head[21];
        char Temp[7];
    } AMessage;

    AMessage msg;

    unsigned AdcValue;
    unsigned int XTemperature;
    float mV;
    char Txt[14];

    ADC1_Init();
    strcpy(msg.Head, "External Temperature ");
    msg.Head[20]='\0';

    while (1)
    {
        AdcValue = ADC1_Read(2);                              // Read ADC Channel 2
        mV = AdcValue*3300.0 / 4096.0;                        // in mV
        mV = mV / 10.0;                                       // Temp in C
        XTemperature = (int)mV;                               // Temp as integer
        IntToStr(XTemperature, msg.Temp);                     // Measured value

        if(xSemaphoreTake(xSemaphore, pdMS_TO_TICKS(1000)) == pdTRUE)
        {
            xQueueSend(xUARTQueue, &msg, 0);                  // Send via Queue
            xSemaphoreGive(xSemaphore);                       // Give mutex
        }
        vTaskDelay(pdMS_TO_TICKS(5000));                      // Delay 5 secs
    }
}

// Task 2 - UART Controller
void Task2(void *pvParameters)
{
    typedef struct Message
    {
        char Head[21];
        char Temp[7];
    } AMessage;

    AMessage msg;

    UART3_Init_Advanced(9600,_UART_8_BIT_DATA,_UART_NOPARITY,_UART_ONE_STOPBIT,
                        &_GPIO_MODULE_USART3_PD89);
    UART3_Write_Text("\n\rExternal and Internal Temperature\n\r");

    while (1)
    {
        if(xQueueReceive(xUARTQueue, &msg, 0) == pdPASS)      // Receive queue
        {
            UART3_Write_Text(msg.Head);                       // Write heading
            UART_Write_Text(msg.Temp);                        // Write temp
            UART3_Write_Text("\n\r");                         // CR & LF
        }
    }
}

// Task 3 - Internal sensor Controller
void Task3(void *pvParameters)
{
    typedef struct Message
    {
        char Head[21];
        char Temp[7];
```

图 11.3 （续）

```c
    } AMessage;

    AMessage msg;

    unsigned AdcValue;
    unsigned int ITemperature;
    float mV;

    ADC1_Init();
    strcpy(msg.Head, "Internal Temperature ");
    msg.Head[20]='\0';

    while (1)
    {
        AdcValue = ADC1_Read(4);                            // Read ADC Channel 4
        mV = AdcValue*3300.0 / 4096.0;                      // in mV
        mV = mV / 10.0;                                     // Temp in C
        ITemperature = (int)mV;                             // Temp as integer
        IntToStr(ITemperature, msg.Temp);                   // Measured value

        if(xSemaphoreTake(xSemaphore, pdMS_TO_TICKS(1000)) == pdTRUE)
        {
            xQueueSend(xUARTQueue, &msg, 0);                // Send via Queue
            xSemaphoreGive(xSemaphore);                     // Give mutex
        }
        vTaskDelay(pdMS_TO_TICKS(2000));                    // Wait 2 secs
    }
}
//
// Start of MAIN program
// =====================
//
void main()
{
    xUARTQueue = xQueueCreate(1, 28);                       // Create UART queue
    xSemaphore = xSemaphoreCreateMutex();                   // Create Mutex
//
// Create all the TASKS here
// =========================
//
    // Create Task 1
    xTaskCreate(
        (TaskFunction_t)Task1,
        "External sensor Controller",
        configMINIMAL_STACK_SIZE,
        NULL,
        10,
        NULL
    );

    // Create Task 2
    xTaskCreate(
        (TaskFunction_t)Task2,
        "UART Controller",
        configMINIMAL_STACK_SIZE,
        NULL,
        10,
        NULL
    );

    // Create Task 3
    xTaskCreate(
        (TaskFunction_t)Task3,
        "Internal sensor Controller",
        configMINIMAL_STACK_SIZE,
```

图 11.3 （续）

```
            NULL,
            10,
            NULL
        );
//
// Start the RTOS scheduler
//
        vTaskStartScheduler();
//
// Will never reach here
}
```

图 11.3 （续）

消息由两部分组成：标题和测得的温度。消息被发送至 UART，并通过中断模拟软件在 PC 屏幕上显示。

程序运行时 PC 屏幕上的输出如图 11.4 所示。

```
External and Internal Temperature
Internal Temperature      24
Internal Temperature      24
Internal Temperature      23
External Temperature      23
Internal Temperature      24
Internal Temperature      23
External Temperature      23
Internal Temperature      23
Internal Temperature      23
```

图 11.4 屏幕上的输出

11.7 小结

在本章中我们学习了信号量和互斥量的概念，并给出了一个使用 FreeRTOS 的例子，来展示如何创建互斥量，以及如何通过占用和释放互斥量来让两个任务共享临界区。

在第 12 章中我们将学习多任务处理系统中的事件组的概念，并给出在多任务处理项目中使用事件组的若干示例。

拓展阅读

[1] R. Barry, Mastering the FreeRTOS real time kernel: a hands-on tutorial guide. https://www.freertos.org/wp-content/uploads/2018/07/161204_Mastering_the_FreeRTOS_Real_Time_Kernel-A_Hands-On_Tutorial_Guide.pdf.
[2] The FreeRTOS reference manual. https://www.freertos.org/wp-content/uploads/2018/07/FreeRTOS_Reference_Manual_V10.0.0.pdf https://www.freertos.org/documentation.

第 12 章
事 件 组

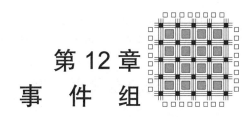

12.1 概述

事件组能够将事件传递给任务,并且允许任务处于阻塞状态以等待一个或多个事件的组合发生。当事件发生时,事件组会解除正在等待同一事件或事件组合的任务的阻塞状态。因此,事件组可用于同步任务,它允许任务处于阻塞状态等待一组事件中的任何一个发生。

事件组可用于众多应用程序当中,由于用一个事件组就能代替若干信号量,因此减少了 RAM 的使用。请注意,事件组是 FreeRTOS 的可选部分,源文件 `FreeRTOS/source/event_groups.c` 必须作为你的程序的一部分被编译,此外还要在你的程序的开始处包含头文件 `event_groups.h`。

12.2 事件标志和事件组

事件标志又被称为时间位,它是一个 1 位的值(0 或者 1),用于表示某个事件是否发生过。设置事件位就创建了一个事件组。事件组存放了隶属该组的所有事件标志的状态,事件标志的状态用类型为 `EventBits_t` 的变量表示。当设置事件位时,就可以说由该位表示的事件发生了。

事件组存放在类型为 `EventGroupHandle_t` 的变量当中,事件组可被系统中的任何任务所访问,任意数量的任务都能设置或读取事件组中的位。如果配置文件中的参数 `configUSE_16_BIT_TICKS` 被设置为 1,则事件组中的位(或标志)的数目为 8;如果配置文件中的参数 `configUSE_16_BIT_TICKS` 被设置为 0(默认设置),则事件组中的位(或标志)的数目为 24。事件组内的事件标志由其位的位置来标识。例如,位 0 即事件标志 0,位 20 即事件标志 20,以此类推。例如,如果事件组存放的是十六进制值 0x92,那么就设置了事件标志 1、4 和 7(0x92 等于二进制的"1001 0010")。程序员赋予事件标志一定的含义,例如位 0 可能表示任务正在等待消息,位 3 表示 LED 被点亮,以此类推。

在本章接下来的内容中,我们将会看到 FreeRTOS 中一些常用的事件组 API 函数,并给出一个实际的项目来展示在多任务处理项目中如何使用事件组。

感兴趣的读者可以在如下所示的网站中找到有关事件组的更多信息:
https://www.freertos.org/wp-content/uploads/2018/07/FreeRTOS_Reference_Manual_V10.0.0.pdf
以及

https://www.freertos.org/wp-content/uploads/2018/07/161204_Mastering_the_FreeRTOS_Real_Time_Kernel-A_Hands-On_Tutorial_Guide.pdf

12.3　创建和删除事件组

API 函数 xEventGroupCreate() 用于创建事件组，所创建的事件组的句柄返回给调用程序。该函数的格式为：

xEventGroupCreate(void);

该函数没有参数。

返回值

Null：由于没有足够的 FreeRTOS 堆可用，所以无法创建事件组。

其他值：事件组被创建，返回值是所创建的事件组的句柄。

API 函数 vEventGroupDelete() 用于删除之前创建的事件组，在正在删除的事件组上被阻塞的任务会解除阻塞状态。该函数的格式为：

vEventGroupDelete(EventGroupHandle_t xEventGroup);

参数

xEventGroupHandle_t：要被删除的事件组的句柄。

该函数没有返回值。

12.4　设置、清除、等待事件组位以及获取事件组位

API 函数 xEventGroupSetBits() 用于设置事件组中的事件标志。设置事件标志将会解除正在等待设置标志的任务的阻塞状态，该函数为：

xEventGroupSetBits(EventGroupHandle_t xEventGroup, const EventBits_t uxBitsToSet);

参数

xEventGroup：要设置位的事件组的句柄，该事件组必须在前面已被成功创建。

uxBitsToSet：一个按位的值，表示要在事件组中设置的位。

返回值

任意值：调用 xEventGroupSetBits() 返回时事件组中的位的值。清除 uxBitsToSet 参数指定的位有两个原因：

1. 如果设置一个位会导致等待该位的任务离开阻塞状态，那么该位可能已被自动清除（参见 xEventGroupWaitBits() 的参数 xClearBitsOnExit）。

2. 设置位导致离开阻塞状态的任何任务（或任何就绪状态任务）的优先级高于调用 xEventGroupSetBits() 将执行的任务，并且可能在调用 xEventGroupSetBits() 返回之前改变事件组的值。

API 函数 xEventGroupClearBits() 用于清除事件组中的事件标志。该函数的格式为：

xEventGroupClearBits(EventGroupHandle_t xEventGroup, const EventBits_t uxBitsToClear);

参数

xEventGroup：要被清除位的事件组，该事件组必须在前面已通过调用 xEventGroup-Create() 被成功创建。

uxBitsToClear：一个按位设置的值，表示事件组中要被清除的位。

返回值

所有值：在事件组中的位被清除之前各位的值。

如果特定的事件标志未设置，那么 API 函数就会调用 xEventGroupWaitBits() 用于进入阻塞状态（带有超时时间）。该函数的格式为：

xEventGroupWaitBits(const EventGroupHandle_t xEventGroup, const EventBits_t uxBitsToWaitFor, const BaseType_t xClearOnExit, const BaseType_t xWaitForAllBits, TickType_t xTicksToWait);

参数

xEventGroup：要对其中的位进行检测的事件组。

uxBitsToWaitFor：一个按位设置的值，表示事件组中要被测试的位。例如，将 uxBitsToWaitFor 设置为 0x05 就会等待位 0 或位 2。

xClearOnExit：如果 xClearOnExit 设置为 pdTRUE，xEventGroupWaitBits() 返回的原因不是超时，那么作为 uxBitsToWaitFor 参数传递的值中设置的任何位都将在 xEventGroupWaitBits() 返回之前在事件组中被清除。超时时间由参数 xTicksToWait 设置。如果 xClearOnExit 设置为 pdFALSE，那么当 xEventGroupWaitBits() 调用返回时，事件组中设置的位不会改变。

xWaitAllBits：xWaitForAllBits 用于创建逻辑 AND 测试（其中的所有位都必须被设置）或者逻辑 OR 测试（其中只要一个或多个位被设置），具体方式为：如果 xWaitForAllBits 设置为 pdTRUE，那么当作为 uxBitsToWaitFor 参数传递的值中设置的所有位都在事件组中进行了设置，或者阻塞时间过期时，xEventGroupWait-Bits() 就返回。如果 xWaitForAllBits 设置为 pdFALSE，那么当作为 uxBitsToWaitFor 参数传递的值中设置的任意一位在事件组中进行了设置，或者阻塞时间过期时，xEvent-GroupWaitBits() 就返回。

xTicksToWait：等待由 uxBitsToWaitFor 指定的位中的一个或者全部位（取决于 xWaitForAllBits 的值）变为被设置的最大时间值（单位为滴答周期）。

返回值

任意值：等待事件位被设置时或阻塞时间过期时事件组的值。如果优先级更高的任务或者中断在调用任务离开阻塞状态和退出 xEventGroupWaitBits() 函数之间改变了事件位的值，那么事件组中事件位的当前值与返回值不同。对返回值进行检查就能知道哪些位被设置了。如果 `xEventGroupWaitBits()` 是由于其超时时间过期而返回的，那么正在等待被设置的位就不会全部被设置。如果 `xEventGroupWaitBits()` 是由于其等待的位被设置而返回的，那么在 `xClearOnExit` 参数设置为 `pdTRUE` 的情况下，返回值是在位被自动清除之前的事件组值。

API 函数 `xEventGroupGetBits()` 用于返回事件组中事件标志位的当前值。该函数的格式为：

`xEventGroupGetBits(EventGroupHandle_t xEventGroup);`

参数

`xEventGroup`：被查询的事件组。该事件组必须在前面已通过调用 `xEventGroup-Create()` 被成功创建，它返回 `ValuesAll` 值，该值是调用 `xEventGroupGetBits()` 时事件组中事件位的值。

12.5　项目 24——向 PC 发送内部和外部温度数据

描述：本项目与第 11 章中给出的项目 23 类似，在本项目中用到了两个模拟温度传感器：一个温度传感器用于测量烤箱内部的温度，另一个温度传感器用于测量烤箱外部的环境温度。除了空闲任务，本项目中还有 3 个任务。外部和内部温度分别由两个任务读取，读取到的数据被发送给另一个任务，这个任务会将接收到的数据在 PC 屏幕上显示。在本项目中外部和内部温度都是每 2s 显示一次。在本程序中用事件标志来代替互斥量同步对 UART 的访问。通过设置、清除以及等待事件标志，我们确保在任意时刻只有一个任务访问 UART。

目标：展示如何用事件标志同步对 UART 的共享访问。

框图：如图 11.1 所示。

电路图：如图 11.2 所示，其中用到了两个 LM35DZ 模拟温度传感器芯片来测量烤箱内外的温度。PC 和 USB UART click 板之间通过 USB 数据线进行连接。

程序清单：如图 12.1 所示（程序文件：`flags.c`）。除了空闲任务，系统中还有 3 个任务。主程序中创建了一个句柄为 `xEventGroup` 的事件组，程序中会用到该事件组的位 1 和位 2。程序的运行如紧接其后的程序描述语言所示，其中任务 1 和任务 3 将它们的温度读取值通过队列发送给任务 2 中的 UART 控制器。

主程序

创建句柄为 `xUARTQueue` 的队列。

创建句柄为 `xEventGroup` 的事件组。

```
/*================================================================
                      EVENT GROUPS EXAMPLE
                      ====================
In this project two analog temperature sensors are used by two different tasks.
The tasks send the temperature to another task which displays the temperature via
```

图 12.1　`flags.c` 的程序清单

```
      the UART. Two event flags are used (1 and 2) to synchronize the access to the
      task handling the UART.

      Author: Dogan Ibrahim
      Date   : September, 2019
      File   : flags.c
      ============================================================================*/
      #include "main.h"
      #include "event_groups.h"

      QueueHandle_t xUARTQueue;                               // UART Queue handle
      EventGroupHandle_t xEventGroup;                         // Event group handle

      //
      // Define all your Task functions here
      // ===================================
      //

      // Task 1 - External sensor Controller
      void Task1(void *pvParameters)
      {
          #define BIT_2 (1 << 2)
          #define BIT_1 (1 << 1)

          typedef struct Message
          {
             char Head[21];
             char Temp[7];
          } AMessage;

          AMessage msg;

          EventBits_t uxBits;
          unsigned AdcValue;
          unsigned int XTemperature;
          float mV;

          ADC1_Init();
          strcpy(msg.Head, "External Temperature ");
          msg.Head[20]='\0';
          uxBits = xEventGroupSetBits(xEventGroup, BIT_2);        // Set flag 2

          while (1)                                               // DO FOREVER
          {
              uxBits = xEventGroupWaitBits(xEventGroup, BIT_2, pdFALSE, pdFALSE,
                         portMAX_DELAY);
              AdcValue = ADC1_Read(2);                            // Read ADC Channel 2
              mV = AdcValue*3300.0 / 4096.0;                      // in mV
              mV = mV / 10.0;                                     // Temp in C
              XTemperature = (int)mV;                             // Temp as integer
              IntToStr(XTemperature, msg.Temp);                   // Measured value
              xQueueSend(xUARTQueue, &msg, 0);                    // Send via Queue
              uxBits = xEventGroupSetBits(xEventGroup, BIT_1);    // Set flag 1
              uxBits = xEventGroupClearBits(xEventGroup, BIT_2 ); // Clear flag 2
              vTaskDelay(pdMS_TO_TICKS(2000));                    // Delay 2 secs
          }
      }

      // Task 2 - UART Controller
      void Task2(void *pvParameters)
      {
          typedef struct Message
          {
             char Head[21];
             char Temp[7];
          } AMessage;
```

图 12.1 （续）

```c
        AMessage msg;

        UART3_Init_Advanced(9600,_UART_8_BIT_DATA,_UART_NOPARITY,_UART_ONE_STOPBIT,
                    & GPIO_MODULE_USART3_PD89);
        UART3_Write_Text("\n\rExternal and Internal Temperature\n\r");

        while (1)
        {
            if(xQueueReceive(xUARTQueue, &msg, 0) == pdPASS)          // Receive queue
            {
                UART3_Write_Text(msg.Head);                            // Write heading
                UART_Write_Text(msg.Temp);                             // Write temp
                UART3_Write_Text("\n\r");                              // CR & LF
            }
        }
}

// Task 3 - Internal sensor Controller
void Task3(void *pvParameters)
{
    #define BIT_2 (1 << 2)
    #define BIT_1 (1 << 1)

     typedef struct Message
    {
        char Head[21];
        char Temp[7];
    } AMessage;

    AMessage msg;

    EventBits_t uxBits;
    unsigned AdcValue;
    unsigned int ITemperature;
    float mV;

    ADC1_Init();
    strcpy(msg.Head, "Internal Temperature ");
    msg.Head[20]='\0';

    while (1)
    {
        uxBits = xEventGroupWaitBits(xEventGroup, BIT_1, pdFALSE, pdFALSE,
                  portMAX_DELAY);
        AdcValue = ADC1_Read(4);                                   // Read ADC Channel 4
        mV = AdcValue*3300.0 / 4096.0;                             // in mV
        mV = mV / 10.0;                                            // Temp in C
        ITemperature = (int)mV;                                    // Temp as integer
        IntToStr(ITemperature, msg.Temp);                          // Measured value
        xQueueSend(xUARTQueue, &msg, 0);                           // Send via Queue
        uxBits = xEventGroupSetBits(xEventGroup, BIT_2);           // Set flag 2
        uxBits = xEventGroupClearBits(xEventGroup, BIT_1);         // Clear flag 1
        vTaskDelay(pdMS_TO_TICKS(2000));                           // Wait 2 secs
    }
}

//
// Start of MAIN program
// ======================
//
void main()
{
    xUARTQueue = xQueueCreate(1, 28);                              // Create UART queue
    xEventGroup = xEventGroupCreate();                             // Create event group
//
// Create all the TASKS here
// =========================
//
```

图 12.1 （续）

```
        // Create Task 1
        xTaskCreate(
            (TaskFunction_t)Task1,
            "External sensor Controller",
            configMINIMAL_STACK_SIZE,
            NULL,
            10,
            NULL
        );

        // Create Task 2
        xTaskCreate(
            (TaskFunction_t)Task2,
            "UART Controller",
            configMINIMAL_STACK_SIZE,
            NULL,
            10,
            NULL
        );

        // Create Task 3
        xTaskCreate(
            (TaskFunction_t)Task3,
            "Internal sensor Controller",
            configMINIMAL_STACK_SIZE,
            NULL,
            10,
            NULL
        );
//
// Start the RTOS scheduler
//
    vTaskStartScheduler();

//
// Will never reach here
}
```

图 12.1（续）

任务 1	任务 3	任务 2
设置事件标志 2		
DO FOREVER	DO FOREVER	DO FOREVER
等待事件标志 2	等待事件标志 1	IF 队列中有数据 THEN
通过队列发送数据	通过队列发送数据	将数据发送给 UART
设置事件标志 1	设置事件标志 2	ENDIF
清除事件标志 2	清除事件标志 1	ENDDO
ENDDO	ENDDO	

下面详细介绍每个任务的细节。

任务 1

该任务为外部温度任务，它从传感器 LM35DZ 读取环境模拟温度，将读取值转换为毫伏（mV）单位，然后再通过将毫伏值除以 10 将其转换为以℃为单位。在本任务中用到了 Clicker 2 for STM32 开发板的模拟输入接口 PA2。然后用内置函数 `IntToStr()` 将读取值转换为字符串，并发送给 UART。之后该任务在退出之前设置事件标志 1 并清除事件标志 2。

下面的语句用于设置事件标志 2：

uxBits = xEventGroupSetBits(xEventGroup, BIT_2);

类似地，下面的语句用于清除事件标志 2：

uxBits = xEventGroupClearBits(xEventGroup, BIT_2);

利用下面的语句让该任务阻塞，等待事件标志 2 被设置：

uxBits = xEventGroupWaitBits(xEventGroup, BIT_2, pdFALSE, pdFALSE,
    portMAX_DELAY);

请注意，在这里任务一直被阻塞处于等待状态，直到事件标志 2 被设置为止。此外，参数 xCLEAROnExit 被设置为 pdFALSE，从而使得当函数 xEventGroupWaitBits() 退出时标志没有被清除。我们也可以将这个参数设置为 pdTRUE，使得事件标志 2 在该函数退出时被自动清除，这样一来，就没有必要在任务 1 中显式清除事件标志 2 了。

任务 3

该任务与任务 1 类似，但是在这个任务中读取和发送给 UART 的是烤箱内部温度，任务中用到了 Clicker 2 for STM32 开发板的模拟输入接口 PA4。

任务 2

该任务是 UART 控制器任务，在任务一开始，UART 被初始化为以 9600 波特运行，然后任务检查队列，并在队列中有消息时读取消息。消息由两部分组成：一个标题和测得的温度。消息被发送给 UART，并通过终端模拟软件显示在 PC 屏幕上。

12.6 项目 25——控制 LED 的闪烁

描述：这是个非常简单的项目，在本项目中用到了 Clicker 2 for STM32 开发板的 PE12 接口上的 LED。除了空闲任务，项目中还用到了两个任务。在接收到来自另一个任务中的键盘命令后，LED 在一个任务中每秒闪烁一次。输入命令 ON 设置启动 LED 闪烁的事件标志。相似地，输入 OFF 会清空事件标志，这样就会关闭 LED。和前一个项目一样，一块 USB UART click 板被连接到 Clicker 2 for STM32 开发板的 mikroBUS 2 接口，再用一条 USB 数据线连接 PC 与 USB UART click 板。在 PC 上用终端模拟软件通过键盘输入命令，并在屏幕上显示消息。

目标：展示如何用事件组（或时间标志）同步对资源的共享访问。

程序清单：如图 12.2 所示（程序文件：`flashflag.c`）。除了空闲任务，在系统中还有 2 个任务。在主程序内创建了一个事件组，在其中使用了事件标志 1。任务 2 提示用户用键盘输入命令。如果输入命令 ON，则设置事件标志 1。另一方面，如果输入了命令 OFF，则清除事件标志 1。当事件标志 1 被设置时，任务 1 会让 LED 每秒闪烁一次。清除事件标志 1 则会让 LED 停止闪烁。在程序一开始时 LED 被设置为 OFF。程序的运行如下面的 PDL 所示。

主程序

创建事件组

清除事件标志 1

任务 1	任务 2

DO FOREVER
  读取键盘输入的命令
  IF 命令为 ON THEN
    设置事件标志 1
  ELSE IF 命令为 OFF THEN
    清除事件标志 1
  ENDIF
ENDDO
	关闭 LED
	DO FOREVER
	  IF 事件标志 1 被设置 THEN
	    LED 开始闪烁
	  ELSE
	    关闭 LED
	  ENDIF
	ENDDO

```
/*===========================================================================
                         EVENT GROUPS EXAMPLE
                         ====================
In this project the on-board LEd at port PE12 is controlled from the keyboard.
Entering command ON sets an event flag which starts teh flashing. Entering
command OFF clears the event flag which turns OFF the LED.

Author: Dogan Ibrahim
Date   : September, 2019
File   : flashflag.c
===========================================================================*/
#include "main.h"
#include "event_groups.h"

EventGroupHandle_t xEventGroup;                         // Event group handle

//
// Define all your Task functions here
// ===================================
//

// Task 1 - LED flashing Controller
void Task1(void *pvParameters)
{
    #define BIT_1 (1 << 1)
    #define LED GPIOE_ODR.B12                           // LED port
    #define ON 1
    #define OFF 0

    EventBits_t uxBits;
    uxBits = xEventGroupClearBits(xEventGroup, BIT_1);        // Set flag 2
    GPIO_Config(&GPIOE_BASE, _GPIO_PINMASK_12, _GPIO_CFG_MODE_OUTPUT);

    while (1)                                           // DO FOREVER
    {
        uxBits = xEventGroupWaitBits(xEventGroup, BIT_1, pdFALSE, pdFALSE,
            portMAX_DELAY);
        LED = ON;                                       // LED ON
        vTaskDelay(pdMS_TO_TICKS(1000));                // Wait 1 second
        LED = OFF;                                      // LED OFF
        vTaskDelay(pdMS_TO_TICKS(1000));                // LED OFF
    }
}

// Task 2 - Keyboard Controller
void Task2(void *pvParameters)
```

图 12.2 flashflag.c 的程序清单

```c
{
    EventBits_t uxBits;
    char Buffer[10];
    char j, ch;

    uxBits = xEventGroupClearBits(xEventGroup, BIT_1);
    UART3_Init_Advanced(9600,_UART_8_BIT_DATA,_UART_NOPARITY,_UART_ONE_STOPBIT,
                        &_GPIO_MODULE_USART3_PD89);

    UART3_Write_Text("\n\rLED FLASHING CONTROLLER\n\r");
    UART3_Write_Text("=======================\n\r");
    while (1)
    {
        UART3_Write_Text("\n\rEnter a command (ON or OFF): ");
        j = 0;

        while(1)                                    // Get a command
        {
          if(UART3_Data_Ready)                      // UART raedy?
          {
             ch = UART3_Read();                     // Read a character
             UART3_Write(ch);                       // Echo the character
             if(ch == '\r')break;                   // If CR, break
             Buffer[j] = ch;                        // Save the character
             j++;                                   // Increment pointer
          }
        }

        if(Buffer[0] == 'O' && Buffer[1] == 'N')            // ON command?
        {
            uxBits = xEventGroupSetBits(xEventGroup, BIT_1);    // Set flag 1
            UART3_Write_Text("\n\rFlashing started...\n\r");
        }
        else
        {
            uxBits = xEventGroupClearBits(xEventGroup, BIT_1);  // Clear flag 1
            UART3_Write_Text("\n\rFlashing stopped...\n\r");
        }
    }
}

//
// Start of MAIN program
// =====================
//
void main()
{
    xEventGroup = xEventGroupCreate();              // Create event group
//
// Create all the TASKS here
// =========================
//
    // Create Task 1
    xTaskCreate(
        (TaskFunction_t)Task1,
        "LED Controller",
        configMINIMAL_STACK_SIZE,
        NULL,
        10,
        NULL
    );

    // Create Task 2
    xTaskCreate(
        (TaskFunction_t)Task2,
```

图 12.2 （续）

```
            "Keyboard Controller",
            configMINIMAL_STACK_SIZE,
            NULL,
            10,
            NULL
        );
    //
    // Start the RTOS scheduler
    //
        vTaskStartScheduler();

    //
    // Will never reach here
    }
```

图 12.2 （续）

利用如下所示的 `UART3_Read()` 接收来自键盘的命令。如果 UART 就绪（即它已经接收了一个字符），那么该字符被读入字符型变量 `ch` 当中。读取到的字符串回显到屏幕上，这样一来用户就能看到输入的字符。如果字符是回车符（CR），那么程序就退出循环，否则接收到的字符被存放到数组 `Buffer` 当中，并使数组的索引递增：

```
j = 0;
while(1)
{
    if(UART3_Data_Ready)        // UART ready?
    {
        ch = UART3_Read();      // Read a character
        UART3_Write(ch);        // Echo the character
        if(ch == '\r')break;    // If CR, break
        Buffer[j] = ch;         // Save the character
        j + +;                  // Increment pointer
    }
}
```

程序的典型运行情况如图 12.3 所示。

```
LED FLASHING CONTROLLER
========================
Enter a command (ON or OFF): ON
Flashing started...

Enter a command (ON or OFF): OFF
Flashing stopped...

Enter a command (ON or OFF): _
```

图 12.3　程序的典型运行情况

12.7　项目 26——基于 GPS 的项目

描述：在本项目中用到了一个 GPS 接收机模块从 GPS 卫星获取本地的纬度和经度数据，该数据由一个任务每秒读取一次，并被发送给另一个控制 UART 的任务，数据会显示在 PC 屏幕上。用一个 LED 表示接收到的数据是否有效（即 GPS 从卫星接收到有效数据），如果接收到的 GPS 数据有效，那么 LED 就会闪烁，否则它就会关闭。

目标：展示如何在一个项目中使用事件标志和队列，此外，还展示了如何从 GPS 接收机接收数据，以及如何解析数据，以提取纬度和经度。

框图：如图 12.4 所示，有一块 GPS click 板（见 www.mikroe.com）与 Clicker 2 for STM32 开发板的 mikroBUS 1 接口连接。GPS click 板基于 u-blox LEA-6S GPS 芯片，该板被设计为以 +3.3V 电源运行，并通过 UART 或者 I²C 接口与目标微控制器通信。为简便起见，本项目中使用的是 UART 接口。默认情况下该板被置为 9600 波特。GPS Click 板可以同时跟踪多达 16 颗卫星，TTFF（首次定位时间）不到 1s。如果 GPS 在室内使用，可能无法接收到 GPS 卫星信号，此时建议使用外置天线。此外，和前一个项目一样，将一块 USB UART click 板与 mikroBUS 2 接口连接，用一条 USB 数据线连接 USB UART click 板与 PC。与接口引脚 PE12 连接的板载 LED 用于标识数据的有效性。

当 USB UART click 板被插入 mikroBUS 2 接口后，它与开发板接口引脚 PD8 和 PD9 的 UART3 进行了连接。类似地，当 GPS click 板插入 microBUS 1 接口后，它会连接开发板引脚 PC5 和 PC6 的 UART2。

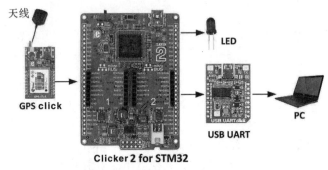

图 12.4　项目框图

程序清单：除了空闲任务，系统中还有 3 个任务。主程序内创建了一个事件组以及一个队列。如果接收到的 GPS 数据有效，那么任务 1 就让 LED 以 250ms 的高速率闪烁。任务 2 从任务 3 接收纬度和经度，只要接收到了有效的数据，就将其显示在 PC 屏幕上。程序的运行可以用如下所示的 PDL 语句总结：

任务 1
DO FOREVER
　　等待事件标志 1 被设置
　　让 LED 以 250ms 的速率闪烁
ENDDO
任务 2
DO FOREVER
　　等待事件标志 2 被设置
　　从队列中接收数据
　　显示纬度 / 经度
ENDDO
任务 3
DO FOREVER
　　从 GPS 提取纬度 / 经度
　　IF 数据有效 **THEN**
　　　　设置事件标志 1 和 2
　　　　向队列发送纬度 / 经度

ELSE
　　清除事件标志 1 和 2
　ENDIF
ENDDO
下面给出每个任务的详细信息。
任务 1
这是程序中最简单的任务，用于控制 LED。在任务循环的一开始，任务等待事件标志 1 被设置。该标志由任务 3 在接收到有效的 GPS 数据时设置。如果任务 3 从 GPS 接收到了有效数据，任务 1 就会让 LED 每 250ms 闪烁一次。如果 GPS 接收到的数据无效，则 LED 保持关闭状态。

任务 2
该任务是 UART 控制器任务，会一直等待到事件标志 2 被设置，这表示任务 3 接收到了有效数据。纬度和经度数据从任务 3 发送的队列读取得到，数据被接收存放到一个结构体 msg 中，该结构体的格式如下所示：

```
typedef struct Message
{
    char LatitudeString[11];
    char LatitudeDirection[2];
    char LongitudeString[12];
    char LongitudeDirection[2];
} AMessage;
```

位于接口引脚 PD8 和 PD9 的 UART3 被初始化为 9600 波特，纬度和经度数据从 PC 屏幕的第 3 行、第 0 列开始显示。终端模拟软件被设置为 VT100 类型，其中光标由各种转义序列控制。本任务中的光标控制如下所示：

```
char gotoscr[] = {0x1B, '[', '3', ';', '0', 'H', 0};
char clrscr[] = {0x1B, '[', '2', 'J', 0};
```

上面的字符数组将光标置于第 3 行、第 0 列，类似地有字符数组 clrscr 清空屏幕。总而言之，可以通过如下转义序列将光标位置设置为第 *n* 行、第 *m* 列：

　　<esc>[n;mH

任务 3
该任务从 GPS 接收机读取 GPS 数据并提取本地纬度和经度。GPS Click 板上所用的是 LEA-6S 型 GPS 接收机。该 GPS 接收机从 GPS 卫星接收数据，并从它的串口将数据以文本形式发送出来，这种数据也被称为 NMEA 语句。LEA-6S 发出的 NMEA 语句如图 12.5 所示。

```
$GPGLL,5127.3917,N,00003.13141,E,10534.00,A,A*67
$GPRMC,05305.00,A,5127.35909,,0003.13148,E,0.030,,270919,,,A*7E
$GPVTG,,T,,M,0030,N,0.055,K,A*20
$GGGA,105305.00,5127.35909,N,00003.13148,E,1,09,1.18,46.5,M,45.4,M,,*66
$GPSA,A,3,01,32,08,28,18,03,22,14,11,,,,2.12,1.18,1.76*06
$GPGSV,4,1,13,01,7,304,40,03,40,224,31,08,38,165,32,10,05,054,*77
$GPGSV,4,2,13,11,83,217,3,14,39,094,24,17,17,314,22,18,73,091,41*76
$GPGSV,4,3,13,22,63,219,33,24,1,002,,27,05,150,,28,30,284,28*7F
$GPGSV,4,4,13,32,34,063,35*4E
```

图 12.5　NMEA 语句

每条 NMEA 语句都以字符 $ 开头，语句中的数值用逗号分隔，GPS Click 板返回的一些 NMEA 语句如下所示：

$GPGLL：返回本地的地理纬度和经度。

$GPRMC：返回本地的地理纬度和经度、速度、航迹角、日期、时间、磁偏角。

$GPVTG：返回真航向、磁航向以及地速。

$GGGA：返回本地的地理纬度和经度、时间、定位质量、正被跟踪的卫星数量、位置精度水平分量、高度、大地水准面高度以及 DGPS（差分全球定位系统）数据。

$GPGSV：以此为标题的有四条语句，这些语句返回可视卫星总数、卫星编号、海拔、方位角以及 SNR（信噪比）。

在本任务中，利用 $GPGLL 语句获取地理纬度和经度，该语句具有以下字段：

$GPGLL,4916.45,N,12311.12,W,225444,A,*1D

其中：

GLL	地理位置、经度和纬度	225444	定位时间是世界标准时 22:54:44
4916.45,N	北纬 49°16.45′	A	活动数据或者 V（空数据）
12311.12,W	西经 123°11.12′	*iD	校验和数据

请注意这些字段由逗号分隔，数据的有效性由其中的 A 或者 V 表示，其中 A 表示数据有效，而 V 表示数据无效。

程序利用语句 UART2_Read_Text(Buffer, "GPGLL", 255) 进行等待，直到接收到 GPGLL 为止。程序在接收 GPGLL 之前会等待，直到接收到起始字符 $ 为止。这使得任务运行得更快，从而在读取 GPS 数据时不会被调度程序中断（即没有发生上下文转换）。如果我们用的是语句 UART2_Read_Text(Buffer, "$GPGLL", 255)，那么任务就会耗费时间等待，从而可能被其他任务中断，进而导致部分数据没有被正确读取。这样就需要本任务的优先级要高于程序中其他任务的优先级。

程序会在完整的 $GPGLL 语句中进行查找，并提取纬度、纬度方向、经度、经度方向以及表示数据有效性的字符。如果接收到的 GPS 数据是有效的，那么事件标志 1 和 2 就会被设置，纬度/经度数据也就会发送给队列。另一方面，如果数据无效，那么事件标志 1 和 2 就会被清除。任务在继续之前会等上 10s。

程序清单如图 12.6 所示（程序文件：**gps.c**），图 12.7 展示的是在屏幕第 3 行、第 0 列显示的纬度和经度。

```
/*===============================================================
                RECEIVE AND DISPLAY GPS DATA
                ===============================
In this project a GPC Click board is used to receive the geographical latitude
and longitude. The received data is displayed on the PC screen at a fixed
coordinate of the screen
```

图 12.6 gps.c 的程序清单

```
Author: Dogan Ibrahim
Date   : September, 2019
File   : gps.c
==============================================================================*/
#include "main.h"
#include "event_groups.h"

EventGroupHandle_t xEventGroup;                     // Event group handle
QueueHandle_t xUARTQueue;                           // UART Queue handle
//
// Define all your Task functions here
// ===================================
//

// Task 1 - LED flashing Controller
void Task1(void *pvParameters)
{
    #define BIT_1 (1 << 1)
    #define LED GPIOE_ODR.B12                       // LED port
    #define ON 1
    #define OFF 0

    EventBits_t uxBits;
    GPIO_Config(&GPIOE_BASE, _GPIO_PINMASK_12, _GPIO_CFG_MODE_OUTPUT);

    while (1)                                       // DO FOREVER
    {
        uxBits = xEventGroupWaitBits(xEventGroup, BIT_1, pdFALSE, pdFALSE,
                 portMAX_DELAY);
        LED = ON;                                   // LED ON
        vTaskDelay(pdMS_TO_TICKS(250));             // Wait 250ms
        LED = OFF;                                  // LED OFF
        vTaskDelay(pdMS_TO_TICKS(250));             // Wait 250ms
    }
}


// Task 2 - UART Controller
void Task2(void *pvParameters)
{
        #define BIT_2 (1 << 2)

    typedef struct Message
    {
       char LatitudeString[11];
       char LatitudeDirection[2];
       char LongitudeString[12];
       char LongitudeDirection[2];
    } AMessage;

    AMessage msg;
    EventBits_t uxBits;

    char gotoscr[] = {0x1B, '[', '3', ';', '0', 'H', 0};   // Goto position
    char clrscr[] = {0x1B, '[', '2', 'J', 0};              // Clear screen

    UART3_Init_Advanced(9600,_UART_8_BIT_DATA,_UART_NOPARITY,_UART_ONE_STOPBIT,
                      &_GPIO_MODULE_USART3_PD89);

    UART3_Write_Text(clrscr);

    while (1)
    {
        uxBits = xEventGroupWaitBits(xEventGroup, BIT_2, pdTRUE, pdFALSE,
                 portMAX_DELAY);
        xQueueReceive(xUARTQueue, &msg, 0 );                // Receive data
```

图 12.6（续）

```c
            UART3_Write_Text(gotoscr);
            UART3_Write_Text("\n\rLatitude : "); UART3_Write_Text(msg.LatitudeString);
            UART3_Write_Text(" ");
            UART3_Write_Text(msg.LatitudeDirection);
            UART3_Write_Text("\n\rLongitude: "); UART3_Write_Text(msg.LongitudeString);
            UART3_Write_Text(" ");
            UART3_Write_Text(msg.LongitudeDirection);
    }
}

// Task 3 - GPS Controller
void Task3(void *pvParameters)
{
    #define BIT_1 (1 << 1)
    #define BIT_2 (1 << 2)

    typedef struct Message
    {
       char LatitudeString[11];
       char LatitudeDirection[2];
       char LongitudeString[12];
       char LongitudeDirection[2];
    } AMessage;

    AMessage msg;

    char Buffer[1024];
    char j, k, ch;

    EventBits_t uxBits;

    UART2_Init_Advanced(9600,_UART_8_BIT_DATA,_UART_NOPARITY,_UART_ONE_STOPBIT,
                        &_GPIO_MODULE_USART2_PD56);

    while(1)
    {
        ch = ' ';
        while(ch != '$')                                    // Wait for $
        {
            ch = UART2_Read();
        }
        UART2_Read_Text(Buffer, "GPGLL", 255);              // Wait for GPGLL
        UART2_Read_Text(Buffer, "*", 255);                  // Wait for *
        j = 1;
        k = 0;
        while(Buffer[j] != ',')                             // Extract Latitude
        {
            msg.LatitudeString[k] = Buffer[j];
            j++;
            k++;
        }
        msg.LatitudeString[k]='\0';

        j++;
        msg.LatitudeDirection[0] = Buffer[j];               // Extract direction
        msg.LatitudeDirection[1] = '\0';

        j = j + 2;                                          // j points to longitude

        k = 0;
        while(Buffer[j] != ',')                             // Extract Longitude
        {
            msg.LongitudeString[k] = Buffer[j];
            j++;
            k++;
        }
        msg.LongitudeString[k] = '\0';
```

图 12.6 （续）

```c
                j++;
                msg.LongitudeDirection[0] = Buffer[j];         // Extract direction
                msg.LongitudeDirection[1] = '\0';

                j = strchr(Buffer, 'A');                       // Extract validity
                if(j != '\0')                                  // If data is valid
                {
                    uxBits = xEventGroupSetBits(xEventGroup, BIT_1 | BIT_2);
                    xQueueSend(xUARTQueue, &msg, pdMS_TO_TICKS(10));
                }
                else
                    uxBits = xEventGroupClearBits(xEventGroup, BIT_1 | BIT_2);

                vTaskDelay(pdMS_TO_TICKS(10000));              // Wait 10 secs
        }
}


//
// Start of MAIN program
// =====================
//
void main()
{
    xUARTQueue = xQueueCreate(1, 27);                          // Create UART queue
    xEventGroup = xEventGroupCreate();                         // Create event group
//
// Create all the TASKS here
// =========================
//
    // Create Task 1
    xTaskCreate(
        (TaskFunction_t)Task1,
        "LED Controller",
        configMINIMAL_STACK_SIZE,
        NULL,
        10,
        NULL
    );

    // Create Task 2
    xTaskCreate(
        (TaskFunction_t)Task2,
        "UART Controller",
        configMINIMAL_STACK_SIZE,
        NULL,
        10,
        NULL
    );

      // Create Task 3
    xTaskCreate(
        (TaskFunction_t)Task3,
        "GPS Controller",
        configMINIMAL_STACK_SIZE,
        NULL,
        10,
        NULL
    );
//
// Start the RTOS scheduler
//
    vTaskStartScheduler();

//
// Will never reach here
}
```

图 12.6 （续）

图 12.8 展示的是 Clicker 2 for STM 与 USB UART click 板以及 GPS click 板连接的情况。

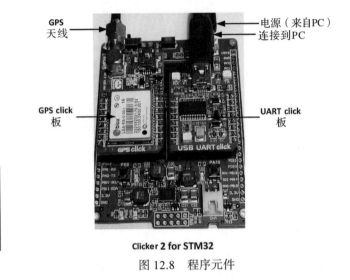

图 12.7　显示纬度和经度　　　图 12.8　程序元件

12.8　小结

在本章中，我们学习了事件组和事件标志的概念，本章给出了两个实际的项目来展示在多任务处理项目中如何使用事件标志。

在第 13 章中，我们将研究 FreeRTOS 的软件定时器，并学习如何将其应用到实际的项目当中。

拓展阅读

[1] R. Barry. Mastering the FreeRTOS Real Time Kernel: A Hands-On Tutorial Guide. Available from: https://www.freertos.org/wp-content/uploads/2018/07/161204_Mastering_the_FreeRTOS_Real_Time_Kernel-A_Hands-On_Tutorial_Guide.pdf.
[2] The FreeRTOS Reference Manual. Available from: https://www.freertos.org/wp-content/uploads/2018/07/FreeRTOS_Reference_Manual_V10.0.0.pdf.
[3] https://www.freertos.org/documentation.
[4] D. Pham, E. Fattal, N. Tsapis, Pulmonary drug delivery systems for tuberculosis treatment, Int. J. Pharm. 478 (2015) 517–529.

第 13 章
软件定时器

13.1 概述

软件定时器是任何实时多任务操作系统的重要组成部分之一，在任务中使用该定时器来安排函数在未来某个时刻执行，或以固定的频率周期性地执行。FreeRTOS 中的软件定时器无须任何硬件，和硬件定时器也没什么关系，因为它们都是用软件实现的。当定时器超时后，程序可以配置为调用一个以定时器回调函数命名的函数。

在 FreeRTOS 中软件定时器是可选的，应用程序必须将文件 FreeRTOS/source/timers.c 作为自己的一部分一起构建。在文件 FreeRTOSConfig.h 中必须将参数 configUSE_TIMERS 设置为 1，之后才能使用软件定时器。

FreeRTOS 支持两种软件定时器：一次性定时器和自动重载定时器：

一次性定时器：这种类型的定时器由手动启动，并且当它结束后不会重新启动计时。当它超时后，其回调函数只会执行一次。

自动重载定时器：这种类型的定时器会在超时之后自动重新启动计时，因此会导致附加到定时器上的回调函数重复执行。

软件定时器可能处于两种状态之一：休眠状态和运行状态。处于休眠状态的定时器存在却未激活；处于运行状态的定时器是激活的，并且会在其周期超时后调用其回调函数。

所有软件定时器回调函数都在同一个 RTOS 守护进程（也被称为"定时器服务"）任务的上下文中执行。这个守护进程任务是一个标准的 FreeRTOS 任务，它在调度程序启动时自动创建。其优先级和堆栈大小是在编译时通过文件 FreeRTOSConfig.h 中的两个参数设置的：configTIMER_TASK_PRIORITY 和 configTIMER_TASK_STACK_DEPTH。回调函数不能调用可能导致进入阻塞状态的函数。

定时器在使用之前必须被创建，创建一个定时器并不会启动它，定时器必须通过用户程序手动启动、停止或重置。软件定时器 API 函数从调用任务向"定时器命令队列"上的守护进程任务发送命令。定时器命令队列是标准的 FreeRTOS 队列，会在调度程序启动时自动创建。定时器命令队列的长度由 FreeRTOSConfig.h 中的编译时配置常量 configTIMER_QUEUE_LENGTH 设置。

守护进程任务和其他 FreeRTOS 的任务的调度方式相同，当它成为能够运行的优先级最高的任务时，可以处理命令或者执行定时器回调函数，参数 configTIMER_TASK_PRIORITY 控制定时器任务的优先级。

一些比较重要的软件定时器 API 函数在下面给出，感兴趣的读者可以通过如下所示的网站获取有关软件定时器的更详细的信息：

https://www.freertos.org/wp-content/uploads/2018/07/161204_Mastering_the_FreeRTOS_Real_Time_Kernel-A_Hands-On_Tutorial_Guide.pdf

以及

https://www.freertos.org/wp-content/uploads/2018/07/FreeRTOS_Reference_Manual_V10.0.0.pdf

13.2 创建、删除、启动、停止和重置定时器

API 函数 `xTimerCreate()` 创建定时器并返回标识所创建定时器的句柄。请注意，创建一个定时器并没有启动它，该函数的格式为：

`xTimerCreate(const char *pcTimerName, const TickType_t xTimerPeriod, const UBaseType_t uxAutoReload, void * const pv TimerID, TimerCallbackFunction_t pxCallbackFunction);`

参数

`pcTimerName`：分配给定时器的纯文本名称，只是为了帮助调试。

`xTimerPeriod`：以滴答周期倍数指定的定时器周期，宏 `pdMS_TO_TICKS()` 可被用于将以 ms 为单位的时间转换成以滴答周期为单位的时间。例如，如果定时器必须在 500ms 后超时，那么其周期可以设置为 `pdMS_TO_TICKS(500)`，此时假设 `configTICK_RATE_HZ` 小于等于 1000。

`uxAutoReload`：将该参数设置为 `pdTRUE` 时，可以创建自动重载定时器，而将其设置为 `pdFALSE` 时，创建的是一次性定时器。

`pvTimerID`：分配给所创建定时器的标识符，这个标识符之后可以调用 API 函数 `vTimerSetTimerID()` 进行更改。如果相同的回调函数被分配给多个定时器，那么就可以在回调函数内部通过检查定时器标识符来确定究竟是哪个定时器超时了。

`pxCallbackFunction`：定时器超时时所调用的函数。回调函数必须具备由类型定义 `TimerCallbackFunction_t` 所定义的原型。下面给出一个原型函数的示例：

`void vCallbackFunctionExample(TimerHandle_t xTimer);`

返回值

Null：无法创建软件定时器，原因在于没有足够的 FreeRTOS 堆内存可用来成功分配定时器数据结构。

任意其他值：软件定时器被成功创建。

在上述函数可被调用之前，文件 `FreeRTOSConfig.h` 中的参数 `configUSE_TIMERS` 和 `configSUPPORT_DYNAMIC_ALLOCATION` 必须都被设置为 1。如果没有指定，那么 `configSUPPORT_DYNAMIC_ALLOCATION` 会被默认设置为 1。

API 函数 `xTimerDelete()` 用于删除定时器，该函数的格式为：

`xTimerDelete(TimerHandle_t xTimer, TickType_t xTicksToWait);`

`xTimer`：要被删除的定时器的句柄。

xTicksToWait：定时器功能不是由核心 FreeRTOS 代码提供的，而是由定时器服务（或守护进程）任务提供的。FreeRTOS 定时器 API 将命令发送给处于定时器命令队列中的定时器服务任务。xTicksToWait 用于指定在定时器命令队列已经满的情况下，任务应保持阻塞状态以等待空间可用的最大时间。阻塞时间以滴答周期为单位指定，所以它所表示的绝对时间取决于滴答频率。宏 pdMS_TO_TICKS() 用于将以 ms 为单位的时间转换成以滴答周期为单位的时间。如果 FreeRTOSConfig.h 中的 INCLUDE_vTaskSuspend 被设置为 1，那么将 xTicksToWait 设置为 portMAX_DELAY 会使得任务无限期地等待下去。如果在调度程序启动之前调用 xTimerDelete()，则 xTicksToWait 就被忽略掉。

返回值

pdPASS：删除命令被成功地发送给定时器命令队列。

pdFAIL：由于队列已满，删除命令未被发送给定时器命令对列。

API 函数 xTimerStart() 启动定时器运行，如果定时器已经运行，那么 xTimerStart() 相当于重置定时器。

xTimerStart(TimerHandle_t xTimer, TickType_t xTicksToWait);

参数

xTimer：要被重置、启动或重启的定时器。

xTicksToWait：定时器功能不是由核心 FreeRTOS 代码提供的，而是由定时器服务（或守护进程）任务提供的。FreeRTOS 定时器 API 将命令发送给处于定时器命令队列中的定时器服务任务。xTicksToWait 用于指定在定时器命令队列已经满的情况下，任务应保持阻塞状态以等待空间可用的最大时间。

返回值

pdPASS：启动命令被成功地发送给定时器命令队列。如果指定了阻塞时间（xTicksToWaitwas 不为 0），那么调用任务可能被置于阻塞状态，在函数返回之前等待定时器命令队列上的空间可用，但是数据会在阻塞时间超时之前被成功写入队列。命令何时被实际处理将取决于定时服务任务相对于系统中其他任务的优先级。

pdFAIL：由于队列已满，启动命令未被发送给定时器命令队列。

API 函数 xTimerStop() 使定时器停止运行，该函数的格式为：

xTimerStop(TimerHandle_t xTimer, TickType_t xTicksToWait);

参数

xTimer：要被停止的定时器。

xTicksToWait：定时器功能不是由核心 FreeRTOS 代码提供的，而是由定时器服务（或守护进程）任务提供的。FreeRTOS 定时器 API 将命令发送给处于定时器命令队列中的定时器服务任务。xTicksToWait 用于指定在定时器命令队列已经满的情况下，任务应保持阻塞状态以等待空间可用的最大时间。

返回值

pdPASS：停止命令被成功发送给定时器命令队列。如果指定了阻塞时间（xTicksTo-

Waitwas 不为 0），那么调用任务可能被置于阻塞状态，在函数返回之前等待定时器命令队列上的空间可用，但是数据会在阻塞时间超时之前被成功写入队列。

pdFAIL：由于队列已满，停止命令未被发送给定时器命令队列。如果指定了阻塞时间（xTicksToWait 不为 0），则调用任务将被置于阻塞状态，以等待定时器服务任务在队列中腾出空间，但指定的阻塞时间会在此之前超时。

API 函数 xTimerReset() 重置定时器。如果定时器已经运行，那么定时器会重新计算其相对于 xTimerReset() 被调用时的超时时间。如果定时器不是正在运行，那么定时器就会计算其相对于 xTimerReset() 被调用时的超时时间，并且开始运行。在这种情况下，xTimerReset() 从功能上相当于 xTimerStart()。重置定时器可以确保定时器正在运行。该函数的格式为：

xTimerReset(TimerHandle_t xTimer, TickType_t xTicksToWait);

参数

xTimer 和 xTicksToWait 与函数调用 xTimerStop() 中的功能相同。

返回值

返回值 pdPASS 和 pdFAIL 与函数调用 xTimerStop() 中的功能相同。

13.3 修改和获取定时器周期

该函数会修改定时器周期，如果已经正在运行的定时器的周期被修改，那么定时器就会采用新的周期值来重新计算其超时时间。重新计算得到的超时时间与 xTimerChangePeriod() 被调用的时间有关，而并非与其最初启动时的有关。如果 xTimerChangePeriod() 被用于修改没有正在运行的定时器的周期，那么定时器就会利用这个新周期值计算超时时间并且启动运行。该函数的格式为：

xTimerChangePeriod(TimerHandle_t xTimer, TickType_t xNewPeriod,TickType_t xTicksToWait);

参数

xTimer：被赋予新周期的定时器。

xNewPeriod：定时器的新周期。定时器周期以滴答周期的倍数指定。宏 pdMS_TO_TICKS() 用于将以 ms 为单位的时间转换成以滴答周期为单位的时间。

返回值

返回值 pdPASS 和 pdFAIL 与调用 xTimerStop() 的作用相同。

API 函数 xTimerGetPeriod() 返回定时器的周期，该函数的格式为：

xTimerGetPeriod(TimerHandle_t xTimer);

参数

xTimer：被查询的定时器的句柄。

返回值

以滴答周期作为单位的定时器周期。

13.4 定时器名称和 ID

函数调用 `pcTimerGetName()` 返回定时器被创建时赋予定时器的名称（文本格式），该函数的格式如下所示：

pcTimerGetName(TimerHandle_t xTimer);

参数

`xTimer`：被查询的定时器。

返回值

定时器名称是以 NULL 结尾的标准 C 字符串。返回值是一个指向主题定时器名称的指针。

函数调用 `pvTimerGetTimerID()` 返回定时器被创建时赋予定时器的标识符（ID）。

pvTimerGetTimerID(TimerHandle_t xTimer);

参数

`xTimer`：被查询的定时器。

返回值

赋予所查询的定时器的标识符。

13.5 项目 27——反应定时器

描述：这是一个反应定时器的项目，该项目用到了 LED 和一个按键开关。只要 LED 点亮，用户就被期望能尽快按下按键开关。LED 点亮和用户按下按键之间的时间会得到测量，并以 ms 为单位显示在 LCD 上。经过一个随机延迟之后，LED 再次被点亮，准备进行下一个测量。

目标：展示如何测量经过的时间。在这个程序中并没有用到 FreeRTOS 软件定时器，而是用到了 API 函数 `xTaskGetTickCount()`。此外，本项目还展示了如何在程序中利用随机函数发生器来生成随机数。

框图：如图 13.1 所示。项目中用到了位于接口引脚 PE12 的板载 LED 以及位于板载接口引脚 PE0 的按键开关。

电路图：如图 13.2 所示。和之前基于 LCD 的项目一样，本项目中的 LCD 也与 Clicker 2 for STM32 连接。

程序清单：程序的运行由如下所示的 PDL 描述：

```
BEGIN
    配置 LCD
    DO FOREVER
        等待 5s
        等上 1~10s 的随机时间
```

点亮 LED
保存当前的时钟计数
等待，直到按键开关被按下
保存新的时钟计数值
计算经过的时间
关闭 LED
以 ms 为单位在 LCD 上显示经过的时间
ENDDO
END

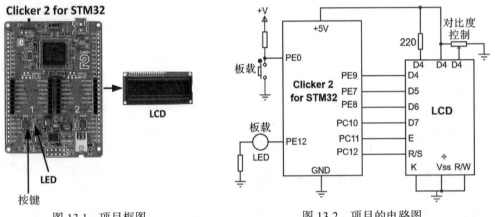

图 13.1 项目框图　　　　　　　　图 13.2 项目的电路图

程序清单（程序文件：reaction.c）如图 13.3 所示。除了空闲任务，程序只包含一个任务。在程序最开始处定义了 LCD 和 Clicker 2 for STM2 之间的接口，初始化了 LCD 并且将接口引脚 PE12 配置为输出，将 PE0 配置为输入。任务的剩余部分在一个无限循环中执行。在这个循环内部调用内置函数 rand()，该函数可以生成 0~32767 之间的随机整数。整型变量 random 被用于将生成的随机数限制在 1~10 之间，这个值用于在程序中创建随机延迟，使得用户无法得知 LED 什么时候会点亮。只要 LED 被点亮，当前的滴答计数就被存入变量 StartTime 当中，然后程序一直等待，直到用户按下按键为止，紧接着通过新的滴答计数并减去旧的滴答计数就能计算出经过的时间。这个值就是以 ms 为单位的用户反应时间，会显示在 LCD 上。

```
/*===============================================================
                    REACTION TIMER
                    ==============
In this project the onboard LED and the onboard push-button switch are used to
determine the reaction time of the user. The user presses the button as soon as
the LED is lit. The time between the LED being lit and the button pressed is
displayed on the LCD as the reaction time in milliseconds.
```

图 13.3 reaction.c 的程序清单

```
Author: Dogan Ibrahim
Date   : September, 2019
File   : reaction.c
==========================================================================*/
#include "main.h"

// LCD module connections
sbit LCD_RS at GPIOC_ODR.B12;
sbit LCD_EN at GPIOC_ODR.B11;
sbit LCD_D4 at GPIOE_ODR.B9;
sbit LCD_D5 at GPIOE_ODR.B7;
sbit LCD_D6 at GPIOE_ODR.B8;
sbit LCD_D7 at GPIOC_ODR.B10;
// End LCD module connections
//
// Define all your Task functions here
// ====================================
//

// Task 1 - Reaction Timer
void Task1(void *pvParameters)
{
    #define LED GPIOE_ODR.B12                               // LED port
    #define BUTTON GPIOE_IDR.B0                             // Button
    int random;
    unsigned long StartTime, ElapsedTime;
    unsigned char Txt[11];

    GPIO_Config(&GPIOE_BASE, _GPIO_PINMASK_12, _GPIO_CFG_MODE_OUTPUT);
    GPIO_Config(&GPIOE_BASE, _GPIO_PINMASK_0, _GPIO_CFG_MODE_INPUT);

    Lcd_Init();                                             // Initialize LCD

    while (1)                                               // DO FOREVER
    {
        vTaskDelay(pdMS_TO_TICKS(5000));                    // Wait 5 seconds
        Lcd_Cmd(_LCD_CLEAR);                                // Clear LCD
        random = rand() % 10 + 1;                           // Between 1-10
        vTaskDelay(pdMS_TO_TICKS(random));                  // Wait 1-10 seconds
        LED = 1;                                            // LED ON
        StartTime = xTaskGetTickCount();                    // Get tick count
        while(BUTTON == 1);                                 // Wait for button
        LED = 0;                                            // LED OFF
        ElapsedTime = xTaskGetTickCount() - StartTime;      // Stop timer
        LongToStr(ElapsedTime, Txt);                        // Convert to string
        Ltrim(Txt);                                         // Remove spaces
        Lcd_Cmd(_LCD_CLEAR);                                // Clear LCD
        Lcd_Out(1, 1, "Reaction Time");                     // Heading
        Lcd_Out(2, 1, Txt);                                 // Display reaction time
        Lcd_Out_CP(" ms");                                  // Display ms
    }
}
//
// Start of MAIN program
// =====================
//
void main()
{
//
// Create all the TASKS here
// =========================
//
    // Create Task 1
    xTaskCreate(
```

图 13.3 （续）

```
            (TaskFunction_t)Task1,
            "Reaction Timer",
            configMINIMAL_STACK_SIZE,
            NULL,
            10,
            NULL
    );
//
// Start the RTOS scheduler
//
    vTaskStartScheduler();
//
// Will never reach here
}
```

图 13.3 （续）

图 13.4 展示的是 LCD 上反应时间的典型显示。

图 13.4 在 LCD 上显示的反应时间

13.6 项目 28——生成方波

描述：在本项目中会利用一个自动重载 FreeRTOS 软件定时器来生成频率为 500Hz 的正方波，其 ON 时间和 OFF 时间相同（即占空比为 50%）。当频率为 500Hz 时，方波的 ON 时间和 OFF 时间各为 1ms，如图 13.5 所示。

目标：展示如何利用 FreeRTOS 软件定时器生成方波信号。

电路图：如图 13.6 所示，波形在 Clicker 2 for STM32 开发板的接口引脚 PA2 生成。有一个数字示波器与这个引脚连接，用于显示生成的波形。

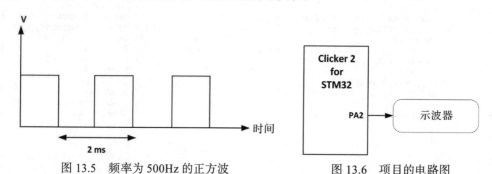

图 13.5 频率为 500Hz 的正方波   图 13.6 项目的电路图

程序清单：程序清单（程序文件：squarewave.c）如图 13.7 所示。除了空闲任务，本项目中只有一个任务，变量 Wave 被赋值给接口引脚 PA2。本程序利用如下所示的语句创建周期为 1ms 的自动重载定时器，本程序中没有用到定时器的 ID 字段：

xTimer = xTimerCreate("SquareWave", pdMS_TO_TICKS(1), pdTRUE, 0, vSquareWaveForm);

在每个定时器周期的结束时都会执行回调函数 vSquareWaveForm。在这个函数中接口引脚 PA2 每次都进行切换，从而在该引脚上生成方波。

```
/*===========================================================================
                        GENERATE SQUARE WAVEFORM
                        ========================

In this project a FreeRTOS software timer is usd in auto-reload mode in order
to generate a square waveform signal. The signal frequency is set to 500Hz (i.e.
period of 2ms) where the ON and the OFF times are 1ms.

Author: Dogan Ibrahim
Date   : September, 2019
File   : squarewave.c
============================================================================*/
#include "main.h"
#include "timers.h"

void vSquareWaveForm(TimerHandle_t xTimer)
{
    #define Wave GPIOA_ODR.B2
    GPIO_Config(&GPIOA_BASE, _GPIO_PINMASK_2, _GPIO_CFG_MODE_OUTPUT);
    Wave = ~Wave;
}

//
// Define all your Task functions here
// ===================================
//

// Task 1 - Square Waveform Generator
void Task1(void *pvParameters)
{
    TimerHandle_t xTimer;
    xTimer = xTimerCreate("SquareWave", pdMS_TO_TICKS(1), pdTRUE, 0,
                          vSquareWaveForm);
    xTimerStart(xTimer, 0);

    while (1)
    {
    }
}

//
// Start of MAIN program
// =====================
//
void main()
{
//
// Create all the TASKS here
// =========================
//
    // Create Task 1
    xTaskCreate(
        (TaskFunction_t)Task1,
        "Square Waveform Generator",
        configMINIMAL_STACK_SIZE,
        NULL,
        10,
        NULL
    );
//
// Start the RTOS scheduler
//
    vTaskStartScheduler();

//
// Will never reach here
}
```

图 13.7 squarewave.c 的程序清单

图13.8展示的是示波器上的波形，在本项目中使用Velleman PCSGU250在PC屏幕上显示波形。图中的横轴每个刻度是1ms，纵轴每个刻度是1V。显然，ON和OFF的持续时间各为1ms，对应的周期为2ms，即频率为500Hz。

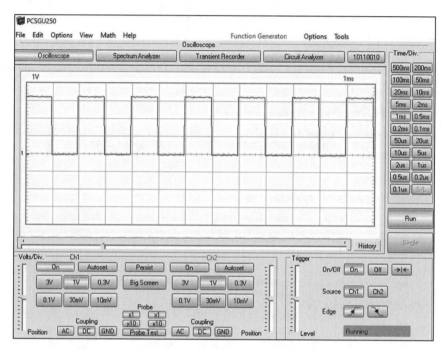

图13.8　程序生成的波形

13.7　项目29——事件计数器（例如频率计数器）

描述：在本项目中会使用一个自动重载的FreeRTOS软件定时器，项目会对1s内发生的事件进行计数。例如，本项目可以作为一个频率计数器来测量和显示模拟波形的频率。假设输入信号是正方波。如果信号是正弦波，那么就必须采用施密特触发逻辑门或者晶体管开关将其转换成正方波。

目标：展示如何利用FreeRTOS软件来创建频率计数器（或事件计数器）项目。

框图：如图13.9所示，测得的频率在LCD上显示。

电路图：与图13.2类似，但是这里没有用到按键开关和LED，而是将外部事件应用到开发板的接口引脚PA2上。重要的是要确保输入信号为正，其幅度不超过+3.3V。

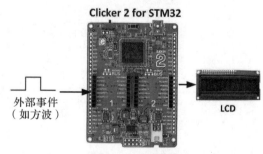

图13.9　项目框图

程序清单：程序清单（程序文件：`freqcounter.c`）如图13.10所示。除了空闲任务，程序中只有一个任务。程序的运行如下所示：
```
BEGIN
    配置 LCD
    DO FOREVER
        等待，直到检测到信号的上升沿
        以 1s 的周期启动定时器
        对信号上升沿计数
        当定时器超时时显示计数值
    ENDDO
END
```

```
/*===============================================================
                EVENT COUNTER (e.g. FREQUENCY COUNTER)
                =====================================

In this project a FreeRTOS software timer is used in auto-reload mode to
measure the events applied to pin PA2 every second. The project can be used as
a frequency counter. It is important to make sure that the input signal
amplitude is not greater than +3.3V if used as a frequency counter.

Author: Dogan Ibrahim
Date   : September, 2019
File   : freqcounter.c
================================================================*/
#include "main.h"
#include "timers.h"

// LCD module connections
sbit LCD_RS at GPIOC_ODR.B12;
sbit LCD_EN at GPIOC_ODR.B11;
sbit LCD_D4 at GPIOE_ODR.B9;
sbit LCD_D5 at GPIOE_ODR.B7;
sbit LCD_D6 at GPIOE_ODR.B8;
sbit LCD_D7 at GPIOC_ODR.B10;
// End LCD module connections

unsigned int count = 0;

void vFrequencyCounter(TimerHandle_t xTimer)
{
    unsigned char Txt[14];
    unsigned long cnt;
    Lcd_Cmd(_LCD_CLEAR);                        // Clear LCD
    LongToStr(count, Txt);                      // Convert to string
    count = 0;                                  // Reset the counter
    Ltrim(Txt);                                 // Remove spaces
    Lcd_Out(2, 1, Txt);                         // Display teh count
}

//
// Define all your Task functions here
// ==================================
//

// Task 1 - Frequency Counter
void Task1(void *pvParameters)
{
    #define FreqInput GPIOA_IDR.B2
    TimerHandle_t xTimer;
```

图 13.10　freqcounter.c 的程序清单

```
    Lcd_Init();
    GPIO_Config(&GPIOA_BASE, _GPIO_PINMASK_2, _GPIO_CFG_MODE_INPUT);
    xTimer = xTimerCreate("FreqCounter", pdMS_TO_TICKS(1000), pdTRUE, 0,
                          vFrequencyCounter);
    xTimerStart(xTimer, 0);

    while(1)                                            // Detect rising edge
    {
      while(FreqInput == 0);                            // If 0
      count++;                                          // Increment count
      while(FreqInput == 1);                            // If high
    }
}
//
// Start of MAIN program
// =====================
//
void main()
{
//
// Create all the TASKS here
// =========================
//
    // Create Task 1
    xTaskCreate(
        (TaskFunction_t)Task1,
        "Frequency counter",
        configMINIMAL_STACK_SIZE,
        NULL,
        10,
        NULL
    );
//
// Start the RTOS scheduler
//
    vTaskStartScheduler();
//
// Will never reach here
}
```

图 13.10 （续）

在程序能够编译之前，必须在文件 `FreeRTOSConfig.h` 中定义和设置如下所示的参数：

configUSE_TIMERS
configTIMER_TASK_PRIORITY
configTIMER_QUEUE_LENGTH
configTIMER_TASK_STACK_DEPTH

在程序一开始定义了 LCD 和开发板之间的接口，初始化了 LCD，并将接口引脚 PA2 配置为数字输入。然后程序创建周期为 1s（1000ms）的自动重载定时器，并将其回调函数指定为 `vFrequencyCounter`。程序检测输入信号的上升沿，并且在检测到上升沿时对变量 count 进行递增操作。检测上升沿和递增计数值的代码为：

while(FreqInput == 0);
count++;
while(FreqInput == 1);

当定时器超时后，回调函数会被每秒调用一次，该函数会对 LCD 清屏，将计数值转换成字符串变量 Txt，然后显示计数值。这里的计数值是每秒事件发生的数量，在输入是方波信号的情况下，计数值就是频率。测试表明，本项目可以在高音频范围内准确地测量高达 30kHz 的频率并在 LCD 上显示。在本项目中，任务优先级和定时器优先级都被设置为 10。

13.8 小结

在本章中我们学习了如何在项目中使用 FreeRTOS 软件定时器，在本书接下来的章节中我们将使用 FreeRTOS 中的各式各样的函数再开发一些项目。

拓展阅读

[1] R. Barry. Mastering the FreeRTOS Real Time Kernel: A Hands-On Tutorial Guide. Available from: https://www.freertos.org/wp-content/uploads/2018/07/161204_Mastering_the_FreeRTOS_Real_Time_Kernel-A_Hands-On_Tutorial_Guide.pdf.
[2] The FreeRTOS Reference Manual. Available from: https://www.freertos.org/wp-content/uploads/2018/07/FreeRTOS_Reference_Manual_V10.0.0.pdf
[3] https://www.freertos.org/documentation.

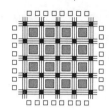

第 14 章
一些示例项目

14.1 概述

本章给出了各种不同复杂程度的示例项目，让读者熟悉如何利用 FreeRTOS API 函数开发基于微控制器的项目。项目的目标在于使用到目前为止本书中已经讲过的大部分函数。

14.2 项目 30——生成频率可调节的方波

描述：在本章中会生成与项 28 中相同的方波，但是当程序在多任务环境中运行时，波形的周期可以由键盘改变。用户输入所需的波形的 ON 时间作为整数值，单位为 ms。可以输入的最小值为 1ms，假设波形的占空比为 50%，即 ON 和 OFF 的时间相等，因此，波形的整个周期为 2 倍的 ON 时间。

目标：展示如何使用 FreeRTOS 软件生成方波信号，其中方波的频率可以从键盘输入。一个自动重载定时器被创建，其中的频率可以不用停止程序就能被改变。

电路图：如图 14.1 所示，与图 13.6 相似，但是这里用 USB UART click 作为开发板到 PC 的接口。

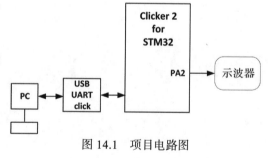

图 14.1 项目电路图

程序清单：程序文件 `squarekey.c` 如图 14.2 所示。除了空闲任务，程序还包含两个任务，任务 1 创建方波，任务 2 设置所需的周期。程序的运行如下所示：

<u>任务 1</u>
创建周期为 2ms 的定时器
启动定时器
`DO FOREVER`
    `IF` 队列中的数据可用 `THEN`
        从队列中获取数据
        修改波形的周期
    `ELSE`
        初始化任务修改（`taskYIELD`）
    `ENDIF`

ENDDO
任务 2
将 UART 初始化为 9600 波特
DO FOREVER
  从键盘读取所需的周期
  将周期发送给队列
  计算频率
  在屏幕上显示频率
ENDDO

任务 1 最初通过调用如下所示的 API 函数创建周期为 2ms 的定时器：

```
xTimer = xTimerCreate("SquareWave", pdMS_TO_TICKS(1), pdTRUE, 0,
    vSquareWaveForm);
```

然后用下面的函数调用启动定时器：

```
xTimerStart(xTimer, 0);
```

任务 1 的剩余部分在循环中运行，检查队列中是否有消息可用。如果消息可用，消息就会被读取并被通过下面的函数调用改变波形的周期：

```
xTimerChangePeriod(xTimer, pdMS_TO_TICKS(NewPeriod), 100);
```

如果队列中没有消息，那么函数 `taskYIELD()` 就会被调用以放弃 CPU 占用，使得键盘占用 CPU。

任务 2 提示用户输入波形所需的 ON 时间，然后输入值被发送给队列，以便波形的周期能够按照要求改变。然后，该任务会计算波形的结果频率并将其显示在屏幕上。

```
/*==================================================================
            SQUARE WAVE GENERATOR WITH REQUIRED FERQUENCY
            ============================================

In this project a square wave is genrated. The frequency of the waveform is
entered from the keyboard while the program is running (thus, multitasking). The
period of the waveform is initially set to 500Hz, but is changed depending on
the value entered from the keyboard. The period can be set as an integer starting
from 1ms and going up.

Author: Dogan Ibrahim
Date   : September, 2019
File   : squarekey.c
===================================================================*/
#include "main.h"
#include "timers.h"
QueueHandle_t xUARTQueue;                              // UART Queue handle

void vSquareWaveForm(TimerHandle_t xTimer)
{
    #define Wave GPIOA_ODR.B2                          // Pin PA2 is used
    GPIO_Config(&GPIOA_BASE, _GPIO_PINMASK_2, _GPIO_CFG_MODE_OUTPUT);
    Wave = ~Wave;                                      // Generate square wave
}
//
```

图 14.2 squarekey.c 的程序清单

```c
// Define all your Task functions here
// ====================================
//
// Task 1 - Square Waveform Generator
void Task1(void *pvParameters)
{
    unsigned int NewPeriod;

    TimerHandle_t xTimer;
    xTimer = xTimerCreate("SquareWave", pdMS_TO_TICKS(1), pdTRUE, 0,
                          vSquareWaveForm);
    xTimerStart(xTimer, 0);

    while (1)
    {
        if(xQueueReceive(xUARTQueue, &NewPeriod, 0 ) == pdPASS)
        {
            xTimerChangePeriod(xTimer, pdMS_TO_TICKS(NewPeriod), 100);
        }
        else taskYIELD();
    }
}

// Task 2 - Keyboard Controller
void Task2(void *pvParameters)
{
    unsigned int N, Total;
    char Txt[14];
    float freq;
    QueueHandle_t xQueue;
    UART3_Init_Advanced(9600,_UART_8_BIT_DATA,_UART_NOPARITY,_UART_ONE_STOPBIT,
                        &_GPIO_MODULE_USART3_PD89);

    while (1)
    {
        UART3_Write_Text("\n\r\n\rEnter ON time (ms): ");

        N = 0;
        Total = 0;

        while(1)
        {
           N = UART3_Read();                                   // Read a number
           UART3_Write(N);                                     // Echo the number
           if(N == '\r') break;                                // If Enter
           N = N - '0';                                        // Pure number
           Total = 10*Total + N;                               // Total number
        }

        xQueueSend(xUARTQueue, &Total, pdMS_TO_TICKS(10));     // Send via Queue

        UART3_Write_Text("\n\rFrequency changed to: ");        // Display heading
        freq = 1000.0 / (2.0 * Total);                         // Calculate frequency
        FloatToStr(freq, Txt);                                 // Convert to string
        Ltrim(Txt);                                            // Remove spaces
        UART3_Write_Text(Txt);                                 // Frequency in Hz
        UART3_Write_Text(" Hz\n\r");                           // Display Hz
    }
}

//
// Start of MAIN program
// =====================
//
void main()
{
    xUARTQueue = xQueueCreate(1, 2);                           // Create a Queue
//
```

图 14.2 （续）

```
// Create all the TASKS here
// =========================
//
    // Create Task 1
    xTaskCreate(
        (TaskFunction_t)Task1,
        "Square Waveform Generator",
        configMINIMAL_STACK_SIZE,
        NULL,
        10,
        NULL
    );

    // Create Task 2
    xTaskCreate(
        (TaskFunction_t)Task2,
        "Keyboard Controller",
        configMINIMAL_STACK_SIZE,
        NULL,
        10,
        NULL
    );
//
// Start the RTOS scheduler
//
    vTaskStartScheduler();
//
// Will never reach here
}
```

图 14.2 （续）

图 14.3 展示的是波形所需的 ON 时间为 2ms 时的情况，结果使用示波器捕获，如图 14.4 所示。

```
Enter ON time (ms): 2
Frequency changed to: 250 Hz
```

图 14.3 将 ON 时间设置为 2ms

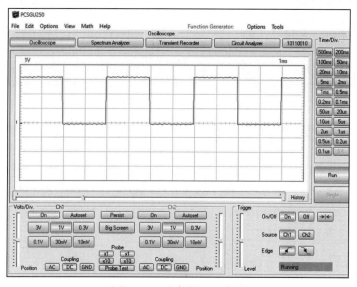

图 14.4 示波器上的波形

14.3 项目 31——扫频波形发生器

描述：在本项目中，与前一个项目中一样会生成方波，但是此处生成的方波的频率会按照用户指定的步长从给定的起始值变化到终止值。例如，用户可能需要频率从 100Hz 变化到 500Hz，步长为 50Hz，其中波形在每个频率上应当输出 5s。和前一个项目中一样，假定波形具有相同的 ON 和 OFF 时间。扫频波形发生器通常用于射频应用程序当中。

目标：展示如何使用 FreeRTOS 软件来生成方波信号，其中频率可以根据由键盘输入的所需步长改变。一个自动重载定时器被创建，其中的频率可以在不停止程序的情况下进行改变。

电路图：如图 14.1 所示。

程序清单：程序文件 sweepfreq.c 如图 14.5 所示。除了空闲任务，程序还包含 2 个任务。任务 1 以默认的周期 1ms 创建定时器，然后启动定时器。之后该任务进入一个循环，在循环中，程序从队列中读取新的用户设置，然后实现它们。诸如起始频率、终止频率以及步长频率之类的用户设置用一个结构体保存：

```
typedef struct Message
{
  unsigned int StartFrequency;
  unsigned int EndFrequency;
  unsigned int StepFrequency;
} AMessage;
```

```
/*===============================================================
                SWEEP FREQUENCY WAVEFORM GENERATOR
                ==================================

In this project a square waveform is generated whose frequency varies between
a starting value and an ending value. Both values and the step size are entered
from the keyboard while the program is generating the required square waveform.

Author: Dogan Ibrahim
Date   : September, 2019
File   : sweepfreq.c
===============================================================*/
#include "main.h"
#include "timers.h"
QueueHandle_t xUARTQueue;                                // UART Queue handle

void vSquareWaveForm(TimerHandle_t xTimer)
{
    #define Wave GPIOA_ODR.B2                            // Pin PA2 is used
    GPIO_Config(&GPIOA_BASE, _GPIO_PINMASK_2, _GPIO_CFG_MODE_OUTPUT);
    Wave = ~Wave;                                        // Generate square wave
}
//
// Read an integer number from the keyboard and retun to the calling program
//
unsigned int Read_From_Keyboard()
{
    unsigned int N, Total;

    Total = 0;
    while(1)
    {
        N = UART3_Read();                                // Read a number
```

图 14.5　sweepfreq.c 的程序清单

```
            UART3_Write(N);                             // Echo the number
            if(N == '\r') break;                        // If Enter
            N = N - '0';                                // Pure number
            Total = 10*Total + N;                       // Total number
        }
        return Total;
    }
//
// Define all your Task functions here
// ====================================
//

// Task 1 - Square Waveform Generator
void Task1(void *pvParameters)
{
    typedef struct Message
    {
       unsigned int StartFrequency;
       unsigned int EndFrequency;
       unsigned int StepFrequency;
    } AMessage;

    AMessage msg;
    float FirstValue, EndValue, Strt,Flag;
    unsigned int freq;
    TimerHandle_t xTimer;
    xTimer = xTimerCreate("SquareWave", pdMS_TO_TICKS(1), pdTRUE, 0,
                          vSquareWaveForm);
    xTimerStart(xTimer, 0);

    Flag = 0;

    while (1)
    {
        if((xQueueReceive(xUARTQueue, &msg, 0 ) == pdPASS) || Flag == 1)
        {
           if(Flag == 0)
           {
                FirstValue = 1000.0 / (2.0 * msg.StartFrequency);
                Strt = FirstValue;
                freq = msg.StartFrequency;
                EndValue = 1000.0 / (2.0 * msg.EndFrequency);
           }

                xTimerChangePeriod(xTimer, pdMS_TO_TICKS(FirstValue), 100);
                vTaskDelay(pdMS_TO_TICKS(5000));
                freq = freq + msg.StepFrequency;
                FirstValue = 1000.0 / (2.0 * freq);
                if(FirstValue <= EndValue)
                {
                    freq = msg.StartFrequency;
                    FirstValue = Strt;
                }
                Flag = 1;
           }
           else taskYIELD();
    }
}

// Task 2 - Keyboard Controller
void Task2(void *pvParameters)
{
    typedef struct Message
    {
        unsigned int StartFrequency;
        unsigned int EndFrequency;
```

图 14.5 （续）

```c
        unsigned int StepFrequency;
    } AMessage;

    AMessage msg;

    QueueHandle_t xQueue;
    UART3_Init_Advanced(9600,_UART_8_BIT_DATA,_UART_NOPARITY,_UART_ONE_STOPBIT,
                        &_GPIO_MODULE_USART3_PD89);

    while (1)
    {
        UART3_Write_Text("\n\r\n\rEnter Starting Frequency (Hz): ");
        msg.StartFrequency = Read_From_Keyboard();
        UART3_Write_Text("\n\rEnter Ending Frequency (Hz): ");
        msg.EndFrequency = Read_From_Keyboard();
        UART_Write_Text("\n\rEnter Frequency Step (Hz): ");
        msg.StepFrequency = Read_From_Keyboard();

        xQueueSend(xUARTQueue, &msg, pdMS_TO_TICKS(10));    // Send via Queue
        UART3_Write_Text("\n\rSweeping... ");                // Display heading
    }
}
//
// Start of MAIN program
// =====================
//
void main()
{
    xUARTQueue = xQueueCreate(1, 6);                        // Create a Queue
//
// Create all the TASKS here
// =========================
//
    // Create Task 1
    xTaskCreate(
        (TaskFunction_t)Task1,
        "Square Waveform Generator",
        configMINIMAL_STACK_SIZE,
        NULL,
        10,
        NULL
    );

    // Create Task 2
    xTaskCreate(
        (TaskFunction_t)Task2,
        "Keyboard Controller",
        configMINIMAL_STACK_SIZE,
        NULL,
        10,
        NULL
    );
//
// Start the RTOS scheduler
//
    vTaskStartScheduler();
//
// Will never reach here
}
```

图 14.5 （续）

起始和终止频率被转换为以 ms 为单位，并分别被存放在变量 FirstValue 和 EndValue 当中。在程序的循环中，频率按照步长值递增，生成的波形的周期被相应地设置。当生成的波形的周期达到所需的终止周期时,上述过程再次重复,其中生成的波形被设置为具有初始频率,以此类推。生成的波形的频率每 5s 改变一次。

在提示用户输入所需数据后,任务 2 调用函数 Read_From_Keyboard() 读取起始频率、终止频率以及步长频率:

```
UART3_Write_Text("\n\r\n\rEnter Starting Frequency (Hz): ");
msg.StartFrequency = Read_From_Keyboard();
UART3_Write_Text("\n\rEnter Ending Frequency (Hz): ");
msg.EndFrequency = Read_From_Keyboard();
UART_Write_Text("\n\rEnter Frequency Step (Hz): ");
msg.StepFrequency = Read_From_Keyboard();
```

用户输入的设置之后被发送给队列,以便使其被任务 1 接收到:

```
xQueueSend(xUARTQueue, &msg, pdMS_TO_TICKS(10));
```

程序运行的示例如图 14.6 所示,当示波器连接到接口引脚 AP2 后,根据 100Hz 步长,生成波形的频率每 5s 会从 100Hz 变化到 500Hz。

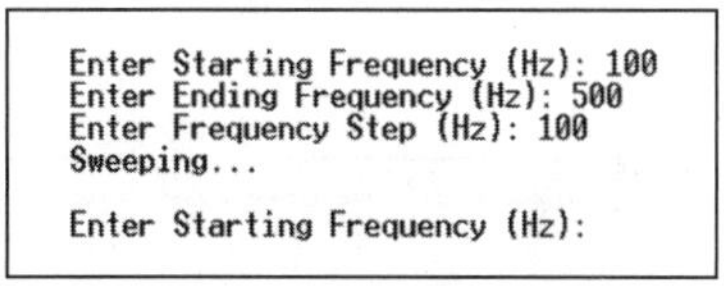

图 14.6　程序运行示例

14.4　项目 32——RGB 灯光控制器

描述:在本项目中,有一个 RGB LED 连接到开发板的接口引脚上。程序让 3 个 LED 独立、随机地进行闪烁,从而创建出良好的视觉效果。

目标:展示 FreeRTOS 如何使用不同的任务来控制 RGB LED 颜色。

电路图:在本项目中用到了 KY-016 型 RGB LED 模块。如图 14.7 所示,该模块有 4 个引脚,每种颜色的 LED 用一个引脚,还有一个是通用的接地引脚。该模块上提供了一个 150 欧姆的限流电阻来限制电流大小,因此无须使用外接电阻。向一个 LED 引脚发送逻辑 1(+3.3V 或者 +5V)会点亮相应的 LED,通过让 LED 随机亮灭,我们就能得到良好的视觉效果。

项目的电路图如图 14.8 所示,Clicker 2 for STM32 开发板与 RGB LED 之间的连接如下所示(用到了一些 mikroBUS 2 的接口引脚):

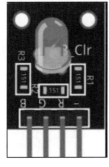

图 14.7　KY-016 RGB LED

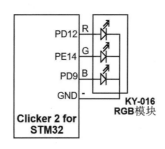

图 14.8　项目电路图

RGB 引脚	开发板引脚	RGB 引脚	开发板引脚
红（R）	PD12	蓝（B）	PD9
绿（G）	PE14	—	接地引脚

程序清单：程序文件 rgb.c 如图 14.9 所示，除了空闲任务，程序还包含 3 个分别被称为 Red、Green 和 Blue 的任务，这三个任务彼此非常相似。在每个任务的开始，由任务控制的 LED 接口被配置为输出接口，任务代码的剩余部分在由 While 语句建立的循环当中永久执行下去。在每个任务中独立地随机生成 101～600ms 之间的随机数，这些随机数决定了各色 LED 的闪烁频率。这三个任务都以相同的优先级运行，在 RGB LED 模块上创建了一个很好的视觉效果。内置函数 rand() 生成 0～32767 之间的随机数，这些随机数按照如下所示的方式转换为限制在 101～600 之间：

当 rand() 生成 0，rand() 的结果 %500 + 101 是 101

当 rand() 生成 499，rand() 的结果 %500 + 101 是 600

当 rand() 生成 32767，rand() 的结果 %500 + 101 是 166

```
/*===============================================================
                    RGB LED LIGHT FLASHING
                    ======================
In this project an RGB LED is conencted to the development board I/O pins. The
program consists of 3 tasks (in addition to the Idle task). A random number
is generated in each task and this is used to set the LED flashing rate. The net
effect is that the LED flashes with a nice visual effect.

Author: Dogan Ibrahim
Date  : September, 2019
File  : rgb.c
===============================================================*/
#include "main.h"

//
// Define all your Task functions here
// ===================================
//

// Task 1 - RED LED
void Task1(void *pvParameters)
{
    #define RED GPIOD_ODR.B12                         // Pin PD12 is RED LED
    unsigned int random;
    GPIO_Config(&GPIOD_BASE, _GPIO_PINMASK_12, _GPIO_CFG_MODE_OUTPUT);

    while (1)
    {
        random = rand() % 500 + 101;                  // Generate random number
        RED = ~ RED;                                  // Toggle RED
        vTaskDelay(pdMS_TO_TICKS(random));            // Delay
    }
}

// Task 2 - GREEN LED
void Task2(void *pvParameters)
{
    #define GREEN GPIOE_ODR.B14                       // Pin PE14 is GREEN LED
    unsigned int random;
    GPIO_Config(&GPIOE_BASE, _GPIO_PINMASK_14, _GPIO_CFG_MODE_OUTPUT);
```

图 14.9 rgb.c 的程序清单

```c
    while (1)
    {
        random = rand() % 500 + 101;                    // Generate random number
        GREEN = ~ GREEN;                                // Toggle GREEN
        vTaskDelay(pdMS_TO_TICKS(random));              // Delay
    }
}
// Task 3 - BLUE LED LED
void Task3(void *pvParameters)
{
    #define BLUE GPIOD_ODR.B9                           // Pin PD9 is BLUE LED
    unsigned int random;
    GPIO_Config(&GPIOD_BASE, _GPIO_PINMASK_9, _GPIO_CFG_MODE_OUTPUT);

    while (1)
    {
        random = rand() % 500 + 101;                    // Generate random number
        BLUE = ~ BLUE;                                  // Toggle BLUE
        vTaskDelay(pdMS_TO_TICKS(random));              // Delay
    }
}
//
// Start of MAIN program
// =====================
//
void main()
{
//
// Create all the TASKS here
// =========================
//
    // Create Task 1
    xTaskCreate(
        (TaskFunction_t)Task1,
        "RED LED",
        configMINIMAL_STACK_SIZE,
        NULL,
        10,
        NULL
    );

    // Create Task 2
    xTaskCreate(
        (TaskFunction_t)Task2,
        "GREEN LED",
        configMINIMAL_STACK_SIZE,
        NULL,
        10,
        NULL
    );

    // Create Task 3
    xTaskCreate(
        (TaskFunction_t)Task3,
        "BLUE LED",
        configMINIMAL_STACK_SIZE,
        NULL,
        10,
        NULL
    );
//
// Start the RTOS scheduler
//
    vTaskStartScheduler();

//
// Will never reach here
}
```

图 14.9 （续）

14.5 项目 33——带键盘的家庭报警系统

描述：这是一个简单的家庭报警系统，为两层的房子而设计。使用键盘来控制所设计的报警系统的各种操作，该系统的详细信息将由本节稍后的框图给出（如图 14.10 所示）。

目标：展示在多任务环境中如何利用 FreeRTOS 设计简单的家庭报警系统。

框图：如图 14.10 所示。系统中有 4 个磁簧式传感器（如果需要，在本系统中可以很容易地对传感器数量进行扩展）。其中的两个传感器与楼上的两扇窗户相连，分别称为 UpFwindow（楼上的前窗）和 UpRwindow（楼上的后窗）。两个类似的传感器分别连接楼下的两扇门，分别称为 DownFdoor（楼下的前门）和 DownRdoor（楼下的后门）。有一个蜂鸣器与开发板相连，当系统启动并且某扇门或者窗户被打开时，蜂鸣器就被激活。为简单起见，系统的操作由 PC 键盘进行控制。

在本项目中，KY-021 型迷你磁簧开关模块用于在窗户或门被打开时进行探测，它是一个 3 引脚模块，分别连接 GND、+V 和 Signal。GND 和 +V 引脚分别与接地和电源引脚连接，Signal 引脚可以与开发板任意输入/输出引脚连接。在 +V 和 S 引脚之间接有一个 10kΩ 的板载电阻，如图 14.11 所示。簧片开关是由外加磁场控制的电子开关。这些开关由一对铁磁性的柔性金属触点组成，置于密封的玻璃外壳中（如图 14.12 所示）。触点通常是打开的，当磁场（比如磁铁）在触点附近时触点闭合，当磁场移除时触点恢复正常状态，即重新打开。簧片开关用于门和窗户的机构当中，以检测它们何时打开或关闭，也应用于很多其他基于安全的应用程序。在安全应用程序当中，簧片开关和磁铁安装在打开的窗户或门的两侧，如图 14.13 所示。当门或窗户关闭时，磁铁靠近开关，开关的输出状态是逻辑 0。当门或窗户被打开时，磁铁与开关分离，结果就是开关的状态变为逻辑 1。

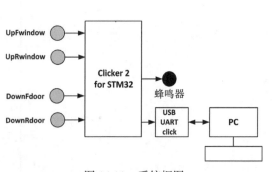
图 14.10 系统框图

图 14.11 KY-021 磁簧开关

本项目中用到了一个被动式蜂鸣器，当逻辑 1 被发送给蜂鸣器时，它会以固定的频率发出声音。在实际的报警系统中，蜂鸣器可以被替换为由继电器操作的电源警报器。

系统的操作通过键盘进行，有效的键盘命令如下所示：

`Full`：设置警报为扫描全部 4 个传感器。
`Part`：设置警报为只扫描楼下的传感器（DownFdoor 和 DownRdoor）。
`Reset`：清除警报设置。

输入 `Full` 再按下回车键会让所有传感器处于工作状态，使得系统扫描全部 4 个传感器，以检测是否有对房屋的可能的进入。输入 Part 再按下回车键仅让楼下的传感器处于工作状态，使得能够安全地步行上楼而不会触发警报。当系统处于工作状态后，会给用户 30s 时间离开房屋。类似地，当开关被激活后（比如前门被打开），系统会留出 30s 时间使其在设置警报前解除工作状态。输入 Reset 再按下回车键会取消警报设置，即解除系统的工作状态，该命令仅当在键盘上输入正确的密码后才会被激活。出于演示的目的，本项目的密码被设置为 FreeRTOS。

图 14.12　典型的磁簧开关

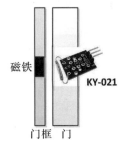
图 14.13　簧片开关和磁铁

电路图：如图 14.14 所示。在 Clicker 2 for STM32 开发板与外部世界之间会建立如下所示的连接（这些引脚位于开发板的 mikroBUS Socket 1 接头上）：

Clicker 2 for STM32 引脚	连接	Clicker 2 for STM32 引脚	连接
PA2	UpFwindow 传感器	PC10	DownRdoor 传感器
PE7	UpRwindow 传感器	PE9	蜂鸣器
PE8	DownFdoor 传感器	mikroBUS 2	USB UART click

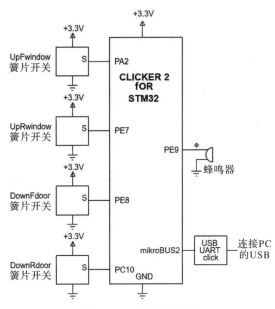
图 14.14　项目电路图

USB UART click 与开发板的 mikroBUS Socket 2 相连，该板通过一条 USB 数据线与 PC 连接。与之前基于 PC 的项目中一样，命令在 PC 上利用终端仿真软件输入。

程序的运行如图 14.15 中的 PDL 所示：

图 14.15　程序的运行

程序清单： 程序文件 `homealarm.c` 如图 14.16 所示。除了空闲任务，程序还包含 4 个任务，利用事件标志实现任务之间的资源同步。在程序中用到的事件标志如下所示：

事件标志 1	当设置为 1 时，意味着楼上和楼下都处于工作状态
	当重置为 0 时，意味着楼上和楼下都被解除工作状态
事件标志 2	当设置为 1 时，意味着只有楼下处于工作状态
	当重置为 0 时，意味着楼下被解除工作状态
事件标志 3	当设置为 1 时，意味着蜂鸣器被置于 ON
	当重置为 0 时，意味着蜂鸣器被置于 OFF

```
/*================================================
                HOME ALARM SYSTEM
  ================================================
```

图 14.16　`homealarm.c` 的程序清单

```c
/*
   This is a simple home alarm system. The system has 4 reed switch type sensors,
   2 upstairs (attached to windows) and 2 downstairs (attached to doors). The system
   can be armed partially or fully. In partial arm the upstairs sensors are disabled.
   In full arm all the sensors are active. A buzzer sounds if any door opens when
   in armed mode. The system has 30 seconds exit delay and 30 seconds entry delay.
   A password is required to reset the system.

   Author: Dogan Ibrahim
   Date   : September, 2019
   File   : homealarm.c
   ==========================================================================*/
#include "main.h"
#include "event_groups.h"
EventGroupHandle_t xEventGroup;                        // Event group handle

//
// Define all your Task functions here
// ====================================
//

// Task 1 - UPSTAIRS CONTROLLER
void Task1(void *pvParameters)
{
    #define UpFwindow GPIOA_IDR.B2
    #define UpRwindow GPIOE_IDR.B7
    #define OPEN 1
    #define CLOSED 0

    #define BIT_1 (1 << 1)
    #define BIT_2 (1 << 2)
    #define BIT_3 (1 << 3)

    const TickType_t xEntryDelay = pdMS_TO_TICKS(30000);
    EventBits_t uxBits;

    GPIO_Config(&GPIOA_BASE, _GPIO_PINMASK_2, _GPIO_CFG_MODE_INPUT);
    GPIO_Config(&GPIOE_BASE, _GPIO_PINMASK_7, _GPIO_CFG_MODE_INPUT);

    while (1)
    {
        // If ALL is armed (i.e. if event flag 1 is set)
        uxBits = xEventGroupWaitBits(xEventGroup, BIT_1, pdFALSE, pdFALSE,
                 portMAX_DELAY);
        if(UpFwindow == OPEN || UpRwindow == OPEN)
        {
            vTaskDelay(xEntryDelay);
            // Set event flag 3 (activate buzzer)
            uxBits = xEventGroupSetBits(xEventGroup, BIT_3);
        }
        taskYIELD();
    }
}


// Task 2 - DOWNSTAIRS CONTROLLER
void Task2(void *pvParameters)
{
    #define DownFdoor GPIOE_IDR.B8
    #define DownRdoor GPIOC_IDR.B10
    #define OPEN 1
    #define CLOSED 0

    #define BIT_1 (1 << 1)
    #define BIT_2 (1 << 2)
    #define BIT_3 (1 << 3)
```

图 14.16 （续）

```c
        const TickType_t xEntryDelay = pdMS_TO_TICKS(30000);
        EventBits_t uxBits;

        GPIO_Config(&GPIOE_BASE, _GPIO_PINMASK_8, _GPIO_CFG_MODE_INPUT);
        GPIO_Config(&GPIOC_BASE, _GPIO_PINMASK_10, _GPIO_CFG_MODE_INPUT);

        while (1)
        {
            // If all is armed (i.e. if event flag 1 or 2 is set)
            uxBits = xEventGroupWaitBits(xEventGroup, BIT_1 | BIT_2, pdFALSE, pdFALSE,
                    portMAX_DELAY);

            if(DownFdoor == OPEN || DownRdoor == OPEN)
            {
                vTaskDelay(xEntryDelay);
                // Set event flag 3 (activate buzzer)
                uxBits = xEventGroupSetBits(xEventGroup, BIT_3);
            }
            taskYIELD();
        }
}


// Task 3 - UART Controller
void Task3(void *pvParameters)
{
    #define BIT_1 (1 << 1)
    #define BIT_2 (1 << 2)
    #define BIT_3 (1 << 3)

    const TickType_t xExitDelay = pdMS_TO_TICKS(30000);
    EventBits_t uxBits;

    unsigned char ch, j, Command[10], pwd[10];

    UART3_Init_Advanced(9600,_UART_8_BIT_DATA,_UART_NOPARITY,_UART_ONE_STOPBIT,
                    &_GPIO_MODULE_USART3_PD89);
while (1)
{
    UART3_Write_Text("\n\rEnter a command (Full, Part, Reset): ");
    // Get the command
    j = 0;
    while(1)
    {
       ch = UART3_Read();                                    // Read a char
       UART3_Write(ch);                                      // Echo the char
       if(ch == '\r') break;                                 // If Enter
          Command[j] = ch;                                   // Store the char
          j++;                                               // Increment pointer
       }
       Command[j] = '\0';                                    // Terminator
       if(strstr(Command, "Full") > 0)
       {
           UART3_Write_Text("\n\rAlarm set for UPSTAIRS and DOWNSTAIRS. You have 30
           seconds to exit\n\r");
           vTaskDelay(xExitDelay);
           uxBits = xEventGroupSetBits(xEventGroup, BIT_1 | BIT_2);
       }
       else if(strstr(Command, "Part") > 0)
       {
           UART3_Write_Text("\n\rAlarm set for DOWNSTAIRS only. Go Upstairs now\n\r");
           vTaskDelay(xExitDelay);
           uxBits = xEventGroupSetBits(xEventGroup, BIT_2);
           uxBits = xEventGroupClearBits(xEventGroup, BIT_1);
       }
```

图 14.16 （续）

```
            else if(strstr(Command, "Reset") > 0)
            {
                UART3_Write_Text("\n\rEnter Password: ");
                // Get the password
                j = 0;
                while(1)
                {
                    ch = UART3_Read();                          // Read a char
                    UART3_Write(ch);                            // Echo the char
                    if(ch == '\r') break;                       // If Enter
                    pwd[j] = ch;                                // Store the char
                    j++;                                        // Increment pointer
                }
                pwd[j] = '\0';                                  // Terminator
                if(strstr(pwd, "FreeRTOS") > 0)                 // Correct pwd?
                {
                    UART3_Write_Text("\n\rPassword correct...");
                    uxBits = xEventGroupClearBits(xEventGroup, BIT_1 | BIT_2); // Disarm
                    uxBits = xEventGroupClearBits(xEventGroup, BIT_3);        // Buzzer OFF
                }
            }
        }
}


// Task 4 - Buzzer Controller
void Task4(void *pvParameters)
{
    #define BIT_1 (1 << 1)
    #define BIT_2 (1 << 2)
    #define BIT_3 (1 << 3)
    #define BUZZER GPIOE_ODR.B9

    EventBits_t uxBits;
    GPIO_Config(&GPIOE_BASE, _GPIO_PINMASK_9, _GPIO_CFG_MODE_OUTPUT);

    while (1)
    {
        // Wait for efn 3
        uxBits = xEventGroupWaitBits(xEventGroup, BIT_3, pdFALSE, pdFALSE,
            pdMS_TO_TICKS(100));
                if((uxBits & (BIT_3)) == (BIT_3))               // If efn 3 set
                    BUZZER = 1;                                 // Buzzer ON
                else
                    BUZZER = 0;                                 // Buzzer OFF
    }
}


//
// Start of MAIN program
// =====================
//
void main()
{
    xEventGroup = xEventGroupCreate();                          // Create event group
//
// Create all the TASKS here
// =========================
//
    // Create Task 1
    xTaskCreate(
        (TaskFunction_t)Task1,
        "UPSTAIRS Controller",
        configMINIMAL_STACK_SIZE,
        NULL,
        10,
```

图 14.16 （续）

```
            NULL
        );

        // Create Task 2
        xTaskCreate(
            (TaskFunction_t)Task2,
            "DOWNSTAIRS Controller",
            configMINIMAL_STACK_SIZE,
            NULL,
            10,
            NULL
        );

        // Create Task 3
        xTaskCreate(
            (TaskFunction_t)Task3,
            "UART Controller",
            configMINIMAL_STACK_SIZE,
            NULL,
            10,
            NULL
        );

        // Create Task 4
        xTaskCreate(
            (TaskFunction_t)Task4,
            "BUZZER Controller",
            configMINIMAL_STACK_SIZE,
            NULL,
            10,
            NULL
        );
//
// Start the RTOS scheduler
//
    vTaskStartScheduler();
//
// Will never reach here
}
```

图 14.16 （续）

每个任务的详细操作总结如下：

任务 1

这是楼上控制器任务。在该任务开始，UpFwindow 和 UpRwindow 分别被赋值给接口引脚 PA2 和 PE7，这两个接口引脚都被配置为输出。任务的剩余部分在一个无限循环中运行，在这个循环内部任务一直等待，直到事件标志 1 被设置，即直到任务处于工作状态。然后任务检查楼上的窗户，以确保这些窗户被关上。如果窗户是打开的，那么 UpFwindow 或者 UpRwindow 传感器的状态就是 OPEN。结果就是事件标志 3 被设置使得警报被激活。请注意，此处会插入一个 30s 的进入延迟，使得用户有足够的时间进入房间，并在发出警报前重置系统。

任务 2

这是楼下控制器任务，其操作与任务 1 类似。DownFdoor 和 DownRdoor 在此处分别被重新赋值给接口引脚 PE8 和 PC10，这两个接口引脚被配置为输出。该任务在检查门传感器的状态之前，会等待事件标志 1 或 2 被设置。该任务剩余部分的操作与任务 1 中相同，其中任务会检查门是否被关上，如果门是开的，则会设置事件标志 3 激活蜂鸣器。

任务 3

这是 UART 控制器任务。在该任务一开始，UART 被配置为以 9600 波特运行。任务的剩余部分在由 While 语句组成的无限循环中运行，在这个循环内部，用户会被提示输入命令，有效的命令有 Full、Part 和 Reset。利用如下所示的代码接收来自的键盘的命令，并将命令回显到屏幕之上。命令被存放到字符数组 Command 当中，以字符 NULL 结束：

```
UART3_Write_Text("\n\rEnter a command (Full, Part, Reset): ");
j = 0;
while(1)
{
  ch = UART3_Read();   // Read a char
  UART3_Write(ch);     // Echo the char
  if(ch=='\r') break;  // If Enter
  Command[j] = ch;     // Store the char
  j++;  // Increment pointer
}
Command[j] = '\0';
```

正如之前所介绍的那样，命令 Full 和 Part 会让整个系统或者仅仅楼下的传感器处于工作状态。输入的命令利用内置函数 strstr() 进行检查，该命令会对两个字符串进行比较，如果第一个字符串不包含第二个字符串，就会返回 NULL。如果输入的命令是 **Full**，会显示一条消息，并且任务会再次等待 30s 作为退出延迟，以便用户可以离开家而不激活警报。延迟之后，事件标志 1 和 2 都被置位，以启动整个系统。如果输入命令 **Part**，会显示一条消息，系统再次等待 30 秒作为退出延迟，接着设置事件标志 2，同时清除事件标志 1。命令 **Reset** 用于重置系统，即解除系统的工作状态。该命令需要用户在系统重置之前输入正确的密码，在应用程序中密码被硬编码为 FreeRTOS。当命令 Reset 被输入后，事件标志 1、2 和 3 会被清除，使得系统被解除工作状态，同时蜂鸣器也被置于非激活状态。

任务 4

这是蜂鸣器控制器任务，该任务等待事件标志 3 被设置，如果该事件标志被设置，那么就会激活蜂鸣器，否则蜂鸣器就会被置于非激活状态。

图 14.17 展示了用户在键盘上输入的命令。

```
Enter a command (Full, Part, Reset): Full
Alarm set for UPSTAIRS and DOWNSTAIRS. You have 30 seconds to exit

Enter a command (Full, Part, Reset): Part
Alarm set for DOWNSTAIRS only. Go Upstairs now

Enter a command (Full, Part, Reset): Reset
Enter Password: FreeRTOS
Password correct...

Enter a command (Full, Part, Reset): _
```

图 14.17　用户命令

14.6 项目 34——带蜂鸣器的超声波泊车

描述：本项目用超声波传感器测量停车时与物体之间的距离，假设该传感器安装在车辆的后部，蜂鸣器的声音表明车辆后面的任何物体的距离，这样当车辆靠近一个物体时蜂鸣器的激活率就会增加，为简便起见，所测的距离以厘米（cm）为单位显示在 PC 屏幕上。

目标：展示如何在多任务环境当中使用超声波传感器。

框图：如图 14.18 所示。

电路图：本项目使用的是 HC-SR04 型（如图 14.19 所示）超声波传感器对，该传感器的输出是 +5V，因此与 Clicker 2 for STM32 开发板的输入不兼容。因此，使用电阻分压器将电压降至 +3.3V，电阻分压器电路的输出电压是：

$$V_o = 5V \times 2K / (2K + 1K) = 3.3V$$

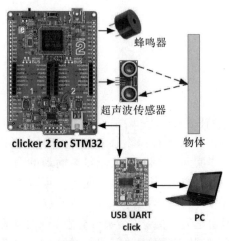

图 14.18 项目框图

图 14.19 HC-SR04 型超声波传感器模块

HC-SR04 型超声波传感器对具有如下的规格：

- 工作电压（电流）：5V（2mA）工作
- 探测距离：2~450cm
- 输入触发信号：10μsTTL
- 传感器角度：不超过 15 度

该传感器具有如下所示的引脚：

V_{cc}	+V 电源	Echo	回波输出
Trig	触发输入	Gnd	电源接地

本项目中使用了一种有源电压式蜂鸣器模块。开发板与外部世界之间的连接如下所示：

开发板引脚	外部元件引脚	开发板引脚	外部元件引脚
PA2	trig（超声波传感器）	PC10	蜂鸣器
PE7	echo（超声波传感器）	mikroBUS 2 接口	USB UART click

超声波传感器模块主要用于移动机器人的测距应用、避障系统和泊车应用当中。超声波传感器模块的工作原理如下所示：
- 10μs 的高电平（+V）脉冲被发送给模块。
- 然后模块发出 8 个 40kHz 的方波信号，并自动检测返回的（回波）脉冲信号（如果信号触碰到一个物体并由物体返回）。
- 如果返回了一个高电平（+V）回波信号，那么该回波信号的宽度等于超声脉冲离开和返回传感器所消耗的时间。
- 到物体的距离根据如下所示的公式计算：

$$到物体的距离（单位：m） = \frac{回波信号（单位：s） \times 声速}{2}$$

声速为 340m/s 或者 0.034cm/μs。
因此，

$$到物体的距离（单位：cm） = \frac{回波信号（单位：μs） \times 0.034}{2}$$

或者

$$到物体的距离（单位：cm） = 回波信号（单位：μs） \times 0.017$$

图 14.20 展示的是超声波传感器模块的工作原理，例如，如果回波信号的宽度是 294ms，那么到物体的距离计算为：

$$到物体的距离（单位：cm） = 294 \times 0.017 \approx 5 （cm）$$

下面的步骤描述了确定时间的最简单方法：

1. 向超声波模块发送 10μs 的触发脉冲。
2. 监听回波。
3. 当接收到的回波为高电平时启动定时器。
4. 当回波变为低电平时停止定时器。
5. 读取定时器的值。
6. 将定时器的值转换成距离。
7. 按照要求处理数据（例如：显示距离）。

图 14.21 展示的是项目的电路图。超声波传感器的 trig 和 echo 引脚分别与开发板的 PA2 和 PE7 引脚连接，超声波传感器的回波输出与接口引脚 PE7 通过电阻分压器连接，使得电压降至 +3.3V。蜂鸣器与接口引脚 PC10 连接。

程序清单：在本项目中，我们需要生成 10μs 脉冲来触发超声波传感器。此外，回波信号的宽度必须以 μs 为单位测量。FreeRTOS 的定时器和滴答计数不提供所需的定时分辨率。触发脉冲是利用 mikroC for ARM 编译器的内置函数 `Delay_us()` 生成的，此函数为函数参数中指定的持续时间创建以 μs 为单位的延迟。回波脉冲的宽度利用 STM32F407 微控制器（这是在 Clicker 2 for STM32 开发板上使用的基于 ARM 的微控制器）的内部定时器测量得到。STM32F407 微控制器的定时器的工作原理相当复杂，本书不在这里详细介绍，感兴趣的读者可以在因特网上找到有关 STM 系列微控制器的详细信息。本节只对项目所必需的定时器的部分内容进行介绍。

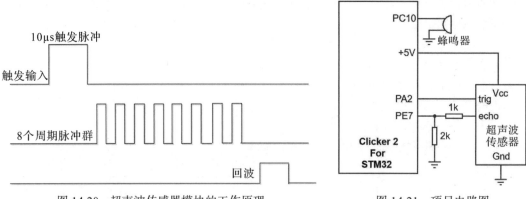

图 14.20　超声波传感器模块的工作原理　　　图 14.21　项目电路图

STM32F407 提供了很多硬件定时器。定时器 2-5（TIM2-TIM5）是通用定时器，由 16 个自动重载计数器组成，由预分频器驱动。这些定时器是完全独立的，不会共享任何资源。定时器能够以 μs 为单位测量脉冲长度。这些定时器的一般特性如下所示：

- 16 位向上 / 向下自动重载计数器。
- 如果定时器向上计数，并且达到存放在 `TIMx_ARR`（x 是定时器编号）中的值，那么定时器就会重置为 0，并且开始新的计数。
- 如果定时器向下计数，当计数值为 0 时，它会被重载为存放在自动重载寄存器 `TIMx_ARR` 中的值。
- 一个 16 位的预分频器 `TIMx_PSC`（x 是定时器编号），用于将时钟除以 1~65535 之间的任何因子。

在本项目中，我们将使用处于所谓时间基准（Time-Base）模式的定时器，这种定时器可用于测量事件的宽度。在该模式中，计数器可被配置为向上或者向下计数，默认情况是向上计数。在时间基准模式中会用到如下所示的定时器寄存器：

- 计数器寄存器：`TIMx_CNT`
- 预分频器寄存器：`TIMx_PSC`
- 自动重载寄存器：`TIMx_ARR`

此外，为了能让定时器能够正确地运行，应对下列定时器寄存器进行配置：

- 为定时器启用时钟：`RCC_APB1ENR.TIMxEN = 1`
- 禁用计数：`TIMx_CR1.CEN = 0`
- 启用计数：`TIMx_CR1.CEN = 1`

测量外部脉冲宽度的步骤如下所示：

- 启用定时器时钟
- 禁用计数
- 配置预分频器寄存器
- 配置自动重载寄存器
- 等待，直到脉冲的上升沿被探测到
- 开始计数

- 等待，直到脉冲的下降沿被探测到
- 停止计数
- 读取计数值
- 将计数值转换为所需的计时单位

在本书中，我们使用的是 2 号定时器（TIM2），STM32F407 的时钟频率被设置为 168MHz。TIM2 从 APB1 总线接收其时钟。在我们的应用程序当中，TIM2 的时钟频率被设置为 84MHz，因此定时器时钟的周期为：

$$周期 = 1/f = 1/84MHz$$

或者说

$$周期 = 0.0119047\mu s$$

如果我们将预分频器的值设置为 1000，那么定时器的时钟周期为：

$$周期 = 1000 \times 0.0119047 \mu s \quad 或者 \quad 周期 = 11.9047 \mu s$$

我们可以以初始值 0 加载寄存器 `TIM2_CNT`，然后只要检测到回波脉冲的上升沿，就启动计数器。之后只要检测到回波脉冲的下降沿，就停止计数器。存储在寄存器 `TIM2_CNT` 中的值就是以计数器值表现的脉冲持续时间。将该数与时钟周期 11.9047μs 相乘，就能为我们给出以 μs 为单位的脉冲宽度。如本节之前展示的那样，用脉冲宽度乘以 0.017 来确定与物体之间以 cm 为单位的距离。自动重载寄存器可以加载其最大值，使得定时器不重新加载。

图 14.22 展示的是程序清单（程序文件：`ultrasonic.c`），除了空闲任务，程序还包含 2 个任务。任务 1 是超声波控制器任务，而任务 2 控制蜂鸣器。两个任务之间通过在主程序中创建的队列进行通信。程序的运行如下面的 PDL 所示：

```
/*===============================================================
                    ULTRASONIC CAR PARKING
                    ======================
In this project an ultrasonic sensor module is used to aid in parking. An
ultrasnic sensor module is mounted at the rear panel of teh vehicle. A buzzer
makes sound when the sensor is near an obstacle. The sound frequency changes
depending on the distance of any objects from the sensor. The distance to an
object is displayed on the PC screen for convenience and for testing the program

Author: Dogan Ibrahim
Date   : September, 2019
File   : ultrasonic.c
================================================================*/
#include "main.h"
QueueHandle_t xQueue;                           // Queue handle

//
// Define all your Task functions here
// ===================================
//

// Task 1 - ULTRASONIC CONTROLLER
void Task1(void *pvParameters)
{
    #define trig GPIOA_ODR.B2
    #define echo GPIOE_IDR.B7
```

图 14.22 `ultrasonic.c` 的程序清单

```c
    float Elapsed;
    unsigned int Present, IntDistance;
    char Txt[14];

    UART3_Init_Advanced(9600, _UART_8_BIT_DATA,_UART_NOPARITY,_UART_ONE_STOPBIT,
                        &_GPIO_MODULE_USART3_PD89);
    GPIO_Config(&GPIOA_BASE, _GPIO_PINMASK_2, _GPIO_CFG_MODE_OUTPUT);
    GPIO_Config(&GPIOE_BASE, _GPIO_PINMASK_7, _GPIO_CFG_MODE_INPUT);
    trig = 0;

    RCC_APB1ENR.TIM2EN = 1;                        // Enable clock to TIM2
    TIM2_CR1.CEN = 0;                              // Disable TIM2 count
    TIM2_PSC = 1000;                               // Set prescaler to 1000
    TIM2_ARR = 65535;                              // Set Auto-reload register

    while (1)
    {
        TIM2_CNT = 0;                              // Set counter to 0
        trig = 1;                                  // Send trig pulse
        Delay_us(10);                              // Wait 10 us
        trig = 0;                                  // Reset trig pulse

        vTaskPrioritySet(NULL, 11);                // Increase priority
        while(echo == 0);                          // Wait for rising edge
        TIM2_CR1.CEN = 1;                          // Start counter
        while(echo == 1);                          // Wait for falling edge
        TIM2_CR1.CEN = 0;                          // Stop counter
        vTaskPrioritySet(NULL, 10);                // Priority back to normal
        Present = TIM2_CNT;                        // Get counter value
        Elapsed = Present * 11.9047;               // Calculate pulse time
        Elapsed = 0.017 * Elapsed;                 // Distance in cm
        IntDistance = (int)Elapsed;                // Distance as int
        xQueueSend(xQueue, &IntDistance, pdMS_TO_TICKS(10));
        FloatToStr(Elapsed, Txt);
        Ltrim(Txt);                                // Remove spaces
        UART3_Write_Text(Txt);                     // Display distance
        UART3_Write_Text(" cm\n\r");               // In cm
        vTaskDelay(pdMS_TO_TICKS(500));            // Wait 500ms
    }
}

void BuzzerSound(int F)
{
    #define BUZZER GPIOC_ODR.B10

    GPIO_Config(&GPIOC_BASE, _GPIO_PINMASK_10, _GPIO_CFG_MODE_OUTPUT);

    BUZZER =1;                                     // Buzzer ON
    vTaskDelay(pdMS_TO_TICKS(F));                  // Wait F ms
    BUZZER = 0;                                    // Buzzer OFF
    vTaskDelay(pdMS_TO_TICKS(F));                  // Wait Fms
}

// Task 2 - Buzzer Controller
void Task2(void *pvParameters)
{
    unsigned int Distance;

    while (1)
    {
        if(xQueueReceive(xQueue, &Distance, 0 ) == pdPASS)    // If data in queue
        {
            if(Distance < 100)                                // If distance < 100
            {
                if(Distance < 10)
                    BuzzerSound(50);                          // Sound buzzer
                else if(Distance < 20)
```

图 14.22 （续）

```
                    BuzzerSound(150);                      // Sound buzzer
            else if(Distance < 30)
                    BuzzerSound(250);                      // Sound buzzer
            else if(Distance < 40)
                    BuzzerSound(350);                      // Sound buzzer
            else if(Distance < 50)
                    BuzzerSound(450);                      // Sound buzzer
            else if(Distance < 70)
                    BuzzerSound(700);                      // Sound buzzer
            else if(Distance < 90)
                    BuzzerSound(900);                      // Sound buzzer
        }
     }
  }
}

//
// Start of MAIN program
// =====================
//
void main()
{
    xQueue = xQueueCreate(1, 2);                           // Create queue
//
// Create all the TASKS here
// =========================
//
    // Create Task 1
    xTaskCreate(
        (TaskFunction_t)Task1,
        "Ultrasonic Controller",
        configMINIMAL_STACK_SIZE,
        NULL,
        10,
        NULL
    );

    // Create Task 2
    xTaskCreate(
        (TaskFunction_t)Task2,
        "Buzzer Controller",
        configMINIMAL_STACK_SIZE,
        NULL,
        10,
        NULL
    );
//
// Start the RTOS scheduler
//
    vTaskStartScheduler();
//
// Will never reach here
}
```

图 14.22 （续）

任务 1

将 trig 引脚配置为输出，将 echo 引脚配置为输入

初始化 UART

配置 TIM2 寄存器

```
DO FOREVER
    将 trig 设置为 0
    发送 10μs 脉冲
    将 trig 设置为 0
    等待回波的上升沿
    开始计数
    等待回波的下降沿
    停止计数
    读取定时器的值
    将计数值转换为以 μs 为单位
    计算到物体的距离
    通过队列向任务 2 发送距离
    在屏幕上显示以 cm 为单位的距离
    等待 500ms
ENDDO
```

任务 2

```
DO FOREVER
从队列中接收距离值
        IF 距离 <100cm THEN
            以不同的值调用函数 BuzzerSound，让蜂鸣器发声
        ENDIF
ENDDO
```

函数 BuzzerSound

将蜂鸣器接口配置为输出
激活蜂鸣器
按照由任务 2 指定的值进行延迟
停用蜂鸣器
按照由任务 2 指定的值进行延迟

请注意，任务 1 在向超声波传感器发送触发脉冲后，其优先级暂时得到增加（即 11），使计时过程不会被中断。只要回波脉冲的下降沿被检测到，优先级就会被降回到正常值（即 10）：

```
vTaskPrioritySet(NULL, 11);    // 增加优先级
while(echo == 0);              // 等待回波的上升沿
TIM2_CR1.CEN = 1;              // 启动定时器
while(echo == 1);              // 等待回波的下降沿
TIM2_CR1.CEN = 0;              // 停止定时器
vTaskPrioritySet(NULL, 10);    // 优先级降回正常值
```

蜂鸣器的激活取决于到物体的距离。如果距离大于 100cm，那么不会有任何动作，蜂鸣器被停用。另一方面，如果到物体的距离小于 100cm，那么蜂鸣器就会根据与目标的距

离以不同的频率发出声音。随着距离变小，蜂鸣器产生的声音频率就会增加，让用户知道物体离传感器很近，这是在任务 2 中通过如下所示的方式实现的：

```
if(Distance < 100)
{
  if(Distance < 10)
    BuzzerSound(50);
  else if(Distance < 20)
    BuzzerSound(150);
  else if(Distance < 30)
    BuzzerSound(250);
  else if(Distance < 40)
    BuzzerSound(350);
  else if(Distance < 50)
    BuzzerSound(450);
  else if(Distance < 70)
    BuzzerSound(700);
  else if(Distance < 90)
    BuzzerSound(900);
}
```

例如，如果到物体的距离小于 10cm，则蜂鸣器每 50ms 打开和关闭一次；如果到物体的距离小于 50cm，则蜂鸣器每 350ms 打开和关闭一次。

图 14.23 展示的是在 PC 屏幕上显示的距离。

如图 14.24 所示，项目是在实验电路板上搭建的，并且使用跳线连接开发板。

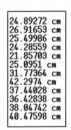
图 14.23　在 PC 屏幕上显示的距离

图 14.24　项目在实验电路板上搭建

14.7　项目 35——步进电机项目

描述：本项目展示如何在多任务环境当中使用步进电机，在本项目中用到了一个小型步进电机，其通过用键盘输入如下所示的命令进行控制：

- **旋转方向**：可以是 CW（顺时针）或 CCW（逆时针）。
- **转速**：每分钟的转数（number of Revolutions Per Minute, RPM）。
- **匝数**：电机旋转所需的线圈匝数。
- **启动**：根据指定的参数起动电机旋转。

目标：展示如何在多任务环境当中使用步进电机。

框图：如图 14.25 所示。

步进电机

步进电机是一种能够以小步长旋转的直流电机，这类电机有几个按顺序通电的线圈，使得电机一次一步地旋转。步进电机的优点是可以实现对电机轴进行非常精确的定位或速度控制。这类电机被用于许多精密运动控制应用、机械臂以及移动机器人的驱动车轮。

主要有两种类型的步进电机：单极型和双极型。

单极步进电机

单极步进电机有四个绕组，每对绕组上有一个同心抽头（如图14.26所示）。因此，根据公共引线是否连接，通常有五条或六条引线。

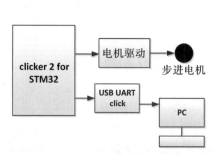

图 14.25　项目框图

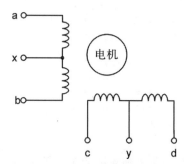

图 14.26　单极步进电机绕组

注：a、b、c、d 为绕组，x、y 为抽头。

通过反转施加脉冲的顺序，单极步进电机可以反向旋转。单极步进电机可以以全步进模式或半步进模式驱动。最流行的驱动模式是单相全步进、两相全步进以及两相半步进。

如表14.1所示，在单相全步进模式中，每步只有一个绕组接收一个脉冲，这种模式的缺点是可用转矩低。

表 14.1　单相全步进模式

步进值	a	b	c	d
1	1	0	0	0
2	0	1	0	0
3	0	0	1	0
4	0	0	0	1

如表14.2所示，在两相全步进模式中，每步有两个绕组各接收一个脉冲，这种模式的优点是步进电机有更高的转矩。

表 14.2　两相全步进模式

步进值	a	b	c	d
1	1	0	0	1
2	1	1	0	0
3	0	1	1	0
4	0	0	1	1

如表 14.3 所示，在两相半步进模式中，有时一步有两个绕组各接收一个脉冲，有时一步只有一个绕组接收一个脉冲。因为步进电机是半步驱动模式，所以在这种模式下需要八次而不是四次步进才能完成一个循环。这种模式能够提供更高的精度，但是代价是较低的转矩。

表 14.3　两相半步进模式

步进值	a	b	c	d
1	1	0	0	0
2	1	1	0	0
3	0	1	0	0
4	0	1	1	0
5	0	0	1	0
6	0	0	1	1
7	0	0	0	1
8	1	0	0	1

双极步进电机

如图 14.27 所示，双极步进电机的每一相都有一个绕组。双极电机的驱动电路要复杂得多，因为绕组中的电流需要被反向，以便让绕组反向旋转。

表 14.4 展示了驱动双极步进电机所需的步进值，表中的 + 和 − 表示施加到步进电机引线上的电压的极性。

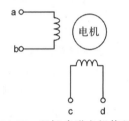

图 14.27　双极步进电机绕组

表 14.4　双极步进电机的驱动顺序

步进值	a	b	c	d
1	+	−	−	−
2	−	+	−	−
3	−	−	+	−
4	−	−	−	+

步进电机的转速

步进电机的转速取决于施加于其绕组的两个脉冲之间的时间。对于较快的转速，施加到绕组上的两个脉冲之间的延迟必须较短。如果脉冲之间的时间是 T，步进电机的步进常数是 β，那么步进电机在 1s 内旋转 β/T 步。由于一次完整的旋转是 360°，所以 1s 内旋转的次数是 $\beta/360T$。电机的转速通常用 RPM 表示，因此：

$$\text{RPM} = \frac{60\beta}{360T}$$

或者

$$\text{RPM} = \frac{\beta}{6T}$$

其中，RPM 是每分钟旋转的次数，β 是以度为单位的步进常数，T 是以秒为单位的两次步进之间的时间。

例如，假定步进电机的步进常数是 10°（β=10°），如果我们希望该步进电机以 1000RPM 的转速旋转（假设该步进电机能够按照这么快的速度旋转），那么脉冲之间的时间可以按照下面的公式计算：

$$T = \frac{\beta}{6\text{RPM}} = \frac{10}{6 \times 1000} \approx 1.66 \text{ ms}$$

因此，每次步进之间的脉冲必须是 1.66ms。

电机轴的运动

在一些应用程序中，我们可能希望电机轴旋转一个指定的量，并且我们需要知道有多少脉冲发送给了步进电机。如果步进电机的步进常数是 β，并且我们希望电机轴能旋转 v 度，那么需要提供的脉冲数量为：

$$n = \frac{v}{\beta}$$

例如，假定步进常数是 5°（β=5°），我们希望电机旋转 200°，所需的步进数量为：

$$n = \frac{200}{5} = 40$$

步进电机旋转时间

有时我们可能希望步进电机旋转给定的时间，并且希望知道有多少脉冲施加到了步进电机上。如果脉冲之间的时间是 T，并且向步进电机发送了 n 个脉冲，那么旋转时间 T_0 可以按照如下所示的公式计算得到：

$$T_0 = nT$$

例如，假定脉冲之间的时间是 1ms，如果我们希望步进电机旋转 5s，那么所需的脉冲数量按照下面的公式给出：

$$N = \frac{T_0}{T} = \frac{5}{0.001} = 5000$$

步进电机可以由几种方式驱动，比如双极型晶体管、MOSFET 晶体管或者诸如 L293、ULN2003 之类的集成电路等。mikroElektronika 生产的 Stepper click 板可以直接插入 Clicker 2 for STM 开发板的 mikroBUS 接口，并且既有能驱动单极步进电机的版本，又有能驱动双极步进电机的版本。一个单极步进电机驱动器的示例 Stepper 3 click 如图 14.28 所示。

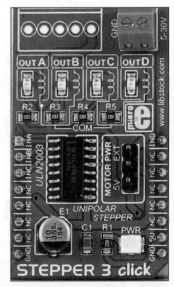

图 14.28　针对单极步进电机的 Stepper 3 click 板

电路图：本项目用到了一个小型 28BYJ-48 型单极步进电机（如图 14.29 所示），该电机的规格如下所示：

额定电压	5 V	频率	100 Hz
相数	4	步进角	11.25°/步
齿轮传动比	64	最大速度	18 RPM

图 14.29 28BYJ-48 型单极步进电机

在本项目中，使用基于 IC 的电机驱动模块 ULN2003 驱动步进电机，如图 14.30 所示。该模块具有 4 个输入连接，分别被标记为 IN1、IN2、IN3 和 IN4。步进电机被插入模块中部的接头当中，4 个被分别标记为 A、B、C 和 D 的 LED 用于观察步进电机绕组的状态。电源是通过模块右侧的两个底部接头引脚施加到模块上的，LED 可以通过短接模块右侧的两个顶部接头引脚来启用。在本项目中，该模块由一个外部 +5V 直流电源为步进电机供电（建议使用外接的 +5V 电源，不要使用 Clicker2 for STM32 的 +5V 电源，因为它可能无法提供足够的电流来驱动步进电机）。

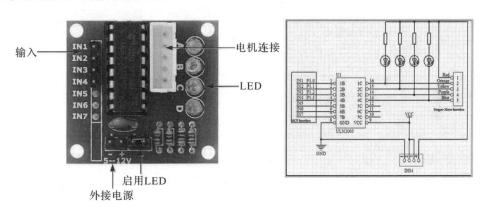

图 14.30 ULN2003 电机驱动模块

和之前与 PC 进行通信的项目一样，USB UART click 板与 mikroBUS Socket 2 进行连接。

图 14.31 展示的是项目的电路图，Clicker 2 for STM32 开发板接口引脚 PA2、PE7、PE8 和 PC10 分别与驱动模块的输入 IN1、IN2、IN3 和 IN4 连接。使用步进电机的项目如图 14.32 所示。

程序清单：

28BYJ-48 步进电机既可工作在全步进模式，也可工作在半步进模式。

全步进模式

在全步进模式中，每个循环需要 4 次步进，每次步进是 11.25°，对应的内部电机轴一次旋转是32次步进。由于步进电机的齿轮传动比是64（实际上齿轮传动比是63.68395），所以一次完整的外部旋转是2048步进值（512个循环，每个循环4次步进）。

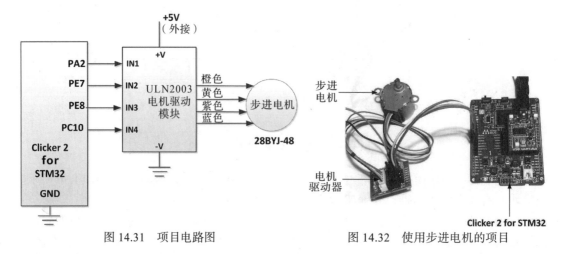

图14.31 项目电路图　　　　　　图14.32 使用步进电机的项目

表14.5给出了全步进模式的步进电机绕组顺序（该顺序会重复，反转该顺序会形成反向旋转）。

表 14.5 全步进模式

步进值	4（橙色）IN1	3（黄色）IN2	2（紫色）IN3	1（蓝色）IN4
1	1	1	0	0
2	0	1	1	0
3	0	0	1	1
4	1	0	0	1

半步进模式

厂家推荐每个循环8次步进的半步进模式。在半步进模式中，每次步进旋转5.625°，对应的内部电机轴一次旋转是64次步进。由于步进电机的齿轮传动比是64，所以一次完整的外部旋转是4096步进值（512个循环，每个循环8次步进）。

表14.6给出了半步进模式的步进电机绕组顺序（该顺序会重复，反转该顺序会形成反向旋转）。

表 14.6 半步进模式

步进值	4（橙色）IN1	3（黄色）IN2	2（紫色）IN3	1（蓝色）IN4
1	1	0	0	0
2	1	1	0	0
3	0	1	0	0

(续)

步进值	4（橙色）IN1	3（黄色）IN2	2（紫色）IN3	1（蓝色）IN4
4	0	1	1	0
5	0	0	1	0
6	0	0	1	1
7	0	0	0	1
8	1	0	0	1

在本项目中，步进电机采用全步进模式控制，图 14.33 展示了程序清单（程序文件：stepperfull.c），除了空闲任务，程序还包含 2 个任务。

```
/*===============================================================
                        STEPPER MOTOR CONTROL
                        =====================
In this project a stepper motor is connected to the development board through a
driver module. Additionally, a USB UART Cick board is connected to mikroBUS socket
2 of the development board. The stepper motor is controlled by enering commands
from the keyboard.

Author: Dogan Ibrahim
Date   : September, 2019
File   : stepperfull.c
================================================================*/
#include "main.h"
#define StepsPerCycle 512
int FullMode[4] = {0b01100, 0b00110, 0b00011, 0b01001};   // Full Mode control
QueueHandle_t xQueue;                                      // Queue handle

//
// This function extract the bits of a variable
//
unsigned char BitRead(char i, char j)
{
    unsigned m;
    m = i & j;
    if(m != 0)
        return(1);
    else
        return(0);
}

//
// This function sends a bit to pins IN1,IN2,IN3,IN4 of the driver board
//
void SendPulse(int k)
{
    #define IN1 GPIOA_ODR.B2
    #define IN2 GPIOE_ODR.B7
    #define IN3 GPIOE_ODR.B8
    #define IN4 GPIOC_ODR.B10

    GPIO_Config(&GPIOA_BASE, _GPIO_PINMASK_2, _GPIO_CFG_MODE_OUTPUT);
    GPIO_Config(&GPIOE_BASE, _GPIO_PINMASK_7 | _GPIO_PINMASK_8, _GPIO_CFG_MODE_OUTPUT);
    GPIO_Config(&GPIOC_BASE, _GPIO_PINMASK_10, _GPIO_CFG_MODE_OUTPUT);

    IN1 = BitRead(FullMode[k], 1);
    IN2 = BitRead(FullMode[k], 2);
```

图 14.33 stepperfull.c 程序清单

```c
        IN3 = BitRead(FullMode[k], 4);
        IN4 = BitRead(FullMode[k], 8);
}

//
// This function rotates the stepper motor CLOCKWISE by count turns
//
void CLOCKWISE(int count, unsigned int StepDelay)
{
    unsigned int i, j, m, k;

    for(j = 0; j < count; j++)
    {
        for(m = 0; m < StepsPerCycle; m++)
        {
            for(i = 0; i < 4; i++)
            {
               k = 3-i;
               SendPulse(k);
               VDelay_ms(StepDelay);
            }
        }
    }
}

//
// This function rotates the stepper motor ANTICLOCKWISE by count turns
//
void ANTICLOCKWISE(int count, float StepDelay)
{
    unsigned int i, j, m;

    for(j = 0; j < count; j++)
    {
        for(m = 0; m < StepsPerCycle; m++)
        {
            for(i = 0; i < 4; i++)
            {
               SendPulse(i);
               VDelay_ms(StepDelay);
            }
        }
    }
}

//
// Define all your Task functions here
// ====================================
//

// Task 1 - Stepper Motor CONTROLLER
void Task1(void *pvParameters)
{
    typedef struct Message
    {
       char Mode;
       int RPM;
       int Turns;
       char Strt;
    } AMessage;

    AMessage msg;
    float StpDelay;

    while (1)
    {
```

图 14.33 （续）

```
            if(xQueueReceive(xQueue, &msg, 0 ) == pdPASS)       // If data in queue
            {
               if(msg.Strt == 1)                                // Start received
               {
                  StpDelay = (29.3 / msg.RPM);                  // Step delay
                  vTaskPrioritySet(NULL, 11);
                  if(msg.Mode == 1)CLOCKWISE(msg.Turns, StpDelay);
                  if(msg.Mode == 2)ANTICLOCKWISE(msg.Turns, StpDelay);
                  vTaskPrioritySet(NULL,10);
               }
           }
       }
}

//
// Read an integer number from the keyboard and retun to the calling program
//
unsigned int Read_From_Keyboard()
{
    unsigned int N, Total;

    Total = 0;
    while(1)
    {
        N = UART3_Read();                                       // Read a number
        UART3_Write(N);                                         // Echo the number
        if(N == '\r') break;                                    // If Enter
        N = N - '0';                                            // Pure number
        Total = 10*Total + N;                                   // Total number
    }
    return Total;
}

// Task 2 - Keyboard Controller
void Task2(void *pvParameters)
{
    typedef struct Message
    {
      char Mode;
      int RPM;
      int Turns;
      char Strt;
    } AMessage;

    unsigned int RPM;
    char j, ch, Mode, Command[10];
    AMessage msg;
    UART3_Init_Advanced(9600,_UART_8_BIT_DATA,_UART_NOPARITY,_UART_ONE_STOPBIT,
                   &_GPIO_MODULE_USART3_PD89);

    while (1)
    {
       Mode = 0;
       UART3_Write_Text("\n\r\n\rSTEPPER MOTOR CONTROLLER");
       UART3_Write_Text("\n\r=======================");
       UART3_Write_Text("\n\rEnter Direction (CW, CCW): ");
       j = 0;
       while(1)
       {
          ch = UART3_Read();                                    // Read a char
          UART3_Write(ch);                                      // Echo the char
          if(ch == '\r') break;                                 // If Enter
          Command[j] = ch;                                      // Store the char
          j++;                                                  // Increment pointer
       }
```

图 14.33 （续）

```
            Command[j] = '\0';                                  // Terminator
            if(strstr(Command, "CW") > 0) msg.Mode = 1;
            if(strstr(Command, "CCW") > 0) msg.Mode = 2;

            UART3_Write_Text("\n\rEnter the speed (RPM): ");
            msg.RPM = Read_From_Keyboard();

            UART3_Write_Text("\n\rHow many turns?: ");
            msg.Turns = Read_From_Keyboard();

            msg.Strt = 0;
            UART3_Write_Text("\n\rStart (1=Yes, 0=No): ");
            msg.Strt = Read_From_Keyboard();

            if(msg.Strt == 1)
            {
                xQueueSend(xQueue, &msg, 0);                    // Send via Queue
            }
        }
    }


//
// Start of MAIN program
// =====================
//
void main()
{
    xQueue = xQueueCreate(1, 8);                                // Create queue
//
// Create all the TASKS here
// =========================
//
    // Create Task 1
    xTaskCreate(
        (TaskFunction_t)Task1,
        "Stepper Motor Controller",
        configMINIMAL_STACK_SIZE,
        NULL,
        10,
        NULL
    );

    // Create Task 2
    xTaskCreate(
        (TaskFunction_t)Task2,
        "Keyboard Controller",
        configMINIMAL_STACK_SIZE,
        NULL,
        10,
        NULL
    );
//
// Start the RTOS scheduler
//
    vTaskStartScheduler();
//
// Will never reach here
}
```

图 14.33 （续）

任务 1

任务 1 控制步进电机，在这里，当程序启动时，步进电机默认停止。如同之前所介绍的那样，转速取决于插入每次步进之间的延迟。在全步进模式下，一次完整的旋转需要 2048 次步进。以 r/min 为单位的转速由如下所示的公式给出：

$$\text{RPM} = \frac{60 \times 10^3}{2048T}$$

或者

$$\text{RPM} = \frac{29.3}{T}$$

其中，RPM 是转速，T 是每次步进之间的延迟，单位为 ms，从而能够得到所需的旋转次数，以 ms 为单位的延迟由如下所示的公式给出：

$$T = \frac{29.3}{\text{RPM}}$$

在任务一开始，电机驱动器的引脚 IN1、IN2、IN3 和 IN4 分别被分配给接口引脚 PA2、PE7、PE8 和 PC10。然后停止步进电机旋转，等待接收由键盘输入并由任务 2 发送的命令。在全模式顺时针方向下发送到步进电机的脉冲以二进制格式存放在字符数组 FullMode 当中，如表 14.5 所示，即：

int FullMode[4] = {0b01100, 0b00110, 0b00011, 0b01001};

任务 1 通过队列从任务 2 接收所需的旋转参数，队列中的数据利用具有如下所示的数据项的结构体进行传递：

```
typedef struct Message
{
  char Mode;
  int RPM;
  int Turns;
  char Strt;
} AMessage;
```

Mode 指定了旋转的方向，其中 1 表示顺时针，2 表示逆时针。如之前介绍的那样，步进延迟通过 29.3 除以所需的 RPM 计算得到。然后，任务 1 根据 Mode 的值调用函数 CLOCKWISE 或者 ANTICLOCKWISE。

函数 CLOCKWISE 以参数 **StepDelay** 向步进电机发送 4 个脉冲，**StepDelay** 表示每个脉冲之间的延迟，单位为 ms，这确保了步进电机转速是所需转速。这个过程重复 StepsPerRevolution 次，使得步进电机完成一次完整的旋转。整个过程重复 **count** 次，count 是我们希望步进电机完成完整旋转的次数。函数 ANTICLOCKWISE 与 CLOCKWISE 类似，但是这里的步进值是按照逆序发送给步进电机的。步进延迟通过调用内置函数 vDelay_ms() 实现。

函数 ANTICLOCKWISE 和 CLOCKWISE 都会调用函数 SendPulse()，该函数会配置输出引脚，并向输出引脚 IN1、IN2、IN3 和 IN4 发送所需的位模式。函数 BitRead() 从一个变量中提取各位，例如，如果该函数的输入参数（i 和 j）分别是 0b00011 和 2，那么函数就会返回 1，即数据第 2 位上的比特位。

任务 2

该任务接收由键盘输入的命令，并将这些命令发送给任务 1，使步进电机按照要求被控制。在该任务一开始，UART 被初始化为以 9600 波特运行，用户被提示输入以下问题的答案：

```
Enter Direction (CW, CCW):
Enter the speed (RPM):
How many turns?:
Start (1 = Yes, 0 = No):
```

在接收到所需的旋转参数之后，如果对于 `Start` 的回答是 1，那么这些参数就会通过队列发送给任务 1。

请注意，这是一个实时应用程序，其中要实现对步进电机的正确控制，就必须要求发送到步进电机的脉冲能够以 μs 为单位精确计时。通常用 FreeRTOS 是不可能做到这一点的，因为当向步进电机发送脉冲时，任务会被中断。出于这个原因，在通过函数 `CLOCKWISE` 和 `ANTICLOCKWISE` 向步进电机发送脉冲之前，有必要提升任务 1 的优先级。在步进电机停止之后，优先级会被降回其正常值。

图 14.34 展示了步进电机典型的运行情况及其从键盘输入的参数。

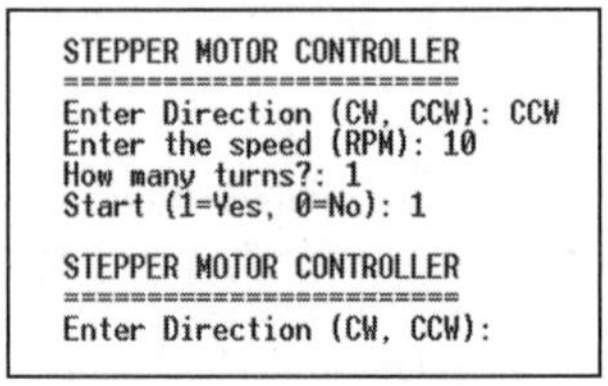
```
STEPPER MOTOR CONTROLLER
========================
Enter Direction (CW, CCW): CCW
Enter the speed (RPM): 10
How many turns?: 1
Start (1=Yes, 0=No): 1

STEPPER MOTOR CONTROLLER
========================
Enter Direction (CW, CCW):
```

图 14.34　输入步进电机的旋转参数

14.8　项目 36——与 Arduino 通信

描述：在本项目中，Arduino 计算机从模拟传感器读取环境温度，并且每秒通过串口线向 Clicker 2 for STM32 开发板发送读数。一块 LCD 与开发板相连以显示温度。用户通过从键盘输入命令来确定 LCD 的数据刷新率。

目标：展示在多任务环境中，Clicker 2 for STM32 开发板如何从其串口接收数据，并在 LCD 上显示数据。

框图：如图 14.35 所示，LM35DZ 模拟温度传感器与 Arduino 的一个模拟输入接口连接。在 Arduino 上使用软件 UART，一个引脚被配置为串口输入 / 输出。Adruino 的一个串口输出与开发板的一个串口输入连接，此外，LCD 与开发板连接以显示温度。显示刷新率初始被设置为 1s，但是可以通过键盘进行修改。

电路图：项目的电路图如图 14.36 所示。在本项目中，使用的是 Arduino Uno。LM35DZ 模拟温度传感器的输出引脚与 Arduino 的模拟输入引脚 A0 连接。引脚 2 和 3 分别被配置为软件串口的 RX 和 TX 引脚。引脚 3（TX）与开发板的 PD6 引脚（UART2 RX 引脚）连接。该引脚可以很容易地在 mikroBUS Socket 1 接头上进行访问。USB UART click 板与 mikroBUS Socket 2 连接，并通过 USB 数据线与 PC 连接。终端模拟软件（例如 HyperTerm、Putty）在 PC 上运行，与开发板通过串口线进行通信。

请注意，Arduino Uno 输出端口的信号电平是 +5v，这对于 Clicker 2 for STM32 开发板的输入而言太高了。因此，在连接到开发板的 PD6 引脚之前，使用由两个电阻组成的电阻分压器将电压降低到 +3.3V 左右。

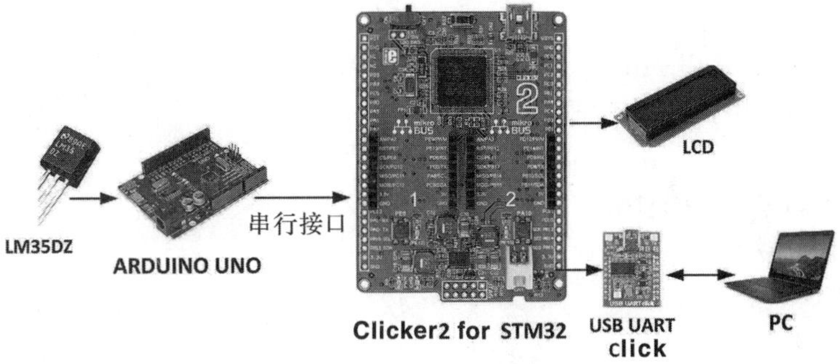

第 14 章 一些示例项目

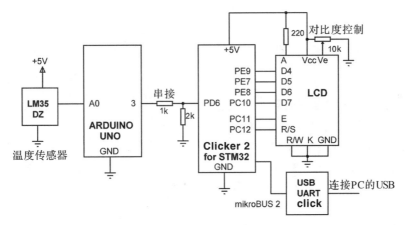

图 14.35 项目框图

图 14.36 项目电路图

程序

程序的运行可以用如下所示的 PDL 描述：

<u>Arduino</u>

将引脚 3 和 4 配置为软件 UART

DO FOREVER

    从模拟端口 A0 读取温度

    将温度单位转换为摄氏度

    通过串口发送温度值

    等待 1s

ENDDO

<u>任务 1</u>

配置 UART

配置 LCD 接口

初始化 LCD

设置刷新率为 2s

```
DO FOREVER
    IF 新刷新率可用 THEN
        从队列中读取刷新率
    ENDIF
    等待刷新率指定的秒数
    从串口读取温度
    在 LCD 上显示温度
ENDDO
```

任务 2

```
配置 UART
DO FOREVER
    读取键盘输入的新刷新率
    将新刷新率写入队列
ENDDO
```

每个任务的详细信息如下所示。

Arduino Uno 程序清单：Arduino Uno 程序非常简单，其清单如图 14.37 所示（程序文件：arduinotemp）。在程序一开始对软件串口进行了配置。在程序主循环内部，从 LM35DZ 传感器芯片接收温度，并将其单位转换为摄氏度。LM35DZ 的测量温度与输出电压成正比，如下所示：

```
#include <SoftwareSerial.h>
SoftwareSerial MySerial(2, 3);      // RX, TX
int Tint;
float mV;

void setup()
{
  MySerial.begin(9600);
}

void loop()
{
  int sensor = analogRead(A0);      // Read sensor data
  mV = sensor * 5000.0 / 1024.0;    // in mV
  mV = mV / 10.0;                   // Temperature in Degrees C
  Tint = int(mV);                   // As integer
  MySerial.println(Tint);           // Send to serial port
  delay(1000);                      // Wait 1 sec
}
```

图 14.37　Arduino Uno 程序清单

$$T = \frac{V_o}{10}$$

其中，T 是测得的温度，V_o 是输出电压，单位为 mV。温度读数每秒通过串口线被发送给 Clicker 2 for STM32 开发板。你应当编译然后将代码上传到 Arduino Uno 中。

Clicker 2 for STM32 程序清单：除了空闲任务，该程序还包含 2 个任务。在程序一开始，对 LCD 和开发板之间的接口进行了定义。任务 1 是串口控制器，它通过串口线从 Arduino 接收温度读数，并将这些读数显示到 LCD 上。任务 2 是键盘控制器，它接收从键盘输入的命令。下面的内容描述了每个任务的详细信息：

任务 1

在任务一开始，UART2 被设置为 9600 波特，接口引脚 PD5 和 PD6 分别被配置为 UART2 的 TX 和 RX 引脚。LCD 的数据刷新率被命名为 RefreshRate，在任务一开始被默认设置为 1000ms。任务通过队列从任务 2 接收新的刷新率。刷新率在 LCD 的最上面一行显示。程序通过串口 UART2 从 Arduino 接收温度值，并将其显示到 LCD 的第二行上。

任务 2

在任务一开始，UART3 被设置为 9600 波特，接口引脚 PD7 和 PD8 分别被配置为 UART3 的 TX 和 RX 引脚。然后任务提示用户输入所需的 LCD 数据刷新率，并通过队列将接收到的值发送给任务 1。函数 Read_From_Keyboard() 用于通过 UART3 和 USB UART Click 板读取由 PC 键盘输入的整数。

图 14.38 展示了程序清单（程序文件：arduinostm.c）。

```
/*===============================================================
                    COMMUNICATING WITH AN ARDUINO
                    =============================

In this project an Arduino Uno computer is connected to the Clicker 2 for STM32
development board through a serial link. The Arduino reads the ambient temperature
using an analog sensor. The temperature readings are then sent to the development
board every second. The development board displays the temperature on an LCD. The
LCD data refresh rate is set by the user through the PC keyboard.

Author: Dogan Ibrahim
Date   : September, 2019
File   : arduinostm.c
================================================================*/
#include "main.h"

// LCD module connections
sbit LCD_RS at GPIOC_ODR.B12;
sbit LCD_EN at GPIOC_ODR.B11;
sbit LCD_D4 at GPIOE_ODR.B9;
sbit LCD_D5 at GPIOE_ODR.B7;
sbit LCD_D6 at GPIOE_ODR.B8;
sbit LCD_D7 at GPIOC_ODR.B10;
// End LCD module connections

QueueHandle_t xQueue;                                      // Queue handle

//
// Define all your Task functions here
// ===================================
//
// Task 1 - Serial Port CONTROLLER
void Task1(void *pvParameters)
{
    unsigned int RefreshRate, msg;
    char ch, Txt[4];
    UART2_Init_Advanced(9600,_UART_8_BIT_DATA,_UART_NOPARITY,_UART_ONE_STOPBIT,
                        &_GPIO_MODULE_USART2_PD56);
    Lcd_Init();
    RefreshRate = 1000;                                    // Default refresh rate
    Lcd_Cmd(_LCD_CLEAR);                                   // Clear LCD
    Lcd_Out(1, 1, "Refresh = ");                           // Display heading
    IntToStr(RefreshRate, Txt);                            // Convert to string
    Ltrim(Txt);                                            // Remove spaces
    Lcd_Out(1, 10, Txt);                                   // Display refresh rate

    while (1)
    {
        if(xQueueReceive(xQueue, &msg, 0 ) == pdPASS)      // If data in queue
        {
            RefreshRate = msg;                             // Set new refresh rate
            Lcd_Cmd(_LCD_CLEAR);                           // Clear LCD
            Lcd_Out(1, 1, "Refresh = ");                   // Display message
            IntToStr(RefreshRate, Txt);                    // Convert to string
            Ltrim(Txt);                                    // Remove spaces
            Lcd_Out(1, 10, Txt);                           // Display refresh rate
        }
        vTaskDelay(pdMS_TO_TICKS(RefreshRate));            // Wait refresh rate ms

        if(UART2_Data_Ready())                             // If data from Arduino
        {
```

图 14.38 arduinostm.c 程序清单

```c
                ch=UART2_Read();                        // Clear TX buffer
                ch = UART2_Read();                      // Read a number (MSD)
                Txt[0] = ch & 15 + '0';                 // Convert to char
                ch = UART2_Read();                      // Read a number (LSD)
                Txt[1]=ch & 15 + '0';                   // Convert to char
                Txt[2]='\0';                            // NULL terminator
                Lcd_Out(2,2,Txt);                       // Display temperature
            }
        }
    }

//
// Read an integer number from the keyboard and retun to the calling program
//
unsigned int Read_From_Keyboard()
{
    unsigned int N, Total;

    Total = 0;
    while(1)
    {
        N = UART3_Read();                               // Read a number
        UART3_Write(N);                                 // Echo the number
        if(N == '\r') break;                            // If Enter
        N = N - '0';                                    // Pure number
        Total = 10*Total + N;                           // Total number
    }
    return Total;                                       // Return the number
}
// Task 2 - Keyboard Controller
void Task2(void *pvParameters)
{
    int Refresh;
    UART3_Init_Advanced(9600,_UART_8_BIT_DATA,_UART_NOPARITY,_UART_ONE_STOPBIT,
                        &_GPIO_MODULE_USART3_PD89);

    while (1)
    {
        UART3_Write_Text("\n\rEnter LCD Refreshing Rate (ms): ");
        Refresh = Read_From_Keyboard();                 // New refresh rate
        xQueueSend(xQueue, &Refresh, 0);                // Send via Queue
    }
}

//
// Start of MAIN program
// =====================
//
void main()
{
    xQueue = xQueueCreate(1, 4);                        // Create queue
//
// Create all the TASKS here
// =========================
//
    // Create Task 1
    xTaskCreate(
        (TaskFunction_t)Task1,
        "Serial Port Controller",
        configMINIMAL_STACK_SIZE,
        NULL,
        10,
        NULL
    );
```

图 14.38 （续）

```
    // Create Task 2
    xTaskCreate(
        (TaskFunction_t)Task2,
        "Keyboard Controller",
        configMINIMAL_STACK_SIZE,
        NULL,
        10,
        NULL
    );
//
// Start the RTOS scheduler
//
    vTaskStartScheduler();
//
// Will never reach here
}
```

图 14.38 （续）

图 14.39 展示的是 LCD 数据刷新率先被设置为 10 000ms（10s），后被设置为 5000ms（5s）时的屏幕显示。LCD 上显示的数据如图 14.40 所示。

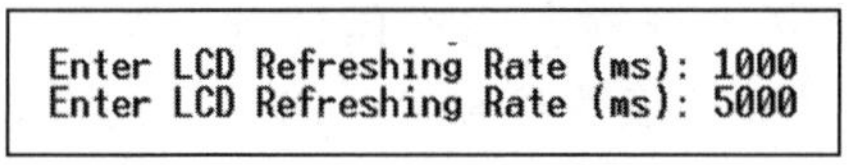

```
Enter LCD Refreshing Rate (ms): 1000
Enter LCD Refreshing Rate (ms): 5000
```

图 14.39　PC 屏幕上的显示示例

图 14.40　在 LCD 上显示的数据

14.9　小结

在本章中，我们开发了几个项目，展示了在多任务项目中如何使用各种 FreeRTOS 函数。

在第 15 章中，我们将学习 FreeRTOS 的一些其他重要的函数，并见识一下如何在项目当中使用它们。

拓展阅读

[1] Clicker 2 for STM32 development board, www.mikroe.com.
[2] D. Ibrahim, Programming with STM32 Nucleo Boards, Elektor, 2014, ISBN: 978-1-907920-68-4.

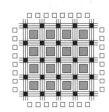

第 15 章
空闲任务和空闲任务钩子

15.1 概述

在第 14 章中，我们已经利用 FreeRTOS 的各种 API 函数开发了几个项目，在本章中，我们将会看到 FreeRTOS 的其他一些重要特性。

15.2 空闲任务

当 FreeRTOS 中的所有任务都处于阻塞状态时，至少有一个任务可以在任何时候进入运行状态，使 CPU 处于忙碌状态，这个任务就被称为空闲任务。如果没有空闲任务，那么可运行任务清单就会为空，进而导致调度程序崩溃。除了我们将很快看到的其他有用的好处，空闲任务还能够确保可运行任务的列表永远不会是空的。当函数 vTaskStartScheduler() 被调用时，空闲任务会被自动创建。空闲任务包含一个空循环，具有最低的优先级 0，因而不能阻止系统中的其他任务运行。只要有一个更高优先级的任务（即其他任何优先级高于 0 的任务）进入就绪状态时，空闲任务就会被强制退出运行状态。文件 FreeRTOSConfig.h 中的参数 configIDLE_SHOULD_YIELD 可以被用于在编译时防止空闲任务消耗处理时间。空闲任务负责在任务被删除后清理内核资源。如果你在运行时不删除任何任务，那么可以停止空闲任务。或者你也可以创建自己的空闲任务并让其以优先级 1 运行，这样一来，只要你创建的任务永远不阻塞，空闲任务就永远不会运行，即空闲任务始终处于就绪状态。

15.3 空闲任务钩子函数

空闲回调（也被称为空闲钩子）函数会在空闲任务循环的每次迭代中被空闲任务自动调用。有可能会出于如下原因使用空闲任务：
- 执行低优先级的后台任务。
- 测量可用的空闲处理能力。
- 当没有任务运行时，将处理器置于低功耗模式，从而节省能耗。

空闲任务钩子函数绝对不能试图阻塞或挂起，因为阻塞空闲任务将导致没有任务能够进入运行状态。空闲钩子函数必须总能在合理的时间内返回其调用者，因为空闲任务负责在使用函数 vTaskDelete() 时清理内核。如果空闲钩子函数一直不返回，或者它在处理周期中逗留的时间太长，那么这个清理操作无法得到执行。

如果文件 FreeRTOSConfig.h 中的参数 configUSE_IDLE_HOOK 被设置为 1，就能保证空闲钩子函数将在空闲任务的每次迭代中都被调用。然后，应用程序必须提供具有以下格式的钩子函数：

void vApplicationIdleHook(void);

下面给出一个示例项目，以此展示在简单的应用程序中如何使用空闲钩子函数。

15.4 项目 37——显示空闲处理器时间

描述：本项目会利用一个任务让 LED 每 100ms 闪烁一次。一个空闲钩子函数被创建，并在每次被空闲任务调用时让计数器递增。计数值与可用的空闲处理时间成比例。计数值越高，空闲处理时间就越多。

目标：展示在应用程序中如何使用空闲钩子函数。

框图：为简便起见，本项目使用的是 Clicker 2 for STM32 开发板上位于接口引脚 PE12 上的板载 LED。和之前用到 USB UART click 板的项目一样，本项目将 USB UART click 板连接到 mikroBUS 2 接口上。该板通过一根迷你 mini USB 数据线与 PC 机相连，通过终端模拟软件将数据发送到 PC 机并显示在 PC 机屏幕上。

程序清单：要想空闲钩子函数被空闲任务调用，文件 FreeRTOSConfig.h 当中的参数 configUSE_IDLE_HOOK 必须被设置为 1。程序清单如图 15.1 所示（程序文件：hook.c）。除了空闲任务，程序中还有一个任务。在任务一开始接口引脚 PE12 被配置为输出，板载 LED 被连接到此处。函数 vApplicationIdleHook() 每次在被调用时都会让变量 Count 递增。也就是说，每次除了空闲任务，没有其他任务运行。任务 1 让 LED 每 100ms 闪烁一次，然后将 Count 的值显示在屏幕之上。获取的计数值取决于硬件类型以及时钟速度。如图 15.2 所示，在这个应用程序中，计数值大约是 1 099 600。在显示之后，计数值会被重置为 0。

```
/*===================================================================
                      THE IDLE HOOK FUNCTION
                      ======================
The aim of this project is to show how to use the idle hook function in a project.
Here,an LED is flashed every 100 ms and the idle hook function is incremented
every time it is called by the Idle function. The total Count is displayed.

Author: Dogan Ibrahim
Date   : October, 2019
File   : hook.c
===================================================================*/
#include "main.h"

unsigned long Count = 0;

//
```

图 15.1　hook.c 的程序清单

```c
// Thsi is the Idle Hook function, called from the IDle task
//
void vApplicationIdleHook(void)
{
  Count++;                                              // Increment Count
}

//
// Define all your Task functions here
// ====================================
//

// Task 1 - LED CONTROLLER
void Task1(void *pvParameters)
{
    #define LED GPIOE_ODR.B12
    char Txt[12];
    const TickType_t xDelay200ms = pdMS_TO_TICKS(200);

    GPIO_Config(&GPIOE_BASE, _GPIO_PINMASK_12, _GPIO_CFG_MODE_OUTPUT);
    UART3_Init_Advanced(9600,_UART_8_BIT_DATA,_UART_NOPARITY,_UART_ONE_STOPBIT,
                        &_GPIO_MODULE_USART3_PD89);

    while (1)
    {
        LED = 1;                                        // LED ON
        vTaskDelay(xDelay200ms);                        // Delay 200ms
        LED = 0;                                        // LED OFF
        vTaskDelay(xDelay200ms);                        // Delay 200ms
        LongToStr(Count, Txt);                          // Count to string
        Count=0;                                        // Reset Count
        Ltrim(Txt);                                     // Remove spaces
        UART3_Write_Text(Txt);                          // Display Count
        UART3_Write_Text("\n\r");                       // Carriage-return
    }
}

//
// Start of MAIN program
// =====================
//
void main()
{
//
// Create all the TASKS here
// =========================
//
    // Create Task 1
    xTaskCreate(
        (TaskFunction_t)Task1,
        "LED Controller",
        configMINIMAL_STACK_SIZE,
        NULL,
        10,
        NULL
    );

//
// Start the RTOS scheduler
//
    vTaskStartScheduler();

//
// Will never reach here
//
    while (1);
}
```

图 15.1 （续）

请注意，任务 1 带有两个各 200ms 的延迟函数，共计 400ms。任务 1 在等待 400ms 时，空闲任务就处于活动状态。因此可以假定，计数值 1 099 600 大约就对应 400ms 的时间，也就是说，对于本项目中所用的硬件和时钟速度而言，空闲时间大约是 2750 计数值 /ms。按照如下方式修改任务 1 可得到计数值和空闲时间之间更为精确的关系：

```
while (1)
{
    vTaskDelay(xDelay10 ms);
    LongToStr(Count, Txt);
    Count = 0;
    Ltrim(Txt);
    UART3_Write_Text(Txt);
    UART3_Write_Text("\n\r");
}
```

图 15.2 显示计数值

延迟时间大约等于任务 1 的等待时间，即空闲任务的运行时间。延迟可能会改变，对应的计数值会被记录下来。如下所示的就是获取到的一些值：

延迟时间 /ms	计数值	延迟时间 /ms	计数值
10	26 893	40	109 200
20	54 408	50	136 666
30	81 923		

这样可以给出一个近似的直线方程，如下所示：

`Count=2744 × Delay-547`

其中 `Delay` 是空闲任务的处理时间，单位是 ms。

请注意，上述方程仅适用于带有以 168Hz 运行的 STM32F407 处理器的 Clicker 2 for STM32 开发板。相同的开发板以不同的时钟速度运行，或者不同的开发板都会给出不同的读数。虽然这是一个非常简单的项目，但它说明了使用空闲任务钩子函数的原理。

15.5 小结

在本章中，我们已经看到了如何在项目中使用空闲钩子函数获取简单应用程序中处理时间的估计值。

在第 16 章中，我们将学习重要的主题——任务通知。

拓展阅读

[1] R. Barry, Mastering the FreeRTOS real time kernel: a hands-on tutorial guide. https://www.freertos.org/wp-content/uploads/2018/07/161204_Mastering_the_FreeRTOS_Real_Time_Kernel-A_Hands-On_Tutorial_Guide.pdf.

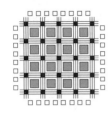

第 16 章
任务通知

16.1 概述

在第 15 章中,我们已经利用 FreeRTOS 的各种 API 函数开发了几个项目。在本章中,我们将学习如何利用 FreeRTOS 的"任务通知"函数,任务通知是重要的特性之一。

到目前为止,在本书中我们已经看到了如何使用互斥量、信号量、队列和事件组来实现任务同步或与其他任务通信。所有这些方法都基于使用通信对象,其中数据首先被发送给通信对象,然后从通信对象发送到接收任务。例如,为了将数据发送到另一个任务,我们首先将数据放在一个队列中,然后接收任务从队列中获取这些数据。

任务通知允许我们无须使用通信对象就能向其他任务直接发送数据。当与使用队列、互斥量、信号量或者事件组相比时,任务通知的优势在于所需的 RAM 显著减少。使用通信对象则有劣势,因为对象必须在使用之前创建,而使用任务通知只需要每个任务 8 字节的 RAM,并且在使用之前不需要创建它。此外,使用任务通知比使用通信对象快 45%。

每个任务都有 32 位的通知值,通知值是 32 位整数。当任务被创建时,它的通知值会被自动清除。当任务通知被发送给处于阻塞状态的任务时,它会解除接收任务的阻塞状态,并且视需要可能会更新接收任务的通知值。通过向任务发送通知,接收任务的通知值可能按照下列四种方式被修改:

- 在不覆盖以前的值的情况下设置接收任务的通知值。
- 接收任务的通知值可能会被覆盖。
- 在接收任务的通知值中有一位或者多位被设置。
- 接收任务的通知值可能会被递增。

利用 API 函数 xTaskNotify() 或者 xTaskNotifyGive() 就能向任务发送通知。当通知被发送给任务时,通知就处于挂起状态,直到它被接收任务读取,此时它就变为非挂起状态。接收任务会调用 API 函数 xTaskNotifyWait() 或者 uITaskNotifyTake()。如果接收任务阻塞等待通知,那么它就会从阻塞状态移除,并且通知也会被清空。

要想在我们的程序当中包含任务通知,我们必须将文件 FreeRTOSConfig.h 中的参数 configUSE_TASK_NOTIFICATIONS 设置为 1,这也是该参数的默认值。我们可以把这个参数设置为 0 来禁用任务通知,这会为每个任务节省 8 个字节。

任务通知还有一些局限性,它只能在仅有一个接收任务的情况下使用。如果发送操作无法立即完成,则发送任务不能在阻塞状态中等待。与队列相比,任务通知的值在某个时刻只能具备 1 个值，而队列在一个时刻可以具备多个数据项。与事件组相比，事件组可以用于在一个时刻向多个任务发送事件，而任务通知只能被发送给一个接收任务。

在本章接下来的几个小节中，我们将学习各种 FreeRTOS 任务通知 API 函数，看看其在实际项目中是如何使用的。感兴趣的读者可以从如下所示的链接中获取有关任务通知的更多信息：

https://www.freertos.org/wp-content/uploads/2018/07/161204_Mastering_the_FreeRTOS_Real_Time_Kernel-A_Hands-On_Tutorial_Guide.pdf
https://www.freertos.org/RTOS-task-notifications.html
https://www.freertos.org/wp-content/uploads/2018/07/FreeRTOS_Reference_Manual_V10.0.0.pdf
https://www.freertos.org/documentation

16.2　xTaskNotifyGive() 和 ulTaskNotifyTake()

`xTaskNotifyGive()` 直接向任务发送通知，并且让接收任务的通知值递增。该函数将接收任务的通知状态设置为挂起，接收任务应该通过调用函数 `ulTaskNotifyTake()` 进行等待。当完成这个调用后，消息状态会变为非挂起。`xTaskNotifyGive()` 和 `ulTaskNotifyTake()` 被用作二进制和计数信号量的更快速的替代品。该函数的格式为：

xTaskNotifyGive(TaskHandle_t xTaskToNotify);

参数

`xTaskToNotify`：该参数是要被通知的任务的句柄。

返回值

返回值总是 `pdPASS`。

当任务的通知值不是 0 时，函数 `ulTaskNotifyTake()` 返回，会在其返回之前让任务的通知值递减。通知值起的作用要么是二进制信号量，要么是计数信号量。作为二进制信号量，通知值会被清除为 0，并且接收任务退出。作为计数信号量，接收任务的通知值会在退出时递减。该函数的格式为：

ulTaskNotifyTake(BaseType_t xClearCountOnExit, TickType_t xTicksToWait);

参数

`xClearCountOnExit`：如果 `xClearCountOnExit` 被设置为 `pdFALSE`，那么任务的通知值会在 `ulTaskNotifyTake()` 退出之前递减（类似于通过成功调用 `xSemaphoreTake()` 让计数信号量递减）。如果 `xClearCountOnExit` 被设置为 `pdTRUE`，那么任务的通知值会在 `ulTaskNotifyTake()` 退出之前被重置为 0（类似于调用 `xSemaphoreTake()` 后二进制信号量变为 0）。

`xTicksToWait`：当调用 `ulTaskNotifyTake()` 时，如果通知尚未挂起，则在阻塞状态中等待接收通知的最大时间。

返回值

任务通知值递减或者清除之前的值。

16.3　项目 38——收到通知后开始让 LED 闪烁

描述：这是一个非常简单的项目，用到了位于接口引脚 PE12 的板载 LED 和位于接口引脚 PE0 的按键开关。任务 1 是 LED 控制器，其中 LED 最初是关闭的，并且任务在开始闪烁 LED 之前等待通知。任务 2 是按钮控制器。按下按钮获得任务 1 的句柄，然后向任务 1 发送通知，任务 1 开始每秒闪烁 LED。

目标：展示如何在一个简单的项目中使用 API 函数 `xTaskNotifyGive()` 和 `uITaskNotifyTake()`。

框图：这个项目用到了位于接口引脚 PE12 的板载 LED 和位于接口引脚 PE0 的按键开关。

程序清单：图 16.1 展示的是程序清单（程序文件：`notify1.c`）。在这个程序中，任务 1 处于阻塞状态，一直到接收到来自任务 2 的通知。此处通知用作二进制信号量，会在退出时被清除为 0。程序的运行如下面的程序描述语言所示：

任务 1
将 LED 接口配置为输出
等待接收通知
DO FOREVER
　　LED 点亮
　　等待 1s
　　LED 灭掉
　　等待 1s
ENDDO

任务 2
将按键开关配置为输入
等待直到按键被按下
获取任务 1 的句柄
向任务 1 发送通知
一直等待下去

```
/*===============================================================
                    TASK NOTIFICATION
                    =================
The aim of this project is to show how task notification can be used in a very
simple application. Here the LED controller task waits for a notification. When
the button is pressed, a notifiation is sent to the LED controller, which starts
flashing the LED

Author: Dogan Ibrahim
Date   : October, 2019
File   : notify1.c
```

图 16.1　`notify1.c` 的程序清单

```c
===============================================================*/
#include "main.h"

//
// Define all your Task functions here
// ==================================
//

// Task 1 - LED CONTROLLER
void Task1(void *pvParameters)
{
    #define LED GPIOE_ODR.B12
    const TickType_t xDelay1000ms = pdMS_TO_TICKS(1000);

    GPIO_Config(&GPIOE_BASE, _GPIO_PINMASK_12, _GPIO_CFG_MODE_OUTPUT);
    //
    // Block indefinitely and wait for notification. Clear on exit. Here, the
    // notification is used as a binary semaphore which is cleared to zero on exit
    //
    ulTaskNotifyTake(pdTRUE, portMAX_DELAY);

    //
    // Now start flashing the LED
    //
    while (1)
    {
       LED = 1;                                      // LED ON
       vTaskDelay(xDelay1000ms);                     // Delay 1 second
       LED = 0;                                      // LED OFF
       vTaskDelay(xDelay1000ms);                     // Delay 1 second
    }
}

// Task 2 - BUTTON CONTROLLER
void Task2(void *pvParameters)
{
    #define BUTTON GPIOE_IDR.B0
    const char *pcNameToLookup = "LED Controller";
    TaskHandle_t xTaskToNotify;
    xTaskToNotify = xTaskGetHandle(pcNameToLookup);

    GPIO_Config(&GPIOE_BASE, _GPIO_PINMASK_0, _GPIO_CFG_MODE_INPUT);

    while(BUTTON == 1);                              // Wait for the button
    xTaskNotifyGive(xTaskToNotify);                  // Send notification

    while (1)
    {
    }
}

//
// Start of MAIN program
// =====================
//
void main()
{
//
// Create all the TASKS here
// =========================
//
    // Create Task 1
    xTaskCreate(
        (TaskFunction_t)Task1,
        "LED Controller",
        configMINIMAL_STACK_SIZE,
        NULL,
        10,
```

图 16.1（续）

```
            NULL
        );

        // Create Task 2
        xTaskCreate(
            (TaskFunction_t)Task2,
            "BUTTON Controller",
            configMINIMAL_STACK_SIZE,
            NULL,
            10,
            NULL
        );
    //
    // Start the RTOS scheduler
    //
        vTaskStartScheduler();

    //
    // Will never reach here
    //
        while (1);
    }
```

图 16.1 （续）

16.4　xTaskNotify() 和 xTaskNotifyWait()

函数 xTaskNotify() 向一个任务发送通知解除其阻塞状态，此外，它还可以更新接收任务通知值的如下内容：
- 向通知值中写入 32 位的数。
- 递增通知值。
- 设置通知值的各位。
- 保持通知值不变。

该函数具有如下所示的格式：

xTaskNotify(TaskHandle_t xTaskToNotify, uint32_t ulValue, eNotifyAction eAction);

参数

xTaskToNotify：被通知的任务的句柄。

ulValue：用于根据参数 eAction 更新被通知的任务的通知值。

eAction：当通知任务时执行的动作。eAction 是枚举类型，可以接收以下值之一：

- **eNoAction**：接收任务收到通知但是其通知值不变（这种情况下没有用到参数 ulValue）。
- **eSetBits**：任务的通知值与 ulValue 按位或，例如：如果 ulValue 被设置为 0x01，那么在任务的通知值内将设置第 0 位，如果 ulValue 被设置为 0x04，那么在任务的通知值内将设置第 2 位。
- **eIncrement**：接收任务的通知值将递增 1（这种情况下没有用到参数 ulValue）。
- **eSetValueWithOverwrite**：任务的通知值被无条件地设置为 ulValue 的值，

即使在调用 `xTaskNotify()` 时任务已经有一个挂起的通知。
- `eSetValueWithoutOverwrite`：如果任务已经有一个挂起的通知，那么其通知值就不会改变，`xTaskNotify()` 返回 `pdFAIL`。如果任务没有挂起的通知，那么其通知值就会被设置为 `ulValue`。

返回值

如果 `eAction` 被设置为 `eSetValueWithoutOverwrite`，并且任务通知值没有改变，那么就返回 `pdFAIL`。在其他情况下，返回的是 `pdPASS`。

函数 `xTaskNotifyWait()` 通过一个可选的超时等待调用任务接收通知，该函数的格式为：

xTaskNotifyWait(uint32_t ulBitsToClearOnEntry, uint32_t ulBitsToClearOnExit, uint32_t *pulNotificationValue, TickType_t xTicksToWait);

参数

`ulBitsToClearOnEntry`：在进入 `xTaskNotifyWait()` 函数时，将在调用任务的通知值中消除 `ulBitsToClearOnEntry` 中设置的所有位（在任务等待一个新的通知之前），前提是当 `xTaskNotifyWait()` 被调用时，通知还没有挂起。例如，如果 `ulBitsToClearOnEntry` 的值是 `0x1`，那么该任务的通知值的第 0 位将在进入函数时被清除。将 `ulBitsToClearOnEntry` 设置为 `0xffffffff`（`ULONG_MAX`）将清除任务的通知值中的所有位，即将通知值有效地清除为 0。

`ulBitsToClearOnExit`：如果收到通知，在 `xTaskNotifyWait()` 函数退出之前，在 `ulBitsToClearOnExit` 中设置的任何位将在调用任务的通知值中被清除。在任务的通知值被保存在 `pulNotificationValue` 中之后，这些位就被清除（参见下面有关 `pulNotificationValue` 的描述）。例如，如果 `ulBitsToClearOnExit` 是 `0x03`，那么在函数退出之前，任务通知的第 0 位和第 1 位会被清除。将 `ulBitsToClearOnExit` 设置为 `0xffffffff`（`ULONG_MAX`）将清除任务的通知值中的所有位，即将通知值有效地清除为 0。

`pulNotificationValue`：用于传递任务的通知值。复制到 `*pulNotificationValue` 当中的值是由于设置 `ulBitsToClearOnExit` 而清除的任何位之前的任务通知值。`pulNotificationValue` 是一个可选参数，如果不需要，可以设置为 `NULL`。

`xTicksToWait`：当调用 `xTaskNotifyWait()` 时，如果通知还没有挂起，在被阻塞的状态中等待通知被接收的最大时间。

返回值

`pdTRUE`：接收到通知，或者当 `xTaskNotifyWait()` 被调用时，通知挂起。

`pdFALSE`：在接收到通知之前，`xTaskNotifyWait()` 的调用超时。

16.5 项目 39——收到通知后以不同的频率闪烁

描述：这是一个非常简单的项目，其中用到了位于接口引脚 PE12 的板载 LED，以及位于接口引脚 PE0 与 PA10 的按键开关。除了空闲任务，程序中有两个任务。任务 1 是

LED 控制程序，其中 LED 一开始被初始化为关闭状态，任务在启动闪烁 LED 之前等待通知。任务 2 是按键控制程序，按下按键 PE0（称为按键 BUTTONFAST）会获取任务 1 的句柄，然后向任务 1 发送通知，使得 LED 每 200ms 闪烁一次。按下按键 PA10（称为按键 BUTTONSLOW）会向任务 1 发送通知，使得 LED 每秒闪烁一次。

目标：展示在简单的项目中如何使用 API 函数 xTaskNotify() 和 xTaskNotifyWait()。

框图：本项目用到了位于接口引脚 PE12 的板载 LED 以及位于接口引脚 PE0 与 PA10 的按键开关。

程序清单：如图 16.2 所示（程序文件：notify2.c）。在本程序中，任务 2 检测两个按键的状态。如果 BUTTONFAST 被按下，那么就会向任务 1 发送设置第 2 位的通知。另一方面，如果 BUTTONSLOW 被按下，那么就会向任务 1 发送设置第 4 位的通知。任务 1 对通知进行检查，如果有通知并且设置了第 2 位，那么闪烁频率就被设置为 200ms。另一方面，如果收到的通知设置了第 4 位，那么闪烁频率就被设置为 1s。变量 FirstTime 控制 LED 是否应当闪烁。在任务 1 一开始，该变量被设置为 1，即禁用闪烁。当用户按下任意一个按键设置闪烁频率时，变量 FirstTime 就被设置为 0，启用闪烁。请注意，这是一个多任务程序，其中的 LED 闪烁频率可以在其闪烁时改变。

程序的运行可以由下面的 PDL 描述：

任务 1（LED 控制程序）
将接口 PE12 配置为数字输出（LED 接口）
DO FOREVER
  等待通知
  IF 第 2 位被设置 **THEN**
    将闪烁频率设置为快速（200ms）
  ELSE IF 第 4 位被设置 **THEN**
    将闪烁频率设置为慢速（1s）
  ENDIF
  让 LED 以被选择的频率闪烁
ENDDO

任务 2（按键控制程序）
将接口 PE0 配置为数字输出（PE0 处的按键）
将接口 PA10 配置为数字输出（PA10 处的按键）
DO FOREVER
  IF 接口 PE0 处的按键被按下 **THEN**
    发送通知，设置第 2 位
  ELSE IF 接口 PA10 处的按键被按下 **THEN**
    发送通知，设置第 4 位
  ENDIF
ENDDO

```c
/*===============================================================================
                        TASK NOTIFICATION
                        ==================
The aim of this project is to show how task notification can be used in a very
simple application. Here the LED controller task waits for a notification. When
the button at PE0 is pressed, the LED flashes at a rate of 200 ms. When the
button at PA10 is pressed, the LED flashes every second. Notice that the flashing
rate can be changed while the LED is flashing

Author: Dogan Ibrahim
Date   : October, 2019
File   : notify2.c
===============================================================================*/
#include "main.h"

//
// Define all your Task functions here
// ===================================
//

// Task 1 - LED CONTROLLER
void Task1(void *pvParameters)
{
    #define LED GPIOE_ODR.B12
    #define ULONG_MAX 0xffffffff
    TickType_t xDelay;
    uint32_t ulNotificationValue;
    char FirstTime = 1;

    GPIO_Config(&GPIOE_BASE, _GPIO_PINMASK_12, _GPIO_CFG_MODE_OUTPUT);
    //
    // Do not Block. If notification is received, find out if slow or fast flashing
    // is required. Do not clear any notification bits on entry. Clear all
    // notification bits on exit. Store notified value in ulNotificationValue
    //
    while (1)
    {
        if(xTaskNotifyWait(0x00, ULONG_MAX, &ulNotificationValue, 0) == pdTRUE)
        {
            if((ulNotificationValue & 0x02) != 0)          // If bit 2 is set
            {
                xDelay = pdMS_TO_TICKS(200);               // Fast flashing rate
            }

            if((ulNotificationValue & 0x04) != 0)          // If bit 4 is set
            {
                xDelay = pdMS_TO_TICKS(1000);              // Slow flashing rate
            }
            FirstTime = 0;                                 // Set to start flashing
        }
        if(FirstTime == 0)
        {
            LED = 1;                                       // LED ON
            vTaskDelay(xDelay);                            // Delay of xDelay
            LED = 0;                                       // LED OFF
            vTaskDelay(xDelay);                            // Delay of xDelay
        }
    }
}
// Task 2 - BUTTON CONTROLLER
void Task2(void *pvParameters)
{
    #define BUTTONFAST GPIOE_IDR.B0
    #define BUTTONSLOW GPIOA_IDR.B10
```

图 16.2　notify2.c 的程序清单

```c
        const char *pcNameToLookup = "LED Controller";
        TaskHandle_t xTaskToNotify;
        xTaskToNotify = xTaskGetHandle(pcNameToLookup);

        GPIO_Config(&GPIOE_BASE, _GPIO_PINMASK_0, _GPIO_CFG_MODE_INPUT);
        GPIO_Config(&GPIOA_BASE, _GPIO_PINMASK_10, _GPIO_CFG_MODE_INPUT);

        while (1)
        {
            if(BUTTONFAST == 0)                      // Wait for button PE0
            {
                xTaskNotify(xTaskToNotify, 2 , eSetBits);   // Send notification, bit 2 set
            }
            if(BUTTONSLOW == 0)                      // Wait for button PA10
            {
                xTaskNotify(xTaskToNotify, 4 , eSetBits);   // Send notification, bit 4 set
            }
        }
    }

//
// Start of MAIN program
// =====================
//
void main()
{
//
// Create all the TASKS here
// =========================
//
    // Create Task 1
    xTaskCreate(
        (TaskFunction_t)Task1,
        "LED Controller",
        configMINIMAL_STACK_SIZE,
        NULL,
        10,
        NULL
    );

    // Create Task 2
    xTaskCreate(
        (TaskFunction_t)Task2,
        "BUTTON Controller",
        configMINIMAL_STACK_SIZE,
        NULL,
        10,
        NULL
    );
//
// Start the RTOS scheduler
//
    vTaskStartScheduler();
//
// Will never reach here
//
    while (1);
}
```

图 16.2 （续）

16.6　xTaskNotifyStateClear() 和 xTaskNotifyQuery()

函数 xTaskNotifyStateClear() 会清除挂起的通知，但是不会改变通知值。如果在通知到达时，任务并非正在等待通知，那么通知就会保持挂起直到接收任务读取通知值，或者接收任务是 `xTaskNotifyStateClear()` 调用中的主题任务。该函数的格式为：

xTaskNotifyStateClear(TaskHandle_t xTask)

参数

`xTask`：具有要清除的挂起通知的任务的句柄。将 xTask 设置为 NULL 会清除调用该函数的任务中的挂起通知。

返回值

`pdPASS`：如果被 xTask 引用的任务具有挂起的通知。

`pdFAIL`：如果被 xTask 引用的任务没有挂起的通知。

函数 `xTaskNotifyAndQuery()` 与 `xTaskNotify()` 类似，但是带有一个额外的参数，这个参数中返回的是主题任务之前的通知值。感兴趣的读者可以从本章开头给出的链接了解有关该函数的更多信息。

16.7 小结

在本章中我们了解了 FreeRTOS 的重要主题——任务通知，并就其在应用程序中的使用给出了示例。

在第 17 章中，我们将学习另一个重要主题——临界区。

拓展阅读

[1] The FreeRTOS reference manual. https://www.freertos.org/wp-content/uploads/2018/07/FreeRTOS_Reference_Manual_V10.0.0.pdf.

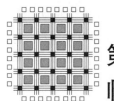

第 17 章 临 界 区

17.1 概述

在第 16 章中，我们已经利用任务通知主题开发了几个项目，在本章中，我们将学习另一个重要主题——临界区。

临界区（也被称为临界段）是由两个宏包围起来的代码区域，其中进入这些代码区的入口是被控制的，使得在任意时刻只有一个任务能进入代码。通过调用 taskENTER_CRITICAL() 进入临界区，通过调用 taskEXIT_CRITICAL() 退出代码段。这两个调用既没有任何参数，也没有任何返回值。临界区也可以利用互斥量和信号量实现，但是利用本章介绍的进入和退出宏更加快速。在临界区内部禁用中断，既可以全局禁用，也可以针对特定优先级禁用。优先级高于赋予参数 configMAX_SYSCALL_INTERRUPT_PRIORITY 的值的中断被启用，而优先级等于或者低于 configMAX_SYSCALL_INTERRUPT_PRIORITY 的中断被禁用。还有一件事情很重要：临界区不能从中断服务程序内部调用。更多内容将在后面关于 FreeRTOS 和中断服务程序的章节中讨论。

抢占式上下文切换不会发生在临界区内，因为中断在这些区内是禁用的。因此，当一个任务进入一个临界区后，可以保证它会一直运行，直到它从该区域退出。在临界区内任务不应该进入阻塞状态，也不应该转向于要求调度程序执行上下文切换。

临界区内的代码必须很短，因为较长的代码可能会影响程序中的任务调度。如果有需要的话，临界区可以进行嵌套，对临界区进行嵌套是很安全的。但是，在任务离开临界区之前，所有的入口都必须有相应的退出，这一点很重要。

17.2 节会给出一个示例项目，展示如何在应用程序中使用临界区。

17.2 项目 40——临界区（共享 UART）

描述：这是一个简单的项目。这个项目中有两个任务：一个任务测量室外温度；另一个任务测量室内温度。两个任务共享 UART，并将自己的读数发送给 UART，让测量值在 PC 上显示。

目标：展示如何在共享 UART 的项目当中使用临界区。

框图：在本项目中，室内温度和室外温度都是利用如图 17.1 所示的 LM35DZ 模拟温度传感器芯片测量的。

第 17 章 临 界 区

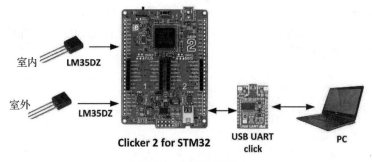

图 17.1 项目框图

电路图：LM35DZ 是之前项目用过的 3 引脚模拟温度传感器芯片，因此，这里不再重复介绍其规格。

本项目中按照下表所示在 Clicker 2 for STM32 开发板和外部元件之间进行连接：

开发板引脚	外部元件引脚
PA2（模拟输入）	LM35 输出引脚（用于室内温度）
PA4	LM35 输出引脚（用于室外温度）
+5V	LM35DZ Vcc 引脚
GND	LM35DZ GND 引脚
mikroBUS 2 接口	USB UART click 板

在开发板的 mikroBUS 2 接口插入 USB UART click 板，然后在 USB UART click 板和 PC 的 USB 接口之间连接一条 mini USB 数据线。与之前使用 PC 界面的项目一样，在 PC 上使用终端模拟软件。图 17.2 展示的是项目的电路图。

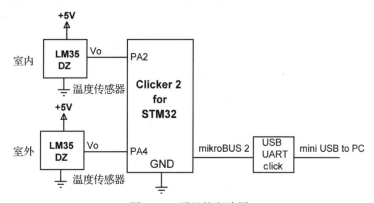

图 17.2 项目的电路图

程序清单：和之前的项目中所介绍的一样，LM35DZ 输出与测量温度成正比的输出电压，

$$T = \frac{V_o}{10}$$

其中，T 是测得的温度，单位为℃，V_o 是传感器的输出电压，单位为 mV。例如，温度为 20℃时，输出电压是 200mV；温度为 30℃时，输出电压是 300mV，以此类推。下面的 PDL 展示的是程序的运行情况：

任务 1
DO FOREVER
　　从 LM35DZ 读取室内温度
　　转换为摄氏温度
　　调用 Display 显示数据
　　等待 1s
ENDDO

任务 2
DO FOREVER
　　从 LM35DZ 读取室外温度
　　转换为摄氏温度
　　调用 Display 显示数据
　　等待 1s
ENDDO

函数 Display
临界区入口
　　从 UART 接收数据
　　在 PC 屏幕上显示数据
临界区出口

程序清单如图 17.3 所示（程序文件：critical.c），除了空闲任务，该程序还包含 2 个任务。任务 1 从 LM35DZ 传感器芯片读取室内温度，任务 2 用另一个 LM35DZ 传感器芯片读取室外温度。两个任务都会调用函数 Display，该函数受临界区保护，用于在 PC 屏幕上显示它们的读数。

```
/*========================================================
                    CRITICAL SECTION
                    ================
The aim of this project is to show how a critical section can be used in a program.
A temperature sensor is used to measure the indoor temperature. Additionally,
another sensor is used to measure the outdoor temperature. The program displays
temperatures by calling a function which is in a critical region.

Author: Dogan Ibrahim
Date   : October, 2019
File   : critical.c
========================================================*/
#include "main.h"

//
// This function displays the temperature on the screen. The code is protected
// as a critical section
//
```

图 17.3　critical.c 的程序清单

```
void Display(unsigned char Temps[])
{
    taskENTER_CRITICAL();
    UART3_Write_Text(Temps);
    taskEXIT_CRITICAL();
}

//
// Define all your Task functions here
// ===================================
//

// Task 1 - Indoor Temperature CONTROLLER
void Task1(void *pvParameters)
{
    unsigned AdcValue;
    unsigned int Temperature;
    float mV;
    unsigned char j,Txt[7];
    unsigned char msg[15];
    unsigned char cr[] = "\n\r";
    ADC1_Init();                                        // Initialize ADC

    while (1)
    {
        for(j=0; j< 15; j++)msg[j]=0;
        AdcValue = ADC1_Read(2);                        // Read ADC Chan 2
        mV = AdcValue * 3300.0 / 4096.0;                // in mV
        mV = mV / 10.0;                                 // Temp in C
        Temperature = (int)mV;                          // Temp as integer
        IntToStr(Temperature, Txt);                     // Convert to string
        Ltrim(Txt);                                     // Remove spaces
        strcpy(msg, "Indoor : ");                       // Copy to msg
        strcat(msg, Txt);                               // join with msg
        strcat(msg, cr);                                // carriage return
        Display(msg);                                   // Display temp
        vTaskDelay(pdMS_TO_TICKS(1000));                // wait 1 second
    }
}
// Task 2 - Outdoor temperature and Humidity CONTROLLER
void Task2(void *pvParameters)
{
    unsigned AdcValue;
    unsigned char Temperature;
    float mV;
    unsigned char j, Txt[7];
    unsigned char msg[20];
    unsigned char cr[] = "\n\r";
    ADC1_Init();                                        // Initialize ADC

    while (1)
    {
        for(j=0; j< 20; j++)msg[j]=0;
        AdcValue = ADC1_Read(4);                        // Read ADC Chan 4
        mV = AdcValue * 3300.0 / 4096.0;                // in mV
        mV = mV / 10.0;                                 // Temp in C
        Temperature = (int)mV;                          // Temp as integer
        IntToStr(Temperature, Txt);                     // Convert to string
        Ltrim(Txt);                                     // Remove spaces
        strcpy(msg, "Outdoor: ");                       // copy to msg
        strcat(msg, Txt);                               // Join to msg
        strcat(msg, cr);                                // Carriage return
        Display(msg);                                   // Display msg
        vTaskDelay(pdMS_TO_TICKS(1000));                // Wait 1 second
    }
}

//
// Start of MAIN program
```

图 17.3 （续）

```
// ==========================
//
void main()
{
    UART3_Init_Advanced(9600,_UART_8_BIT_DATA,_UART_NOPARITY,_UART_ONE_STOPBIT,
                        &_GPIO_MODULE_USART3_PD89);
//
// Create all the TASKS here
// ==========================
//
    // Create Task 1
    xTaskCreate(
        (TaskFunction_t)Task1,
        "Indoor Temperature Controller",
        configMINIMAL_STACK_SIZE,
        NULL,
        10,
        NULL
    );

    //Create Task 2
    xTaskCreate(
        (TaskFunction_t)Task2,
        "Outdoor Temperature Controller",
        configMINIMAL_STACK_SIZE,
        NULL,
        10,
        NULL
    );
//
// Start the RTOS scheduler
//
    vTaskStartScheduler();
//
// Will never reach here
//
    while (1);
}
```

图 17.3 （续）

两个任务的细节如下所示：

任务 1

在主任务循环内部，内置函数 `ADC1_Read(2)` 被调用用于从接口 PA2 读取模拟数据。然后读取值被转换成以摄氏度为单位的字符串形式，其中开头的空格会被删除掉。之后函数 `Display` 会被调用用于在 PC 屏幕上显示温度。循环每秒重复一次。

任务 2

该任务与任务 1 类似，但是其中调用的是函数 `ADC1_Read(4)`，用于从接口 PA4 读取模拟数据。该任务的其他代码与任务 1 中的相同。

函数 Display

该任务调用 UART 在 PC 屏幕上显示室内和室外温度，通过调用 `taskENTER_CRITICAL()` 和 `taskEXIT_CRITICAL()`，UART 被封装在临界区当中。

在 PC 屏幕上显示的室内和室外温度如图 17.4 所示。

```
Indoor:  22
Outdoor: 27
Indoor:  22
Outdoor: 27
Indoor:  22
Outdoor: 28
Indoor:  22
Outdoor: 28
Indoor:  21
Outdoor: 28
```

图 17.4 显示温度

17.3 挂起调度程序

创建临界区的另一种方法是临时挂起调度程序。再次申明，有一点非常重要，就是临界区内的代码必须短小精悍，并且耗时不多。通过挂起调度程序创建的临界区受到保护，并且在任意时刻只能被一个任务访问。请注意，当调度程序挂起时，中断仍然启用，但是不会导致任务切换（即内核交换）。如果当调度程序被挂起时，中断请求上下文切换，那么请求就会被保持为挂起状态，并在调度程序恢复执行时执行。重要的是，任何可能会导致任务切换的 API 函数（例如任务延迟、队列、可能阻塞任务的任务）不能在临界区内部使用。

通过挂起调度程序创建临界区，方法是使用 API 在入口处调用 `vTaskSuspendALL()`，在出口处调用 `xTaskResumeAll()`：

```
vTaskSuspendAll();
{
    /*临界区代码放在这里*/
}
xTaskResumeAll();
```

调度程序的嵌套挂起是可能的。当嵌套深度返回到 0 时，调度程序将恢复正常操作。

17.4 项目 41——挂起调度程序

描述：可以对项目 40 进行一些修改，通过在调用 UART 函数之前挂起调度程序来保护临界区。调度程序在 UART 函数之后恢复执行，对项目 40 所做的唯一修改是按照如下所示修改函数 `Display`：

```
void Display(unsigned char Temps[])
{
    vTaskSuspendAll();
    UART3_Write_Text(Temps);
    xTaskResumeAll();
}
```

17.5 小结

在本章中，我们学习了临界区，以及用于让调度程序挂起和恢复执行的 FreeRTOS API 函数。

在第 18 章中，我们将学习基于 Cortex-M4 的外部和内部（定时器）中断的基本理论，还将学习如何在项目当中运用它们。

拓展阅读

[1] The FreeRTOS reference manual. https://www.freertos.org/wp-content/uploads/2018/07/FreeRTOS_Reference_Manual_V10.0.0.pdf.

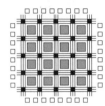

第 18 章
基于 Cortex-M4 的微控制器中的中断

18.1 概述

在第 17 章中,我们学习了如何使用临界区以及如何挂起和恢复调度程序。在本章中,我们将研究中断这个非常重要的主题的理论和应用。本章将使用 STM32F407 微控制器作为示例处理器,因为这是 Clicker 2 for STM32 开发板上使用的处理器,此外这也是一款 Cortex-M4 型处理器。

18.2 通常意义下的中断

一个中断是一个外部或内部(例如定时器)事件,它请求 CPU 停止它当前正在执行的操作,并立即跳转为执行不同的代码。CPU 跳转执行的代码就是所谓的中断服务程序(Interrupt Service Routine, ISR)。中断属于异步事件,因为中断会随时出现,所以 CPU 无法得知中断究竟会何时出现在程序当中。中断请求生成和进入 ISR 之间的时间被称为"中断延迟",中断延迟越快(即中断延迟值越低)总是越好,因为这表明系统响应很快。当中断发生时,CPU 会记住将要执行的下一条指令的位置,方式是将程序计数存放在寄存器或者内存位置当中(通常称为堆栈)。当结束 ISR 代码并从中断返回后,CPU 返回到该指令并恢复正常操作。除了保存程序计数器之外,CPU 还会保存重要的寄存器值,例如 CPU 状态寄存器、标志以及其他重要的寄存器。触发中断的中断请求也可以被禁用,这样在当前的中断返回之前,来自同一源的后续中断都不会被识别。

在微控制器中,CPU 可以被设计为响应大量的外部和内部中断,数量可以在 10 到 100 以上。每个中断源通常(但不一定)有一块专用的内存,ISR 代码预计就放在这块内存当中。在一些处理器中,多个中断源针对其中断共享相同的内存位置,然后由用户程序来确定中断的实际来源。当处理器被启动时,中断始终被禁用,在中断被 CPU 接受之前,必须满足下列条件:

- 必须启用来自所需源的中断。
- 源必须生成一个中断请求。
- 处理器全局中断必须被启用。

外部中断通常发生在端口引脚变为低电平(即在下降沿)或高电平(即在上升沿)时,如果接口引脚的状态有变化(低到高或者高到低),也会发生中断。例如,内部定时器中断发生在定时器溢出或者下溢时。

中断源通常有分配给它们的优先级。优先级较高的中断能够停止较低优先级中断的执行并占用 CPU。当较高优先级的 ISR 结束其处理后，较低优先级的 ISR 可以恢复执行。

重要的是，ISR 代码应该消耗尽可能少的处理器时间，当一个程序中启用多个中断时，尤其如此。如果 ISR 耗费过长的时间，那么它可能会导致对其他需要快速响应的中断的延迟响应。中断可以在软件控制下被屏蔽，这样来自这类源的请求就不能被接受。一些源还具有非屏蔽中断（nonmaskable interrupt, NMI）源，这类源在软件控制下不会被屏蔽（或禁用）。

在外部或内部中断可被 CPU 接受之前，必须对 CPU 内的各种寄存器进行配置。18.3 节将介绍 STM32F407 中断特性，并展示配置各种中断源所涉及的寄存器的位映射。

18.3 STM32F407 的中断

STM32F407 处理器最多支持 240 个中断请求和 1 个 NMI，共有 16 级优先级，其中 0 级是最高级，15 级是最低级。

在设备端和 CPU 内部必须满足以下条件才能接受中断：

在设备端
- 每个中断源都有一个单独的使能位，必须设置该位才能接受中断。
- 每个中断源都有一个单独的标志位，硬件在产生中断请求时设置该位，该位必须在 ISR 中由软件清除。

在 CPU 内
- 中断请求通过嵌套向量中断控制器接收。优先级最高的中断请求被发送给 CPU。
- 全局中断使能位必须在 PRIMASK 寄存器中启用。
- 请求源的优先级必须高于基准优先级 BASEPRI。

NVIC 具有以下特性：
- 82 个可屏蔽中断通道。
- 16 个可编程优先级。
- 低延迟中断处理。

STM32F407 中断机制是为快速有效的中断处理设计的，对于零等待状态系统而言，ISR 中的 C 代码的第一行保证能在 12 个周期以后执行。此外，中断延迟是完全确定的，相同的中断延迟可以从代码的任何位置输入。

外部中断

STM32F407 具有 23 个外部中断源，其中在接口引脚处有 16 个中断源，其余的中断源用于 RTC、以太网、USB 等事件。外部中断/事件控制器（EXTI）由多达 23 个边沿探测器组成，用于生成事件/中断请求。每个输入行可以独立配置，用来选择类型和相应的触发事件（上升沿或下降沿或者两者均是）。每一行也可以独立地进行屏蔽，一个挂起寄存器维护中断请求的状态行。

图 18.1 展示的是 EXTI 的框图。首先探测到的是外部中断输入的边沿。可以通过配置中断屏蔽寄存器来在软件爱你中屏蔽中断源。经过挂起请求寄存器后，中断被提交给 NVIC。

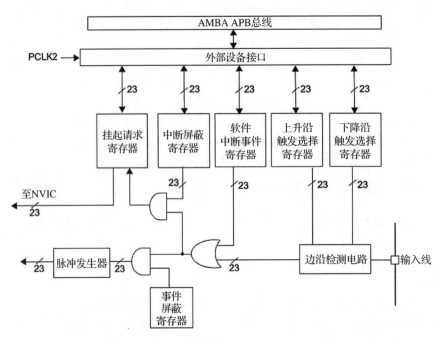

图 18.1　EXTI 框图（©STMicroelectronics）

外部中断的 GPIO 映射如图 18.2 所示。16 路复用器选择 GPIO 引脚作为外部中断 EXTI0 到 EXTI15。多路复用器输入通过 EXTICR[k] 寄存器的 4 位字段进行选择，其中 k 为 0～3。所有外部中断 GPIO 的引脚 0 共用 EXTI0 线路，所有外部中断的 GPIO 的引脚 1 共用 EXTI1 线路，以此类推，GPIO 的引脚 15 共用 EXTI15 线路。

寄存器 SYSCFG_EXTICRx 是一个由 4 个 4 位半字节组成的 16 位寄存器。如图 18.3 所示，半字节 0 是 EXTI0，半字节 1 是 EXTI1，半字节 2 是 EXTI2，半字节 3 是 EXTI3。中断线路按照如下方式选择：举例说明，EXTIx = 0 相当于选择 PAx，EXTIx = 1 相当于选择 PBx，EXTIx = 2 相当于选择 PCx 等。EXTICR1 选择 EXTI3-EXTI0，EXTICR2 选择 EXTI7-EXTI4，以此类推。

表 18.1～表 18.4 展示的是寄存器 SYSCFG_EXTICRx 及其对应的输入引脚编号。

表 18.1　SYSCFG_EXTICR1（©STMicroelectronics）

EXTI3（位 15..12）	EXTI2（位 11..8）	EXTI1（位 7..4）	EXTI0（位 3..0）
0: PA3	0: PA2	0: PA1	0: PA0
1: PB3	1: PB2	1: PB1	1: PB0
2: PC3	2: PC2	2: PC1	2: PC0
3: PD3	3: PD2	3: PD1	3: PD0
4: PE3	4: PE2	4: PE1	4: PE0
5: PF3	5: PF2	5: PF1	5: PF0

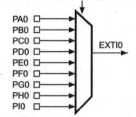
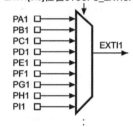
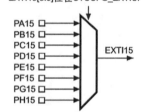

图 18.2　外部中断的 GPIO 映射（©STMicroelectronics）

SYSCFG_EXTICR1

| EXTI3 | EXTI2 | EXTI1 | EXTI0 |

图 18.3　寄存器 SYSCFG_EXTICR1

表 18.2　SYSCFG_EXTICR2（©STMicroelectronics）

EXTI7（位 15..12）	EXTI6（位 11..8）	EXTI5（位 7..4）	EXTI4（位 3..0）
0: PA7	0: PA6	0: PA5	0: PA4
1: PB7	1: PB6	1: PB5	1: PB4
2: PC7	2: PC6	2: PC5	2: PC4
3: PD7	3: PD6	3: PD5	3: PD4
4: PE7	4: PE6	4: PE5	4: PE4
5: PF7	5: PF6	5: PF5	5: PF4

表 18.3　SYSCFG_EXTICR3（©STMicroelectronics）

EXTI11（位 15..12）	EXTI10（位 11..8）	EXTI9（位 7..4）	EXTI8（位 3..0）
0: PA11	0: PA10	0: PA9	0: PA8
1: PB11	1: PB10	1: PB9	1: PB8
2: PC11	2: PC10	2: PC9	2: PC8
3: PD11	3: PD10	3: PD9	3: PD8

（续）

EXTI11（位 15..12）	EXTI10（位 11..8）	EXTI9（位 7..4）	EXTI8（位 3..0）
4: PE11	4: PE10	4: PE9	4: PE8
5: PF11	5: PF10	5: PF9	5: PF8

表 18.4 SYSCFG_EXTICR4（©STMicroelectronics）

EXTI15（位 15..12）	EXTI14（位 11..8）	EXTI13（位 7..4）	EXTI12（位 3..0）
0: PA15	0: PA14	0: PA13	0: PA12
1: PB15	1: PB14	1: PB13	1: PB12
2: PC15	2: PC14	2: PC13	2: PC12
3: PD15	3: PD14	3: PD13	3: PD12
4: PE15	4: PE14	4: PE13	4: PE12
5: PF15	5: PF14	5: PF13	5: PF12

其他 EXTI 线路如下所示连接：

- EXTI 线路 16 与 PVD 输出连接。
- EXTI 线路 17 与 RTC 报警事件连接。
- EXTI 线路 18 与 USB OTG FS 唤醒事件连接。
- EXTI 线路 19 与以太网唤醒事件连接。
- EXTI 线路 20 与 USB OTG FS（在 FS 中配置）唤醒事件连接。
- EXTI 线路 21 与 RTC 篡改与时间戳事件连接。
- EXTI 线路 22 与 RTC 唤醒事件连接。

EXTI 寄存器族

可以为外部中断配置如下寄存器。

中断屏蔽寄存器（EXTI_IMR）：用于屏蔽中断线路，0 屏蔽中断线路，而 1 解除对中断线路的屏蔽。寄存器配置如图 18.4 所示。

31	30	29	28	27	26	25	24	23	22	21	20	19	18	17	16
保留									MR22	MR21	MR20	MR19	MR18	MR17	MR16
									rw	rw	rw	rw	rw	rw	rw

15	14	13	12	11	10	9	8	7	6	5	4	3	2	1	0
MR15	MR14	MR13	MR12	MR11	MR10	MR9	MR8	MR7	MR6	MR5	MR4	MR3	MR2	MR1	MR0
rw	rw	rw	rw	rw	rw	rw	rw	rw	rw	rw	rw	rw	rw	rw	rw

位31:23 保留，必须保持为重置值

位22:0 MRx：在线路x上的中断屏蔽
　　0：来自线路x的中断请求被屏蔽
　　1：来自线路x的中断请求没有被屏蔽

图 18.4 EXTI_IMR 寄存器（©STMicroelectronics）

上升沿触发选择寄存器（EXTI_RTSR）：用于将中断源设置为上升沿（低电平变为高电平），1 将对应的中断线路设置为上升沿。寄存器配置如图 18.5 所示。

31	30	29	28	27	26	25	24	23	22	21	20	19	18	17	16
			保留						TR22	TR21	TR20	TR19	TR18	TR17	TR16
									rw	rw	rw	rw	rw	rw	rw
15	14	13	12	11	10	9	8	7	6	5	4	3	2	1	0
TR15	TR14	TR13	TR12	TR11	TR10	TR9	TR8	TR7	TR6	TR5	TR4	TR3	TR2	TR1	TR0
rw	rw	rw	rw	rw	rw	rw	rw	rw	rw	rw	rw	rw	rw	rw	rw

位31：23 保留，必须保持为重置值

位22：0 TRx：线路x的上升沿事件配置位
  0：输入线路的上升沿触发被禁用（针对事件和中断）
  1：输入线路的上升沿触发被启用（针对事件和中断）

图 18.5 EXTI_RTSR 寄存器（©STMicroelectronics）

下降沿触发选择寄存器（EXTI_FTSR）：用于将中断源设置为下降沿（高电平变为低电平），1 将对应的中断线路设置为下降沿。寄存器配置如图 18.6 所示。

31	30	29	28	27	26	25	24	23	22	21	20	19	18	17	16
			保留						TR22	TR21	TR20	TR19	TR18	TR17	TR16
									rw	rw	rw	rw	rw	rw	rw
15	14	13	12	11	10	9	8	7	6	5	4	3	2	1	0
TR15	TR14	TR13	TR12	TR11	TR10	TR9	TR8	TR7	TR6	TR5	TR4	TR3	TR2	TR1	TR0
rw	rw	rw	rw	rw	rw	rw	rw	rw	rw	rw	rw	rw	rw	rw	rw

位31：23 保留，必须保持为重置值

位22：0 TRx：线路x的下降沿事件配置位
  0：输入线路的下降沿触发被禁用（针对事件和中断）
  1：输入线路的下降沿触发被启用（针对事件和中断）

图 18.6 EXTI_FTSR 寄存器（©STMicroelectronics）

挂起寄存器（EXTI_PR）：当所选边沿事件到达中断线路时，寄存器中的一个位被设置。ISR 必须写入一个 1 以清除中断的挂起状态（即取消 IRQ 请求）。寄存器配置如图 18.7 所示。

外部中断线路的位置和优先级如表 18.5 所示。所有具有相同编号的引脚与具有相同编号的线路相连，它们对于一条线路而言是多路复用的，不能在同一线路上同时使用两个引脚。请注意，EXTI5_9 由引脚 5~9 共享，并处理来自引脚 5~9 的中断。与之相似，EXTI10_15 由引脚 10~15 共享，并处理来自引脚 10~15 的中断。

表 18.5 外部中断线路位置和优先级

IRQ 编号	优先级	输入线路	描述
6	13	EXTI0	EXTI Line0 中断
7	14	EXTI1	EXTI Line0 中断

(续)

IRQ 编号	优先级	输入线路	描述
8	15	EXTI2	EXTI Line0 中断
9	16	EXTI3	EXTI Line0 中断
10	17	EXTI4	EXTI Line0 中断
23	30	EXTI9_5	EXTI Line 9～5 中断
40	47	EXTI15_10	EXTI Line 15～10 中断

31	30	29	28	27	26	25	24	23	22	21	20	19	18	17	16
保留									PR22	PR21	PR20	PR19	PR18	PR17	PR16
									rc_w1	rc_w1	rc_w1	rc_w1	rc_w1	rc_w1	rc_w1

15	14	13	12	11	10	9	8	7	6	5	4	3	2	1	0
PR15	PR14	PR13	PR12	PR11	PR10	PR9	PR8	PR7	PR6	PR5	PR4	PR3	PR2	PR1	PR0
rc_w1	rc_w1	rc_w1	rc_w1	rc_w1	rc_w1	rc_w1	rc_w1	rc_w1	rc_w1	rc_w1	rc_w1	rc_w1	rc_w1	rc_w1	rc_w1

位31：23 保留，必须保持为重置值

位22：0 PRx：挂起位
  0：没有触发请求发生
  1：选中的触发请求发生
当选中的边沿事件到达外部中短线路，该位被设置
通过编程将该位设置为'1'清除该位

图 18.7 EXTI_PR 寄存器（©STMicroelectronics）

利用下面的语句启用和禁用 mikroC Pro for ARM 编译器中的中断（以 EXTI0 为例）：

```
NVIC_IntEnable(IVT_INT_EXTI0);     //启用来自线路EXTI0的中断
NVIC_IntDisable                    //禁用来自线路EXTI0的中断
```

mikroC Pro for ARM 编译器提供了一个名为中断助手的工具，可被用于创建正确的语句来针对所需的源启用中断，这将在下一个项目中展示。

下面给出一个使用外部中断的示例项目。

18.4　项目 42——基于事件计数器的外部中断

描述：这是一个外部事件计数器示例，其中有一个按键开关与开发板连接。每当按键被按下时，就会在 ISR 内生成一个外部事件，并且计数器加 1。利用 USB UART click 板将计数值显示到 PC 屏幕上。

目标：展示如何利用 mikro C Pro for ARM 编译器编写外部中断程序，以及如何在基于中断的程序当中使用外部按键开关。

框图：如图 18.8 所示。假定通过按下按键来模拟外部事件的发生。

电路图：项目的电路图如图 18.9 所示。按键开关与引脚 PA0 相连，通过在开关的两个触点之一连接下拉电阻，开关状态通常保持为逻辑低电平。按下按键会将按键与 +V 供电电压连接，

从而将其状态改变为逻辑高电平。USB UART click 板与开发板的 mikroBUS 2 接口连接。

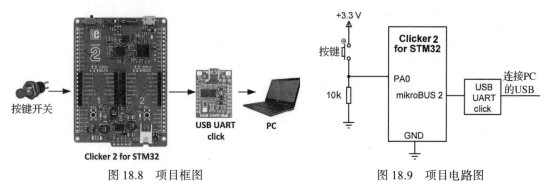

图 18.8　项目框图　　　　　　　　　图 18.9　项目电路图

程序清单：本程序没有使用 FreeRTOS 内核，它只使用 mikroC Pro for ARM 编译器，如图 18.10 所示（程序文件：eventint.c）。在主程序一开始，接口引脚 PA0 被配置为数字输入，并且 UART 被初始化为 9600 波特。主程序调用函数 SetupInt 为接口引脚 PA0 配置外部中断，中断配置为在 PA0 的上升沿（即在输入引脚的低到高转换状态）被接受。下面的语句用于配置外部中断：

```
SYSCFG_EXTICR1 = 0;
EXTI_FTSR = 0;                          // 不是在下降沿
EXTI_RTSR = 1;                          // 在上升沿接受中断
EXTI_IMR = 1;                           // 不屏蔽中断源
EXTI_PR = 1;                            // 挂起请求
NVIC_IntEnable(IVT_INT_EXTI0);          // 在线路 EXTI0 上启用中断
```

```
/*===========================================================================
                        EXTERNAL EVENT COUNTER
                        ======================

This is an external interrupt based event controller project. A push-button
simulates the occurence of external interrupts. The event count is displayed
on a PC screen

Author: Dogan Ibrahim
Date  : October, 2019
File  : eventint.c
===========================================================================*/
#include "main.h"

unsigned int Count = 0;

//
// External interrupt service routine (ISR). The program jumps to this ISR
// whenever the push-button is pressed
//
void Events() iv IVT_INT_EXTI0 ics ICS_AUTO
{
    EXTI_PR = 1;                            // Clear interrupt pending
    Count++;                                // Increment Count
}

//
// This function configures the external interrupt for pin PA0 on rising edge
//
```

图 18.10　eventint.c 的程序清单

```
void SetupInt()
{
    SYSCFG_EXTICR1 = 0;
    EXTI_FTSR = 0;                              // Not on falling edge
    EXTI_RTSR = 1;                              // Interrupt on rising edge
    EXTI_IMR = 1;                               // Unmask interrupt source
    EXTI_PR = 1;                                // Pending request
    NVIC_IntEnable(IVT_INT_EXTI0);              // Enable interrupt on line EXTI0
}

void main()
{
    unsigned int CountOld;
    unsigned char Txt[7];

    GPIO_Config(&GPIOA_BASE, _GPIO_PINMASK_0, _GPIO_CFG_MODE_INPUT);
    UART3_Init_Advanced(9600,_UART_8_BIT_DATA,_UART_NOPARITY,_UART_ONE_STOPBIT,
                        &_GPIO_MODULE_USART3_PD89);
    UART3_Write_Text("EVENT COUNTER\n\r");      // Display heading
    SetupInt();                                 // Configure external interrupt
    CountOld = Count;

    while(1)
    {
        if(CountOld != Count)
        {
            IntToStr(Count, Txt);               // Convert to string
            UART3_Write_Text(Txt);              // Display event Count
            UART3_Write_Text("\n\r");
            CountOld = Count;
        }
    }
}
```

图 18.10 （续）

主程序运行在一个无限循环当中，其中变量 Count 被转换成字符串格式，并显示在 PC 屏幕上。变量 CountOld 确保显示仅在 Count 的值发生改变时才被刷新。

ISR 是函数：

`void Events() iv IVT_INT_EXTI0 ics ICS_AUTO`

该函数是利用 mikroC Pro for ARM 编译器的中断助手工具创建的，使用中断助手的步骤为：
- 单击 Tools -> Interrupt Assistant，显示该工具（如图 18.11 所示）。
- 为 ISR 赋予一个名称，在本程序中 ISR 被命名为 Events。
- 选择中断类型，在本程序中选择的是 INT_EXTI0。
- 选择在中断发生时是否应该进行上下文保存，在本程序中选择的是自动选项。
- 单击 OK 生成 ISR 函数。
- 请注意，iv 是一个保留字，它用于通知编译器自己是一个 ISR，ics 表示中断上下文保存（Interrupt Context Saving）。可以按照几种方式执行中断上下文保存：
1. ICS_OFF——不进行上下文保存
2. ICS_AUTO——编译器选择是否执行上下文保存。

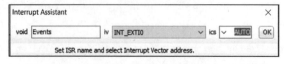

图 18.11　生成 ISR 函数

如果没有明确声明中断上下文保存，编译器默认会设置 ICS_AUTO。

在 ISR 内部，挂起中断标志被设置并且计数值加 1 表示事件发生。

请注意，按下按键可能会生成不止一个事件，其原因在于触点弹跳问题是各种机械开关所固有的问题。当按下开关时，其触点在稳定下来之前会有多次移动，结果就是会有不止一个上升沿被发送给处理器，从而生成多个中断。可以使用触发器电路、施密特触发电路或简单的电阻电容电路消除触点弹跳问题，感兴趣的读者可以在互联网上找到很多有关触点弹跳及其消除的主题方面的资源。

图 18.12 展示了一个典型的 PC 屏幕，其中事件总数是 4。

图 18.12　LCD 上的显示

18.5　项目 43——多个外部中断

描述：这是一个使用两个外部中断的简单项目，一个中断在接口引脚的上升沿激活，另一个在接口引脚的下降沿激活。和项目 42 相同，一个按钮开关连接到端口引脚 PA0，开关状态通常为逻辑低电平。此外，端口引脚 PA10 处的板上按钮开关用于在按下时产生外部中断。此外，项目中还使用了端口引脚 PE12 处的板上 LED。按下 PA0 处的按钮会产生一个中断，该中断会设置一个标志，使 LED 开始闪烁。按下 PA10 处的按钮会产生另一个外部中断，该中断会重置标志，从而使 LED 停止闪烁。

目标：展示在程序中如何生成多个外部中断。

框图：如图 18.13 所示。

电路图：如图 18.14 所示，位于接口引脚 PA0 处的按键开关通常处于逻辑低电平，并且当按键被按下时变为逻辑高电平。位于接口引脚 PA10 处的板载开关通常处于逻辑高电平，并且当按键被按下时变为低电平。

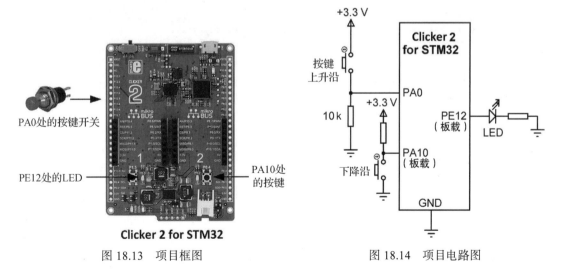

图 18.13　项目框图　　　　　　　图 18.14　项目电路图

程序清单：如图 18.15 所示（程序文件：twoint.c），两个中断按照如下所示的方式进行配置：

```c
/*===============================================================================
                        MULTIPLE EXTERNAL INTERRUPTS
                        ============================

In this project the on-board button PA10 and an external push-button at port pin
PA0 are used to generate two external interrupts. Pressing button at PA0 starts
the LED at port PE12 to flash. Pressing button at PA10 stops the flashing.

Author: Dogan Ibrahim
Date   : October, 2019
File   : twoint.c
===============================================================================*/
#include "main.h"
volatile unsigned int Flag = 0;

//
// External interrupt service routine (ISR). The program jumps to this ISR
// whenever the push-button is pressed
//
void TurnON() iv IVT_INT_EXTI0 ics ICS_AUTO
{
    EXTI_PR.B0 = 1;
    Flag = 1;
}

void TurnOFF() iv IVT_INT_EXTI15_10 ics ICS_AUTO
{
    EXTI_PR.B10 = 1;
    Flag = 0;
}

//
// This function configures the external interrupt for pin PA0 on rising edge.
// The interrupt priority is set to 2
//
void SetupPA0()
{
    SYSCFG_EXTICR1 = 0;                                 // For pin PA0
    EXTI_FTSR.B0 = 0;                                   // Not on falling edge
    EXTI_RTSR.B0= 1;                                    // Interrupt on rising edge
    EXTI_IMR.B0 = 1;                                    // Unmask interrupt source
    EXTI_PR.B0= 1;                                      // Pending request
    NVIC_SetIntPriority(IVT_INT_EXTI0, _NVIC_INT_PRIORITY_LVL2);
    NVIC_IntEnable(IVT_INT_EXTI0);                      // Enable interrupt on line EXTI0
}

//
// This function configures the external interrupt for pin PA10 on falling edge.
// The interrupt priority is set to 1
//
void SetupPA10()
{
    SYSCFG_EXTICR3 = 0;                                 // For pin PA10
    EXTI_FTSR.B10 = 1;                                  // Interrupt on falling edge
    EXTI_RTSR.B10 = 0;                                  // Not on rising edge
    EXTI_IMR.B10 = 1;                                   // Unmask interrupt source
    EXTI_PR.B10 = 1;                                    // Pending request
    NVIC_SetIntPriority(IVT_INT_EXTI15_10, _NVIC_INT_PRIORITY_LVL1);
    NVIC_IntEnable(IVT_INT_EXTI15_10);                  // Enable interrupt on line EXTI15_10
}

void main()
{
    #define LED GPIOE_ODR.B12

    GPIO_Config(&GPIOA_BASE, _GPIO_PINMASK_0, _GPIO_CFG_MODE_INPUT);
```

图 18.15　twoint.c 的程序清单

```
    GPIO_Config(&GPIOA_BASE, _GPIO_PINMASK_10, _GPIO_CFG_MODE_INPUT);
    GPIO_Config(&GPIOE_BASE, _GPIO_PINMASK_12, _GPIO_CFG_MODE_OUTPUT);

    SetupPA0();                          // Configure PA0 interrupts
    SetupPA10();                         // Configure PA10 interrupts

    while(1)                             // DO FOREVER
    {
       if(Flag == 1)                     // IF Flag is set
       {
          LED = 1;                       // LED ON
          Delay_ms(1000);                // Wait 1 second
          LED = 0;                       // LED OFF
          Delay_ms(1000);                // Wait 1 second
       }
       else                              // Otherwise (Flag not set)
          LED = 0;                       // LED OFF
    }
}
```

图 18.15 （续）

接口引脚 PA0 处的按键中断

该中断的配置与前一个项目中相同。但是请注意，在多中断应用程序中，重要的是只设置或重置与中断相关的位，这也是程序当中使用位操作符 Bx 的原因。在多中断程序中针对上升沿外部中断配置 PA0 的代码如下所示。请注意，在这里中断优先级被设置为 Level 2 只是为了向读者展示如何使用 mikroC Pro for ARM 编译器设置中断优先级：

```
    SYSCFG_EXTICR1 = 0;                  // 针对PA0引脚
    EXTI_FTSR.B0 = 0;                    // 上升沿上的中断
    EXTI_RTSR.B0= 1;                     // 非下降沿上的中断
    EXTI_IMR.B0 = 1;                     // 不屏蔽中断源
    EXTI_PR.B0= 1;                       // 挂起请求
    NVIC_SetIntPriority(IVT_INT_EXTI0, _NVIC_INT_PRIORITY_LVL2);
    NVIC_IntEnable(IVT_INT_EXTI0);       // 在线路EXTI0上启用中断
```

当位于 PA0 处的按键被按下时，程序跳转到 ISR TurnON()，此处的挂起中断标志被设置为清除中断，并且变量 Flag 被设置为 1，使得 LED 开始闪烁。

接口引脚 PA10 处的按键中断（板载按键）

位于引脚 PA10 处的中断由 EXTICR3 处理（如表 18.3 所示），FTSR 寄存器的第 10 位被设置为 1，RTSR 寄存器的第 10 位被清空，使得中断预计出现在输入的下降沿上。屏蔽寄存器的第 10 位设置为非屏蔽，并且挂起请求针对第 10 位被设置。为了进行演示，中断优先级被设置为 Level 1，然后中断向量针对线路 EXTI15_10 启用，其中包括外部引脚 PA10 上的中断。配置引脚 PA10 上的外部中断的代码如下所示：

```
    SYSCFG_EXTICR3 = 0;                  // 针对PA10引脚
    EXTI_FTSR.B10 = 1;                   // 下降沿上的中断
    EXTI_RTSR.B10 = 0;                   // 非上升沿上的中断
    EXTI_IMR.B10 = 1;                    // 不屏蔽中断源
    EXTI_PR.B10 = 1;                     // 挂起请求
    NVIC_SetIntPriority(IVT_INT_EXTI15_10, _NVIC_INT_PRIORITY_LVL1);
    NVIC_IntEnable(IVT_INT_EXTI15_10);   // 在线路EXTI10上启用中断
```

在主程序中，接口引脚 PA0 和 PA10 被配置为输入，并且 PE12 被配置为输出。程序的剩余部分在循环中运行，在这个循环内会对变量 Flag 的值进行检测。如果 Flag 被设置，则 LED 开始每秒闪烁一次，否则 LED 处于关闭状态。

18.6 内部中断（定时器中断）

定时器是所有微控制器的重要模块，可用于精确的定时操作，例如产生精确的延迟、在给定的时间周期内对出现的输入脉冲进行计数等。在本节中我们将简要学习如何在 STM32F407 微控制器上配置定时器中断。感兴趣的读者可以从因特网上的各种资源以及 STM 数据手册中获取有关定时器的进一步信息。

STM32F407 微控制器包含 17 个定时器，其中有 10 个通用定时器，2 个简单定时器，2 个高级定时器，1 个独立的看门狗类型定时器，1 个窗口看门狗定时器，1 个系统时钟（系统计时）类型定时器，这些定时器为：

TIM2, TIM5	—	32 位通用定时器
TIM6, TIM7	—	16 位简单定时器
TIM1, TIM8	—	16 位高级定时器
TIM3, TIM4, TIM10–TIM14	—	16 位通用定时器

定时器 TIM2、TIM3、TIM4 和 TIM5 是向上向下计数型定时器，具备自动重载功能。此外，这 4 个定时器包含 4 个捕获 / 比较通道，可以很容易地产生 PWM 波形。

TIM1 和 TIM8 是高速定时器，可以向上或向下计数，并且内置了自动重载功能和 4 个捕获 / 比较通道。

TIM2 和 TIM9 只能向上计数，也内置了自动重载功能，它们只有 2 个捕获 / 比较通道。

TIM10 和 TIM11 是高速定时器，而 TIM13 和 TIM14 是低速定时器。这些定时器只能向上计数，并且内置了自动重载功能，它们都只有 2 个捕获 / 比较通道。

TIM6 和 TIM7 被称为简单定时器，它们都是低速定时器，只能向上计数。它们内置了自动重载功能，但是没有捕获 / 比较通道。

或许最重要也是最有用的定时器是 TIM2 和 TIM5，因为它们都是 32 位定时器，并且既能向上又能向下计数，还具备自动重载功能，以及捕获 / 比较通道。

假设定时器被设置为向上计数，流程如下：定时从 0 开始计数，一直到其最大值，最大值也是其自动重载值。当计数达到自动重载值时，它会重置回 0 并继续向上计数。预分频器用于将时钟频率除以所需的量，以便在高频时钟中获得更高的计数值。如果配置完成，那么当计数从其最大值回滚到 0 时，将产生一个定时器中断。

对于基于定时器的中断操作，可以按照如下方式配置定时器：

- 启用定时器的时钟。
- 禁用定时器。

- 将所需的值加载到预分频器寄存器中。
- 将所需的值加载到自动重载寄存器中。
- 为所需的定时器启用中断。
- 启用定时器。

对于定时器操作而言，基本上应当配置 3 个寄存器，分别是计数值寄存器、预分频器寄存器以及自动重载寄存器，它们的功能总结如下：

计数值寄存器（TIMx_CNT）：这些是计数寄存器，根据定时器的类型向上或者向下计数。计数频率取决于应用于定时器的时钟，时钟频率可被预分频器相除。对于 TIM3 和 TIM4 而言，这是 16 位寄存器；对于 TIM2 和 TIM5 而言，这是 32 位寄存器。

预分频器寄存器（TIMx_PSC）：这些寄存器除以定时器时钟频率。对于 TIM2、TIM3、TIM3、TIM4 以及 TIM5 而言，预分频器宽度为 16 位，时钟频率可以从 1～65 535 进行分频。

自动重载寄存器（TIMx_ARR）：这些寄存器存放重载值。在向上计数定时器中，当计数值达到该值时，它会被重置回 0。在向下计数定时器中，当计数值达到 0 时，它会以存放在自动重载寄存器中的值进行重载。对于 TIM3 和 TIM4 而言，这是 16 位寄存器；对于 TIM2 和 TIM5 而言，这是 32 位寄存器。

举例而言，如果在向上计数定时器中，基本的定时器时钟频率是 42MHz，预分频器被设置为 10，自动重载寄存器被设置为 1000，那么定时器会向上计数到 1000，然后重置回 0，计数频率是 42MHz/10=4.2MHz。

mikroElektronika（www.mikroe.com）提供了一个 PC 上的软件工具 TimerCalculator，它可被用于配置 STM32F407 微控制器的定时器，按照所需的时间间隔产生中断。该工具自动计算需求，并给出可以使用定时器生成中断的代码，下一个项目将解释该工具的用法。

18.7 项目 44——利用定时器中断生成波形

描述：这是一个使用定时器中断的简单项目。在本项目中，TIM2 用于每 1ms 产生一次中断。每当产生中断时，PA2 端口引脚的状态都会进行切换。因此，在引脚 PA2 会生成周期为 2ms（即频率为 500Hz）的方波。

目标：展示如何利用定时器产生内部中断，从而在所需的 GPIO 引脚上生成方波波形。

框图：如图 18.16 所示，有一个数字示波器与开发板的引脚 PA2 连接，用于显示波形。

程序清单：在本项目中使用 TimerCalculator 工具为定时器生成代码，图 18.17 展示的是 TimerCalculator 工具的启动界面。

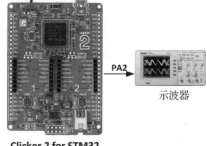

图 18.16　项目框图

生成定时器中断代码的步骤如下所示：

- Select Device 为：STM32F2xx/3xx/4xx。
- MCU clock frequency 为：168 MHz，在 APB1 预分频器上除以 4（APB1 总线时钟是 42 MHz，但是 TIM2 以 42 MHz × 2 = 84 MHz 运行）。

- Choose timer 为：Timer2。
- Interrupt time 设置为：1 ms。
- 单击 Calculate 按键。

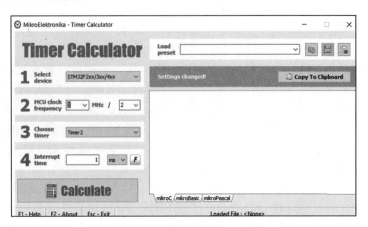

图 18.17　TimerCalculator 工具的启动界面

请注意，我们必须在 APB1 总线分频器上获取时钟分频值（如图 2.9 所示），如图 18.18 所示，你应当能够在界面右手边看到生成的代码。

图 18.19 展示了生成的代码，其中给出了定时器配置代码和定时器 ISR 代码模板。你应该在 ISR 部分中输入自己的代码。请注意预分频器的值被设置为 1，自动重载值被设置为 41 999，定时器时钟的启动语句为：`RCC_APB1ENR.TIM2EN = 1`，启用 Timer 2 中断向量的语句为：`NVIC_IntEnable(IVT_INT_TIM2)`，Timer 2 的启动语句为：`TIM2_CR1.CEN = 1`。默认情况下，定时器 ISR 的名称为 `Timer2_interrupt()`。定时器中断配置代码默认情况下位于函数 `InitTimer2()` 内部。

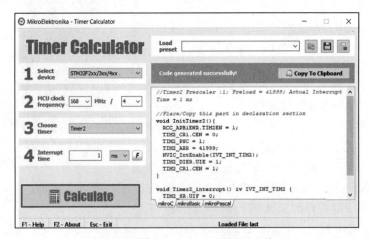

图 18.18　单击 Calculate 按键生成代码

我们可以按照如下所示的方法，通过 TimerCalculator 工具验证生成的代码的正确性。

```
//Timer2 Prescaler :1; Preload = 41999; Actual Interrupt
Time = 1 ms

//Place/Copy this part in declaration section
void InitTimer2(){
  RCC_APB1ENR.TIM2EN = 1;
  TIM2_CR1.CEN = 0;
  TIM2_PSC = 1;
  TIM2_ARR = 41999;
  NVIC_IntEnable(IVT_INT_TIM2);
  TIM2_DIER.UIE = 1;
  TIM2_CR1.CEN = 1;
}

void Timer2_interrupt() iv IVT_INT_TIM2 {
  TIM2_SR.UIF = 0;
```

图 18.19 生成的代码

在 84 MHz 上,周期是 0.011904 μs,根据预分频器 1 和自动重载值 41 499,中断时间为:

$$0.011904 \times (1+1) \times (41\ 499+1) \approx 988\ (\mu s,\ 或者说接近\ 1ms)$$

请注意,预分频器和自动重载寄存器的值必须加 1。

图 18.20 展示了程序清单(程序文件:timerint.c)。在主程序一开始,接口引脚 PA2 被配置为输出,中端配置代码(函数 InitTimer)由主程序调用。然后主程序在一个循环中等待定时器中断发生。接口引脚 PA2 被赋予名称 SQUARE,并在定时器 ISR 内进行切换。

```
/*===========================================================================
                TIMER INTERRUPT - GENERATE WAVEFORM
                ===================================

In this project a timer interrupt is configured using timer TIM2. The timer
interrupts every millisecond. Port pin PA2 is toggled in the ISR so that a square
waveform is generated at this pin with a frequency of 500Hz.

Author: Dogan Ibrahim
Date   : October, 2019
File   : timerint.c
============================================================================*/
#include "main.h"
#define SQUARE GPIOA_ODR.B2

//
// Configure Timer 2 to generate an interrupt every 1ms
//
void InitTimer2()
{
  RCC_APB1ENR.TIM2EN = 1;                        // Set clock to Timer 2
  TIM2_CR1.CEN = 0;                              // Disable Timer 2
  TIM2_PSC = 1;                                  // Set prescaler to 1
  TIM2_ARR = 41999;                              // Set auto re-load to 41999
  NVIC_IntEnable(IVT_INT_TIM2);                  // Enable NVIC vector
  TIM2_DIER.UIE = 1;                             // Set pending interrupt
  TIM2_CR1.CEN = 1;                              // Enable timer
}

//
// This is the timer interrupt service routine. The program jumps here every 1ms
//
void Timer2_interrupt() iv IVT_INT_TIM2
{
  TIM2_SR.UIF = 0;
  SQUARE = ~SQUARE;                              // Toggle pin PA2
```

图 18.20 timerint.c 的程序清单

```
}
//
// Main program configures PA2 as output, configures Timer 2 for 1ms interrupts
// and waits forever in a loop
//
void main()
{
    GPIO_Config(&GPIOA_BASE, _GPIO_PINMASK_2, _GPIO_CFG_MODE_OUTPUT);
    InitTimer2();

    while(1)                                             // Wait here
    {
    }
}
```

图 18.20 （续）

生成的方波如图 18.21 所示，横轴 1 格为 1ms，纵轴 1 格为 1V。从显示中可以看出，波形频率为 500Hz，波形的 ON 和 OFF 时间各为 1ms。

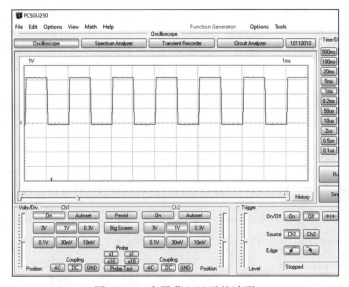

图 18.21　在屏幕上显示的波形

18.8　项目 45——同时使用外部中断与定时器中断

描述：这是另一个示例，但是这里的程序中既用到了外部中断，也用到了内部定时器中断。与项目 43 中一样，有一个按键开关与接口引脚 PA0 连接。Timer 2 被配置为每秒产生一次中断，然后在 ISR 内部让 LED 闪烁。本项目用到了位于接口引脚 PE12 处的板载 LED，按键开关的连接方式与项目 43 中相同，其中按键的状态通常是逻辑低电平，当按键被按下后变为高电平。

目标：展示在同一个程序中如何使用外部中断和定时器中断。

程序清单：在本程序中利用 TimerCalculator 工具为 1s 中断生成代码，所需的代码如图 18.22 所示。

图 18.23 展示了程序清单（程序文件：timerext.c），外部中断的配置与项目 43 中相同，在 ISR 内部按下按键会将变量 Flag 设置为 1，使得 LED 开始闪烁。闪烁是通过切换 LED 的状态实现的。LED 持续闪烁，使得其针对 1 的状态是 ON，然后维持 1s 的 OFF 状态。

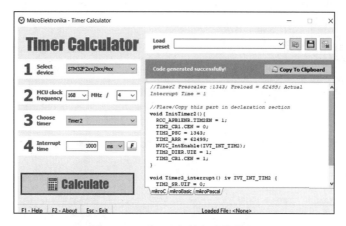

图 18.22　为 1s 中断生成的代码

```
/*===============================================================
              EXTERNAL INTERRUPT WITH TIMER INTERRUPT
              =====================================
In this project a timer interrupt is configured using timer TIM2. The timer
interrupts every second. Port pin PA0 is configured as a rising edge external
interrupt source where a push-button switch is connected to this pin. Pressing the
button sets a Flag which starts the LED flashing inside the timer ISR

Author: Dogan Ibrahim
Date  : October, 2019
File  : timerext.c
================================================================*/
#include "main.h"
#define LED GPIOE_ODR.B12

volatile unsigned char Flag = 0;

//
// External interrupt ISR
//
void TurnON() iv IVT_INT_EXTI0 ics ICS_AUTO
{
    EXTI_PR.B0 = 1;
    Flag = 1;
}
//
// Configure external interrupt
//
void SetupPA0()
{
    SYSCFG_EXTICR1 = 0;                      // For pin PA0
    EXTI_FTSR.B0 = 0;                        // Not on falling edge
    EXTI_RTSR.B0= 1;                         // Interrupt on rising edge
    EXTI_IMR.B0 = 1;                         // Unmask interrupt source
    EXTI_PR.B0= 1;                           // Pending request
    NVIC_IntEnable(IVT_INT_EXTI0);           // Enable interrupt on line EXTI0
```

图 18.23　timerext.c 的程序清单

```
}
//
// Configure Timer 2 to generate an interrupt every second
//
void InitTimer2()
{
  RCC_APB1ENR.TIM2EN = 1;
  TIM2_CR1.CEN = 0;
  TIM2_PSC = 1343;
  TIM2_ARR = 62499;
  NVIC_IntEnable(IVT_INT_TIM2);
  TIM2_DIER.UIE = 1;
  TIM2_CR1.CEN = 1;
}

//
// This is the timer interrupt service routine. Toggle the LED
//
void Timer2_interrupt() iv IVT_INT_TIM2
{
  TIM2_SR.UIF = 0;
  if(Flag == 1) LED = ~LED;                          // Toggle the LED
}
//
// Main program configures PA0 as input, configures Timer 2 for 1s interrupts
// and waits forever in a loop
//
void main()
{
    GPIO_Config(&GPIOE_BASE, _GPIO_PINMASK_12, _GPIO_CFG_MODE_OUTPUT);
    GPIO_Config(&GPIOA_BASE, _GPIO_PINMASK_0, _GPIO_CFG_MODE_INPUT);
    SetupPA0();                                      // Configure external int
    InitTimer2();                                    // Configure timer int

    while(1)                                         // Wait here
    {
    }
}
```

图 18.23 （续）

我们可以按照如下所示的方法，通过 TimerCalculator 工具验证生成的代码的正确性。在 84 MHz 上，周期是 0.011 904 μs，根据预分频器 1343 和自动重载值 62 499，中断时间为：

$$0.011\,904 \times (1344+1) \times (62\,499+1) \approx 1\,000\,000(\mu s，或者 1s)$$

18.9 小结

在本章中我们已经学习了如何配置和使用 STM32F407 的外部和内部（定时器）中断，并给出了几个示例项目来展示在程序中如何生成中断。

在第 19 章中，我们将学习如何在基于 FreeRTOS 的程序中使用中断。

拓展阅读

[1] R. Toulson, T. Wilmshurst, Fast and Effective Embedded Systems Design, Newnes, Oxon, UK, 2017. ISBN: 978-0-08-100880-5.
[2] P. Horowitz, W. Hill, The Art of Electronics, third ed., Cambridge University Press, Cambridge, UK, 2016.

第 19 章
在中断服务程序中调用 FreeRTOS API 函数

19.1 概述

在第 18 章中，我们已经学到如何在 mikroC Pro for ARM 程序中使用外部和内部中断。本章中，我们将学习如何在中断服务程序（ISR）中调用 FreeRTOS API 函数。

在一些应用中，我们可能想在 ISR 内部调用 FreeRTOS 函数。大部分 FreeRTOS 函数在 ISR 内部是无效的，认识到这一点是很重要的。如果一个 FreeRTOS 函数能被 ISR 调用，那么它就不能在任务中被调用。FreeRTOS 提供了部分函数的两个版本，一个版本用于 ISR 内部调用，而另一个版本则用于 ISR 之外的调用。能用于 ISR 内部的函数名称中增加了 FromISR 字样，这就表示它是中断安全函数。我们建议 FreeRTOS 函数不得在 ISR 中调用，除非函数名称中增加了 FromISR 字样。

FreeRTOS 开发者提出，使用单独的中断安全函数具有许多优点。首先，将单独的函数用于中断会使任务代码和 ISR 更加高效。同时，使用单独的中断安全函数也有一些缺点，通常发生于将第三方代码集成到我们的程序中。在 ISR 中使用单独 FreeRTOS 函数的优缺点详见下列参考文献。

（1）*Mastering the FreeRTOS Real Time Kernel: A Hands-On Tutorial Guide*，作者 Richard Barry，网址：

https://www.freertos.org/Documentation/RTOS_book.html

（2）*The FreeRTOS V10.0.0 Reference Manual: API Functions and Configuration Options*，网址：https://www.freertos.org/Documentation/RTOS_book.html

（3）FreeRTOS 网址：

www.freertos.org

19.2 xHigherPriorityTaskWoken 参数

很有可能，如果上下文切换是由中断完成，那么在中断发生之后运行的任务可能与中断发生时运行的任务不同。考虑一种任务处于阻塞状态的情况。如果任务由 FreeRTOS 函数调用且处于非阻塞状态，且此任务的优先级高于正在运行状态的任务，那么调度程序将会切换到高优先级任务。实际上，切换到高优先级任务的算法依赖于 API 函数是从任务调用的还是从 ISR 调用的。

如果 API 函数从任务调用，并且启用了抢占式调度，那么调度程序将自动切换到高优先级任务，因为这是在 FreeRTOS 中运行任务的正常状态。

另外一种情况，如果 API 函数从 ISR 调用，那么切换到一个更高优先级的任务将不会在 ISR 内部自动发生。相反，一个被称为 *pxHigherPriorityTaskWoken 的变量会被中断安全 API 函数设置为 pdTRUE，以表示上下文切换应该被执行。这个变量在使用之前应该初始化为 pdFALSE，这样就能检测到它的改变。如果程序开发人员不希望从 ISR 进行上下文切换，那么高优先级的任务将保持就绪状态，直到调度程序在下一个滴答中断上运行。正如上面参考文献中所描述的，有几个原因可以解释为什么上下文切换不会在 ISR 中自动发生。部分原因是：避免不必要的上下文切换、可移植性、效率、运行序列的控制等。

宏定义 portEnd_SWITCHING（或者 portYIELD_FROM_ISR）是 taskYIELD() 宏的中断安全版本。xHigherPriorityTaskWoken 参数被传送给这些宏。如果 xHIGHERPriorityTaskWoken 是 pdFALSE，那么就不会发生上下文切换。反之，如果是 pdTRUE，那么就会请求进行上下文切换，并且处于运行状态的任务可能会改变，即使中断常常返回到处于运行状态的任务上。

19.3 延迟中断处理

通常建议，要保证 ISR 尽可能短，这样花费在 ISR 上的时间就越少。如果 ISR 很长，那么建议记录下中断原因，并在 ISR 之外进行主要的中断处理。这称之为延迟中断，是一种非常常用的技术。例如，假设我们有一个事件计数器程序，其中事件的发生导致产生外部中断，并且每次中断发生时都有一个变量会增大。然后，我们可能希望将总的计数值显示到 LCD 上。在这种情况下，最好只在 ISR 内部进行变量增加，然后在 ISR 外部和任务内部执行显示函数。延迟中断处理使程序更有效率，也使程序中的优先级更容易管理。如果中断被延迟的任务在系统中拥有最高的优先级，那么可以保证它在从中断返回后会继续运行。此外，通过延迟中断处理，我们可以在任务中安全地使用所有的 FreeRTOS API 函数。

在本章接下来的几节中，我们将研究一些可以从 ISR 中安全调用的 FreeRTOS API 函数。关于这些函数的更详细的信息，可以从 19.1 节所列的参考文献中获得。

19.4 从 ISR 中调用任务相关函数

本节给出一些任务相关函数。详细信息可以从 19.1 节所列的参考文献中获得。

19.4.1 taskENTER_CRITICAL_FROM_ISR() 和 taskEXIT_CRITICAL_FROM_ISR()

这些是用于实现关键部分的 API 函数 taskENTER_CRITICAL() 和 taskEXIT_CRITICAL() 的中断安全版本。taskENTER_CRITICAL_FROM_ISR() 返回调用时的中断屏蔽状态。该返回值必须被保存，以便将它传递给匹配的 taskEXIT_CRITICAL_FROM_ISR() 调用，该函数不返回任何值。

19.4.2 xTaskNotifyFromISR()

这是 xTaskNotify() 函数的中断安全版本。函数格式是：

xTaskNotifyFromISR(TaskHandle_t xTaskToNotify, uint32_t ulValue, eNotifyAction
eActionBaseType_t *pxHigherPriorityTaskWoken);

除了最后一个参数，其他参数与 xTaskNotify() 函数一样，定义如下：

pxHigherPriorityTaskWoken：在初始化之前，该参数必须被初始化为 pdFALSE。如果被通知的任务的优先级高于当前运行的任务，则将其设置为 pdTRUE。如果参数设置为 pdTRUE，则会请求进行上下文切换。

19.4.3　xTaskNotifyGiveFromISR()

这是 xTaskNotifyGive() 函数的中断安全版本。函数格式是：

vTaskNotifyGiveFromISR(TaskHandle_t xTaskToNotify, BaseType_t *pxHigherPriorityTaskWoken);

除了上面介绍过的 *pxHigherPriorityTaskWoken 参数，其他参数与 xTaskNotify() 函数一样。

19.4.4　xTaskResumeFromISR()

这是 xTaskResumeFromISR() 函数的中断安全版本。函数格式是：

xTaskResumeFromISR(TaskHandle_t pxTaskToResume);

该函数只有一个参数，是要恢复执行的任务的句柄。函数返回如下的值：

pdTRUE：要恢复执行的任务（未阻塞）的优先级与当前正在执行的任务（被中断的任务）的优先级一样或者更高，因此在退出中断前会进行上下文切换。

pdFALSE：要恢复执行的任务的优先级比当前正在执行的任务的优先级低，因此无须进行上下文切换。

19.5　项目 46——使用 xTaskResumeFromISR() 函数

描述：在这个简单的项目中，将创建两个任务。任务 1 使连接到 clicker 2 for STM32 开发板端口引脚 PE12 上的 LED 闪烁。任务 2 在端口引脚 PA0 上配置外部中断。一旦任务 1 运行，它就将自身挂起（例如，移至阻塞状态）。当按下按键时，将产生一个外部中断。在 ISR 中，任务 1 会恢复执行，这样 LED 将开始闪烁。

目标：展示在程序中如何使用中断安全函数 xTaskResumeFromISR()。

框图：如图 19.1 所示。按键开关连接到端口引脚 PA0 上，这样其正常状态是处于逻辑 LOW 上，当按下时会改变

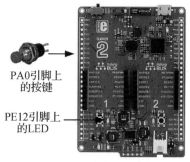

图 19.1　项目框图

为逻辑 HIGH。

程序清单：程序文件 isrresume.c 如图 19.2 所示。程序中有两个任务，外加一个空闲任务，这些任务都被配置为相同的优先级。两个任务和 ISR 的运行步骤使用以下 PDL 进行描述：

```
/*===================================================================
                   INTERRUPT SAFE RESUME EXAMPLE
                   ============================

In this project a push-button switch is connected to port pin PA0 such that the
state of the button is logic LOW. There are two tasks in the program (in addition
to teh Idle task). Task 1 flsshes the on-board LED PE12 every second. But when
Task 1 starts it suspends itself. Task 1 is resumed by the ISR which is activated
when the button is pressed

Author: Dogan Ibrahim
Date   : October, 2019
File   : isrresume.c
===================================================================*/
#include "main.h"
TaskHandle_t xHandle;

//
// External interrupt ISR. Resume Task 1 in the ISR
//
void TurnON() iv IVT_INT_EXTI0 ics ICS_AUTO
{
    BaseType_t xYieldRequired = pdFALSE;

    EXTI_PR.B0 = 1;

    if(xHandle != NULL)
    {
        xYieldRequired = xTaskResumeFromISR(xHandle);      // Resume Task 1
        if(xYieldRequired == pdTRUE)
        {
            portYIELD_FROM_ISR(xYieldRequired);
        }
    }
}

//
// Configure external interrupt
//
void SetupPA0()
{
    SYSCFG_EXTICR1 = 0;                                    // For pin PA0
    EXTI_FTSR.B0 = 0;                                      // Not on falling edge
    EXTI_RTSR.B0= 1;                                       // On rising edge
    EXTI_IMR.B0 = 1;                                       // Unmask interrupt source
    EXTI_PR.B0= 1;                                         // Pending request
    NVIC_IntEnable(IVT_INT_EXTI0);                         // Enable interrupt on line EXTI0
    NVIC_SetIntPriority(IVT_INT_EXTI0,_NVIC_INT_PRIORITY_LVL1);
}

// Task 1 - LED CONTROLLER
void Task1(void *pvParameters)
{
    #define LED GPIOE_ODR.B12
    GPIO_Config(&GPIOE_BASE, _GPIO_PINMASK_12, _GPIO_CFG_MODE_OUTPUT);
    vTaskSuspend(NULL);                                    // Suspend itself

    while (1)
    {
        LED = 1;                                           // LED ON
```

图 19.2　isrresume.c 程序清单

```
                vTaskDelay(pdMS_TO_TICKS(1000));            // Wait 1 second
                LED = 0;                                    // LED OFF
                vTaskDelay(pdMS_TO_TICKS(1000));            // wait 1 second
        }
}

// Task 2 - BUTTON CONTROLLER
void Task2(void *pvParameters)
{
        const char *pcNameToLookup = "LED Controller";
        GPIO_Config(&GPIOA_BASE, _GPIO_PINMASK_0, _GPIO_CFG_MODE_INPUT);
        xHandle = xTaskGetHandle(pcNameToLookup);
        SetupPA0();                                         // Config ext interrupts

        while (1)                                           // Wait here forever
        {
        }
}
//
// Start of MAIN program
// =====================
//
void main()
{
//
// Create all the TASKS here
// =========================
//
        // Create Task 1
        xTaskCreate(
            (TaskFunction_t)Task1,
            "LED Controller",
            configMINIMAL_STACK_SIZE,
            NULL,
            10,
            NULL
        );

        //Create Task 2
        xTaskCreate(
            (TaskFunction_t)Task2,
            "Button Controller",
            configMINIMAL_STACK_SIZE,
            NULL,
            10,
            NULL
        );
//
// Start the RTOS scheduler
//
        vTaskStartScheduler();
//
// Will never reach here
//
        while (1);
}
```

图 19.2 （续）

任务 1
将 LED 配置为输出
挂起自身
DO FOREVER

闪烁 LED
ENDDO
任务 2
将引脚 PA0 配置为产生外部中断
DO FOREVER
等待
ENDDO
ISR
恢复任务 1
IF 需要切换上下文 **THEN**
调用 `portYIELD_FROM_ISR()` 来执行上下文切换
ENDIF

一旦任务 1 开始运行，它就调用 API 函数 `vTaskSuspend(NULL)` 将自身挂起，此时该任务被阻塞且不能运行。任务 2 获取任务 1 的句柄，当按键按下时，任务 1 在 ISR 中恢复执行。

19.6 项目 47——延迟中断处理

描述：在本项目中，修改了项目 46 的代码，这样在 ISR 中会设置标志表示中断已经发生。然后，LED 闪烁任务（任务 1）在 ISR 之外和任务 2 之中恢复。这种方法能使我们在 ISR 外部使用全部的 FreeRTOS API 函数。

目标：展示如何将主要处理过程移到 ISR 之外，也就是说，展示延迟中断处理的概念。

框图：如图 19.1 所示。

程序清单：如图 19.3 所示（程序文件：`deferred.c`）。在这个版本的程序中，任务 1 将自身挂起。当中断发生时，标志在 ISR 中被设置。任务 2 检查该标志是否设置，当它被设置时任务 1 恢复，然后开始 LED 闪烁。

```
/*===================================================================
                  DEFERRED INTERRUPT PROCESSING
                  ============================

In this project a push-button switch is connected to port pin PA0 such that the
state of the button is logic LOW. There are two tasks in the program (in addition
to the Idle task). Task 1 flashes the on-board LED PE12 every second. But when
Task 1 starts it suspends itself. Task 1 is resumed by the ISR which is activated
when the button is pressed

Author: Dogan Ibrahim
Date   : October, 2019
File   : deferred.c
===================================================================*/
#include "main.h"
TaskHandle_t xHandle;
unsigned char Flag = 0;
```

图 19.3 `deferred.c` 程序清单

```
//
// External interrupt ISR. Resume Task 1 in the ISR
//
void TurnON() iv IVT_INT_EXTI0 ics ICS_AUTO
{
    EXTI_PR.B0 = 1;
    Flag = 1;                                       // Set flag
}

//
// Configure external interrupt
//
void SetupPA0()
{
    SYSCFG_EXTICR1 = 0;                             // For pin PA0
    EXTI_FTSR.B0 = 0;                               // Not on falling edge
    EXTI_RTSR.B0= 1;                                // On rising edge
    EXTI_IMR.B0 = 1;                                // Unmask interrupt source
    EXTI_PR.B0= 1;                                  // Pending request
    NVIC_IntEnable(IVT_INT_EXTI0);                  // Enable interrupt on line EXTI0
    NVIC_SetIntPriority(IVT_INT_EXTI0,_NVIC_INT_PRIORITY_LVL1);
}

// Task 1 - LED CONTROLLER
void Task1(void *pvParameters)
{
    #define LED GPIOE_ODR.B12
    GPIO_Config(&GPIOE_BASE, _GPIO_PINMASK_12, _GPIO_CFG_MODE_OUTPUT);
    vTaskSuspend(NULL);                             // Suspend itself

    while (1)
    {
        LED = 1;                                    // LED ON
        vTaskDelay(pdMS_TO_TICKS(1000));            // Wait 1 second
        LED = 0;                                    // LED OFF
        vTaskDelay(pdMS_TO_TICKS(1000));            // wait 1 second
    }
}

// Task 2 - BUTTON CONTROLLER
void Task2(void *pvParameters)
{
    const char *pcNameToLookup = "LED Controller";
    GPIO_Config(&GPIOA_BASE, _GPIO_PINMASK_0, _GPIO_CFG_MODE_INPUT);
    xHandle = xTaskGetHandle(pcNameToLookup);
    SetupPA0();                                     // Config ext interrupts

    while (1)                                       // Wait here forever
    {   if(Flag == 1)
        {
            Flag = 0;
            vTaskResume(xHandle);                   // Resume Task 1
        }
    }
}

//
// Start of MAIN program
// =====================
//
void main()
{
//
// Create all the TASKS here
// =========================
//
    // Create Task 1
```

图 19.3 （续）

```
    xTaskCreate(
        (TaskFunction_t)Task1,
        "LED Controller",
        configMINIMAL_STACK_SIZE,
        NULL,
        10,
        NULL
    );

    //Create Task 2
    xTaskCreate(
        (TaskFunction_t)Task2,
        "Button Controller",
        configMINIMAL_STACK_SIZE,
        NULL,
        10,
        NULL
    );
//
// Start the RTOS scheduler
//
    vTaskStartScheduler();
//
// Will never reach here
//
    while (1);
}
```

图 19.3 （续）

19.7　项目 48——使用 xTaskNotifyFromISR() 函数

描述：在本项目中，修改了项目 47 的代码，这样任务 1 等待通知之后再开始闪烁 LED。在 ISR 中，`xTaskNotifyFromISR()` 函数被调用，向任务 1 发送通知使得 LED 开始闪烁。

目标：展示如何在项目中使用 FreeRTOS API 函数 `xTaskNotifyFromISR()`。

框图：如图 19.1 所示。

程序清单：如图 19.4 所示（程序文件：`isrnotify.c`）。在这个版本的程序中，任务 1 一运行就等待通知。当中断发生时，通知被从 ISR 内部发送给任务 1，使得 LED 开始闪烁。请注意，如果被通知的任务优先级高于正在运行的任务，则宏 `portYIELD_FROM_ISR()` 被调用来执行上下文切换。

```
/*===============================================================
                    NOTIFY FROM INTERRUPT
                    ====================
In this project a push-button switch is connected to port pin PA0 such that the
state of the button is logic LOW. There are two tasks in the program (in addition
to the Idle task). Task 1 flashes the on-board LED PE12 every second. But when
Task 1 starts it waits for notification. When the button is pressed, a notification
is sent inside teh ISR so that the LED starts flashing.
```

图 19.4　`isrnotify.c` 程序清单

```
Author: Dogan Ibrahim
Date   : October, 2019
File   : isrnotify.c
============================================================================*/
#include "main.h"
TaskHandle_t xHandle;

//
// External interrupt ISR. Notify Task 1 in the ISR
//
void TurnON() iv IVT_INT_EXTI0 ics ICS_AUTO
{
    BaseType_t xHigherPriorityTaskWoken = pdFALSE;
    EXTI_PR.B0 = 1;
    xTaskNotifyFromISR(xHandle, 0x02, eSetValueWithOverwrite,&xHigherPriorityTaskWoken);
    portYIELD_FROM_ISR(xHigherPriorityTaskWoken);
}

//
// Configure external interrupt
//
void SetupPA0()
{
    SYSCFG_EXTICR1 = 0;                              // For pin PA0
    EXTI_FTSR.B0 = 0;                                // Not on falling edge
    EXTI_RTSR.B0= 1;                                 // On rising edge
    EXTI_IMR.B0 = 1;                                 // Unmask interrupt source
    EXTI_PR.B0= 1;                                   // Pending request
    NVIC_IntEnable(IVT_INT_EXTI0);                   // Enable interrupt on line EXTI0
    NVIC_SetIntPriority(IVT_INT_EXTI0,_NVIC_INT_PRIORITY_LVL1);
}

// Task 1 - LED CONTROLLER
void Task1(void *pvParameters)
{
    #define LED GPIOE_ODR.B12
    #define ULONG_MAX 0xffffffff
    uint32_t ulNotifiedValue;
    GPIO_Config(&GPIOE_BASE, _GPIO_PINMASK_12, _GPIO_CFG_MODE_OUTPUT);
    xTaskNotifyWait(0, ULONG_MAX, &ulNotifiedValue, portMAX_DELAY);

    if((ulNotifiedValue & 0x02) != 0)
    {
       while (1)
       {
          LED = 1;                                   // LED ON
          vTaskDelay(pdMS_TO_TICKS(1000));           // Wait 1 second
          LED = 0;                                   // LED OFF
          vTaskDelay(pdMS_TO_TICKS(1000));           // wait 1 second
       }
    }
}

// Task 2 - BUTTON CONTROLLER
void Task2(void *pvParameters)
{
    const char *pcNameToLookup = "LED Controller";
    GPIO_Config(&GPIOA_BASE, _GPIO_PINMASK_0, _GPIO_CFG_MODE_INPUT);
    xHandle = xTaskGetHandle(pcNameToLookup);
    SetupPA0();                                      // Config ext interrupts

    while (1)                                        // Wait here forever
    {
    }
}
//
```

图 19.4 （续）

```c
// Start of MAIN program
// =====================
//
void main()
{
//
// Create all the TASKS here
// =========================
//
    // Create Task 1
    xTaskCreate(
        (TaskFunction_t)Task1,
        "LED Controller",
        configMINIMAL_STACK_SIZE,
        NULL,
        10,
        NULL
    );

    //Create Task 2
    xTaskCreate(
        (TaskFunction_t)Task2,
        "Button Controller",
        configMINIMAL_STACK_SIZE,
        NULL,
        10,
        NULL
    );
//
// Start the RTOS scheduler
//
    vTaskStartScheduler();
//
// Will never reach here
//
    while (1);
}
```

图 19.4 （续）

一旦任务 1 开始运行，它就通过调用以下 API 函数来等待通知，其中使用了参数 portMAX_DELAY，因此任务被阻塞直到收到通知：

   xTaskNotifyWait(0, ULONG_MAX, &ulNotifiedValue, portMAX_DELAY);

如果通知值为 0x02，那么任务 1 将使 LED 每秒闪烁一次。

ISR 通过以下函数调用来通知任务 1：

   xTaskNotifyFromISR(xHandle, 0x02, eSetValueWithOverwrite,&xHigherPriorityTaskWoken);

其中，xHandle 是任务 1 的句柄，0x02 是通知值（它将覆盖已通知的任务的通知值）。

外部中断被配置在引脚 PA0 上，并且将中断优先级设置为 1 级。

任务 1 的句柄可通过以下方式调用函数 xTaskGetHandle 来获取：

   const char *pcNameToLookup = "LED Controller";
   xHandle = xTaskGetHandle(pcNameToLookup);

19.8 从 ISR 中调用事件组相关函数

有几个事件组相关的 API 函数可以从 ISR 中调用。常用的函数将在以下小节中介绍。感兴趣的读者可以从 19.1 节所列的参考文献中获得更详细的信息。

19.8.1 xEventGroupSetBitsFromISR()

这是 API 函数 `xEventGroupSetBits()` 的中断安全版本，它将通过设置一个标识位解锁等待该标识位的任务。这个任务函数具有如下格式：

xEventGroupSetBitsFromISR(EventGroupHandle_t xEventGroup, const EventBits_t uxBitsToSet,BaseType_t *pxHigherPriorityTaskWoken);

其中，`xEventGroup` 是位被设置的事件组的句柄（事件组必须在之前已经创建），`uxBitsToSet` 是表示事件组中那个位（或者那些位）被设置的按位表示的数值，`pxHigherPriorityTaskWoken` 是在其他中断安全 API 函数中定义过的参数。

如果设置事件标志的消息被发送给 RTOS 守护进程任务时，则函数返回 `pdTRUE`。

19.8.2 xEventGroupClearBitsFromISR()

这是 API 函数 `xEventGroupClearBits()` 的中断安全版本，指定的事件标志位被清除。函数格式是：

xEventGroupClearBitsFromISR(EventGroupHandle_t xEventGroup, const EventBits_t uxBitsToClear);

其中，`xEventGroup` 是事件组的句柄，`uxBitsToClear` 是表示哪些位将被清除的按位表示的数值。

如果设置事件标志的消息被发送给 RTOS 守护进程任务时，则函数返回 `pdTRUE`。

19.9 节将给出一个示例项目，说明在实际应用程序中如何使用 `xEventGroupSetBitsFromISR()` 函数。

19.9 项目 49——使用 xEventGroupSetBitsFromISR() 函数

描述：在本项目中，修改了项目 47 的代码，使得任务 1 在开始闪烁 LED 之前等待事件标志被设置。在 ISR 中，API 函数 `xEventGroupSetBitsFromISR()` 被调用来设置事件标志，任务 1 等待该标记使得 LED 开始闪烁。

目标：展示在项目中如何使用 FreeRTOS API 函数 `xEventGroupSetBitsFromISR()`。

框图：如图 19.1 所示。

程序清单：如图 19.5 所示（程序文件：`isrflag.c`）。在这个程序版本中，任务 1 一运行就等待事件标志 2 被设置。当中断发生时，事件标志 2 在 ISR 中被设置，这样 LED 就能开始闪烁。请注意，如果被通知的任务优先级高于正在运行的任务，宏 `portYIELD_FROM_ISR()` 被调用来进行上下文切换。

```c
/*===============================================================================
                          EVENT FLAG FROM INTERRUPT
                          ========================

In this project a push-button switch is connected to port pin PA0 such that the
state of the button is logic LOW. There are two tasks in the program (in addition
to the Idle task). Task 1 flashes the on-board LED PE12 every second. But when
Task 1 starts it waits for event flag 2 to be set. When the button is pressed,
event flag 2 is set inside the ISR so that the LED starts flashing.

Author: Dogan Ibrahim
Date   : October, 2019
File   : isrflag.c
===============================================================================*/
#include "main.h"
#include "event_groups.h"
EventGroupHandle_t xEventGroup;

//
// External interrupt ISR. Set event flag 2 inside the ISR
//
void TurnON() iv IVT_INT_EXTI0 ics ICS_AUTO
{
    #define BIT_2 ( 1 << 2 )
    BaseType_t xResult, xHigherPriorityTaskWoken = pdFALSE;
    EXTI_PR.B0 = 1;
    xResult = xEventGroupSetBitsFromISR(xEventGroup, BIT_2, &xHigherPriorityTaskWoken);
    if(xResult != pdFAIL)
    {
        portYIELD_FROM_ISR(xHigherPriorityTaskWoken);
    }
}

//
// Configure external interrupt
//
void SetupPA0()
{
    SYSCFG_EXTICR1 = 0;                                   // For pin PA0
    EXTI_FTSR.B0 = 0;                                     // Not on falling edge
    EXTI_RTSR.B0= 1;                                      // On rising edge
    EXTI_IMR.B0 = 1;                                      // Unmask interrupt source
    EXTI_PR.B0= 1;                                        // Pending request
    NVIC_IntEnable(IVT_INT_EXTI0);                        // Enable interrupt on line EXTI0
    NVIC_SetIntPriority(IVT_INT_EXTI0,_NVIC_INT_PRIORITY_LVL1);
}

// Task 1 - LED CONTROLLER
void Task1(void *pvParameters)
{
    #define LED GPIOE_ODR.B12
    #define BIT_2 ( 1 << 2 )

    EventBits_t uxBits;
    GPIO_Config(&GPIOE_BASE, _GPIO_PINMASK_12, _GPIO_CFG_MODE_OUTPUT);
    uxBits = xEventGroupWaitBits(xEventGroup, BIT_2, pdTRUE, pdFALSE, portMAX_DELAY);

    if((uxBits & BIT_2) != 0)                             // Is event flag 2 set?
    {
        while (1)
        {
            LED = 1;                                      // LED ON
            vTaskDelay(pdMS_TO_TICKS(1000));              // Wait 1 second
            LED = 0;                                      // LED OFF
            vTaskDelay(pdMS_TO_TICKS(1000));              // wait 1 second
        }
    }
```

图 19.5　isrflag.c 程序清单

```c
}
// Task 2 - BUTTON CONTROLLER
void Task2(void *pvParameters)
{
    GPIO_Config(&GPIOA_BASE, _GPIO_PINMASK_0, _GPIO_CFG_MODE_INPUT);
    SetupPA0();                                    // Config ext interrupts

    while (1)                                      // Wait here forever
    {
    }
}
//
// Start of MAIN program
// =====================
//
void main()
{
  xEventGroup = xEventGroupCreate();               // Create event group
//
// Create all the TASKS here
// =========================
//
    // Create Task 1
    xTaskCreate(
        (TaskFunction_t)Task1,
        "LED Controller",
        configMINIMAL_STACK_SIZE,
        NULL,
        10,
        NULL
    );

    //Create Task 2
    xTaskCreate(
        (TaskFunction_t)Task2,
        "Button Controller",
        configMINIMAL_STACK_SIZE,
        NULL,
        10,
        NULL
    );
//
// Start the RTOS scheduler
//
    vTaskStartScheduler();
//
// Will never reach here
//
    while (1);
}
```

图 19.5 (续)

句柄为 `xEventGroup` 的事件标志组在程序的主要部分被创建。当任务 1 运行时，它等待事件标志 2 被以下 API 函数调用来设置：

```
uxBits = xEventGroupWaitBits(xEventGroup, BIT_2, pdTRUE, pdFALSE, portMAX_DELAY);
```

该函数阻塞任务直到事件标志被设置。当按下按键产生一个外部中断时，程序会跳转到名为 `TurnON` 的 ISR 上。这里，事件标志 2 被以下 API 函数调用设置：

```
        xResult = xEventGroupSetBitsFromISR(xEventGroup, BIT_2, &xHigherPriority-
TaskWoken);
```

请注意，通过设置事件标志，任务 1 将解除阻塞，并开始每秒闪烁一次 LED。在开始闪烁 LED 之前，程序检查确保事件标志 2 被真正地设置：

```
if((uxBits & BIT_2) !=0)                // Is event flag 2 set?
{
        while (1)
        {
        LED = 1;                // LED ON
        vTaskDelay(pdMS_TO_TICKS(1000));            // Wait 1 second
        LED = 0;// LED OFF
        vTaskDelay(pdMS_TO_TICKS(1000));            // wait 1 second
        }
        }
```

如果需要进行上下文切换，那么在返回 ISR 之前应该调用宏 `portYIELD_FROM_ISR()`。

在编译程序之前，以下参数必须在 `freeRTOSConfig.h` 文件中被设置和配置：

```
#define configUSE_TIMERS                    1
#define configTIMER_TASK_PRIORITY           10
#define configTIMER_QUEUE_LENGTH            10
#define configTIMER_TASK_STACK_DEPTH        configMINIMAL_STACK_SIZE
#define INCLUDE_xEventGroupSetBitsFromISR   1
#define INCLUDE_xTimerPendFunctionCall      1
```

19.10　从 ISR 中调用定时器相关函数

有几个与定时器相关的 API 函数可以从 ISR 中调用。常用的函数将在以下小节中介绍。感兴趣的读者可以从 19.1 节所列的参考文献中获得更详细的信息。

19.10.1　xTimerStartFromISR()

这是 API 函数 `xTimerStart()` 的中断安全版本。函数格式是：

xTimerStartFromISR(TimerHandle_t xTimer, BaseType_t *pxHigherPriorityTaskWoken);

其中，参数 `xTimer` 是定时器句柄，`*pxHigherPriorityTaskWoken` 与其他中断安全函数一样。函数返回成功发送到定时器命令队列的命令符 `pdPASS`。

19.10.2　xTimerStopFromISR()

这是 API 函数 `xTimerStop()` 的中断安全版本。该函数的参数和返回值与 `xTimerStartFromISR()` 相同。

19.10.3 xTimerResetFromISR()

这是 API 函数 `xTimerReset()` 的中断安全版本。该函数的参数和返回值与 `xTimerStartFromISR()` 相同。

19.10.4 xTimerChangePeriodFromISR()

这是 API 函数 `xTimerChangePeriod()` 的中断安全版本。函数格式是：

xTimerChangePeriodFromISR(TimerHandle_t xTimer, TickType_t xNewPeriod, BaseType_t* pxHigherPriorityTaskWoken);

其中，xNewPeriod 是定时器的新周期值，其他两个参数和返回值与函数 `xTimerStartFromISR()` 相同。

19.11 节将给出一个示例项目，说明如何在实际应用程序中使用函数 `xTimerStartFromISR()` 和 `xTimerChangePeriodFromISR()`。

19.11 项目 50——使用 xTimerStartFromISR() 和 xTimerChangePeriodFromISR() 函数

描述：本项目使用了两个按键开关和一个 LED。一个按键连接到端口引脚 PA0，另一个是板载按键，连接到端口引脚 PA10。使用的 LED 连接到端口引脚 PE12。按下 PA0 产生一个外部中断，从 ISR 中启动定时器，这样 LED 会以定时器周期不间断地每秒闪烁。按下按键 PA10 会产生另一个外部中断，将闪烁周期改为 250ms。

目标：展示如何在实际应用程序中使用 FreeRTOS API 函数 `xTimerStartFromISR()` 和 `xTimerChangePeriodFromISR()`。

框图：如图 18.14 所示，其中连接到 PA0 的按键每按下一次就产生一个上升沿的中断，连接到 PA10 的按键每按下一次就产生一个下降沿的中断。

程序清单：如图 19.6 所示（程序文件：isrtimer.c）。程序由一个任务连同空闲任务组成。任务 1 控制连接到端口引脚 PA0 和 PA10 的按键。程序运行过程由以下 PDL 描述：

```
/*===================================================================
                    TIMER FROM INTERRUPT
                    ====================
In this project a push-button switch is connected to port pin PA0 such that the
state of the button is logic LOW. and goes to HIGH when the button is pressed.
Also, the on-board button at port pin PA10 is used in falling edge mode. When
PA0 is pressed a timer is started from the ISR with a period of 1 second and the
LED flashes at this rate. When PA10 is pressed, another external interrupt changes
the period of the timer to 250ms.

Author: Dogan Ibrahim
Date   : October, 2019
```

图 19.6 `isrtimer.c` 程序清单

```
/*==============================================================================
File : isrtimer.c
==============================================================================*/
#include "main.h"
#include "timers.h"
TimerHandle_t xTimer;

//
// External interrupt service routine (ISR). The program jumps to this ISR
// whenever the push-button PA0 is pressed. This ISR starts the timer
//
void StartTimer() iv IVT_INT_EXTI0 ics ICS_AUTO
{
    BaseType_t xHigherPriorityTaskWoken = pdFALSE;
    EXTI_PR.B0 = 1;
    xTimerStartFromISR(xTimer,&xHigherPriorityTaskWoken);
    if(xHigherPriorityTaskWoken != pdFALSE)
    {
        portYIELD_FROM_ISR(xHigherPriorityTaskWoken);
    }
}

//
// External interrupt service routine (ISR). The program jumps to this ISR
// whenever the push-button PA10 is pressed. This ISR changes the timer period
//
void ChangePeriod() iv IVT_INT_EXTI15_10 ics ICS_AUTO
{
    BaseType_t xHigherPriorityTaskWoken = pdFALSE;
    EXTI_PR.B10 = 1;
    xTimerChangePeriodFromISR(xTimer,(pdMS_TO_TICKS(250)), &xHigherPriorityTaskWoken);
    if(xHigherPriorityTaskWoken != pdFALSE)
    {
        portYIELD_FROM_ISR(xHigherPriorityTaskWoken);
    }
}

//
// This function configures the external interrupt for pin PA0 on rising edge.
// The interrupt priority is set to 1
//
void SetupPA0()
{
    SYSCFG_EXTICR1 = 0;                              // For pin PA0
    EXTI_FTSR.B0 = 0;                                // Not on falling edge
    EXTI_RTSR.B0 = 1;                                // Interrupt on rising edge
    EXTI_IMR.B0 = 1;                                 // Unmask interrupt source
    EXTI_PR.B0 = 1;                                  // Pending request
    NVIC_IntEnable(IVT_INT_EXTI0);                   // Enable interrupt on line EXTI0
    NVIC_SetIntPriority(IVT_INT_EXTI0,_NVIC_INT_PRIORITY_LVL1);
}

//
// This function configures the external interrupt for pin PA10 on falling edge.
// The interrupt priority is set to 1
//
void SetupPA10()
{
    SYSCFG_EXTICR3 = 0;                              // For pin PA10
    EXTI_FTSR.B10 = 1;                               // Interrupt on falling edge
    EXTI_RTSR.B10 = 0;                               // Not on rising edge
    EXTI_IMR.B10 = 1;                                // Unmask interrupt source
    EXTI_PR.B10 = 1;                                 // Pending request
    NVIC_IntEnable(IVT_INT_EXTI15_10);               // Enable interrupt on line EXTI5_10
    NVIC_SetIntPriority(IVT_INT_EXTI0,_NVIC_INT_PRIORITY_LVL1);
}

//
```

图 19.6 (续)

```
// Thsi is the timer callback function which is called periodically when the
// timer expires. Initially the period is 1 second , but when button PA10 is
// pressed, the period changes to 250ms
//
void vFlashLED(TimerHandle_t xTimer)
{
    #define LED GPIOE_ODR.B12
    GPIO_Config(&GPIOE_BASE, _GPIO_PINMASK_12, _GPIO_CFG_MODE_OUTPUT);

    LED = ~LED;                                    // Toggle the LED
}


// Task 1 - BUTTON CONTROLLER
void Task1(void *pvParameters)
{
    GPIO_Config(&GPIOA_BASE, _GPIO_PINMASK_0, _GPIO_CFG_MODE_INPUT);
    GPIO_Config(&GPIOA_BASE, _GPIO_PINMASK_10, _GPIO_CFG_MODE_INPUT);
    SetupPA0();                                    // Configura PA0 interrupts
    SetupPA10();                                   // Configure PA10 interrupts

    while (1)
    {
    }
}
//
// Start of MAIN program
// =====================
//
void main()
{
  xTimer = xTimerCreate("Timer", (pdMS_TO_TICKS(1000)), pdTRUE, 0, vFlashLED);
//
// Create all the TASKS here
// =========================
//
    // Create Task 1
    xTaskCreate(
        (TaskFunction_t)Task1,
        "Button PA0 Controller",
        configMINIMAL_STACK_SIZE,
        NULL,
        10,
        NULL
    );
//
// Start the RTOS scheduler
//
    vTaskStartScheduler();
//
// Will never reach here
//
    while (1);
}
```

图 19.6 （续）

任务 1
将端口引脚 PA0 配置为上升沿外部中断
将端口引脚 PA10 配置为下降沿外部中断
<u>上升沿 ISR (启动定时器)</u>
启动定时器，周期为 1s

下降沿 ISR（改变周期）
改变定时器周期为 250ms
主程序
创建周期为 1s 的定时器，并周期运行
设置回调函数到 FlashLED
定时器在主程序中创建：

```
xTimer=xTimerCreate("Timer",(pdMS_TO_TICKS(1000)),pdTRUE,0,vFlashLED);
```

任务 1 配置两个外部中断，SetupPA0() 函数配置端口引脚 PA0 上的中断，而 SetupPA10() 函数配置端口引脚 PA10 上的中断。按下 PA0 上的按键启动定时器，以便每秒调用回调函数，这样就使得 LED 每秒闪烁：

```
xTimerStartFromISR(xTimer,&xHigherPriorityTaskWoken);
```

按下 PA10 上的按键将定时器周期改变为 250ms：

```
xTimerChangePeriodFromISR(xTimer,(pdMS_TO_TICKS(250)), &xHigherPriority-
TaskWoken);
```

在编译程序之前，必须在 freeRTOSConfig.h 文件中设置和配置以下参数：

```
#define configUSE_TIMERS                      1
#define configTIMER_TASK_PRIORITY             10
#define configTIMER_QUEUE_LENGTH              10
#define configTIMER_TASK_STACK_DEPTH          configMINIMAL_STACK_SIZE
#define INCLUDE_xEventGroupSetBitsFromISR     1
#define INCLUDE_xTimerPendFunctionCall        1
```

19.12 从 ISR 中调用信号量相关函数

一些可用的信号量相关 API 函数能从 ISR 中调用。感兴趣的读者可以从 19.1 节所列的参考文献中获得更详细的信息。

19.12.1 xSemaphoreGiveFromISR()

这是 API 函数 xSemaphoreGive() 的中断安全版本。此函数有两个参数：信号量句柄和参数 *pxHigherPriorityTaskWoken，这在先前的中断安全函数中介绍过。

19.12.2 xSemaphoreTakeFromISR()

这是 API 函数 xSemaphoreTake() 的中断安全版本。此函数有两个参数：信号量句柄和参数 *pxHigherPriorityTaskWoken——这在前面中断安全函数中介绍过。

19.13 节将给出一个示例项目，说明如何在实际应用程序中使用函数 xSemaphoreGiveFromISR() 和 xSemaphoreTakeFromISR()。

19.13　项目 51——使用 xSemaphoreTakeFromISR() 和 xSemaphoreGive() 函数

描述：此项目展示如何同步任务和 ISR。程序中只有一个任务。与项目 50 一样，端口引脚 PA0 连接一个按键开关，并且使用连接到端口引脚 PE12 的板载 LED。任务和 ISR 是同步的，这样每按一次按键，就会创建一个带有信号量的中断，然后就会切换 LED 的状态。

目标：展示如何在实际应用程序中使用 FreeRTOS API 函数 xSemaphoreTakeFromISR() 和 xSemaphoreGive()。

程序清单：如图 19.7 所示（程序文件：isrsemaphore.c）。程序仅由一个任务以及空闲任务组成。当程序运行时，任务 1 将 LED 配置为输出并且将按键配置为输入。然后，将外部中断配置为按键的上升沿触发。之后，任务 1 给出信号量，LED 点亮。按下按键产生一个带有信号量的中断，这样 LED 就会切换状态。

```
/*===================================================================
                    SEMAPHORE FROM INTERRUPT
                    ========================
In this project a push-button switch is connected to port pin PA0 such that the
state of the button is logic LOW, and goes to HIGH when the button is pressed.
Also, the on-board LED at port pin PE12 is used. When the program runs the LED
is turned ON. The task then waits for semaphore to be given. The semaphore is
taken when the button is pressed. Therefore, each time the button is pressed, the
state of the LED will toggle (ON to OFF and OFF to ON).

Author: Dogan Ibrahim
Date   : October, 2019
File   : isrsemaphore.c
===================================================================*/
#include "main.h"
SemaphoreHandle_t xSemaphore;

//
// External interrupt service routine (ISR). The program jumps to this ISR
// whenever the push-button PA0 is pressed. Here, use the semaphore to unblock
// the task every time the button is pressed
//
void StartTimer() iv IVT_INT_EXTI0 ics ICS_AUTO
{
    BaseType_t xHigherPriorityTaskWoken = pdFALSE;
    EXTI_PR.B0 = 1;
    xSemaphoreTakeFromISR(xSemaphore, &xHigherPriorityTaskWoken);
    if(xHigherPriorityTaskWoken != pdFALSE)
    {
        portYIELD_FROM_ISR(xHigherPriorityTaskWoken);
    }
}

//
// This function configures the external interrupt for pin PA0 on rising edge.
// The interrupt priority is set to 1
//
void SetupPA0()
{
    SYSCFG_EXTICR1 = 0;                             // For pin PA0
    EXTI_FTSR.B0 = 0;                               // Not on falling edge
    EXTI_RTSR.B0 = 1;                               // Interrupt on rising edge
    EXTI_IMR.B0 = 1;                                // Unmask interrupt source
    EXTI_PR.B0 = 1;                                 // Pending request
    NVIC_IntEnable(IVT_INT_EXTI0);                  // Enable interrupt on line EXTI0
    NVIC_SetIntPriority(IVT_INT_EXTI0,_NVIC_INT_PRIORITY_LVL1);
```

图 19.7　isrsemaphore.c 程序清单

```
}
// Task 1 - LED CONTROLLER
void Task1(void *pvParameters)
{
    #define LED GPIOE_ODR.B12
    GPIO_Config(&GPIOE_BASE, _GPIO_PINMASK_12, _GPIO_CFG_MODE_OUTPUT);
    GPIO_Config(&GPIOA_BASE, _GPIO_PINMASK_0,  _GPIO_CFG_MODE_INPUT);
    SetupPA0();                                         // Configura PA0 interrupts

    while (1)
    {
        if(xSemaphoreGive(xSemaphore) == pdTRUE)        // Give the semaphore
        {
            LED = ~LED;                                 // Toggle the LED
        }
    }
}
//
// Start of MAIN program
// =====================
//
void main()
{
xSemaphore = xSemaphoreCreateBinary();                  // Create binary semaphore

//
// Create all the TASKS here
// =========================
//
    // Create Task 1
    xTaskCreate(
        (TaskFunction_t)Task1,
        "LED Controller",
        configMINIMAL_STACK_SIZE,
        NULL,
        10,
        NULL
    );
//
// Start the RTOS scheduler
//
    vTaskStartScheduler();
//
// Will never reach here
//
    while (1);
}
```

图 19.7 （续）

在主程序中使用如下函数调用创建二进制信号量：

`xSemaphore = xSemaphoreCreateBinary();`

使用如下函数调用设置信号量：

`xSemaphoreTakeFromISR(xSemaphore, &xHigherPriorityTaskWoken);`

使用如下函数调用给出信号量并切换 LED：

```
if(xSemaphoreGive(xSemaphore) == pdTRUE)
        {
            LED = ~LED;
        }
```

19.14 从 ISR 中调用队列相关函数

有几个队列相关 API 函数能从 ISR 调用。感兴趣的读者可以从 19.1 节所列的参考文献中获得更详细的信息。

19.14.1 xQueueReceiveFromISR()

这是 API 函数 xQueueReceive() 的中断安全版本。此函数有三个参数：信号量句柄、指向待写入接收数据的存储器指针，以及前面中断安全函数中介绍过的参数 *pxHigherPriorityTaskWoken。

19.14.2 xQueueSendFromISR()

这是 API 函数 xQueueSend() 的中断安全版本。此函数有三个参数，与 xQueueReceiveFromISR() 函数一样。请注意，还有其他中断安全队列发送函数，例如，xQueueSendToBackFromISR(与 xQueueSendFromISR 一样) 和 xQueueSendToFrontFromISR。

19.15 项目 52——使用 xQueueSendFromISR() 和 xQueueReceive() 函数

描述：此项目展示如何在 ISR 中设置队列将数据发送到任务中。在程序中只有一个任务。与上一个项目一样，一个按键开关连接到端口引脚 PA0，并使用连接到端口引脚 PE12 上的板载 LED。当按下按键时，产生外部中断，发送刷新率（250ms）至任务，以便任务开始按该速率闪烁。

目标：展示如何在实际应用程序中使用 FreeRTOS API 函数 xQueueSendFromISR() 和 xQueueReceive()。

程序清单：如图 19.8 所示（程序文件：isrqueue.c）。程序仅由一个任务以及空闲任务组成。当程序运行时，任务 1 将 LED 配置为输出，将按键配置为输入。然后，将外部中断配置为按键的上升沿触发。任务 1 等待从队列中接收 LED 刷新率。当按下按键时，刷新率发送给任务 1，LED 开始闪烁。

```
/*===================================================
                QUEUE FROM INTERRUPT
                ====================
In this project a push-button switch is connected to port pin PA0 such that the
state of the button is logic LOW, and goes to HIGH when the button is pressed.
Also, the on-board LED at port pin PE12 is used. When the button is pressed, the
LED flashing rate (250ms) is sent to the LED Controller task (TASK 1) in a queue
and the LED starts to flash at this rate.

Author: Dogan Ibrahim
Date   : October, 2019
File   : isrqueue.c
===================================================*/
#include "main.h"
QueueHandle_t xQueue;
//
```

图 19.8 isrqueue.c 程序清单

```c
// External interrupt service routine (ISR). The program jumps to this ISR
// whenever the push-button PA0 is pressed. Here, the LED flashing rate is
// sent to the task in a queue
//
void StartTimer() iv IVT_INT_EXTI0 ics ICS_AUTO
{
    int delay = 250;
    BaseType_t xHigherPriorityTaskWoken = pdFALSE;
    EXTI_PR.B0 = 1;
    xQueueSendFromISR(xQueue, &delay, &xHigherPriorityTaskWoken);
    if(xHigherPriorityTaskWoken != pdFALSE)
    {
        portYIELD_FROM_ISR(xHigherPriorityTaskWoken);
    }
}

//
// This function configures the external interrupt for pin PA0 on rising edge.
// The interrupt priority is set to 1
//
void SetupPA0()
{
    SYSCFG_EXTICR1 = 0;                                 // For pin PA0
    EXTI_FTSR.B0 = 0;                                   // Not on falling edge
    EXTI_RTSR.B0= 1;                                    // Interrupt on rising edge
    EXTI_IMR.B0 = 1;                                    // Unmask interrupt source
    EXTI_PR.B0= 1;                                      // Pending request
    NVIC_IntEnable(IVT_INT_EXTI0);                      // Enable interrupt on line EXTI0
    NVIC_SetIntPriority(IVT_INT_EXTI0,_NVIC_INT_PRIORITY_LVL1);
}

// Task 1 - LED CONTROLLER
void Task1(void *pvParameters)
{
    #define LED GPIOE_ODR.B12
    int dly;
    GPIO_Config(&GPIOE_BASE, _GPIO_PINMASK_12, _GPIO_CFG_MODE_OUTPUT);
    GPIO_Config(&GPIOA_BASE, _GPIO_PINMASK_0, _GPIO_CFG_MODE_INPUT);
    SetupPA0();                                         // Configura PA0 interrupts
    if(xQueueReceive(xQueue, &dly, portMAX_DELAY) == pdPASS)
    {
      while (1)
      {
        {
           LED = 1;                                     // LED ON
           vTaskDelay(pdMS_TO_TICKS(dly));              // Wait dly ms
           LED = 0;                                     // LED OFF
           vTaskDelay(pdMS_TO_TICKS(dly));              // Wait dly ms
        }
      }
    }
}

//
// Start of MAIN program
// =====================
//
void main()
{
#define QUEUE_LENGTH 1
#define QUEUE_ITEM_SIZE 2
xQueue = xQueueCreate(QUEUE_LENGTH, QUEUE_ITEM_SIZE);
//
// Create all the TASKS here
// =========================
//
```

图 19.8 (续)

```
        // Create Task 1
        xTaskCreate(
            (TaskFunction_t)Task1,
            "LED Controller",
            configMINIMAL_STACK_SIZE,
            NULL,
            10,
            NULL
        );
//
// Start the RTOS scheduler
//
        vTaskStartScheduler();
//
// Will never reach here
//
        while (1);
    }
```

图 19.8 （续）

队列创建如下：

```
#define QUEUE_LENGTH 1
#define QUEUE_ITEM_SIZE 2
xQueue = xQueueCreate(QUEUE_LENGTH, QUEUE_ITEM_SIZE);
```

使用如下函数将刷新率发送给任务 1：

```
xQueueSendFromISR(xQueue, &delay, &xHigherPriorityTaskWoken);
```

使用如下代码段，任务 1 接收刷新率并使 LED 闪烁：

```
if(xQueueReceive(xQueue, &dly, portMAX_DELAY) == pdPASS)
{
        while (1)
        {
        {
        LED = 1;
        vTaskDelay(pdMS_TO_TICKS(dly));
        LED = 0;
        vTaskDelay(pdMS_TO_TICKS(dly));
        }
        }
}
```

19.16 小结

在本章中，我们学习了如何在 ISR 中调用 FreeRTOS API 函数。尤其要注意的是，只有以 FromISR 结尾的函数才能在 ISR 中调用。

在后面几章中，我们将使用 FreeRTOS API 函数开发更复杂的多任务项目。

拓展阅读

[1] R. Barry, Mastering the FreeRTOS Real Time Kernel: A Hands-On Tutorial Guide. Available from: https://www.freertos.org/wp-content/uploads/2018/07/161204_Mastering_the_FreeRTOS_Real_Time_Kernel-A_Hands-On_Tutorial_Guide.pdf.

第 20 章
停车场管理系统

20.1 概述

在前面几章中，我们介绍了 FreeRTOS 内核的大部分特性和应用程序接口（API）函数。我们还开发了一些简单的项目，以展示如何在实际应用程序中使用不同的函数和特性。

在本章中，我们利用 FreeRTOS 内核和 Clicker 2 for STM32 微控制器开发板，在多任务环境中使用多个传感器和一个伺服电机开发了一个更复杂的多任务停车场管理系统。

20.2 项目 53——停车场控制

描述：这是一个停车场管理系统，其想法是控制一个停车场的运作。假设停车场只有一层，能容纳 100 辆车。靠近停车场的一块 LCD 显示屏上显示停车场空余车位的数量。只有停车场会员才能使用停车场，每位会员有一个用于识别的 RFID（Radio Frequency IDentification，射频识别）卡。停车场的入口处有一道使用步进电机操作（例如，升起）的栏杆。如果停车场有空余车位，那么当一位会员用户携带授权的 RFID 卡靠近停车场入口附近的读卡器时，栏杆会自动升起，让驾驶员进入停车场。未授权 RFID 卡会被拒绝，栏杆不会升起。在停车场的出口处没有栏杆，但是在出口车道下安装了被动压力开关，当车辆离开停车场时能侦测到它们。停车场内部可用车位的数量是通过汽车入场和出场数量来计算得到的，并不断在 LCD 上显示。如果停车场内部已经没有车位，则栏杆不会升起。一只红灯和一只绿灯（例如，本项目中使用 LED）安装在停车场的入口处。当红色 LED 亮起，驾驶员需要等待直至绿色 LED 点亮。当栏杆升起时绿色 LED 点亮，这样车辆能进入停车场。当栏杆落下时，红色 LED 灯亮，绿色 LED 熄灭。停车场通过一台 PC 进行管理，管理人员可以设置停车场的容量。尽管默认的容量是 100，但是容量可以通过键盘修改，例如，当部分停车位不能投入使用时。停车场的所有操作都是使用 Clicker 2 for STM32 微控制器开发板连同 mikroC Pro for ARM 编译器和 FreeRTOS 内核控制的，就像在本书前面的项目中一样。

目标：展示我们在前面章节中讨论的一些 FreeRTOS API 函数如何在实际应用中使用。

框图：如图 20.1 所示。与微控制器开发板的接口未在图中显示。

步进电机

步进电机是旋转执行器，允许精确控制连接到电机轴上的物体的角度位置。就像我们在第 14 章中介绍的那样，步进电机可以通过几种方式来驱动，例如，使用双极晶体管、MOSFET 晶体管、集成电路（例如 L293、ULN2003）等。在本项目中，28BYJ-48 单极性步进电机（见图 14.29）采用 ULN2003 集成电路电机驱动模块（见图 14.30）驱动，控制停车场入口的栏杆。步进电机逆时针旋转 90 度能抬起栏杆允许车辆进入停车场。在车辆进入停车场之后，步进电机顺时针旋转 90 度就能关闭栏杆。

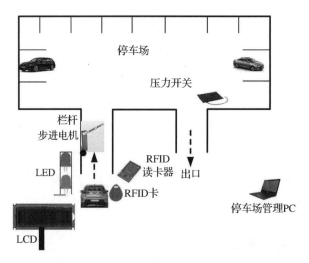

图 20.1　停车场结构框图

压力开关

压力开关放置在出口车道的下方，能检测到车辆何时离开停车场。当车辆位于开关上方时，压力开关的状态会从逻辑 0 变成逻辑 1。这将被系统检测到，能用于计算停车场的可用空余车位。

RFID 读卡器

RFID 系统由 RFID 设备（或者读卡器）和 RFID 标签（或者卡）组成。RFID 设备使用电磁场来自动识别和跟踪兼容的 RFID 标签。标签包含独特的电子存储信息，由 RFID 读卡器读取。RFID 标签可用于许多行业，在安保应用中被普遍使用。例如，读卡器–标签能用于解锁房门，它们可以附着在物品上，或者植入动物和人体内，以便追踪。RFID 类似于超市使用的条形码，能识别商品，但是与条形码不同的是，标签不需要处于读卡器的视线范围之内。此外标签比简单的条形码能容纳更多的信息。

RFID 标签可以是被动式的或者主动式的（电池操作）。被动标签更便宜更小，使用更广泛。被动标签必须被放到与 RFID 读卡器非常近的地方（例如，5cm），其内容才能被读取。标签可以是只读的或者可读写的。只读标签在工厂被预先编程，写入唯一数值，这些数值能被兼容的 RFID 读卡器读取。主动 RFID 标签也有其优点，能被远距离读取，但是它们比被动标签价格更贵。

在本项目中，使用被动 RFID 标签。本项目使用的 RFID 读卡器是 RDM6300 型 UART 读卡器（见图 20.2）。该读卡器与 EM4100 协议兼容，能操作 125kHz RFID 标签（见图 20.3）。RDM6300 读卡器的基本特点如下：

- 运行频率：25kHz

- 工作电压：+5V

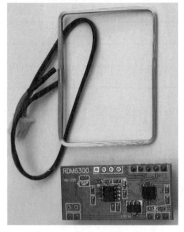

图 20.2　RDM6300 型 RFID 读卡器

图 20.3　125kHz RFID 标签

- 电流消耗：<50 mA
- 接收距离：<5cm
- 工作温度：−10～70℃

RDM6300 连同一条与 RFID 卡通信的线圈天线一起出售。该天线必须连接到读卡器电路板上。图 20.4 展示了 RDM6300 读卡器的引脚配置。

电路板上有三个具有以下功能的插头。注意插头 3 是用于测试的，一只可选的外部 LED 可以连接到这个插头。当检测到 RFID 标签时，这个 LED 会从逻辑高电平变成低电平。

图 20.4　RDM6300 读卡器的引脚配置

插头 P1

引脚序号	描　述
1	TX（UART 发送）
2	RX（UART 接收）
3	未使用
4	GND
5	+5V 供电

插头 P2

引脚序号	描　述
1	天线
2	天线

插头 P3

引脚序号	描 述
1	外部 LED
2	+5V 供电
3	GND

RDM6300 读卡器工作在 9600 波特、8 位数据位、1 位停止位、无校验位。在 9600 波特下，位传输时间是 104μs。读卡器可用的接口协议是 Weigang26 和 TTL 电平 RS232。本项目采用了 TTL 电平 RS232 接口和协议。通常，标准 RS232 信号电压电平是 ±12V。TTL 电平 RS232 信号电压电平是 0 或者 +5V（或者 0 到 +3.3V），信号线正常是 +5V 电平，当数据开始传输时，会下跳到 0V（例如，开始位就是逻辑 0V）。读卡器输出由以下 14 个字节组成：

- 1 字节开始标识（0x02）
- 10 字节 ASCII 数据字符
- 2 字节校验码
- 1 字节结束标识（0x03）

开始标识和结束标识分别是 0x02 和 0x03。校验码是通过将所有数据字节按位或计算得到的。

请注意，在 RFID 卡上标识的编号是 10 位十进制数。例如，如果卡上的十进制数是 007564912，其对应的十六进制数为 00736E70。

电路图：本项目的电路图如图 20.5 所示。LCD 连接到 Clicker 2 for STM32 开发板上，就像之前项目使用的那样。步进电机连接到电机驱动电路板上，该板的引脚 IN1、IN2、IN3、IN4 分别连接到端口引脚 PC0、PC1、PC2 和 PC3 上。电机驱动板由一个外部 +5V 电源供电。压力开关连接到端口引脚 PA4 上。当有车辆出现在开关之上时，开关的输出从逻辑 0 变成逻辑 1。RFID 读卡器模块连接到 UART 引脚 PD5（TX）和 PD6（RX）上。RFID 读卡器模块供电是由开发板提供的。开发板上的两只 LED 被使用；端口引脚 PE12 上的 LED 假定为红色 LED；端口引脚 PE15 上的 LED 假定为绿色 LED。

开发板与不同外设之间的接口归纳如下：

外 设	Clicker 2 for STM32 引脚
压力开关	PA4
RFID 读卡器	PD5（TX）、PD6（RX）
步进电机	PC0、PC1、PC2、PC3
红色 LED	PE12
绿色 LED	PE15
LCD	PE7、PE8、PE9、PC10、PC11、PC12
USB UART click 板	mikroBUS 2

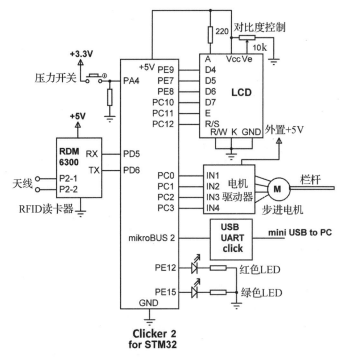

图 20.5 项目电路图

RFID 读卡器模块的天线连接到插头引脚 P2 上。在本项目中，与 RFID 读卡器模块的 LED 接口未使用。

程序清单：如图 20.6 所示（程序文件：carprk.c），程序由五个任务连同空闲任务组成，这些任务是：

```
/*===============================================================
                          CAR PARK
                          ========
This is a single level car park project. Members enter the car park using their
RFID tags. A barrier opens at the entrance to the car park for authorized users
when they place their RFID tags near the RFID reader module. An LCD is used to
show how many spaces are available in the car park (it is assumed that the car
park capacity is 100 cars). A pressure switch at the exit of the car park is
activated when a car leaves the car park. An USB UART Click board is used to
interface the system to a PC so that the car park can be managed from a PC.

Author: Dogan Ibrahim
Date   : December, 2019
File   : carprk.c
================================================================*/
#include "main.h"
#include "event_groups.h"

// LCD module connections
sbit LCD_RS at GPIOC_ODR.B12;
sbit LCD_EN at GPIOC_ODR.B11;
sbit LCD_D4 at GPIOE_ODR.B9;
```

图 20.6 carprk.c 程序清单

```c
sbit LCD_D5 at GPIOE_ODR.B7;
sbit LCD_D6 at GPIOE_ODR.B8;
sbit LCD_D7 at GPIOC_ODR.B10;
// End LCD module connections

// Stepper motor connections
#define IN1 GPIOC_ODR.B0
#define IN2 GPIOC_ODR.B1
#define IN3 GPIOC_ODR.B2
#define IN4 GPIOC_ODR.B3
// End of stepper motor connections

float StepsPerCycle = 512.0;
int FullMode[4] = {0b01100, 0b00110, 0b00011, 0b01001};    // Full Mode control
unsigned int TotalCapacity, capacity = 100;
EventGroupHandle_t xBarrierEventGroup;                      // Event group

//
// This function extract the bits of a variable
//
unsigned char BitRead(char i, char j)
{
    unsigned m;
    m = i & j;
    if(m != 0)
        return(1);
    else
        return(0);
}

//
// This function stops the motor
//
void StopMotor()
{
  IN1 = 0;
  IN2 = 0;
  IN3 = 0;
  IN4 = 0;
}

//
// This function sends a bit to pins IN1,IN2,IN3,IN4 of the motor driver board
//
void SendPulse(int k)
{
    GPIO_Config(&GPIOC_BASE, _GPIO_PINMASK_0 | _GPIO_PINMASK_1 | _GPIO_PINMASK_2
                | _GPIO_PINMASK_3, _GPIO_CFG_MODE_OUTPUT);

    IN1 = BitRead(FullMode[k], 1);
    IN2 = BitRead(FullMode[k], 2);
    IN3 = BitRead(FullMode[k], 4);
    IN4 = BitRead(FullMode[k], 8);
}

//
// This function rotates the stepper motor by specified degrees
//
void BarrierDown(int degrees, float StepDelay)
{
    unsigned int i, m, k, d;
    float DegreeTurn;
    DegreeTurn = StepsPerCycle * degrees / 360.0;
    d=(int)DegreeTurn;

    for(m = 0; m < d; m++)
```

图 20.6 (续)

```
        {
            for(i = 0; i < 4; i++)
            {
                k = 3-i;
                SendPulse(k);
                VDelay_ms(StepDelay);
            }
        }
}

//
// This function rotates the stepper motor by specified degrees
//
void BarrierUp(int degrees, float StepDelay)
{
    unsigned int i, m, d;
    float DegreeTurn;
    DegreeTurn = StepsPerCycle * degrees / 360.0;
    d=(int)DegreeTurn;

    for(m = 0; m < d; m++)
    {
        for(i = 0; i < 4; i++)
        {
            SendPulse(i);
            VDelay_ms(StepDelay);
        }
    }
}


//
// Define all your Task functions here
// ====================================
//

// Task 1 - Stepper Motor Controller
void Task1(void *pvParameters)
{
    #define BIT_0 ( 1 << 0 )                        // Bit 0
    float StpDelay;
    int RPM = 10;                                   // Motor RPM
    EventBits_t uxBits;
    StpDelay = (29.3 / RPM);                        // Step delay

    while (1)
    {
        uxBits = xEventGroupWaitBits(               // Wait for event flag
                xBarrierEventGroup,                 // Handle
                BIT_0,                              // Wait for bit 0
                pdTRUE,                             // Clear before returning
                pdFALSE,                            // Wait for bit 0
                portMAX_DELAY);                     // Block until set

        vTaskPrioritySet(NULL, 11);                 // Increase priority
        BarrierUp(90, StpDelay);                    // Barrier up
        vTaskPrioritySet(NULL, 10);                 // Priority back to default
        StopMotor();                                // Stop motor
        vTaskDelay(pdMS_TO_TICKS(10000));           // Wait for 10 secs
        vTaskPrioritySet(NULL, 11);                 // Increase priority
        BarrierDown(90, StpDelay);                  // Barrier down
        vTaskPrioritySet(NULL, 10);                 // Priority back to default
        StopMotor();                                // Stop motor
    }
}
```

图 20.6 （续）

```c
//
// Read an integer number from the keyboard and retun to the calling program
//
unsigned int Read_From_Keyboard()
{
    unsigned int Total;
    unsigned char N;
    Total = 0;
    while(1)
    {
        if(UART3_Data_Ready())
        {
          N = UART3_Read();                               // Read a number
          UART3_Write(N);                                 // Echo the number
          if(N == '\r') break;                            // If Enter
          N = N - '0';                                    // Pure number
          Total = 10*Total + N;                           // Total number
        }
    }
    return Total;                                         // Return the number
}

// Task 2 - LCD Controller
void Task2(void *pvParameters)
{
    unsigned char Txt[4];
    Lcd_Init();                                           // Initialize LCD
    Lcd_Cmd(_LCD_CLEAR);                                  // Clear LCD
    Lcd_Out(1, 1, "Free Spaces:");                        // Heading

    while(1)
    {
      ByteToStr(capacity, Txt);                           // Convert to string
      Ltrim(Txt);                                         // Remove spaces
      Lcd_Out(2, 1, "   ");
      Lcd_Out(2, 1, Txt);                                 // Display free spaces
      vTaskDelay(pdMS_TO_TICKS(1000));                    // Wait 1 second
    }
}


// Task 3 - UART Controller
void Task3(void *pvParameters)
{
    int N;
    UART3_Init_Advanced(9600,_UART_8_BIT_DATA,_UART_NOPARITY,_UART_ONE_STOPBIT,
                        &_GPIO_MODULE_USART3_PD89);

    while(1)
    {
        UART3_Write_Text("\n\rCAR PARK MANAGEMENT SYSTEM");
        UART3_Write_Text("\n\r===========================");
        UART3_Write_Text("\n\rEnter the Car Park Capacity: ");
        N = Read_From_Keyboard();
        TotalCapacity = N;
        capacity = TotalCapacity;                         // Car prk capacity
    }
}

// Task 4 - RFID Controller
void Task4(void *pvParameters)
{
    unsigned char k, j,flag, Buffer[20];
    #define RedLED GPIOE_ODR.B12
    #define GreenLED GPIOE_ODR.B15
    #define BIT_0 ( 1 << 0 )
```

图 20.6 （续）

```c
    char ValidTags[3][20] = {"00736E70", "00739BC2", "00E38F26"};
    EventBits_t uxBits;

    GPIO_Config(&GPIOE_BASE, _GPIO_PINMASK_12 | _GPIO_PINMASK_15, _GPIO_CFG_MODE_OUTPUT);
    UART2_Init_Advanced(9600,_UART_8_BIT_DATA,_UART_NOPARITY,_UART_ONE_STOPBIT,
                        &_GPIO_MODULE_USART2_PD56);
    RedLED = 1;                                                 // RED LED ON
    GreenLED = 0;                                               // GREEN LED OFF
    while(1)
    {
        while (1)
        {                                                       // IF data from RFID tag
            if(UART2_Data_Ready())
            {
                vTaskPrioritySet(NULL,11);                      // Increae priority
                for(k=0; k < 14; k++)Buffer[k] = UART2_Read();  // Read tag data
                vTaskPrioritySet(NULL,10);                      // Priority to default
                break;
            }
        }

        for(k=0; k < 8; k++)Buffer[k] = Buffer[k+4];            // Extract the tag data
        Buffer[k] = '\0';                                       // Add NULL terminator

        flag = 0;
        for(k = 0; k < 3; k++)
        {
            if(strcmp(Buffer, ValidTags[k]) == 0 )flag = 1;     // Valid tag?
        }
        if(flag == 1 && capacity > 0)                           // Yes, lift the barrier
        {
            capacity--;                                         // Decrease the capacity
            uxBits = xEventGroupSetBits(xBarrierEventGroup,BIT_0);
            RedLED = 0;
            GreenLED = 1;
            vTaskDelay(pdMS_TO_TICKS(15000));                   // wait 15 seconds
            RedLED = 1;                                         // RED LED ON
            GreenLED = 0;                                       // GREEN LED OFF
            while(UART2_Data_Ready())
            {
                Buffer[k] = UART2_Read();                       // Flash the serial buffer
            }
        }
    }
}
// Task 5 - Pressure Switch Controller
void Task5(void *pvParameters)
{
    #define PressureSwitch GPIOA_IDR.B4
    GPIO_Config(&GPIOA_BASE, _GPIO_PINMASK_4, _GPIO_CFG_MODE_INPUT);

    while(1)
    {
       while(PressureSwitch == 0);                              // Pressure switch is OFF
       capacity++;                                              // Increase capacity
       if(capacity > TotalCapacity)capacity = TotalCapacity;    // Adjust capacity
       while(PressureSwitch == 1);                              // Wait until switch os OFF
    }
}


//
// Start of MAIN program
// =====================
```

图 20.6 （续）

```c
//
void main()
{

xBarrierEventGroup = xEventGroupCreate();

//
// Create all the TASKS here
// =========================
//
    // Create Task 1
    xTaskCreate(
        (TaskFunction_t)Task1,
        "Stepper Motor Controller",
        configMINIMAL_STACK_SIZE,
        NULL,
        10,
        NULL
    );

    // Create Task 2
    xTaskCreate(
        (TaskFunction_t)Task2,
        "LCD Controller",
        configMINIMAL_STACK_SIZE,
        NULL,
        10,
        NULL
    );

    // Create Task 3
    xTaskCreate(
        (TaskFunction_t)Task3,
        "UART Controller",
        configMINIMAL_STACK_SIZE,
        NULL,
        10,
        NULL
    );

     // Create Task 4
    xTaskCreate(
        (TaskFunction_t)Task4,
        "RFID Controller",
        configMINIMAL_STACK_SIZE,
        NULL,
        10,
        NULL
    );

     // Create Task 5
    xTaskCreate(
        (TaskFunction_t)Task5,
        "Pressure Switch Controller",
        configMINIMAL_STACK_SIZE,
        NULL,
        10,
        NULL
    );
//
// Start the RTOS scheduler
//
    vTaskStartScheduler();

//
// Will never reach here
}
```

图 20.6 （续）

任务 1：步进电机控制器
任务 2：LCD 控制器
任务 3：UART 控制器
任务 4：RFID 控制器
任务 5：压力开关控制器

每个任务的操作采用 PDL 声明来描述：

任务 1 (步进电机控制器)
DO FOREVER
等待事件标志 0 被设置
增加任务优先级
升起栏杆
任务优先级重设为默认
等待 10s 以便车辆进入
增加任务优先级
放下栏杆
任务优先级重设为默认
ENDDO

任务 2 (LCD 控制器)
初始化 LCD
在第 1 行显示标题 "Free Spaces:"
DO FOREVER
　在第 2 行显示空余车位
ENDDO

任务 3 (UART 控制器)
设置 UART 波特率
DO FOREVER
　显示标题 "CAR PARK MANAGEMENT SYSTEM"
　显示 "Enter the Car Park Capacity:"
读取停车场容量
ENDDO

任务 4 (RFID 控制器)
设置 UART 波特率
打开红色 LED
关闭绿色 LED
DO FOREVER
　读取 RFID 标签数值
　IF 这是有效标签且停车场有空余车位
　THEN
　　空余车位数减 1
　　打开绿色 LED
　　关闭红色 LED
　　设置事件标志 0 以使栏杆升起
　　对于栏杆等待 15s
　　关闭绿色 LED
　　打开红色 LED
　ENDIF
ENDDO

任务 5 (压力开关控制器)
DO FOREVER
　IF 车辆正在压力开关之上 THEN
　　空余车位数加 1
　　等待直到车辆不在开关上
　ENDIF
ENDDO

停车场典型工作周期如下：

进入时：
- 停车场容量显示在 LCD 上。
- 红色 LED 亮，绿色 LED 灭。

- 车辆到达停车场。
- 会员将 RFID 标签放置到靠近标签读卡器的地方。
- 卡被接受。
- 停车场空余车位数减 1。
- 栏杆抬起。
- 绿色 LED 亮，红色 LED 灭。
- 车辆进入停车场。

出场时：
- 在出口处车辆处于压力开关上方。
- 空余车位数加 1。
- 等待直至车辆离开。

管理：
- 停车场管理员能按提示输入停车场容量。
- 新的停车场容量被接受。

在程序的开头，定义 LCD 与开发板之间的接口。同样，定义步进电机与开发板之间的接口。然后，程序定义一些变量，例如 `StepsPerCycle`、`FullMode` 和默认容量。

在任务 1 中电机的 RPM 设置为 10。该任务等待直到事件标志 0 被设置。该标志被设置的时候，函数 `BarrierUP` 被调用以升起栏杆。步进电机要求逆时针旋转 90 度来打开栏杆。这是在任务优先级增加后进行的，这样任务就不会被系统中的其他任务中断。步进电机旋转一周需要 `StepsPerCycle` 个步骤，每个步骤由 4 个脉冲组成。既然旋转一周是 360 度，旋转 90 度就能通过发送 `DegreeTurn` 步骤给步进电机来实现：

$$DegreeTurn = \frac{StepsPerCycle \times 角度}{360.0}$$

栏杆升起之后，任务优先级降低至默认值，任务等待 10s 以便车辆进入停车场。任务优先级再次提高，然后降下栏杆。

LCD 控制器任务从容量变量获取空余车位数量，然后在 LCD 的第二行显示空余车位。

新容量值可通过 PC 键盘来输入。开发板的 UART3 用于 PC 接口。一旦容量发生变化，新容量值将显示在 LCD 上。请注意，容量变量表示任意时间的空余车位的数量，而变量 `TotalCapacity` 是停车场的真正容量。

在此程序中，有三个有效的 RFID 标签被用于演示目的。请注意，读卡器返回 14 字节，但是程序中只有卡上表示数值的字节被提出和使用。这些有效的标签具有如下身份：

标签的数值	标签读卡器返回的数值
0014913318	00E38F26
0007564912	00736E70
0007576514	00739BC2

有效的标签存储在二维字符数组中，被命名为 `ValidTags`：

char ValidTags[3][20] = {"00736E70", "00739BC2", "00E38F26"};

开发板的 UART2 连接到 RFID 标签读卡器。如果在 UART 缓冲器中存在一个字符，那么任务 4 的优先级会提升，以便 UART 不被其他任务中断，然后标签数据被读取和存储到名为 `Buffer` 的字符数组中。之后优先级降低至默认值。然后将标签数值在有效标签中进行检查。

```
flag = 0;
for(k = 0; k < 3; k++)
{
   if(strcmp(Buffer, ValidTags[k]) == 0)flag = 1;
}
```

如果读取的标签是有效标签，变量 `flag` 被设置为 1。如果停车场有空余车位，然后事件 `flag 0` 将被设置。关闭红色 LED 并点亮绿色 LED，以便允许车辆进入停车场。

压力开关的输出状态是逻辑 0。当车辆正好处于开关的上方时，开关状态将变成逻辑 1。状态改变会被程序检测到，当车辆离开停车场时，空余车位数量增加 1。

图 20.7 是 PC 屏幕的一个显示示例，提示用户输入停车场容量。

LCD 上显示停车场空余车位数量，显示示例如图 20.8 所示。

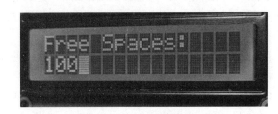

图 20.7　PC 屏幕显示　　　　图 20.8　LCD 显示示例

拓展阅读

[1] Clicker 2 for STM32 development board, www.mikroe.comwww.mikroe.com.
[2] RDM6300. https://www.itead.cc/rdm6300.html.

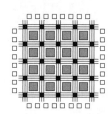

第 21 章 不同城市的时间

21.1 概述

在本章中,我们开发一个多任务时钟项目,能用 PC 机的键盘选择不同国家的 10 个城市的当前时间。然后将所选择城市的时间连同城市名一起显示在 LCD 上。用户通过 PC 屏幕上显示的菜单中选择需要显示时间的城市。

21.2 项目 54——时间项目

描述:当程序启动时,会默认提示用户进入伦敦时间,并且默认显示到 LCD 上,每秒自动更新。显示在 PC 上的菜单能使用户选择要显示当前时间的城市。城市名显示在 LCD 的第一行,而当前时间显示在 LCD 的第二行。

目标:展示如何在实际且有用的时钟项目中使用多任务。

框图:如图 21.1 所示。

电路图:如图 21.2 所示。LCD 连接到 Clicker 2 for STM32 开发板,与前一个使用 LCD 的项目一致。PC 使用 USB UART click 板连接到开发板,插入 mikroBUS2 插座,与前一个使用 click 板的项目一致。

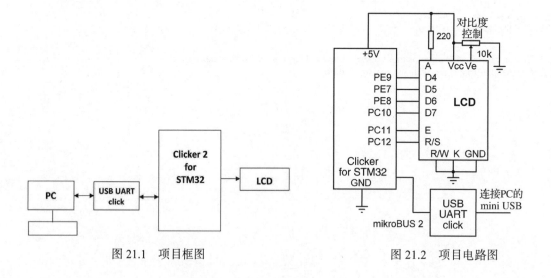

图 21.1 项目框图   图 21.2 项目电路图

程序清单：程序由三个任务外加空闲任务组成。城市名和与伦敦的时差存储在一个二维字符数组中，分别为 `cities` 和 `timediff`。10 个城市被定义为如下名称和与伦敦的时差：

```
char cities[][10] = {"London", "Paris", "Madrid", "Rome", "Athens", "Ankara", "Istanbul",
    "Cairo", "Moscow", "Tehran"};
char timediff[] = {0, 1, 1, 1, 2, 2, 2, 2, 3, 4};
```

例如，巴黎时间比伦敦时间早 1 个小时，伊斯坦布尔时间比伦敦时间早 2 小时，等等。当程序启动时，伦敦的当前时间默认输入程序中，并存储到名为 **AMessage** 的结构体中，格式如下：

```
typedef struct Message
{
    unsigned char hours;
    unsigned char minutes;
    unsigned char seconds;
} AMessage;
AMessage Tim;
```

伦敦的当前时间通过调用 `Read_Time()` 函数获取，格式如下：hh:mm:ss，这里时间使用 24 小时模式。当 ENTER 键按下时，函数返回输入的时间给调用的程序。然后时间通过 xQueue1 发送给任务 2，使得时间能每秒更新并显示到 LCD 上：

变量 `Tim.hours`、`Tim.minutes` 和 `Tim.seconds` 分别是当前小时、分钟和秒。任务 1 通过调用 FreeRTOS 应用程序接口（API）函数 `vTaskDelay()` 来每秒增加 `Tim.seconds` 变量。当计数值达到 60 时，会被重置为 0，然后 `Tim.minutes` 变量自加 1。当 `Tim.minutes` 达到 60 时，将被重置为 0，然后 `Tim.hours` 变量自加 1。当 `Tim.hours` 到达 24 时，被重置为 0。

任务 2 显示城市名和城市的当前时间到 LCD 上，并且每秒更新一次。城市名显示在顶行，而城市时间显示在 LCD 的第二行。在显示之前，与伦敦的时差加到所选城市的当前时间上。如果总的小时数大于 23，那么就从中减去 24，这样城市时间绝不会大于 23。

任务 3 控制键盘输入。在任务 3 的一开头，提示用户输入伦敦的当前时间。小时、分钟和秒转换为数值，并存储到名为 `Tim` 的结构体中。然后程序在 PC 屏幕上显示城市名的菜单，并提示用户选择期望的城市，该城市的时间应该显示到 LCD 上。用户通过输入所需城市名旁边的数字来进行选择。菜单是循环显示的，这样它在每个城市名称的左侧显示带有数字的字符数组 `cities` 的内容，以便用户可以容易地进行选择。

在主程序中创建两个队列，每个只有一个元素且大小为 8 字节：

```
xQueue1 = xQueueCreate(1, 8);
xQueue2 = xQueueCreate(1, 8);
```

所有用户创建的任务都运行在优先级 10 级上。程序的运行使用如下 PDL 描述：

任务 1
从任务 3 获取当前时间

DO FOREVER
　等待 1s
　秒计数自加 1
　IF 秒计数 = 60 **THEN**
　　秒计数设置为 0
　　分钟计数自加 1
　　IF 分钟计数 = 60 **THEN**
　　　分钟计数设置为 0
　　　小时计数自加 1
　　　IF 小时计数 = 24 **THEN**
　　　　小时计数设置为 0
　　　ENDIF
　　ENDIF
　ENDIF
　通过 xQueue1 将当前时间发送到任务 2
ENDDO

任务 2
定义 LCD 接口
DO FOREVER
　等待直到接收到新时间
　提取所需的城市名称（全局）
　提取时间差（全局）
　通过 xQueue1 从任务 1 获取当前时间
　查找所需城市的时间
　在第 1 行显示城市名称
　在第 2 行显示当前时间
ENDDO

任务 3
将 UART 设置为 9600 波特
读取伦敦的当前时间
通过 xQueue2 将当前时间发送到任务 1
DO FOREVER
　显示城市名称
　选择需要的城市
ENDDO

图 21.3 展示了程序清单（程序文件：citytimes.c）。代码每秒更新时间，如下所示。代码运行在周期为 1s 的无限循环中，更新秒数值，接下来更新分钟数值，最后更新小时数

值。请注意，API 函数 vTasKDelay() 是非常精确的，因此本项目中时钟时序具有很高的精度：

```
while (1)
{
  vTaskDelay(pdMS_TO_TICKS(1000));    // Wait for 1 second
  Tim.seconds + +;    // Increment seconds
  if(Tim.seconds == 60)    // If 60
  {
    Tim.seconds = 0;    // Reset to 0
    Tim.minutes + +;    // Increment minutes
    if(Tim.minutes == 60)    // If 60
    {
      Tim.minutes = 0;    // Reset to 0
      Tim.hours + +;    // Increment hours
      if(Tim.hours == 24)    // If 24
      {
        Tim.hours = 0;    // Reset to 0
      }
    }
  }
}
```

```
/*===============================================================
                  TIME IN DIFFERENT CITIES
                  ========================

In this project, an LCD and a USB UART click board are connected to the Clicker 2
for STM32 development board. This is a clock project where by default the time
in London is displayed on the LCD. The user can select a different city via the
keyboard and the time in the selected city is displayed every second.

Author: Dogan Ibrahim
Date   : November, 2019
File   : citytimes.c
===============================================================*/
#include "main.h"

// LCD module connections
sbit LCD_RS at GPIOC_ODR.B12;
sbit LCD_EN at GPIOC_ODR.B11;
sbit LCD_D4 at GPIOE_ODR.B9;
sbit LCD_D5 at GPIOE_ODR.B7;
sbit LCD_D6 at GPIOE_ODR.B8;
sbit LCD_D7 at GPIOC_ODR.B10;
// End LCD module connections

//
// Cities and their time differences from London
//
char cities[][10]  = {"London", "Paris", "Madrid", "Rome", "Athens", "Ankara", "Istanbul",
                     "Cairo", "Moscow", "Tehran"};
char timediff[] = {0, 1, 1, 1, 2, 2, 2, 2, 3, 4};

unsigned int selection;
QueueHandle_t xQueue1;                                   // Queue1 handle
QueueHandle_t xQueue2;                                   // Queue2 handle

//
// Define all your Task functions here
// ===================================
//
```

图 21.3　citytimes.c 程序清单

```c
// Task 1 - Time Controller
void Task1(void *pvParameters)
{
    typedef struct Message
    {
        unsigned char hours;
        unsigned char minutes;
        unsigned char seconds;
    } AMessage;

    AMessage Tim;

    xQueueReceive(xQueue2, &Tim, portMAX_DELAY);         // Receive initial time

    while (1)
    {
        vTaskDelay(pdMS_TO_TICKS(1000));                 // Wait for 1 second
        Tim.seconds++;                                   // Increment seconds
        if(Tim.seconds == 60)                            // If 60
        {
          Tim.seconds = 0;                               // Reset to 0
          Tim.minutes++;                                 // Increment minutes
          if(Tim.minutes == 60)                          // If 60
          {
             Tim.minutes = 0;                            // Reset to 0
             Tim.hours++;                                // Increment hours
             if(Tim.hours == 24)                         // If 24
             {
                Tim.hours = 0;                           // Reset to 0
             }
          }
        }
        xQueueSend(xQueue1, &Tim, 0);                    // Send to Task 2
    }
}

//
// Read an integer number from the keyboard and retun to the calling program
//
unsigned int Read_From_Keyboard()
{
    unsigned int Total;
    unsigned char N;
    Total = 0;
    while(1)
    {
        if(UART3_Data_Ready())
        {
          N = UART3_Read();                              // Read a number
          UART3_Write(N);                                // Echo the number
          if(N == '\r') break;                           // If Enter
          N = N - '0';                                   // Pure number
          Total = 10*Total + N;                          // Total number
        }
    }
    return Total;                                        // Return the number
}

//
// Read time from the keyboard. The time is entered as hh:mm:ss
//
void Read_Time(char buf[])
{
    unsigned char c, k = 0;
```

图 21.3 （续）

```c
    while(1)
    {
        c = UART3_Read();                               // Read a char
        UART3_Write(c);                                 // Echo the char
        if(c == '\r') break;                            // If Enter
        buf[k] = c;                                     // Save char
        k++;                                            // Increment pointer
    }
    buf[k] = '\0';                                      // NULL terminator
}
// Task 2 - LCD Controller
void Task2(void *pvParameters)
{
    char Txt[7];
    typedef struct Message
    {
        unsigned char hours;
        unsigned char minutes;
        unsigned char seconds;
    } AMessage;

    AMessage Tim;
    Lcd_Init();                                         // Initialize LCD
    Lcd_Cmd(_LCD_CLEAR);                                // Clear LCD
    selection = 0;                                      // Clear selection

    while(1)
    {
        xQueueReceive(xQueue1, &Tim, portMAX_DELAY);    // Get time
        Lcd_Out(1, 1, cities[selection]);               // Display city

        Tim.hours = Tim.hours + timediff[selection];    // Hour adjustment
        if(Tim.hours > 23)Tim.hours = Tim.hours - 24;   // If > 24
        ByteToStr(Tim.hours, Txt);                      // Convert to string
        Ltrim(Txt);                                     // Remove spaces
        if(Tim.hours < 10)                              // If < 10
        {
            Txt[1] = Txt[0];                            //Insert leading 0
            Txt[0] = '0';
            Txt[2] = '\0';                              // NULL terminator
        }
        Lcd_Out(2, 0, Txt);                             // Display hours
        Lcd_Out_CP(":");                                // Colon

        ByteToStr(Tim.minutes, Txt);                    // To string
        Ltrim(Txt);                                     // Remove spaces
        if(Tim.minutes < 10)                            // If < 10
        {
            Txt[1] = Txt[0];                            // Insert leading 0
            Txt[0] = '0';
            Txt[2] = '\0';                              // NULL terminator
        }
        Lcd_Out_CP(Txt);                                // Display minutes
        Lcd_Out_CP(":");                                // Colon

        ByteToStr(Tim.seconds, Txt);                    // To string
        Ltrim(Txt);                                     // Remove spaces
        if(Tim.seconds < 10)                            // If < 10
        {
            Txt[1] = Txt[0];                            // Insert leading 0
            Txt[0] = '0';
            Txt[2] = '\0';                              // NULL terminator
        }
        Lcd_Out_CP(Txt);                                // Display seconds
    }
}
```

图 21.3 （续）

```
// Task 3 - UART Controller
void Task3(void *pvParameters)
{
    char k, Buffer[10];
    typedef struct Message
    {
        unsigned char hh;
        unsigned char mm;
        unsigned char ss;
    } AMessage;

    AMessage Tim;

    UART3_Init_Advanced(9600,_UART_8_BIT_DATA,_UART_NOPARITY,_UART_ONE_STOPBIT,
                        &_GPIO_MODULE_USART3_PD89);

    UART3_Write_Text("\n\rTime in Different Countries");
    UART3_Write_Text("\n\r===========================");
    UART3_Write_Text("\n\rEnter the time in London (hh:mm:ss): ");
    Read_Time(Buffer);
    Tim.hh = 10*(Buffer[0] - '0') + Buffer[1] - '0';     // Convert to nmbr
    Tim.mm = 10*(Buffer[3] - '0') + Buffer[4] - '0';     // Convert to nmbr
    Tim.ss = 10*(Buffer[6] - '0') + Buffer[7] - '0';     // Convert to nmbr

    xQueueSend(xQueue2, &Tim, 0);                        // Send to Task 1

    while (1)
    {
        UART3_Write_Text("\n\r\n\rSelect a City:");     // Heading
        for(k = 0; k < 10; k++)                          // Display cities
        {
            UART3_Write_Text("\n\r");                    // New line
            UART3_Write(k+'0');
            UART3_Write_Text(". ");
            UART3_Write_Text(cities[k]);                 // City names
        }
        UART3_Write_Text("\n\rSelection: ");             // Selection prompt
        selection = Read_From_Keyboard();                // Read selection
    }
}

//
// Start of MAIN program
// =====================
//
void main()
{
    xQueue1 = xQueueCreate(1, 8);                        // Create queue
    xQueue2 = xQueueCreate(1, 8);                        // Create queue
//
// Create all the TASKS here
// =========================
//
    // Create Task 1
    xTaskCreate(
        (TaskFunction_t)Task1,
        "Time Controller",
        configMINIMAL_STACK_SIZE,
        NULL,
        10,
        NULL
    );

    // Create Task 2
    xTaskCreate(
        (TaskFunction_t)Task2,
        "LCD Controller",
```

图 21.3 （续）

```
            configMINIMAL_STACK_SIZE,
            NULL,
            10,
            NULL
        );

        // Create Task 3
        xTaskCreate(
            (TaskFunction_t)Task3,
            "UART Controller",
            configMINIMAL_STACK_SIZE,
            NULL,
            10,
            NULL
        );
//
// Start the RTOS scheduler
//
        vTaskStartScheduler();

//
// Will never reach here
}
```

图 21.3 （续）

程序的运行示例如图 21.4 所示，其中 PC 屏幕上的菜单显示城市名，并提示用户选择想要显示时间的城市。在此示例中，伦敦的当前时间是在程序开始时输入的 10:00:00，然后需要显示伊斯坦布尔的时间。图 21.5 是 LCD 上显示的伊斯坦布尔时间，比伦敦时间提早两小时。

图 21.4　程序运行示例　　　　　　图 21.5　显示伊斯坦布尔时间

本项目中的时钟非常精确，因为它基于精确定时的 FreeRTOS API 函数 vTaskDelay()。这样的目的是展示多任务应用程序的开发，其中时钟连续运行作为一个任务，其他任务处理 LCD 和键盘输入。感兴趣的读者可以将精确的 RTC 芯片（例如 DS1307、DS3231 和 MCP79410）用于高精度时钟应用程序中。

拓展阅读

[1] USB UART user guide. www.mikroe.com.
[2] Clicker 2 for STM32 development board. www.mikroe.com.

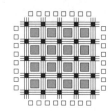

第 22 章
移动机器人项目：Buggy

22.1 概述

在本章中，我们开发了另外的一些多任务项目，这些项目是基于使用四轮移动机器人的，就是使用 Clicker 2 for STM32 开发板和 FreeRTOS 应用程序接口（API）函数的 Buggy。本项目选择的 Buggy 是由 miktoElektronika 生产的，Buggy 的全部细节将在 22.2 节中给出。

22.2 Buggy

在本章项目中使用的 Buggy 是由 mikroElektronika（www.mikroe.com）公司生产的一款四轮移动机器人。图 22.1 展示了组装好的 Buggy（Buggy 是以零件的形式发售的，使用前需要组装）。

基本上，Buggy 由四轮移动机器人以及插入 Buggy 中的 Clicker 2 型微控制器开发板（参见 mikroElektronika 的网站）组成。在本项目中，Clicker 2 for STM32 型开发板插入 Buggy 中。另外 Buggy 包含四个电机来驱动车轮，还包括附属的电子元件来控制这些电机。Buggy 提供几个 mikroBUS 插座，这样能让

图 22.1 Buggy

用户仅仅通过插入 Click 板来实现基于不同传感器和执行器的应用。Buggy 的前后都提供了能被软件控制的 LED 类型灯光。Buggy 的运行是通过使用 mikroC Pro for ARM 编译器和 IDE 在 Clicker 2 for STM32 开发板上编程实现的。

图 22.2 表示 Buggy 的基本元件。图 22.3 是经销商销售时的未组装的 Buggy 元件。

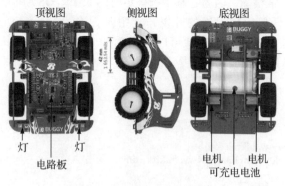

图 22.2 Buggy 的基本元件

第 22 章 移动机器人项目：Buggy 353

图 22.3　未组装的 Buggy 元件

在控制 Buggy 之前，需要详细了解所有元件是如何组装的。Buggy 的前面由以下元件装配而成（如图 22.4 所示）：

- 两块 mikroBUS 插座板
- 2 个前信号灯（黄色）
- 2 个前头灯（白色）

图 22.4　Buggy 的前面

Buggy 的后部由以下元件装配而成（如图 22.5 所示）：

- 模拟输入（螺钉端子）
- 电源（螺钉端子）
- 2 个停止灯（红色）
- 2 个信号灯（黄色）
- ON/OFF 开关
- miniUSB 连接器（电池充电用）
- 上电指示 LED（绿色）
- 电池充电指示 LED（红色）
- mikroBUS 插座板

图 22.5　Buggy 的后面

Buggy 的主 PCB 包含四个车轮的电机、电池充电电路、电源以及模拟输入的螺钉端子、ON/OFF 开关、信号灯、头灯、停止灯、插到 Clicker 2 开发板的连接器（在本项目中，使用 Clicker 2 for STM32 开发板）和 mikroBUS 插座板。

22.3　车轮电机

Buggy 具有差动电机驱动器，由两片 DRV833RTY 型电机驱动器（U6 和 U7）控制，每侧使用一个。DRV833RTY 是双 H 桥型电机驱动芯片，可用于电机的双向控制。当左、右两侧之间的相对转速不同时，就能实现转向。当一对车轮反转而另一对正转，Buggy 将会开始旋转。为了防止电机从电池中拉取太多电流，会安装一些电阻来限制电流的消耗。每个电机能拉取最大 400mA 的电流，当四个电机同时运行时，总电流为 1.6A。图 22.6 展示了电机的装配。

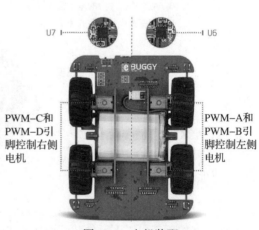

图 22.6　电机装配

当 Clicker 2 for STM32 开发板插入 Buggy 的时候，以下端口引脚控制车轮电机：

电机引脚	描 述	Clicker 2 for STM32 引脚
PWM-A	左侧电机	PB9
PWM-B	左侧电机	PB8
PWM-C	右侧电机	PE5
PWM-D	右侧电机	PB0

电机的方向以及 Buggy 的方向，是由电机驱动芯片的正确引脚的电平控制的。图 22.7 展示了 H 桥电机驱动是如何运行的。驱动的输入被连接到一起，电机如图进行连接。例如，当 PWM-A 引脚是逻辑 1，且 PWM-B 引脚是逻辑 0，那么电机向一个方向旋转。当 PWM-A 引脚是逻辑 0，且 PWM-B 引脚是逻辑 1，那么电机会向相反方向旋转。左侧的两个电机连接到 PWM-A 和 PWM-B 引脚。同样，右侧的两个电机连接到开发板的 PWM-C 和 PWM-D 引脚。通过将这些引脚按照正确的时序驱动，我们能控制 Buggy 的运动，如下所示：

Buggy 运动	芯片配置
前进	PWM-A = 0, PWM-B = active, PWM-C = 0, PWM-D = active
后退	PWM-A = active, PWM-B = 0, PWM-C = active, PWM-D = 0
旋转	PWM-A = active, PWM-B = 0, PWM-C = 0, PWM-D = active
左转	PWM-A = 0, PWM-B = 0, PWM-C = 0, PWM-D = active
右转	PWM-A = 0, PWM-B = active, PWM-C = 0, PWM-D = 0

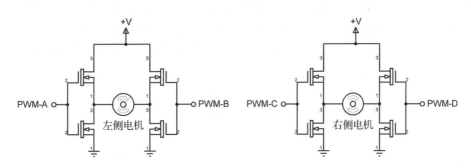

图 22.7　H 桥电机方向控制

在前进和后退方向上，左右两侧电机以相同速度运转。当左转时，我们可以停止左侧电机，仅运行右侧电机。同样，当右转时，我们可以停止右侧电机，仅运行左侧电机。请注意，在左转和右转时，电机可能减速运转（例如，半速或更低速度）。

电机是通过接收 PWM（脉宽调制）信号来运转的（如图 22.8 所示）。PWM 信号是固定周期的方波信号。信号的占空比是正脉冲持续时间与信号周期的比值。通过改变占空比，我们可以有效地改变输出给电机的平均电压，这就是改变的 Buggy 速度的方式。图 22.9 是 25% 和 50% 占空比的 PWM 波形示例。

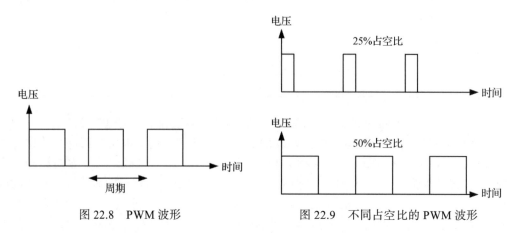

图 22.8　PWM 波形　　　　　图 22.9　不同占空比的 PWM 波形

大部分微控制器内置 PWM 产生器模块。本书使用的 STM32F407 微控制器支持大量的 PWM 模块。使用 mikroC Pro for ARM 编译器，STM32F407 微控制器的 PWM 通道可使用以下内置库函数进行配置：

```
PWM_TIMn_Init()
PWM_TIMn_Set_Duty()
PWM_TIMn_Start()
PWM_TIMn_Stop()
```

PWM_TIMn_Init()：此函数用于初始化 PWM 运行的定时器模块，其中 n 是所选定时器模块号。所需 PWM 信号的频率必须提供给函数。函数返回一个整数，该整数等于 PWM 波形计算得出的最大周期值。定时器能选择 0～17 号，但是重要的是必须确保所选的支持 PWM 操作的输出引脚能支持所选的定时器。部分 STM32F407 微控制器支持的可用定时器和输出引脚名称如图 22.10 所示（通过在编译器里键入 _GPIO_MODULE_TIM 并按 Cntrl + Space 键能获取完整清单）。

以下的库函数调用示例显示如何将定时器 11 的 PWM 频率设置为 1000Hz。返回最大周期值，并保存在名为 PWMA 的变量中：

```
PWMA = PWM_TIM11_Init(1000);
```

PWM_TIMn_Set_Duty()：此函数改变 PWM 波形的占空比。所需占空比、模式和通道号必须提供给函数。占空比可以表示为最大值的百分比，最大值由 PWM_TIMn_Init() 函数调用返回。模式可以是 _PWM_INVERTED 或者 _PWM_NON_INVERTED。PWM 通道号可从图 22.10 中给出的列表中选择。以下示例设置占空比为 50%（PWMA/2），通道 1 的非反向波形，使用定时器 11：

```
PWM_TIM11_Set_Duty(PWMA/2, _PWM_NON_INVERTED, _PWM_CHANNEL1);
```

PWM_TIMn_Start()：此函数使用所选的输出引脚、通道和定时器开始产生 PWM 波形。通道号和输出引脚名称必须提供给函数。以下示例使用定时器 11 以及通道 1 在输出引脚 PB9 上开始产生 PWM（如何选择输出引脚、定时器和通道号，如图 22.10 所示）：

PWM_TIM11_Start(_PWM_CHANNEL1, &_GPIO_MODULE_TIM11_CH1_PB9);

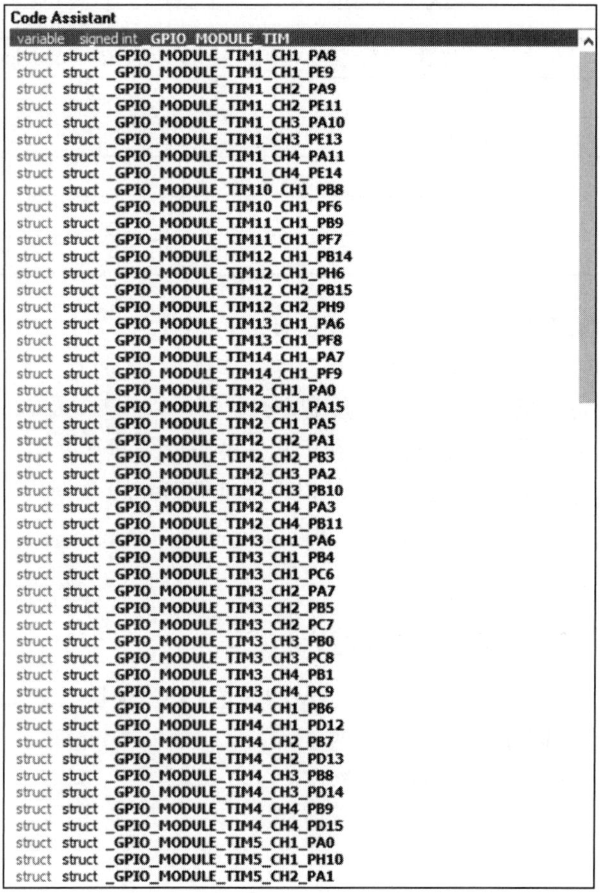

图 22.10　部分支持的定时器和输出引脚名称

PWM_TIMn_Stop()：此函数停止 PWM。通道号必须提供给函数。以下示例展示如何在通道 1 上停止 PWM：

PWM_TIM11_Stop(_PWM_CHANNEL1);

我们将在下一个项目中看到如何配置车轮电机使得 Buggy 前进、后退、左转和右转。

22.4　灯光

- 就像真正的汽车，Buggy 有一套前后灯光（LED），用于信号指示和道路照明。所有这些灯光都能够通过软件编程。灯光分组如下：

- 前面的一对白色 LED 是头灯，有两种亮度模式。
- 后面的红色 LED 是刹车灯，有两种亮度模式。
- 前后两对黄色 LED 是信号灯。

将 Clicker 2 for STM32 开发板插入 Buggy 中，以下端口引脚控制灯光：

灯光	描述	Clicker 2 for STM32 引脚
刹车	后面	PE1
信号	右侧	PE2
信号	左侧	PC4
头灯	前面（主光束）	PB6
头灯	前面（低亮度）	PE3

头灯和刹车灯具有两种亮度水平，组合显示如下：

主光束 + 低亮度：提供明亮头灯和正常亮度刹车灯

仅低亮度：提供低亮度头灯和正常亮度刹车灯

刹车灯 + 低亮度：提供明亮的刹车灯和正常亮度头灯

更多细节和 Buggy 的完整电路图可以从以下网址的 Buggy 手册中获取：

https://download.mikroe.com/documents/specials/educational/buggy/buggy-development-platform-manual-v102.pdf

22.5　项目 55——控制 Buggy 灯光

描述：此项目展示如何使用函数控制 Buggy 的灯光。在本项目中，Buggy 灯光可控制如下：

- 以 250ms 为周期闪烁左信号灯 10 次
- 以 250ms 为周期闪烁右信号灯 10 次
- 打开刹车灯
- 等待 1s
- 关闭刹车灯
- 打开头灯
- 等待 1s
- 关闭头灯

目的：让用户熟悉 Buggy 灯光的控制。

程序清单：如图 22.11 所示（`lights.c`）。程序使用如下函数来控制灯光：

`LeftSignalFlash(int ratems, int count)`：此函数能以 `ratems` ms 为周期闪烁左信号灯 `count` 次。

`RightSignalFlash(int ratems, int count)`：此函数能以 `ratems` ms 为周期闪烁右信号灯 `count` 次。

`BrakeLights(int mode)`：此函数能打开（mode = 1）或关闭（mode = 0）刹车灯。

`HeadLights(int mode)`：此函数能打开（mode = 1）或关闭（mode = 0）头灯。

```c
/*===============================================================
                        BUGGY LIGHTS
                        ============

This is program shows how the Buggy lights can be controlled by using various
functions.

Author: Dogan Ibrahim
Date   : December, 2019
File   : lights.c
===============================================================*/
#include "main.h"
//
// Flash the left signal lights "count" times at the given "rate (in ms)"
//
void LeftSignalFlash(int ratems, int count)
{
    #define LeftSignalLights GPIOC_ODR.B4
    int k;
    GPIO_Config(&GPIOC_BASE, _GPIO_PINMASK_4, _GPIO_CFG_MODE_OUTPUT);

    for(k = 0; k < count; k++)
    {
        LeftSignalLights = 1;                       // Lights ON
        vTaskDelay(pdMS_TO_TICKS(ratems));          // Wait rate ms
        LeftSignalLights = 0;                       // Lights OFF
        vTaskDelay(pdMS_TO_TICKS(ratems));          // Wait rate ms
    }
}

//
// Flash the right signal lights "count" times at the given "rate (in ms)"
//
void RightSignalFlash(int ratems, int count)
{
    #define RightSignalLights GPIOE_ODR.B2
    int k;
    GPIO_Config(&GPIOE_BASE, _GPIO_PINMASK_2, _GPIO_CFG_MODE_OUTPUT);

    for(k = 0; k < count; k++)
    {
        RightSignalLights = 1;                      // Lights ON
        vTaskDelay(pdMS_TO_TICKS(ratems));          // Wait rate ms
        RightSignalLights = 0;                      // Lights OFF
        vTaskDelay(pdMS_TO_TICKS(ratems));          // Wait rate ms
    }
}

//
// Turn ON (1), OFF(0) brake lights
//
void BrakeLights(int mode)
{
    #define BrakeLight GPIOE_ODR.B1
    GPIO_Config(&GPIOE_BASE, _GPIO_PINMASK_1, _GPIO_CFG_MODE_OUTPUT);
    BrakeLight = mode;
}

//
// Turn ON(1), OFF(0) head lights
//
void HeadLights(int mode)
{
    #define HeadLight GPIOB_ODR.B6
    GPIO_Config(&GPIOB_BASE, _GPIO_PINMASK_6, _GPIO_CFG_MODE_OUTPUT);
    HeadLight = mode;
```

图 22.11 lights.c 程序清单

```c
}
//
// Define all your Task functions here
// ==================================
//

// Task 1 - Lights Controller
void Task1(void *pvParameters)
{
  while(1)
  {
    LeftSignalFlash(250, 10);                  // Flash left signal 10 times
    RightSignalFlash(250, 10);                 // Flash right signal 10 times
    BrakeLights(1);                            // Brake lights ON
    vTaskDelay(pdMS_TO_TICKS(1000));           // Wait 1 second
    BrakeLights(0);                            // Brake lights OFF
    HeadLights(1);                             // Head lights ON
    vTaskDelay(pdMS_TO_TICKS(1000));           // Wait 1 second
    HeadLights(0);                             // Head lights OFF
    while(1);                                  // Stop
  }
}

//
// Start of MAIN program
// =====================
//
void main()
{
//
// Create all the TASKS here
// =========================
//
    // Create Task 1
    xTaskCreate(
        (TaskFunction_t)Task1,
        "Lights Controller",
        configMINIMAL_STACK_SIZE,
        NULL,
        10,
        NULL
    );

//
// Start the RTOS scheduler
//
    vTaskStartScheduler();

//
// Will never reach here
}
```

图 22.11 （续）

22.6 项目 56——控制 Buggy 电机

描述：此项目展示如何使用函数控制 Buggy 的电机，以使 Buggy 前进、后退、左转和右转。在本项目中，Buggy 运动可控制如下：
- 控制 Buggy 以半速前进 1s
- 停止并等待 5s

- 控制 Buggy 左转
- 停止并等待 5s
- 控制 Buggy 以半速后退 1s
- 停止并等待 5s
- 控制 Buggy 右转
- 停止并等待 5s
- 控制 Buggy 以半速前进 1s
- 停止

目的：让用户熟悉 Buggy 运动的控制。

程序清单：如图 22.12 所示（motors.c）。

```
/*==============================================================================
                        BUGGY MOTORS
                        ============
This is program shows how the Buggy motors can be controlled by using various
functions to move the Buggy forward, backward, turning left, and right.

Author: Dogan Ibrahim
Date   : December, 2019
File   : motors.c
==============================================================================*/
#include "main.h"

unsigned int PWMA, PWMB, PWMC, PWMD;

//
// Stop the Buggy by setting all the Duty Cycles to 0
//
void Stop()
{
  PWM_TIM11_Set_Duty(0, _PWM_NON_INVERTED, _PWM_CHANNEL1);
  PWM_TIM10_Set_Duty(0, _PWM_NON_INVERTED, _PWM_CHANNEL1);
  PWM_TIM9_Set_Duty(0, _PWM_NON_INVERTED, _PWM_CHANNEL1);
  PWM_TIM3_Set_Duty(0, _PWM_NON_INVERTED, _PWM_CHANNEL3);
}

//
// Move Buggy Forward n seconds. mode=0 (Half Speed), mode=1 (Full speed)
//
void MoveForward(int n, int mode)
{
    int secs;
    secs = n * 1000;

    PWM_TIM11_Set_Duty(0, _PWM_NON_INVERTED, _PWM_CHANNEL1);
    PWM_TIM9_Set_Duty(0, _PWM_NON_INVERTED, _PWM_CHANNEL1);
    PWM_TIM3_Set_Duty(PWMD/mode, _PWM_NON_INVERTED, _PWM_CHANNEL3);
    PWM_TIM10_Set_Duty(PWMB/mode, _PWM_NON_INVERTED, _PWM_CHANNEL1);
    vTaskDelay(pdMS_TO_TICKS(secs));
    Stop();
}

//
// Move Buggy Backwards n seconds. mode=0 (Half Speed), mode=1 (Full speed)
//
void MoveBackward(int n, int mode)
{
  int secs;
```

图 22.12　motors.c 程序清单

```c
  secs = n * 1000;
  PWM_TIM3_Set_Duty(0, _PWM_NON_INVERTED, _PWM_CHANNEL3);
  PWM_TIM10_Set_Duty(0, _PWM_NON_INVERTED, _PWM_CHANNEL1);
  PWM_TIM11_Set_Duty(PWMA/mode, _PWM_NON_INVERTED, _PWM_CHANNEL1);
  PWM_TIM9_Set_Duty(PWMC/mode, _PWM_NON_INVERTED, _PWM_CHANNEL1);
  vTaskDelay(pdMS_TO_TICKS(secs));
  Stop();
}

//
// Turn Left 90 degrees at half speed and Stop
//
void TurnLeft()
{
  PWM_TIM11_Set_Duty(0, _PWM_NON_INVERTED, _PWM_CHANNEL1);
  PWM_TIM10_Set_Duty(0, _PWM_NON_INVERTED, _PWM_CHANNEL1);
  PWM_TIM9_Set_Duty(0, _PWM_NON_INVERTED, _PWM_CHANNEL1);
  PWM_TIM3_Set_Duty(PWMD, _PWM_NON_INVERTED, _PWM_CHANNEL3);
  vTaskDelay(pdMS_TO_TICKS(200));
  Stop();
}

//
// Turn Right 90 degrees at half speed and Stop
//
void TurnRight()
{
  PWM_TIM11_Set_Duty(0, _PWM_NON_INVERTED, _PWM_CHANNEL1);
  PWM_TIM10_Set_Duty(PWMB, _PWM_NON_INVERTED, _PWM_CHANNEL1);
  PWM_TIM9_Set_Duty(0, _PWM_NON_INVERTED, _PWM_CHANNEL1);
  PWM_TIM3_Set_Duty(0, _PWM_NON_INVERTED, _PWM_CHANNEL3);
  vTaskDelay(pdMS_TO_TICKS(200));
  Stop();
}

//
// Define all your Task functions here
// ====================================
//

// Task 1 - Buggy Movement Controller
void Task1(void *pvParameters)
{
  while(1)
  {
    MoveForward(1, 2);                          // Move at half speed
    vTaskDelay(pdMS_TO_TICKS(5000));            // Wait 5 seconds
    TurnLeft();                                 // Turn left
    vTaskDelay(pdMS_TO_TICKS(5000));            // Wait 5 seconds
    MoveBackward(1, 2);                         // Move at half speed
    vTaskDelay(pdMS_TO_TICKS(5000));            // Wait 5 seconds
    TurnRight();                                // Turn right
    vTaskDelay(pdMS_TO_TICKS(5000));            // Wait 5 seconds
    MoveForward(1, 2);                          // Move at half speed
    vTaskDelay(pdMS_TO_TICKS(5000));            // Wait 5 seconds
    while(1);                                   // Stop
  }
}

//
// Start of MAIN program
// =====================
//
void main()
{
//
// Create PWM channels
```

图 22.12 （续）

```
//
  PWMA = PWM_TIM11_Init(1000);                              // For pin PB9
  PWMB = PWM_TIM10_Init(1000);                              // For pin PB8
  PWMC = PWM_TIM9_Init(1000);                               // For pin PE5
  PWMD = PWM_TIM3_Init(1000);                               // For pin PB0
//
// Start all PWM channels
//
  PWM_TIM11_Start(_PWM_CHANNEL1, &_GPIO_MODULE_TIM11_CH1_PB9);
  PWM_TIM10_Start(_PWM_CHANNEL1, &_GPIO_MODULE_TIM10_CH1_PB8);
  PWM_TIM9_Start(_PWM_CHANNEL1, &_GPIO_MODULE_TIM9_CH1_PE5);
  PWM_TIM3_Start(_PWM_CHANNEL3, &_GPIO_MODULE_TIM3_CH3_PB0);
//
// Set Duty Cycles to all 0s (i.e. Stop the Buggy)
//
  Stop();

//
// Create all the TASKS here
// =========================
//
    // Create Task 1
    xTaskCreate(
        (TaskFunction_t)Task1,
        "Buggy Movement Controller",
        configMINIMAL_STACK_SIZE,
        NULL,
        10,
        NULL
    );
//
// Start the RTOS scheduler
//
    vTaskStartScheduler();
//
// Will never reach here
}
```

图 22.12 （续）

该程序使用如下函数来控制 Buggy 的运动：

MoveForward(int n, int mode)：此函数控制 Buggy 前进 ns，然后停止。mode 指定 Buggy 的速度，如下：

mode	运动
1	全速
2	半速
3	四分之一速等

MoveBackward(int n, int mode)：此函数控制 Buggy 后退 ns，然后停止。mode 指定 Buggy 的速度，同上：

TurnLeft()：此函数控制 Buggy 左转，然后停止。

TurnRight()：此函数控制 Buggy 左转，然后停止。

Stop()：此函数将占空比设置为 0，这样就能停止所有电机。

在主程序中，PWM 通道可初始化如下（按照图 22.10 来检查引脚号和通道）：

```
PWMA = PWM_TIM11_Init(1000);    // 对于引脚 PB9
PWMB = PWM_TIM10_Init(1000);    // 对于引脚 PB8
PWMC = PWM_TIM9_Init(1000);     // 对于引脚 PE5
PWMD = PWM_TIM3_Init(1000);     // 对于引脚 PB0
```

根据图 22.10，分配给电机引脚的 PWM 通道和定时器如下：

引脚	引脚名称	通道	定时器	描述
PB9	PWM-A	1	11	左侧电机
PB8	PWM-B	1	10	左侧电机
PE5	PWM-C	1	9	右侧电机
PB0	PWM-D	3	3	右侧电机

然后，使用以下函数启动各通道的 PWM 信号：

```
PWM_TIM11_Start(_PWM_CHANNEL1, &_GPIO_MODULE_TIM11_CH1_PB9);
PWM_TIM10_Start(_PWM_CHANNEL1, &_GPIO_MODULE_TIM10_CH1_PB8);
PWM_TIM9_Start(_PWM_CHANNEL1, &_GPIO_MODULE_TIM9_CH1_PE5);
PWM_TIM3_Start(_PWM_CHANNEL3, &_GPIO_MODULE_TIM3_CH3_PB0);
```

`MoveForward` 函数控制 Buggy 向前运动指定的秒数。在这个函数中，PWM-A（PWM_TIM11）和 PWM-C（PWM_TIM9）的占空比设置为 0。PWB-B（PEM_TIM10）和 PWM-D（PWM_TIM3）的占空比可由以前介绍过的带参数的函数设置。

`MoveBackward` 函数与 `MoveForward` 类似，但在这种情况下，PWM-B（PWM_TIM10）和 PWM-D(PWM_TIM3) 的占空比设置为 0。PWM-A(PWM_TIM11) 和 PWM-C（PWM_TIM9）的占空比可由以前介绍过的带参数的函数设置。

`TurnLeft` 函数控制 Buggy 朝左边转动 90 度。此时，PWM-A、PWM-B 和 PWM-C 的占空比都设置为 0，而 PWM-D 的占空比设置为全速模式，即 PWMD。根据经验发现，转向 200ms 可驱动 Buggy 转动 90 度。使用更长的延迟将使 Buggy 转动更大的角度。同样，使用较短的延迟将使 Buggy 转动小于 90 度。

`TurnRight` 函数与 `TurnLeft` 类似，但在这种情况下，PWM-A、PWM-C 和 PWM-D 的占空比都设置为 0，而 PWM-B 的占空比设置为全速模式。

需要重点关注的是，在编译程序之前必须在库管理器中激活 PWM。

22.7 项目 57——Buggy 避障

描述：这是多任务 Buggy 避障项目。在 Buggy 的前面安装一个红外（IR）距离传感器。Buggy 前进，如果侦测到路上有障碍，它就左转 90 度，希望能规避障碍。Buggy 连接一个蜂鸣器，当路上有障碍时会鸣响。当 Buggy 将要左转时，左转信号灯会闪烁指示。另外，光照传感器（环境 click）也安装到 Buggy 上，它能检测光线是否很暗并且能自动打开头灯。

一个声音传感器模块能检测环境声音，当声音级在阈值之上时（例如当用户靠近 Buggy 鼓掌时），Buggy 会紧急停止。当 Buggy 停止时，刹车灯会亮。Clicker 2 for STM32 开发板端口引脚 PE12 上的 LED 快速闪烁表示 Buggy 处于活动状态。

目标：使用 FreeRTOS API 函数开发多任务系统来控制 Buggy 的电机和灯光。

框图：如图 22.13 所示。安装好所有元件的 Buggy 如图 22.14 所示。系统中使用了大量的传感器 click 板、一个蜂鸣器 click 板和一个声音传感器模块（所有 click 板列表和详情请见 www.mikroe.com）。

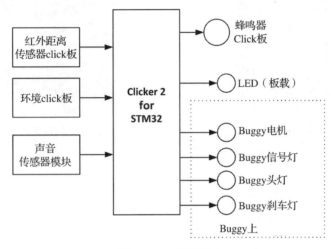

图 22.13　项目框图

本项目使用的各种传感器板详情如下：

红外距离传感器 click 板：该 click 板（如图 22.15 所示）基于 GP2Y0A60SZ0F 距离测量传感器，由一个集成的位置探测器、一个红外 LED 和信号处理电路组成。测量距离从 10～150cm，这非常适合移动机器人应用。板载传感器不受距离被测量的物体的反射率的影响。电路板输出与物体的距离成反比的模拟电压。该传感器的关键特征是：

- +3.3 和 +5V 运行电压，可由跳线选择
- 默认 +3.3V 运行电压
- 10～150cm 量程
- 模拟量输出
- 使能引脚
- 兼容 mikroBUS

图 22.16 展示 +3.3V 运行电压时传感器的典型输出。从图中可以清楚地看出，当物体距离非常近时输出电压下降到 2V 左右，当物体距离传感器大约 150cm 时输出电压下降到 0.3V 左右。

这块 click 板用于检测到物体的距离，因此 Buggy 能避免与物体碰撞。

图 22.14 安装好元件的 Buggy

图 22.15 红外距离传感器 click 板

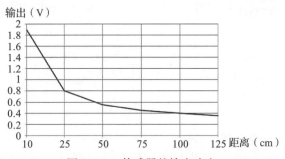
图 22.16 传感器的输出响应

环境 click 板：该 click 板（如图 22.17 所示）基于 MLX75305 集成式光学传感器芯片，由光电二极管、阻抗放大器和输出晶体管组成。该芯片可将环境光强度转换成电压，能在 +3V 或 +5V 电压下工作，默认配置为 +3.3V 工作电压。输出模拟电压直接正比于光强（$\mu W/cm^2$），当传感器处于黑暗环境下输出为 0。当环境光强增加时，电压也线性增加。该 click 板用于检测光照，当黑暗时打开头灯。

蜂鸣器 click 板：该板（如图 22.18 所示）包括压电蜂鸣器，能发出声音信号。蜂鸣器共振频率是 3.8 kHz。该板能在 +3.3 V 和 +5 V 两种电压下工作，默认配置为 +5V 工作电压。该板能连接到数字输出引脚或者 PWM 线上。使用 PWM 线通过 mikroC Pro for ARM 编译器内置的声音库能产生不同频率的声音。信号的频率决定声音的音高，而占空比确定声音信号的强度。该 click 板在 Buggy 检测到路上障碍的情况下用于产生可听声。

声音传感器板：本项目使用 KY-038 声音传感器板（如图 22.19 所示）。该板由电麦克风、比较器芯片、电位器和一些电阻组成。该板能在 +3.3V 供电下工作，供电电源可由安装在 Buggy 后部的 click 板的 mikroBUS 3 插座提供。该声音传感器板能同时提供数字和模拟输出。在本项目中,仅使用数字输出(D0)。在数字模式下,电路板检测声音,当声音级高于阈值时,输出将从逻辑 0 变到逻辑 1。只要声音一直存在,就会保持在逻辑 1,否则,输出为逻辑 0。该 click 板用于检测声音(例如:鼓掌),然后使 Buggy 紧急停止。

图 22.17 环境 click 板

图 22.18 蜂鸣器 click 板

图 22.19 声音传感器板

电路图:在 Buggy 的垂直面上有 3 个 mikroBUS 插座。如图 22.20 所示,两个插座(mikroBUS 1 和 mikroBUS 2)在 Buggy 的前面,一个插座(mikroBUS 3)在 Buggy 的后面。另外,Clicker 2 for STM32 开发板上安装有两个 mikroBUS 插座。因此,使用 Clicker 板将有 5 个 mikroBUS 插座。

图 22.20 Buggy 上的 mikroBUS 插座

连接到 Buggy 的 mikroBUS 插座上的 click 板如下（如图 22.14 所示）：

click 板	mikroBUS 插座	mikroBUS 插座位置
红外距离传感器	mikroBUS 1	Buggy 前面
环境	mikroBUS 2	Buggy 前面
蜂鸣器	mikroBUS 1	Clicker 2 for STM32

声音传感器板（KY-038）连接如下：

KY-038 引脚	Clicker 2 for STM32 引脚
GND	mikroBUS 3 插座的 GND
+3.3V	mikroBUS 3 插座的 +3.3V
D0	mikroBUS 3 插座的引脚 1（AN）

请注意，mikroBUS 3 插座的引脚 1（AN）内部连接到 Clicker 2 for STM32 开发板的端口引脚 PC2 上。

mikroBUS 插座是 2×8 双列直插式插座，引脚名称如图 22.21 所示，能提供 SPI、I²C、模拟、UART、中断、PWM、复位和供电引脚。如图所示，mikroBUS 插座引脚能以数字命名，且以左上引脚为 1 号引脚。

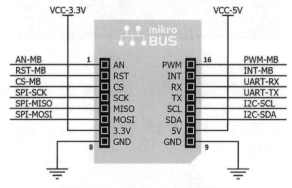

图 22.21　mikroBUS 插座布线图

本项目使用的 click 板与相应的 Clicker 2 for STM32 引脚名称如下（参见 Buggy 用户手册，网址为：https://download.mikroe.com/documents/specials/educational/buggy/buggydevelopment-platform-manual-v102.pdf）。

click 板	引脚号	描述	Clicker 2 for STM32 引脚名称
红外距离传感器	1	输入（模拟）	PC0
	2	使能（数字）	PD11
环境	1	输入（模拟）	PC1
蜂鸣器	3	输出（数字）	PE9

程序清单：如图 22.22 所示（程序文件：`obstacle.c`）。程序由 4 个任务以及空闲任务组成。

```c
/*===============================================================================
                        OBSTACLE AVOIDING BUGGY
                        =======================
This is the obstacle avoiding Buggy. An IR distance sensor is mounted in-front of
teh Buggy to measure teh distance to obtacles. If an obstacle is within a preset
range then the Buggy is forced to turn left to avoid the obstacle. A light sensor
mounted in-front of the Buggy detects when it is dark and turns ON the head lights.
The signal lights are activated when the Buggy makes a turn. The brake lights are
activated when the Buggy stops. A buzzer sounds when an obstacle is detected in-front
of the Buggy. The Buggy can be stopped on emergency when hands are clapped near it.

Author: Dogan Ibrahim
Date   : December, 2019
File   : obstacle.c
===============================================================================*/
#include "main.h"

unsigned int PWMA, PWMB, PWMC, PWMD;

//
// Stop the Buggy by setting all the Duty Cycles to 0
//
void StopBuggy()
{
  PWM_TIM11_Set_Duty(0, _PWM_NON_INVERTED, _PWM_CHANNEL1);
  PWM_TIM10_Set_Duty(0, _PWM_NON_INVERTED, _PWM_CHANNEL1);
  PWM_TIM9_Set_Duty(0, _PWM_NON_INVERTED, _PWM_CHANNEL1);
  PWM_TIM3_Set_Duty(0, _PWM_NON_INVERTED, _PWM_CHANNEL3);
}

//
// Move Buggy Forward, mode specifies the speed
//
void MoveForward(int mode)
{
    PWM_TIM11_Set_Duty(0, _PWM_NON_INVERTED, _PWM_CHANNEL1);
    PWM_TIM9_Set_Duty(0, _PWM_NON_INVERTED, _PWM_CHANNEL1);
    PWM_TIM3_Set_Duty(PWMD/mode, _PWM_NON_INVERTED, _PWM_CHANNEL3);
    PWM_TIM10_Set_Duty(PWMB/mode, _PWM_NON_INVERTED, _PWM_CHANNEL1);
}

//
// Turn Left 90 degrees
//
void TurnLeft()
{
  PWM_TIM11_Set_Duty(0, _PWM_NON_INVERTED, _PWM_CHANNEL1);
  PWM_TIM10_Set_Duty(0, _PWM_NON_INVERTED, _PWM_CHANNEL1);
  PWM_TIM9_Set_Duty(0, _PWM_NON_INVERTED, _PWM_CHANNEL1);
  PWM_TIM3_Set_Duty(PWMD, _PWM_NON_INVERTED, _PWM_CHANNEL3);
  vTaskDelay(pdMS_TO_TICKS(250));
  StopBuggy();
}

//
// Turn ON(1), OFF(0) head lights
//
void HeadLights(int mode)
{
```

图 22.22 `obstacle.c` 程序清单

```c
    #define HeadLight GPIOB_ODR.B6
    GPIO_Config(&GPIOB_BASE, _GPIO_PINMASK_6, _GPIO_CFG_MODE_OUTPUT);
    HeadLight = mode;
}
//
// Flash the left signal lights "count" times at the given "rate (in ms)"
//
void LeftSignalFlash(int ratems, int count)
{
    #define LeftSignalLights GPIOC_ODR.B4
    int k;
    GPIO_Config(&GPIOC_BASE, _GPIO_PINMASK_4, _GPIO_CFG_MODE_OUTPUT);

    for(k = 0; k < count; k++)
    {
        LeftSignalLights = 1;                           // Lights ON
        vTaskDelay(pdMS_TO_TICKS(ratems));              // Wait rate ms
        LeftSignalLights = 0;                           // Lights OFF
        vTaskDelay(pdMS_TO_TICKS(ratems));              // Wait rate ms
    }
}

//
// Turn ON (1), OFF(0) brake lights
//
void BrakeLights(int mode)
{
    #define BrakeLight GPIOE_ODR.B1
    GPIO_Config(&GPIOE_BASE, _GPIO_PINMASK_1, _GPIO_CFG_MODE_OUTPUT);
    BrakeLight = mode;
}

//
// Activate the buzzer at 1000Hz for 100ms
//
void ActivateBuzzer()
{
    Sound_Init(&GPIOE_ODR, 9);
    Sound_Play(1000,100);
}

//
// Define all your Task functions here
// ===================================
//

// Task 1 - IR Sensor Controller
void Task1(void *pvParameters)
{
    #define IREnable GPIOD_ODR.B11

    unsigned IRSensorValue;
    float mV;
    float DistanceThreshold = 980.0;                    // 30cm distance

    GPIO_Config(&GPIOD_BASE, _GPIO_PINMASK_11, _GPIO_CFG_MODE_OUTPUT);
    ADC1_Init();
    IREnable = 1;                                       // Initialzie ADC
    while (1)                                           // DO FOREVER
    {
        IRSensorValue = ADC1_Read(10);                  // Read ADC Channel 10
        mV = IRSensorValue*3300.0 / 4096.0;             // In mV

        if(mV < DistanceThreshold)                      // If no obstacle
        {
            MoveForward(5);                             // Go forward
```

图 22.22 （续）

```c
            }
            else                                        // Obstacle
            {
                StopBuggy();                            // Stop
                BrakeLights(1);                         // Brake lights ON
                ActivateBuzzer();                       // Buzzer ON
                LeftSignalFlash(250, 3);                // Flash signal lights
                BrakeLights(0);                         // Brake lights OFF
                TurnLeft();                             // Turn left
            }
        }
    }
}
// Task 2 - Head Light Controller
void Task2(void *pvParameters)
{
    unsigned AmbientSensorValue;
    float mV;
    float DarkThreshold = 105.0;                        // Dark threshold
    ADC1_Init();                                        // Initialzie ADC

    while(1)                                            // DO FOREVER
    {
        AmbientSensorValue = ADC1_Read(11);             // Read ADC Channel 11
        mV = AmbientSensorValue*3300.0 / 4096.0;        // In mV
        if(mV < DarkThreshold)                          // If dark
            HeadLights(1);                              // Head lights ON
        else
            HeadLights(0);                              // Head lights OFF
    }
}

// Task 3 - Buggy Active Light Controller
void Task3(void *pvParameters)
{
    #define BuggyActiveLED GPIOE_ODR.B12
    GPIO_Config(&GPIOE_BASE, _GPIO_PINMASK_12, _GPIO_CFG_MODE_OUTPUT);
    while(1)
    {
        BuggyActiveLED = 1;                             // LED ON
        vTaskDelay(pdMS_TO_TICKS(200));                 // Wait 200ms
        BuggyActiveLED = 0;                             // LED OFF
        vTaskDelay(pdMS_TO_TICKS(200));                 // Wait 200ms
    }
}

// Task 4 - Emergency Stop Controller
void Task4(void *pvParameters)
{
    #define AmbientSound GPIOC_IDR.B2
    GPIO_Config(&GPIOC_BASE, _GPIO_PINMASK_2, _GPIO_CFG_MODE_INPUT);
    while(1)
    {
        if(AmbientSound == 1)                           // Ambient sound detected
        {
          StopBuggy();                                  // Stop Buggy
          HeadLights(0);                                // Headlights OFF
          BrakeLights(0);                               // Brake lights OFF
          vTaskSuspendAll();                            // Suspend scheduler
        }
    }
}

//
// Start of MAIN program
// =====================
//
```

图 22.22 （续）

```c
void main()
{
//
// Create PWM channels
//
  PWMA = PWM_TIM11_Init(1000);                              // For pin PB9
  PWMB = PWM_TIM10_Init(1000);                              // For pin PB8
  PWMC = PWM_TIM9_Init(1000);                               // For pin PE5
  PWMD = PWM_TIM3_Init(1000);                               // For pin PB0

//
// Start all PWM channels
//
  PWM_TIM11_Start(_PWM_CHANNEL1, &_GPIO_MODULE_TIM11_CH1_PB9);
  PWM_TIM10_Start(_PWM_CHANNEL1, &_GPIO_MODULE_TIM10_CH1_PB8);
  PWM_TIM9_Start(_PWM_CHANNEL1, &_GPIO_MODULE_TIM9_CH1_PE5);
  PWM_TIM3_Start(_PWM_CHANNEL3, &_GPIO_MODULE_TIM3_CH3_PB0);
//
// Set Duty Cycles to all 0s (i.e. Stop the Buggy)
//
  StopBuggy();

//
// Create all the TASKS here
// ==========================
//
    // Create Task 1
    xTaskCreate(
        (TaskFunction_t)Task1,
        "IR Sensor Controller",
        configMINIMAL_STACK_SIZE,
        NULL,
        10,
        NULL
    );

    // Create Task 2
    xTaskCreate(
        (TaskFunction_t)Task2,
        "Head Light Controller",
        configMINIMAL_STACK_SIZE,
        NULL,
        10,
        NULL
    );

    // Create Task 3
    xTaskCreate(
        (TaskFunction_t)Task3,
        "Buggy Active Light Controller",
        configMINIMAL_STACK_SIZE,
        NULL,
        10,
        NULL
    );

    // Create Task 4
    xTaskCreate(
        (TaskFunction_t)Task4,
        "Emetgency Stop Controller",
        configMINIMAL_STACK_SIZE,
        NULL,
        10,
        NULL
    );
```

图 22.22 （续）

```
//
// Start the RTOS scheduler
//
    vTaskStartScheduler();

//
// Will never reach here
}
```

图 22.22 （续）

每个任务的运行过程描述如下：

任务 1（红外传感控制器）

定义红外距离阈值

初始化 ADC

`DO FOREVER`

    读取到障碍物的距离

    `IF` 到障碍物的距离 < 红外距离阈值 `THEN`

        前进

    `ELSE`

        停止 Buggy

        打开刹车灯

        激活蜂鸣器

        闪烁左信号灯

        关闭刹车灯

        左转

    `ENDIF`

`ENDDO`

任务 2（头灯控制器）

定义黑暗阈值

初始化 ADC

`DO FOREVER`

    读取灯光强度

    `IF` 灯光强度 < 黑暗阈值 `THEN`

        打开头灯

    `ELSE`

        关闭头灯

    `ENDIF`

`ENDDO`

任务 3（活动状态灯控制）

`DO FOREVER`

    打开端口 PE12 上的板载 LED

等待 200ms
关闭端口 PE12 上的板载 LED
等待 200ms
ENDDO
任务 4（紧急停止控制器）
DO FOREVER
   IF 检测到环境声音 **THEN**
      停止 Buggy
      关闭头灯
      关闭刹车灯
      挂起调度程序
   ENDIF
ENDDO

红外距离传感器板的模拟输出连接到端口引脚 PC0 上，对应于开发板上 ADC 的通道 10。通过实验确定，当距离 Buggy 前方 30cm 左右时，红外距离传感器 Click 板的返回值约为 980mV。因此，这个值就用于确定物体是否处于 Buggy 的前方。如果返回值小于 980 mV，那么就假设障碍物距离 Buggy 小于 30cm。当这种情况发送时，Buggy 就会停下来避免与障碍物碰撞。刹车灯会被点亮，蜂鸣器鸣响一小段时间，并且左信号灯闪烁 3 次。然后，关闭刹车灯，Buggy 左转 90 度以期望避开障碍物。然后，如果 30cm 以内没有障碍物，Buggy 就会前进。Buggy 的速度会被设置为全速的 1/5，使得 Buggy 缓慢运动。请注意，由于在车轮电机上没有编码器，因此 Buggy 不可能精确地转动 90 度。控制电机和灯的函数与前一个项目中的函数相似。蜂鸣器能使用内置的声音库（在程序编译前，该库必须在库管理器中启用）激活，在 100ms 的持续时间中发送给蜂鸣器 1kHz 信号。

环境 Click 板的模拟输出连接到端口引脚 PC1 上，对应于开发板上 ADC 的通道 11。该板测量 Buggy 的环境光水平。通过实验确定，大约 105mV 的数值对应黑暗水平阈值。如果低于该值，会打开 Buggy 的头灯，高于该值，会关闭头灯，代码如下：

```
while(1)
{
  AmbientSensorValue = ADC1_Read(11);
  mV = AmbientSensorValue*3300.0 / 4096.0;
  if(mV < DarkThreshold)
     HeadLights(1);
  else
     HeadLights(0);
}
```

连接到开发板端口引脚 PE12 的板载 LED 快速闪烁（周期 200ms）表示 Buggy 处于活动状态。

通过在声音传感器板的麦克风附近鼓掌，可紧急停止 Buggy。该传感器板的电位器应该仔细调整，使在运行时电路板输出通常处于逻辑 0。当靠近声音传感器鼓掌时，该输出应该变为逻辑 1。当声音传感器板的输出变为逻辑 1 时，车轮电机会停止，头灯和刹车灯都关闭（如果它们是打开的），最后 FreeRTOS 调度程序被挂起，这样所有任务都停止了。

22.8 项目58——远程控制Buggy

描述：在项目58中，我们学习了如何在多任务环境中控制Buggy，还使用Buggy和许多传感器一起开发了一个避障移动机器人。在本项目中，我们将使用射频（radiofrequency，RF）发射和接收模块远程控制Buggy。射频接收模块安装在Buggy上，能接收通过USB插座连接到PC的射频发射模块的命令。另外，与上一个项目一样，红外距离传感器click板安装在Buggy的前面，蜂鸣器click板插入开发板的mikroBUS 1插座中。Buggy的运动、信号灯、头灯和刹车灯都能通过PC发送命令来控制。以下是有效的命令：

F	前进	h	关闭头灯
L	左转	B	打开刹车灯
R	右转	b	关闭刹车灯
S	停止	P	左信号灯闪烁3次
H	打开头灯	Q	右信号灯闪烁3次

命令F使Buggy以降低了的速度前进。与上一项目一样，当Buggy前进时，如果前方有障碍物，那么它就会停下来并将蜂鸣器激活一小段时间。命令L和R分别使Buggy左转和右转。因为车轮电机没有编码器，所以精确地转动90度是不可能的。命令S使Buggy停止。命令H和h分别打开和关闭头灯。类似，命令B和b分别打开和关闭刹车灯。命令P和Q分别使左和右信号灯按照100ms的周期闪烁3次。

框图：如图22.23所示。安装了所有元件的Buggy如图22.24所示。红外距离传感器click板和蜂鸣器click板已经在项目58中使用过，这里不再赘述。

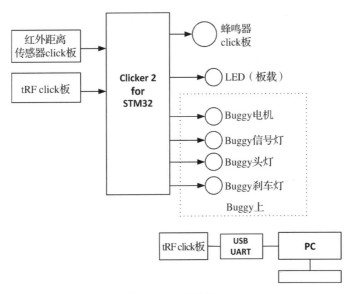

图22.23 项目框图

PC 与 Buggy 之间的通讯是由一对无线发送/接收模块实现的，模块名为 tRF click 板。tRF click 板（如图 22.25 所示）是基于 Telit 公司的 LE70-868RF 模块的。tRF click 是一种完整的短距离无线通信的解决方案，运行在 868MHz 且无须 ISM 授权的频段内。它的特点是完整的 RF、软件堆栈和板载包处理，只需一个简单的 UART 接口，还提供熟悉的 Hayes AT 命令集。它可被用于 PTP（点对点）或者星型拓扑结构的无线网络中，使用 Telit 专有协议。该模块也能作为智能中继器使用，能极大扩大网络范围。

tRF 包括 RF 发送器和接收器，通过 UART 端口连接到主计算机。设备工作电压是 +3.3V。在使用之前，必须连接匹配的 866MHz 天线（如图 22.26 所示）。tRF 输出功率为 500mW，这在可接受的许可范围内。引用制造商的数据手册的数据，该设备在 PTP 应用中具有大约 10 公里的通信距离，且发射机和接收天线彼此可见（可以通过定向天线增加距离）。

图 22.24　安装了元件的 Buggy　　图 22.25　tRF click 板　　图 22.26　无线天线（也提供 90 度天线）

电路图：该 click 板连接到 Buggy 的 mikroBUS 插座，如下（如图 22.24 所示）：

click 板	mikroBUS 插座	mikroBUS 插座位置
红外距离传感器	mikroBUS 1	Buggy 前面
蜂鸣器	mikroBUS 1	Clicker 2 for STM32
tRF click	mikroBUS 2	Clicker 2 for STM32

当连接到开发板的 mikroBUS 2 插座时，tRF 的 UART 引脚默认连接到开发板的 UART 引脚 PD8 和 PD9。本项目使用的 click 板接口和相应的 Clicker 2 for STM32 引脚名称如下（参见 Buggy 用户手册，网址：https://download.mikroe.com/documents/specials/educational/buggy/buggy-development-platform-manual-v102.pdf）。

click 板	引脚号	描述	Clicker 2 for STM32 引脚名称
红外距离传感器	1	输入（模拟）	PC0
	2	使能（数字）	PD11
蜂鸣器	3	输出（数字）	PE9
tRF click	13, 14	UART	PD8, PD9

Buggy 与 PC 的无线通信是通过 tRF click 板与 PC 的 USB 端口的连接而实现的。USB UART 板用于连接 PC 与 tRF click 板。USB UART 板（如图 22.27 所示）由 mini USB 插座、UART 芯片以及用于在 +3.3V 和 +5V 之间选择输出电压的跳线组成。因为 tRF click 板运行于 +3.3V，USB UART 板上的跳线必须设置为 +3.3V（如图 22.27 所示）。

USB UART 板	tRF click 板
VCC	+3.3V
GND	GND
TX	TXD
RX	RXD

图 22.27　USB UART 板

USB UART 板与 tRF click 板之间的连接如下（如图 22.28 所示）：

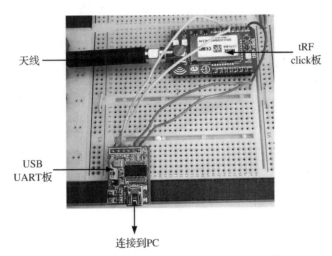

图 22.28　连接 USB UART 板到 tRF click 板

程序清单：如图 22.29 所示（程序文件：`remote.c`）。程序由 3 个任务以及空闲任务组成。

```
/*===============================================================
                  REMOTE CONTROL OF THE BUGGY
                  ===========================
In this program the lights and the movemsnts of the Buggy is controlled remotely.
An IR distance sensor is mounted in-front of the Buggy as in the previous project
in order to measure the distance to obtacles. If an obstacle is within a preset
range then the Buggy is stopped. The Buggy is controlled from a PC where the
```

图 22.29　`remote.c` 程序清单

```
    communication is established using a pair of tRF 868MHz RF transmitter/receiver
    click boards. Full details of the interface and list of valid commands are given
    in the text.

    Author: Dogan Ibrahim
    Date   : December, 2019
    File   : remote.c
    ===========================================================================*/
    #include "main.h"
    #include "event_groups.h"

    EventGroupHandle_t xEventGroup;

    unsigned int PWMA, PWMB, PWMC, PWMD;

    //
    // Stop the Buggy by setting all the Duty Cycles to 0
    //
    void StopBuggy()
    {
      #define BIT_1 ( 1 << 1 )
      EventBits_t uxBits;

      uxBits = xEventGroupClearBits(xEventGroup, BIT_1);            // Clear efn 1
      PWM_TIM11_Set_Duty(0, _PWM_NON_INVERTED, _PWM_CHANNEL1);
      PWM_TIM10_Set_Duty(0, _PWM_NON_INVERTED, _PWM_CHANNEL1);
      PWM_TIM9_Set_Duty(0, _PWM_NON_INVERTED, _PWM_CHANNEL1);
      PWM_TIM3_Set_Duty(0, _PWM_NON_INVERTED, _PWM_CHANNEL3);
    }

    //
    // Move Buggy Forward, mode specifies the speed
    //
    void MoveForward(int mode)
    {
        PWM_TIM11_Set_Duty(0, _PWM_NON_INVERTED, _PWM_CHANNEL1);
        PWM_TIM9_Set_Duty(0, _PWM_NON_INVERTED, _PWM_CHANNEL1);
        PWM_TIM3_Set_Duty(PWMD/mode, _PWM_NON_INVERTED, _PWM_CHANNEL3);
        PWM_TIM10_Set_Duty(PWMB/mode, _PWM_NON_INVERTED, _PWM_CHANNEL1);
    }

    //
    // Turn Left
    //
    void TurnLeft()
    {
      EventBits_t uxBits;
      PWM_TIM11_Set_Duty(0, _PWM_NON_INVERTED, _PWM_CHANNEL1);
      PWM_TIM10_Set_Duty(0, _PWM_NON_INVERTED, _PWM_CHANNEL1);
      PWM_TIM9_Set_Duty(0, _PWM_NON_INVERTED, _PWM_CHANNEL1);
      PWM_TIM3_Set_Duty(PWMD, _PWM_NON_INVERTED, _PWM_CHANNEL3);
      vTaskDelay(pdMS_TO_TICKS(180));
      uxBits = xEventGroupSetBits(xEventGroup, BIT_1);              // Set efn 1
    }

    //
    // Turn Right
    //
    void TurnRight()
    {
      EventBits_t uxBits;
      PWM_TIM11_Set_Duty(0, _PWM_NON_INVERTED, _PWM_CHANNEL1);
      PWM_TIM10_Set_Duty(PWMB, _PWM_NON_INVERTED, _PWM_CHANNEL1);
      PWM_TIM9_Set_Duty(0, _PWM_NON_INVERTED, _PWM_CHANNEL1);
      PWM_TIM3_Set_Duty(0, _PWM_NON_INVERTED, _PWM_CHANNEL3);
      vTaskDelay(pdMS_TO_TICKS(180));
      uxBits = xEventGroupSetBits(xEventGroup, BIT_1);              // Set efn 1
```

图 22.29 （续）

```c
}
//
// Turn ON(1), OFF(0) head lights
//
void HeadLights(int mode)
{
    #define HeadLight GPIOB_ODR.B6
    GPIO_Config(&GPIOB_BASE, _GPIO_PINMASK_6, _GPIO_CFG_MODE_OUTPUT);
    HeadLight = mode;
}

//
// Flash the left signal lights "count" times at the given "rate (in ms)"
//
void LeftSignalFlash(int ratems, int count)
{
    #define LeftSignalLights GPIOC_ODR.B4
    int k;
    GPIO_Config(&GPIOC_BASE, _GPIO_PINMASK_4, _GPIO_CFG_MODE_OUTPUT);

    for(k = 0; k < count; k++)
    {
       LeftSignalLights = 1;                               // Lights ON
       vTaskDelay(pdMS_TO_TICKS(ratems));                  // Wait rate ms
       LeftSignalLights = 0;                               // Lights OFF
       vTaskDelay(pdMS_TO_TICKS(ratems));                  // Wait rate ms
    }
}

//
// Flash the right signal lights "count" times at the given "rate (in ms)"
//
void RightSignalFlash(int ratems, int count)
{
    #define RightSignalLights GPIOE_ODR.B2
    int k;
    GPIO_Config(&GPIOE_BASE, _GPIO_PINMASK_2, _GPIO_CFG_MODE_OUTPUT);

    for(k = 0; k < count; k++)
    {
       RightSignalLights = 1;                              // Lights ON
       vTaskDelay(pdMS_TO_TICKS(ratems));                  // Wait rate ms
       RightSignalLights = 0;                              // Lights OFF
       vTaskDelay(pdMS_TO_TICKS(ratems));                  // Wait rate ms
    }
}

//
// Turn ON (1), OFF(0) brake lights
//
void BrakeLights(int mode)
{
    #define BrakeLight GPIOE_ODR.B1
    GPIO_Config(&GPIOE_BASE, _GPIO_PINMASK_1, _GPIO_CFG_MODE_OUTPUT);
    BrakeLight = mode;
}

//
// Activate the buzzer at 1000Hz for 100ms
//
void ActivateBuzzer()
{
    Sound_Init(&GPIOE_ODR, 9);                             // Buzzer port
    Sound_Play(1000,100);                                  // Activate buzzer
}
```

图 22.29 （续）

```c
//
// Define all your Task functions here
// ===================================
//

// Task 1 - IR Sensor Controller
void Task1(void *pvParameters)
{
    #define IREnable GPIOD_ODR.B11
    #define LED GPIOE_ODR.B15
    #define BIT_1 ( 1 << 1 )

    unsigned IRSensorValue;
    float mV;
    float DistanceThreshold = 980.0;                               // 30cm distance

    EventBits_t uxBits;
    GPIO_Config(&GPIOD_BASE, _GPIO_PINMASK_11, _GPIO_CFG_MODE_OUTPUT);
    ADC1_Init();                                                   // Initialize ADC
    IREnable = 1;                                                  // Enable IR

    while (1)                                                      // DO FOREVER
    {   uxBits = xEventGroupWaitBits(xEventGroup, BIT_1, pdFALSE, pdFALSE, 0);
        if((uxBits & BIT_1 ) != 0)
        {
            IRSensorValue = ADC1_Read(10);                         // Read ADC Chan 10
            mV = IRSensorValue*3300.0 / 4096.0;                    // In mV

            if(mV < DistanceThreshold)                             // If no obstacle
            {
                MoveForward(5);                                    // Go forward
            }
            else                                                   // Obstacle
            {
                StopBuggy();                                       // Stop
                ActivateBuzzer();                                  // Buzzer ON
            }
        }
        vTaskDelay(pdMS_TO_TICKS(350));                            // Small delay
    }
}

// Task 2 - Command Controller
void Task2(void *pvParameters)
{
    #define BIT_1 ( 1 << 1 )
    char c;
    EventBits_t uxBits;

    UART3_Init_Advanced(19200,_UART_8_BIT_DATA,_UART_NOPARITY,_UART_ONE_STOPBIT,
                        &_GPIO_MODULE_USART3_PD89);

    while(1)
    {
      if(UART3_Data_Ready())                                       // Command?
      {
        c = UART3_Read();                                          // Get command
        switch(c)
        {
          case 'S':                                                // IS it S?
              StopBuggy();                                         // Stop Buggy
              break;
          case 'L':                                                // Is it L?
              TurnLeft();                                          // Turn left
              break;
```

图 22.29 （续）

```
                case 'R':                                              // Is it R?
                    TurnRight();                                       // Turn right
                    break;
                case 'F':
                    uxBits = xEventGroupSetBits(xEventGroup, BIT_1);   // Set efn 1
                    break;
                case 'H':                                              // Is it H?
                    HeadLights(1);                                     // Head lights ON
                    break;
                case 'h':                                              // Is it h?
                    HeadLights(0);                                     // Head lights OFF
                    break;
                case 'B':                                              // Is it B?
                    BrakeLights(1);                                    // Brake lights ON
                    break;
                case 'b':                                              // Is it b?
                    BrakeLights(0);                                    // Brake lights OFF
                    break;
                case 'P':                                              // IS it P?
                    LeftSignalFlash(100, 3);                           // Left signal
                    break;
                case 'Q':                                              // Is it Q?
                    RightSignalFlash(100, 3);                          // Right flash
                    break;
            }
        }
    }
}
// Task 3 - Buggy Active Light Controller
void Task3(void *pvParameters)
{
    #define BuggyActiveLED GPIOE_ODR.B12
    GPIO_Config(&GPIOE_BASE, _GPIO_PINMASK_12, _GPIO_CFG_MODE_OUTPUT);
    while(1)
    {
        BuggyActiveLED = 1;                                            // LED ON
        vTaskDelay(pdMS_TO_TICKS(200));                                // Wait 200ms
        BuggyActiveLED = 0;                                            // LED OFF
        vTaskDelay(pdMS_TO_TICKS(200));                                // Wait 200ms
    }
}


//
// Start of MAIN program
// =====================
//
void main()
{
  xEventGroup = xEventGroupCreate();                                   // Create event group
//
// Create PWM channels
//
  PWMA = PWM_TIM11_Init(1000);                                         // For pin PB9
  PWMB = PWM_TIM10_Init(1000);                                         // For pin PB8
  PWMC = PWM_TIM9_Init(1000);                                          // For pin PE5
  PWMD = PWM_TIM3_Init(1000);                                          // For pin PB0
//
// Start all PWM channels
//
  PWM_TIM11_Start(_PWM_CHANNEL1, &_GPIO_MODULE_TIM11_CH1_PB9);
  PWM_TIM10_Start(_PWM_CHANNEL1, &_GPIO_MODULE_TIM10_CH1_PB8);
  PWM_TIM9_Start(_PWM_CHANNEL1, &_GPIO_MODULE_TIM9_CH1_PE5);
  PWM_TIM3_Start(_PWM_CHANNEL3, &_GPIO_MODULE_TIM3_CH3_PB0);
```

图 22.29 （续）

```
//
// Set Duty Cycles to all 0s (i.e. Stop the Buggy)
//
  StopBuggy();

//
// Create all the TASKS here
// =========================
//
    // Create Task 1
    xTaskCreate(
        (TaskFunction_t)Task1,
        "IR Sensor Controller",
        configMINIMAL_STACK_SIZE,
        NULL,
        10,
        NULL
    );

      // Create Task 2
    xTaskCreate(
        (TaskFunction_t)Task2,
        "Command Controller",
        configMINIMAL_STACK_SIZE,
        NULL,
        10,
        NULL
    );

    // Create Task 3
    xTaskCreate(
        (TaskFunction_t)Task3,
        "Buggy Active Light Controller",
        configMINIMAL_STACK_SIZE,
        NULL,
        10,
        NULL
    );
//
// Start the RTOS scheduler
//
    vTaskStartScheduler();

//
// Will never reach here
}
```

图 22.29 （续）

任务执行以下操作：

任务 1（红外距离传感器 click）

定义红外距离阈值

初始化 ADC

启用红外距离传感器 click

DO FOREVER

    检查事件标志 1

    IF 事件标志 1 被设置 THEN

        读取到障碍物的距离

        IF 到障碍物的距离 < 红外距离阈值 THEN

            前进
        ELSE
            停止 Buggy
            激活蜂鸣器
        ENDIF
    ENDIF
ENDDO

任务 2（命令控制器）

设置 tRF 端口为 19200 波特
    DO FOREVER
        IF 命令已输入 **THEN**
            IF 命令是 S **THEN**
                停止 Buggy
            ELSE IF 命令是 L **THEN**
                左转
            ELSE IF 命令是 R **THEN**
                右转
            ELSE IF 命令是 F **THEN**
                设置事件标志 1
            ELSE IF 命令是 H **THEN**
                打开头灯
            ELSE IF 命令是 h **THEN**
                关闭头灯
            ELSE IF 命令是 B **THEN**
                打开刹车灯
            ELSE IF 命令是 b **THEN**
                关闭刹车灯
            ELSE IF 命令是 P **THEN**
                闪烁左信号灯 3 次
            ELSE IF 命令是 Q **THEN**
                闪烁右信号灯 3 次
            ENDIF
        ENDIF
ENDDO

任务 3（活动状态灯控制器）

打开板载 LED
等待 200ms

关闭板载 LED

等待 200ms

当命令从 PC 键盘输入后，命令被发送到安装在 Buggy 的 tRF 模块，然后通过 Clicker 2 for STM32 开发板的 UART 被读取。命令使用标准 UART 数据接收命令来接收。命令 F 设置事件标志 1，这样能使任务 1 调用 `MoveForward` 函数驱动 Buggy 前进。如果 Buggy 检测到前方预设距离内有障碍，那么它就会停止并将蜂鸣器激活一小段时间。当 Buggy 停止时，事件标志 1 被清除。命令 L 和 R 分别驱动 Buggy 左转和右转。Buggy 能在停止后转向，也能在前进时转向。事件标志 1 会在左转和右转函数中被设置，以使 Buggy 在被命令 S 停止或遇到障碍后开始移动。

测试程序步骤如下：

- 编译程序，并上传到开发板。
- 连接 PC USB 端口和 USB UART 板之间的 USB 线缆（如图 22.28 所示）。
- 在 PC 上启动终端模拟软件（例如 Hyperterm 或 Putty），设置为 19 200 波特（tRF 模块的默认波特率）。
- 将 Buggy 放置到地板上。
- 在 PC 键盘上输入命令 H。头灯应该被打开。输入命令 h 应该关闭头灯。
- 输入命令 B 和 b 分别打开和关闭刹车灯。
- 通过输入命令 P 和 Q 测试信号灯。
- 在 PC 键盘上输入命令 F。Buggy 应该开始前进，当在预设阈值距离内有障碍物时，Buggy 应该停止。
- 命令 L 或 R 能使 Buggy 按要求转向。
- 测试命令 S，确保在输入该命令时 Buggy 会停止。

拓展阅读

[1] Buggy user guide, www.mikroe.com/buggy.
[2] Electronza, https://electronza.com/mikroe-buggy-assembly-first-impressions/.

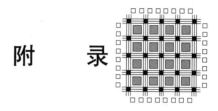

附 录

附录 A 数字系统

A.1 概述

了解二进制、十进制以及十六进制数字系统对于有效使用微处理器或者微控制器而言是必不可少的。本章为那些不熟悉这些数字系统以及不知道如何在不同数字系统之间进行转换的读者提供了相关背景知识。

数字系统是根据对应的基数划分的。日常生活中使用的数字系统的基数是 10，被称为十进制数字系统。通常在微处理器和微控制器中使用的数字系统的基数是 16，被称为十六进制数字系统。此外，还会用到二进制或八进制数字系统。

A.2 十进制数字系统

十进制数字系统中的数字包括 0、1、2、3、4、5、6、7、8 和 9。我们可以使用下标 10 表示十进制格式的数字，例如，我们可以将十进制数 235 写作 235_{10}。

一般而言，一个十进制数可以表示为如下形式：

$$a_n \times 10^n + a_{n-1} \times 10^{n-1} + a_{n-2} \times 10^{n-2} + \cdots + a_0 \times 10^0$$

例如，十进制数 825_{10} 可以表示为：

$$825_{10} = 8 \times 10^2 + 2 \times 10^1 + 5 \times 10^0$$

与此类似，十进制数 26_{10} 可以表示为：

$$26_{10} = 2 \times 10^1 + 6 \times 10^0$$

3359_{10} 可以表示为：

$$3359_{10} = 3 \times 10^3 + 3 \times 10^2 + 5 \times 10^1 + 9 \times 10^0$$

A.3 二进制数字系统

在二进制数字系统中有两个数字：0 和 1。我们可以用下标 2 表示二进制格式的数字。例如，我们可以把二进制数 1011 写作 1011_2。

一般而言，一个二进制数可以表示为如下形式：

$$a_n \times 2^n + a_{n-1} \times 2^{n-1} + a_{n-2} \times 2^{n-2} + \cdots + a_0 \times 2^0$$

例如，二进制数 1110_2 可以表示为：
$$1110_2 = 1\times 2^3 + 1\times 2^2 + 1\times 2^1 + 0\times 2^0$$
与此类似，二进制数 10001110_2 可以表示为：
$$10001110_2 = 1\times 2^7 + 0\times 2^6 + 0\times 2^5 + 0\times 2^4 + 1\times 2^3 + 1\times 2^2 + 1\times 2^1 + 0\times 2^0$$

A.4 八进制数字系统

八进制数字系统中的有效数字为 0、1、2、3、4、5、6 和 7。我们可以用下标 8 表示八进制格式的数字。例如，我们可以将八进制数 23 写作 23_8。

一般而言，一个八进制数可以表示为如下形式：
$$a_n \times 8^n + a_{n-1} \times 8^{n-1} + a_{n-2} \times 8^{n-2} + \cdots + a_0 \times 8^0$$
例如，八进制数 237_8 可以表示为：
$$237_8 = 2\times 8^2 + 3\times 8^1 + 7\times 8^0$$
与此类似，二进制数 1777_8 可以表示为：
$$1777_8 = 1\times 8^3 + 7\times 8^2 + 7\times 8^1 + 7\times 8^0$$

A.5 十六进制数字系统

十六进制数字系统中的有效数字为 0、1、2、3、4、5、6、7、8、9、A、B、C、D、E 和 F。我们可以用下标 16 或 H 表示十六进制格式的数字。例如，我们可以将十六进制数 1F 写作 $1F_{16}$ 或者 $1F_H$。

一般而言，一个十六进制数可以表示为如下形式：
$$a_n \times 16^n + a_{n-1} \times 16^{n-1} + a_{n-2} \times 16^{n-2} + \cdots + a_0 \times 16^0$$
例如，十六进制数 $2AC_{16}$ 可以表示为：
$$2AC_{16} = 2\times 16^2 + 10\times 16^1 + 12\times 16^0$$
与此类似，十六进制数 $3FFE_{16}$ 可以表示为：
$$3FFE_{16} = 3\times 16^3 + 15\times 16^2 + 15\times 16^1 + 14\times 16^0$$

A.6 二进制数到十进制数的转换

为了将二进制数转换成十进制数，可以计算该数各位与 2 的幂次乘积之和。

示例 A.1

将二进制数 1011_2 转换成十进制数。

解答 A.1

将该数写成 2 的幂次和：
$$\begin{aligned}1011_2 &= 1\times 2^3 + 0\times 2^2 + 1\times 2^1 + 1\times 2^0 \\ &= 8+0+2+1 \\ &= 11\end{aligned}$$

即 $1011_2 = 11_{10}$。

示例 A.2

将二进制数 11001110_2 转换成十进制数。

解答 A.2

将该数写成 2 的幂次和：

$$11001110_2 = 1 \times 2^7 + 1 \times 2^6 + 0 \times 2^5 + 0 \times 2^4 + 1 \times 2^3 + 1 \times 2^2 + 1 \times 2^1 + 0 \times 2^0$$
$$= 128 + 64 + 0 + 0 + 8 + 4 + 2 + 0$$
$$= 206$$

即 $11001110_2 = 206_{10}$。

表 A.1 展示了值为 0~31 的二进制数及其等价的十进制数。

表 A.1　与二进制数等价的十进制数

二进制	十进制	二进制	十进制	二进制	十进制
00000000	0	00001011	11	00010110	22
00000001	1	00001100	12	00010111	23
00000010	2	00001101	13	00011000	24
00000011	3	00001110	14	00011001	25
00000100	4	00001111	15	00011010	26
00000101	5	00010000	16	00011011	27
00000110	6	00010001	17	00011100	28
00000111	7	00010010	18	00011101	29
00001000	8	00010011	19	00011110	30
00001001	9	00010100	20	00011111	31
00001010	10	00010101	21		

A.7　十进制数到二进制数的转换

要想将十进制数转换成二进制数，就要将该数反复除以 2 并取出余数，第一个余数是最低有效位（LSD），最后一个余数是最高有效位（MSD）。

示例 A.3

将十进制数 28_{10} 转换成二进制数。

解答 A.3

将该数反复除以 2 并取出余数：

28/2	→	14	余数 0	最低有效位
14/2	→	7	余数 0	
7/2	→	3	余数 1	
3/2	→	1	余数 1	
1/2	→	0	余数 1	最高有效位

求得的二进制数为 11100_2。

示例 A.4

将十进制数 65_{10} 转换成二进制数。

解答 A.4

将该数反复除以 2 并取出余数：

65/2	→	32	余数 1	最低有效位
32/2	→	16	余数 0	
16/2	→	8	余数 0	
8/2	→	4	余数 0	
4/2	→	2	余数 0	
2/2	→	1	余数 0	
1/2	→	0	余数 1	最高有效位

求得的二进制数为 1000001_2。

示例 A.5

将十进制数 122_{10} 转换成二进制数。

解答 A.5

将该数反复除以 2 并取出余数：

122/2	→	61	余数 0	最低有效位
61/2	→	30	余数 1	
30/2	→	15	余数 0	
15/2	→	7	余数 1	
7/2	→	3	余数 1	
3/2	→	1	余数 1	
1/2	→	0	余数 1	最高有效位

求得的二进制数为 1111010_2。

A.8 二进制数到十六进制数的转换

要想将二进制数转化为十六进制数，需要将该数按每 4 位数字划分为 1 组，并针对每一组写出对应的十六进制数。如果该数不能被准确地按每 4 位数字分组，那么可以在其左边补零。

示例 A.6

将二进制数 10011111_2 转换成十六进制数。

解答 A.6

首先将其按 4 位数字分组，然后对每一组求解对应的十六进制数：

$$10011111 = 1001 \quad 1111$$
$$9 \quad\quad F$$

求得的十六进制数为 $9F_{16}$。

示例 A.7

将二进制数 1110111100001110_2 转换成十六进制数。

解答 A.7

首先将其按 4 位数字分组，然后对每一组求解对应的十六进制数：

$$1110111100001110 = 1110 \quad 1111 \quad 0000 \quad 1110$$
$$E \quad\quad F \quad\quad 0 \quad\quad E$$

求得的十六进制数为 $EF0E_{16}$。

示例 A.8

将二进制数 111110_2 转换成十六进制数。

解答 A.8

由于该数不能准确地按 4 位数字分组，所以需要在该数左边补零：

$$111110 = 0011 \quad 1110$$
$$3 \quad\quad E$$

求得的十六进制数为 $3E_{16}$。

表 A.2 展示了十进制值为 0~31 的十六进制数。

表 A.2 与十进制数等价的十六进制数

十进制	十六进制	十进制	十六进制	十进制	十六进制	十进制	十六进制
0	0	16	10	8	8	24	18
1	1	17	11	9	9	25	19
2	2	18	12	10	A	26	1A
3	3	19	13	11	B	27	1B
4	4	20	14	12	C	28	1C
5	5	21	15	13	D	29	1D
6	6	22	16	14	E	30	1E
7	7	23	17	15	F	31	1F

A.9 十六进制数到二进制数的转换

要想将一个十六进制数转换为二进制，只需要针对该数中的每位十六进制数字写出对应的二进制数。

示例 A.9

将十六进制数 $A9_{16}$ 转换成二进制数。

解答 A.9

针对每位十六进制数字写出对应的二进制数：

$A=1010_2 \qquad 9=1001_2$

求得的二进制数为 10101001_2。

示例 A.10

将十六进制数 $FE3C_{16}$ 转换成二进制数。

解答 A.10

针对每位十六进制数字写出对应的二进制数：

$F=1111_2 \quad E=1110_2 \quad 3=0011_2 \quad C=1100_2$

求得的二进制数为 1111111000111100_2。

A.10 十六进制数到十进制数的转换

要想将十六进制数转换成十进制数，我们必须计算该数的各位与 16 的幂次乘积之和。

示例 A.11

将十六进制数 $2AC_{16}$ 转换成十进制数。

解答 A.11

计算该数的各位与 16 的幂次乘积之和：

$$2AC_{16} = 2 \times 16^2 + 10 \times 16^1 + 12 \times 16^0$$
$$= 512 + 160 + 12$$
$$= 684$$

求得的十进制数为 684_{10}。

示例 A.12

将十六进制数 EE_{16} 转换成十进制数。

解答 A.12

计算该数的各位与 16 的幂次乘积之和：

$$EE_{16} = 14 \times 16^1 + 14 \times 16^0$$
$$= 224 + 14$$
$$= 238$$

求得的十进制数为 238_{10}。

A.11 十进制数到十六进制数的转换

要想将十进制数转换成十六进制数，就要将该数反复除以 16 并取出余数，第一个余数是最低有效位，最后一个余数是最高有效位。

示例 A.13

将十进制数 238_{10} 转换成十六进制数。

解答 A.13

将该数反复除以 16：

238/16	→	14	余数 14（E）	最低有效位
14/16	→	0	余数 14（E）	最高有效位

求得的十六进制数为 EE_{16}。

示例 A.14

将十进制数 684_{10} 转换成十六进制数。

解答 A.14

将该数反复除以 16：

684/16	→	42	余数 12（C）	最低有效位
42/16	→	2	余数 10（A）	
2/16	→	0	余数 2	最高有效位

求得的十六进制数为 $2AC_{16}$。

A.12 八进制数到十进制数的转换

要想将八进制数转换成十进制数，可以计算该数的各位与 8 的幂次乘积之和。

示例 A.15

将八进制数 15_8 转换成十进制数。

解答 A.15

计算该数的各位与 8 的幂次乘积之和：

$$15_8 = 1 \times 8^1 + 5 \times 8^0$$
$$= 8+5$$
$$= 13$$

求得的十进制数为 13_{10}。

示例 A.16

将八进制数 237_8 转换成十进制数。

解答 A.16

计算该数的各位与 8 的幂次乘积之和：

$$237_8 = 2 \times 8^2 + 3 \times 8^1 + 7 \times 8^0$$
$$= 128+24+7$$
$$= 159$$

求得的十进制数为 159_{10}。

A.13 十进制数到八进制数的转换

要想将十进制数转换成八进制数,就要将该数反复除以 8 并取出余数,第一个余数是最低有效位,最后一个余数是最高有效位。

示例 A.17

将十进制数 159_{10} 转换成八进制数。

解答 A.17

将该数反复除以 8:

159/8	→	19	余数 7	最低有效位
16/8	→	2	余数 3	
2/8	→	0	余数 2	最高有效位

求得的八进制数为 237_8。

示例 A.18

将十进制数 460_{10} 转换成八进制数。

解答 A.18

将该数反复除以 8:

460/8	→	57	余数 4	最低有效位
57/8	→	7	余数 1	
7/8	→	0	余数 7	最高有效位

求得的八进制数为 714_8。

表 A.3 展示了十进制值为 0 至 31 的八进制数。

表 A.3 与十进制数等价的八进制数

十进制	八进制	十进制	十六进制	十进制	八进制	十进制	十六进制
0	0	16	20	8	10	24	30
1	1	17	21	9	11	25	31
2	2	18	22	10	12	26	32
3	3	19	23	11	13	27	33
4	4	20	24	12	14	28	34
5	5	21	25	13	15	29	35
6	6	22	26	14	16	30	36
7	7	23	27	15	17	31	37

A.14 八进制数到二进制数的转换

要想将八进制数转换成二进制,只需要针对该数的每一位写出对应的三位二进制值。

示例 A.19

将八进制数 177_8 转换成二进制数。

解答 A.19

针对该数的每一位写出对应的二进制值：

$$1=001_2 \quad 7=111_2 \quad 7=111_2$$

求得的二进制数为 001111111_2。

示例 A.20

将八进制数 75_8 转换成二进制数。

解答 A.20

针对该数的每一位写出对应的二进制值：

$$7=111_2 \quad 5=101_2$$

求得的二进制数为 111101_2。

A.15 二进制数到八进制数的转换

要想将二进制数转化为八进制数，需要将该数按每 3 位数字划分为 1 组，并针对每一组写出对应的八进制数。

示例 A.21

将二进制数 110111001_2 转换成八进制数。

解答 A.21

将其按每 3 位数字分组：

$$110111001 = 110 \quad 111 \quad 001$$
$$\qquad\qquad\qquad\;\; 6 \quad\;\; 7 \quad\;\; 1$$

求得的十六进制数为 671_8。

A.16 负数

二进制数的最高位通常用作符号位，按照惯例，对于正数该位是 0，对于负数该位是 1。图 A.1 展示的是 4 位正数和负数，其中最大的正数是 +7，最大的负数是 -8。

要想将一个正数转换成负数，就要首先取该数的补码，然后再加 1，这个过程也被称为该数的二进制补码。

示例 A.22

将十进制数 -6 写成 4 位二进制数。

解答 A.22

首先写出该数对应的正数，然后取其补码并加 1：

二进制数	对应的十进制数
0111	+7
0110	+6
0101	+5
0100	+4
0011	+3
0010	+2
0001	+1
0000	-0
1111	-1
1110	-2
1101	-3
1100	-4
1011	-5
1010	-6
1001	-7
1000	-8

图 A.1　4 位正数和负数

0110	+6
1001	补码
1	加1

1010	-6

示例 A.23

将十进制数 -25 写成 8 位二进制数。

解答 A.23

首先写出该数对应的正数,然后取其补码并加 1:

00011001	+25
11100110	补码
1	加1

11100111	-25

A.17 二进制数加法

二进制数的加法与十进制数的加法类似,每一列的数字以及前一列的进位相加即可,基本的加法运算是:

0+0=0	
0+1=1	
1+0=1	
1+1=10	产生进位
1+1+1=11	产生进位

下面给出以下示例。

示例 A.24

求二进制数 011 与 110 之和。

解答 A.24

我们可以按照求解十进制数之和的方式求解上面两个二进制数之和:

011	第一列	1 + 0 = 1
+ 110	第二列	1 + 1 = 10,产生进位
-------	第三列	1 + 1 = 10
1001		

示例 A.25

求二进制数 01000011 与 00100010 之和。

解答 A.25

我们可以按照求解十进制数之和的方式求解上面两个二进制数之和：

01000011	第一列	1+0=1
+ 00100010	第二列	1+1=10
-------------	第三列	0+ 进位 =1
01100101	第四列	0+0=0
	第五列	0+0=0
	第六列	0+1=1
	第七列	1+0=1
	第八列	0+0=0

A.18 二进制数减法

两个数相减只需要将被减数转换成负值再相加。

示例 A.26

求二进制数 0110 与 0010 之差。

解答 A.26

首先将被减数转换成负值：

0010	被减数
1101	补码
1	加 1

1110	

现在将这两个数相加：

0110
+1110

0100

由于我们只用到了 4 位数字，所以在上面没有展示进位信息。

A.19 二进制数乘法

两个二进制数相乘与十进制数相乘相同，4 种可能的乘法运算是：

0 × 0 = 0
0 × 1 = 0
1 × 0 = 0
1 × 1 = 1

下面给出一些示例。

示例 A.27

求二进制数 0110 与 0010 的乘积。

解答 A.27

对这两个数进行乘法运算：

0110
0010

0000
0110
0000
0000

001100 或 1100

在这个例子中，需要用 4 位数字表示最终结果。

示例 A.28

求二进制数 1001 与 1010 的乘积。

解答 A.28

对这两个数进行乘法运算：

1001
1010

0000
1001
0000
1001

1011010

在这个例子中，需要用 7 位数字表示最终结果。

A.20 二进制数除法

二进制数的除法与十进制数的除法类似,下面给出一个示例。

示例 A.29

求二进制数 1110 与 10 相除的结果。

解答 A.29

对这两个数进行除法运算:

```
          111
      ┌───────
    10│1110
       ────
        10
        ──
        11
        10
        ──
         10
         10
         ──
         00
```

得到的运算结果为 111_2。

A.21 浮点数

浮点数用于表示非整型分数,例如:3.256、2.1、0.0036 等。大多数工程技术计算中都会用到浮点数,最常用的浮点数标准是 IEEE 标准,根据该标准,浮点数用 32 位(单精度)或 64 位(双精度)表示。

在本节中我们只介绍 32 位浮点数以及此类数上的计算方法。

根据 IEEE 标准,32 位浮点数表示为:

31	30	23	22	0
X	XXXXXXX	X	XXXXXXXXXXXXXXXXXXXXXXX	X
↑	↑		↑	
符号位	阶数		尾数	

最高位表示浮点数的符号,其中 0 表示正数,1 表示负数。

8 位阶数表示该数的幂次,为了便于运算,没有写出阶数的符号,而是使用以 128 为基准的偏正值。因此,为了获取真正的阶数,我们必须将给出的阶数减去 127。例如,如果阶数是"10000000",那么阶数的真实值是 128-127=1。

尾数有 23 位,表示逐级递进的 2 的负幂次方,例如,假设尾数为"11100000000000

00000000",那么尾数值应该按照这种方式计算:$2^{-1}+2^{-2}+2^{-3}=7/8$。

浮点数对应的十进制值可以按照下面的公式计算:

$$Number=(-1)^s 2^{e-127} 1.f$$

其中:

对于正数,$s=0$,对于负数,$s=1$;e是阶数,取值范围为0~255;f是尾数。

正如上式所示,在尾数前面有一个隐藏的1,即尾数写作"$1.f$"。

32位浮点数的最大值和最小值是:

最大值:

0 11111110 11111111111111111111111

最大值是:$(2-2^{-23})2^{127}$,也即十进制数 3.403×10^{38}。浮点数的精度最高能到小数点后6位。

最小值:

0 00000001 00000000000000000000000

最小值是:2^{-126},也即十进制数 1.175×10^{-38}。

A.22 浮点数到十进制数的转换

要想将浮点数转换成十进制数,我们必须找到该数的尾数和阶数,然后按照 A.21 中的公式进行转换。

下面给出一些示例。

示例 A.30

求如下所示的浮点数对应的十进制数:

0 10000001 10000000000000000000000

解答 A.30

此处符号位表示正数,阶数 $=129-127=2$,尾数 $=2^{-1}=0.5$。

该浮点数对应的十进制数为 $+1.5 \times 2^2=+6.0$。

示例 A.31

求如下所示的浮点数对应的十进制数:

0 10000010 11000000000000000000000

解答 A.31

此处符号位表示正数,阶数 $=130-127=3$,尾数 $=2^{-1}+2^{-2}=0.75$。

该浮点数对应的十进制数为 $+1.75 \times 2^3=+14.0$。

A.22.1 浮点数的规范化

浮点数通常被写作规范化形式,规范形式的浮点数在小数点前仅有一位(假定在小数点前有一个隐藏的1)。

为了对一个给定的浮点数进行规范化操作,我们必须将小数点反复向左移动一位,在每次移动之后都会使阶数增加。

下面给出一些示例。

示例 A.32

对浮点数 123.56 进行规范化操作。

解答 A.32

如果我们将该数写作小数点前只有一位的形式，得到的结果是：

$$1.2356 \times 10^2$$

示例 A.33

对二进制数 1011.1_2 进行规范化操作。

解答 A.33

如果我们将该数写作小数点前只有一位的形式，得到的结果是：

$$1.111^3$$

A.22.2 十进制数到浮点数的转换

我们可以按照下列步骤，将给定的十进制数转换成浮点数：
- 写出该数的二进制形式；
- 进行规范化操作；
- 找出尾数和阶数；
- 将该数写成浮点数。

下面给出两个示例。

示例 A.34

将十进制数 2.25_{10} 转换成浮点数。

解答 A.34

写出该数的二进制形式：

$$2.25_{10} = 10.01_2$$

对其进行规范化操作：

$$10.01_2 = 1.001 \times 2^1$$

此处符号位 $s=0$，阶数 $e=128$（真实值为 128-127=1），尾数 f=00100000000000000000000。（尽管在运算过程中没有写出，但是请记住尾数左边有数字 1）现在我们可以写出所求的浮点数为：

s	e	f
0	10000000	(1)001 0000 0000 0000 0000 0000

即所求的 32 位浮点数为：01000000001000000000000000000000。

示例 A.35

将十进制数 134.0625_{10} 转换成浮点数。

解答 A.35

写出该数的二进制形式：

$$134.0625_{10} = 10000110.0001_2$$

对其进行规范化操作：

$$10000110.0001_2 = 1.00001100001 \times 2^7$$

此处符号位 $s=0$，阶数 $e=134$（真实值为 134−127=7），尾数 $f=00001100001000000000000$。

现在我们可以写出所求的浮点数为：

s	e	f
0	10000110	(1)00001100001000000000000

即所求的 32 位浮点数为：01000011000001100001000000000000。

A.22.3 浮点数的乘法和除法

浮点数的乘法和除法相当简单，下面给出运算步骤：
- 将两个数的阶数相加（或相减）；
- 将两个数的尾数相乘（或相除）；
- 修正阶数；
- 进行规范化操作；
- 结果的符号位是两个数符号位的异或运算结果。

由于运算过程中阶数要被处理两次，所以我们必须将阶数减去 127。

下面我们给出一个示例，展示两个浮点数的乘法运算。

示例 A.36

将十进制数 0.5_{10} 和 0.75_{10} 转换成浮点数，然后计算这两个数的乘积。

解答 A.36

我们将这两个数转换成浮点数：

$$0.5_{10} = 1.0000 \times 2^{-1}$$

此处符号位 $s=0$，阶数 $e=126$（真实值为 126−127=−1），尾数 $f=0000$。

即，

$$0.5_{10} = 0\ 01110110\ (1)000\ 0000\ 0000\ 0000\ 0000\ 0000$$

类似地有：

$$0.75_{10} = 1.1000 \times 2^{-1}$$

此处符号位 $s=0$，阶数 $e=126$（真实值为 126−127=−1），尾数 $f=1000$。

即，

$$0.75_{10} = 0\ 01110110\ (1)100\ 0000\ 0000\ 0000\ 0000\ 0000$$

将尾数相乘，可以得到"(1)100 0000 0000 0000 0000 0000"。阶数之和为 126+126=252，将阶数减去 127，我们得到 252−127=125。符号位异或运算的结果是 0。因此，运算结果的浮点数形式为：

0 01111101 (1)100 0000 0000 0000 0000 0000

上面的浮点数等于十进制数 0.375（$0.5 \times 0.75 = 0.375$），是正确的结果。

A.22.4 浮点数的加法和减法

浮点数在进行加法和减法运算之前，必须使其阶数一致，浮点数加法或减法运算的步骤如下所示：

- 将阶数较小的数不断右移，直到参与运算的两个浮点数的阶数一致，每次右移都会增加较小浮点数的阶数；
- 按照整数运算的方式让每个浮点数的尾数相加或相减，此时不用考虑小数点；
- 对得到的结果进行规范化操作。

下面给出一个示例。

示例 A.37

将十进制数 0.5_{10} 和 0.75_{10} 写成浮点数形式，然后对这两个数求和。

解答 A.37

正如示例 A.36 中所看到的那样，我们可以将这两个十进制数转换成如下所示的浮点数：

0.5_{10} = 0 01110110 (1)000 0000 0000 0000 0000 0000

0.75_{10} = 0 01110110 (1)100 0000 0000 0000 0000 0000

由于这两个数的阶数相同，所以不必移动阶数较小的数。如果我们在不考虑小数点的情况下将这两个数的尾数相加，那么就可以得到：

```
     (1)000 0000 0000 0000 0000 0000
     (1)100 0000 0000 0000 0000 0000
    ---------------------------------+
    (10)100 0000 0000 0000 0000 0000
```

要对上面得到的数进行规范化操作，我们可以将其右移一位，这也就增加了它的阶数，结果值为：

0 01111111 (1)010 0000 0000 0000 0000 0000

上面的浮点数等于十进制数 1.25，它正是十进制数 0.5 和 0.75 之和。

要想将浮点数转换成十进制数，以及将十进制数转换成浮点数，可以使用下面网站提供的免费程序：

http://babbage.cs.qc.edu/courses/cs341/IEEE-754.html

A.23 二进制编码的十进制

二进制编码的十进制（Binary Coded Decimal, BCD）通常用在诸如 LCD 和 7 段数码管之类的显示数字值的系统当中。在 BCD 中，每一位数字的范围为 0~9，用 4 位二进制数表示。表 A.4 展示了一个大小在 0～20 之间十进制数的 BCD 编码示例：

表 A.4　大小在 0～20 之间十进制数的 BCD 编码

十进制	BCD 码	二进制	十进制	BCD 码	二进制
0	0000	0000	11	0001 0001	1011
1	0001	0001	12	0001 0010	1100
2	0010	0010	13	0001 0011	1101
3	0011	0011	14	0001 0100	1110
4	0100	0100	15	0001 0101	1111
5	0101	0101	16	0001 0110	1 0000
6	0110	0110	17	0001 0111	1 0001
7	0111	0111	18	0001 1000	1 0010
8	1000	1000	19	0001 1001	1 0011
9	1001	1001	20	0010 0000	1 0100
10	0001 0000	1010			

示例 A.38

将十进制数 295 写成 BCD 编码形式。

解答 A.38

针对该数中的每一位写出相应的 4 位二进制数：

$$2 = 0010_2 \quad 9 = 1001_2 \quad 5 = 0101_2$$

得到的 BCD 编码为：$0010\ 1001\ 0101_2$。

示例 A.39

写出 BCD 编码 $1001\ 1001\ 0110\ 0001_2$ 对应的十进制数。

解答 A.39

将 BCD 编码中每 4 位分为 1 组，并写出相应的十进制数，最终得到的十进制数为 9961。

附录 B　程序描述语言

B.1　概述

随着程序变得越来越复杂，对于程序员而言，使用某些工具帮助编写和测试代码很有必要，有若干图形化或基于文本的工具可用于简化程序开发与测试。在本章中，我们将会学习程序描述语言（PDL），有时它又被称为伪代码，可用于在编写程序之前展示程序中的控制流。

B.2　程序开发工具

不超过十行代码的简单程序无须任何前期准备就能轻松开发出来。如果能首先得到算法，并将程序拆解成若干较小的模块，那么大型复杂程序的开发就会轻松很多。在有算法可用之后，实际的编写代码成为一项简单的任务。算法描述了程序的运行步骤，它既可以具有图形化形式，也可以基于文本形式，比如流程图、数据流图、结构图、程序描述语言以及统一建模语言（Unified Modeling Languages，UML）。流程图对描述小型程序中的控制流而言是一种很有用的工具，这些程序的流程图没有几页纸。但图形化工具的问题在于绘制和修改都比较耗费时间，当跨越若干页面绘制不止一幅图时问题更明显。程序描述语言并非一种编程语言，它是基于文本的关键词和动作的集合，可用于帮助程序员以一种步骤清晰、逻辑分明的方式描述程序中的控制流和数据。因为只是由文本组成，所以程序描述语言的主要优势在于非常便于修改。

在本书中，我们会尽可能地使用程序描述语言，但是在流程图有用武之地时也会用到流程图。在本附录接下来的若干小节中，我们将会看到程序描述语言的基本组成部分，同时也会针对程序描述语言的每项组成部分展示对应的流程图。

注意：在互联网上有很多可用于轻松绘制流程图的免费程序，这些程序包括 Microsoft Visio、Dia、yEd Graph Editor、ThinkComposer、Pencil Project、LibreOffice、Diagram Designer、LucidChart 等。

B.2.1　BEGIN – END

每个 PDL 描述都必须以 BEGIN 开始，以 END 结束。关键字应当为粗体，关键字中的语句应该缩进以使得阅读更加容易。图 B.1 给出了一个示例。

图 B.1　BEGIN-END 语句及其对应的流程图

B.2.2 顺序执行

在正常的程序流程中，语句会逐句顺序执行。每个步骤中要执行的操作写成纯文本的形式。顺序执行及其对应的流程图示例如图 B.2 所示。

B.2.3 IF-THEN-ELSE-ENDIF

IF-THEN-ELSE-ENDIF 用于创建条件语句，因此会改变程序中的控制流。每条 IF 语句都必须以 ENDIF 语句结束。ELSE 语句是可选项，如果用到它，则必须以 ENDIF 结束。在会作出多个决策的程序中可能还会用到 ELSE IF 语句，图 B.3~B.5 展示的是使用 IF-THEN-ELSE-ENDIF 的各种示例。

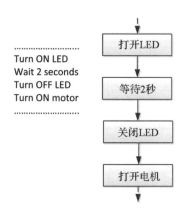

图 B.2　顺序执行及其对应的流程图

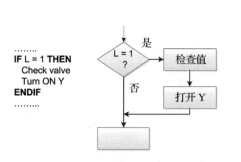

图 B.3　使用 IF-THEN-ENDIF

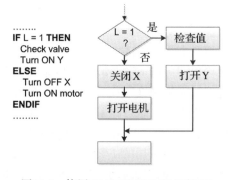

图 B.4　使用 IF-THEN-ELSE-ENDIF

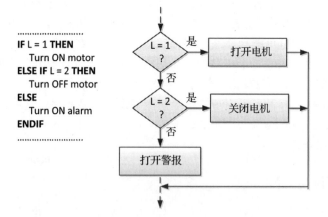

图 B.5　使用 IF-THEN-ELSE IF-ENDIF

B.2.4 DO-FOREVER-ENDDO

DO-FOREVER-ENDDO 语句用于永远重复一个循环，这种循环通常用于连续执行一个或多个操作的微控制器应用程序当中。图 8.6 展示的是使用 DO-FOREVER-ENDDO 的示例。

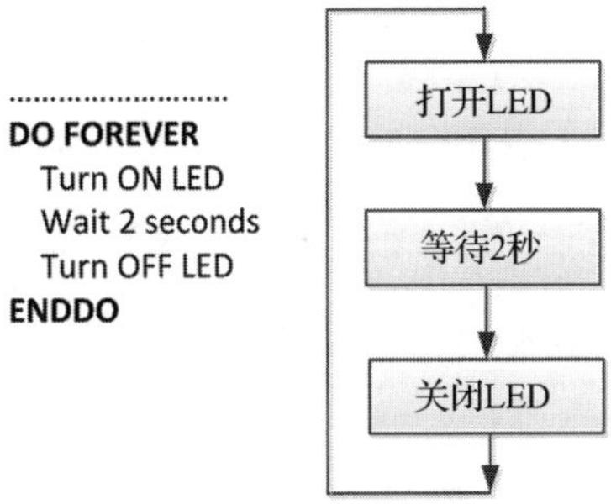

B.2.5 DO-ENDDO

DO-ENDDO 语句用于在程序中创建循环（或迭代）。每条 DO 语句都必须以 ENDDO 语句结束，允许在 DO 语句之后使用条件来创建条件循环。DO-ENDDO 的示例如图 B.7 所示，其中 LED 闪烁 10 次，每次输出之间有 2s 的延迟。DO-ENDDO 的另一个示例如图 B.8 所示。

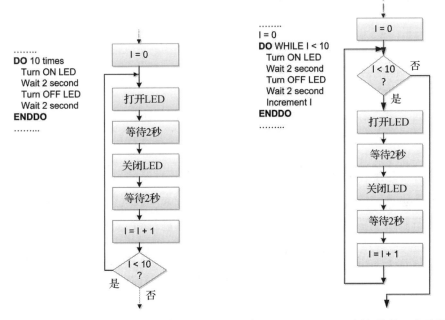

图 B.6　使用 DO-FOREVER-ENDDO 语句

图 B.7　使用 DO-ENDDO 语句

图 B.8　DO-ENDDO 语句的另一个示例

B.2.6 REPEAT-UNTIL

REPEAT-UNTIL 语句与 DO-ENDDO 语句类似，但是此处终止循环的条件是在结束时检查，因此循环至少执行一次。REPEAT-UNTIL 循环的示例如图 B.9 所示。

B.2.7 子程序

子程序在 PDL 和流程图中有很多种表示的方式。由于子程序是独立的程序模块，它们必须分别以 BEGIN 和 END 语句开始和结束。我们还应该在 BEGIN 和 END 关键字之后包含子程序的名称，图 B.10 展示的是名为 DISPLAY 的示例子程序，以及子程序的 PDL 和流程图表现形式。

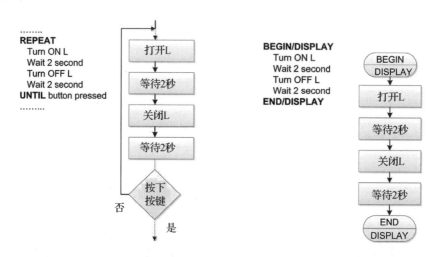

图 B.9　使用 REPEAT-UNTIL 语句　　　　图 B.10　子程序 DISPLAY

B.2.8 调用子程序

一个子程序可以从主程序或从另一个子程序调用，在 PDL 中，子程序由关键字 CALL 后紧跟子程序名称进行调用。在流程图中，通常的做法是在调用子程序的方框的两侧插入竖线。图 B.11 展示了从程序调用子程序 DISPLAY 的示例。

B.3　示例

本节给出了一些简单的示例，来说明在程序开发当中如何使用 PDL 以及相应的流程图。

示例 B.1

编写一个程序将十六进制数"A"到"F"转换成十进制。使用 PDL 展示算法，并绘制相应的流程图。假设要被转换的十六进制数命名为 HEX_NUM，输出的十进制数命名为 DEC_NUM。

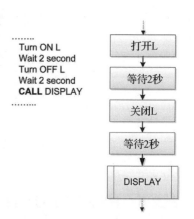

图 B.11　调用子程序 DISPLAY

解决方案 B.1

所需的 PDL 为:

```
BEGIN
  IF HEX_NUM = "A" THEN
    DEC_NUM = 10
  ELSE IF HEX_NUM = "B" THEN
    DEC_NUM = 11
  ELSE IF HEX_NUM = "C" THEN
    DEC_NUM = 12
  ELSE IF HEX_NUM = "D" THEN
    DEC_NUM = 13
  ELSE IF HEX_NUM = "E" THEN
    DEC_NUM = 14
  ELSE IF HEX_NUM = "F" THEN
    DEC_NUM = 15
  ENDIF
END
```

所需的流程图如图 B.12 所示。请注意，编写 PDL 语句要比绘制流程图形状并在其中撰写文本容易得多。

示例 B.2

编写一个程序来计算 1 和 100 之间的整数的和。使用 PDL 展示算法，并绘制相应的流程图。假设所求的和被存放在变量 SUM 当中。

解决方案 B.2

所需的 PDL 为:

```
BEGIN
  SUM = 0
  I = 1
  DO 100 TIMES
    SUM = SUM + I
    Increment I
  ENDDO
END
```

所需的流程图如图 B.13 所示。

示例 B.3

一个 LED 连接到微控制器的输出接口，此外一个按键连接到输入接口。需要当按下按键时打开 LED，否则关闭 LED。使用 PDL 展示算法，并绘制相应的流程图。

解决方案 B.3

所需的 PDL 为:

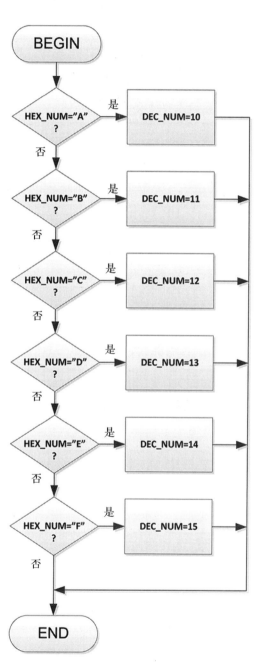

图 B.12 流程图解决方案

```
BEGIN
  DO FOREVER
    IF 按键被按下 THEN
      打开 LED
    ELSE
      关闭 LED
    ENDIF
  ENDDO
END
```

所需的流程图如图 B.14 所示。

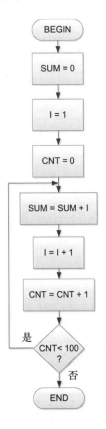

图 B.13　流程图解决方案

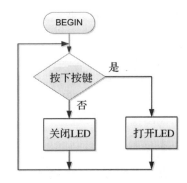

图 B.14　流程图解决方案

示例 B.4

将模拟压力传感器与微控制器的模数转换输入接口连接，另外将 LCD 显示屏与输出接口连接。需要每秒读取一次压力值，然后显示在 LCD 上。使用 PDL 展示算法，并绘制相应的流程图。假设显示例程是名为 DISPLAY 的子程序。

解决方案 B.4

所需的 PDL 为：

```
BEGIN
```

```
DO FOREVER
    从ADC端口读取压力
    CALL DISPLAY
    等待1秒
ENDDO
END
BEGIN/DISPLAY
    在LCD上显示压力
END/DISPLAY
```

所需的流程图如图 B.15 所示。

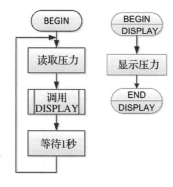

图 B.15　流程图解决方案

缩　略　语

缩略语	全　称	译　文
ADC	Analog-to-Digital Converter	模数转换器
AHB	Advanced High-Speed Bus	先进高速总线
APB	Advanced Peripheral Bus	先进外设总线
API	Application program interface	应用程序接口
ARM	Advanced RISC Machine	高级精简指令集架构，现在是一家芯片公司名称，位于英国
ASCII	American Standard Code for Information Interchange	美国信息交换标准码
AWS	Amazon Web Services	亚马逊云服务
BCD	Binary Coded Decimal	二进制编码的十进制
CAN	Controller Area Network	控制器局域网络
CCW	Counter Clockwise	逆时针
CD	Compact Disc	光盘
CEO	Chief Executive Officer	首席执行官
CISC	Complex Instruction Set Computer	复杂指令集计算机
CRC	Cyclic Redundancy Check	循环冗余校验
CW	Clockwise	顺时针
CU	Control Unit	控制单元
DAC	Digital-to-Analog Converter	数模转换器
DMA	Direct Memory Access	直接内存访问
DSP	Digital Signal Processor	数字信号处理器
EEMBC	Embedded Microprocessor Benchmark Consortium	嵌入式微处理器基准联盟
EEPROM	Electrically Erasable Programmable Read Only Memory	电可擦除可编程只读存储器
EPROM	Erasable Programmable Read Only Memory	可擦除可编程只读存储器
EXTI	External Interrupt Controller	外部中断控制器
FFT	Fast Fourier Transform	快速傅里叶变换

(续)

缩略语	全称	译文
FIFO	First In, First Out	先入先出
FPU	Floating Point Unit	浮点单元
FSM	Finite State Machine	有限状态机
GPIO	General Purpose Input and Output	通用输入/输出（接口）
GPS	Global Position System	全球定位系统
HID	Human Interface Device	人机接口设备
HIS	High-Speed internal	高速内部时钟
HSE	High-Speed External	高速外部时钟
I/O	Input-Output	输入/输出
I2C	Integrated Inter Connect	集成内部连接接口
I2S	Inter-IC Sound	集成电路内置音频（总线）
IDE	Integrated Development Environment	集成开发环境
IrDA	Infrared Data Association	红外数据通信
IRQ	Interrupt Request	中断请求
ISR	Interrupt Service Routine	中断服务程序
JTAG	Joint Test Action Group	联合测试工作组
LCD	Liquid Crystal Display	液晶显示屏
LED	Light Emitting Diode	发光二极管
LIN	Local Interconnect Network	局部互联网络
LIS	Low-Speed Internal	低速内部时钟
LSD	Least Significant Digit	最低有效位
LSE	Low Speed External	低速外部时钟
MIPS	Million Instructions Per Second	每秒百万条指令
MSD	Most Significant Digit	最高有效位
NMI	Nonmaskable Interrupt	非屏蔽中断
NVIC	Nested Vectored Interrupt Controller	嵌套向量中断控制器
PDL	Program Description Language	程序描述语言
PID	Proportion Integration Differentiation	比例/积分/微分
PLL	Phase Locked Loop	锁相环
PROM	Programmable Read Only Memory	可编程只读存储器
PTP	Point to Point	点到点
PWM	Pulse Width Modulation	脉宽调制

(续)

缩略语	全 称	译 文
RAM	Random Access Memory	随机访问存储器
RFID	Radio Frequency Identification	射频识别
RISC	Reduced Instruction Set Computer	精简指令集计算机
ROM	Read Only Memory	只读存储器
RPM	Revolutions Per Minute	每分钟转数
RTC	Real-Time Clock	实时时钟
RTOS	Real Time Operating System	实时操作系统
SDIO	Secure Digital Input and Output	安全数字输入/输出接口
SDK	Software Development Kit	软件开发包
SPI	Serial Peripheral Interface	串行外设接口
SSD	Solid State Drive	固态硬盘
SVC	Supervisor Call	管理程序调用
TFT	Thin Film Transistor	薄膜晶体管
UART	Universal Asynchronous Receiver Transmitter	通用异步收发器
UDP	User Datagram Protocol	用户数据报协议
UML	Unified Modeling Language	统一建模语言
USART	Universal Synchronous Asynchronous Receiver Transmitter	通用同步异步收发器
USB	Universal Serial Bus	通用串行总线

推荐阅读

嵌入式深度学习：算法和硬件实现技术

作者：[比] 伯特·穆恩斯 [美] 丹尼尔·班克曼 [比] 玛丽安·维赫尔斯特
ISBN：978-7-111-68807-5 定价：99.00元

本书是入门嵌入式深度学习算法及其硬件技术实现的经典书籍。在供能受限的嵌入式平台上部署深度学习应用，能耗是最重要的指标，书中详细介绍如何在应用层、算法层、硬件架构层和电路层进行设计和优化，以及跨层次的软硬件协同设计，以使深度学习应用能以最低的能耗运行在电池容量受限的可穿戴设备上。同时，这些方法也有助于降低深度学习算法的计算成本。

推荐阅读

FreeRTOS内核实现与应用开发实战指南
基于STM32

作者：刘火良 杨森 ISBN：978-7-111-61825-6 定价：99.00元

本书基于野火 STM32 全系列开发板介绍 FreeRTOS 内核实现与应用开发，全书分为两部分，第一部分先教你如何从 0 到 1 把 FreeRTOS 内核写出来，从底层的汇编开始讲解任务如何定义、如何切换，还讲解了阻塞延时如何实现、如何支持多优先级、如何实现任务延时列表以及时间片等 FreeRTOS 的核心知识点；第二部分讲解 FreeRTOS 内核组件的应用以及使用 FreeRTOS 进行多任务编程。本书内容翔实，案例丰富，配有大量示例代码，适合作为嵌入式领域科技工作者的参考书，也适合相关专业的学生学习参考。